과학자의 흑역사

과학자의 흑역사

양젠예 지음 ✦ 강초아 옮김 ✦ 이정모 감수

현대
지성

목차

들어가며

10

1부

천문학자의 흑역사

2부

생물학자의 흑역사

5부

물리학자의 흑역사

참고문헌

432

들어가며

   과학자에게 개척 정신은 근본적인 자질이다. 개척 정신 없이는 과학도 없다. 한편 개척 정신은 실수나 실패와도 밀접한 관련이 있다. 남이 탐구할 엄두조차 내지 못했던 문제를 연구하고 새로운 견해를 내놓는 일이기 때문이다. 전통적인 틀을 깨뜨릴 만큼 신선한 의견을 내면서 어떻게 실수나 실패가 없겠는가?

 신중하다 못해 소심하거나 남의 의견에 부화뇌동하는 과학자는 아무 실수도 저지르지 않는다. 물론 새로운 발견, 발명, 창조도 없다. 러시아의 유명한 물리학자 알렉산드르 아르카디예비치 미그달(Alexander Arkadyevich Migdal)은 이렇게 말했다. "진지하고 성실하지만 단 한 번도 실패하지 않은 과학자가 있다면, 그는 용기와 개척 정신이 없는 사람이다."

 과학사에는 감탄스럽고 눈부신 성과도 있지만 실수와 실패도 부지기수다. 영국 물리학자인 켈빈 남작 윌리엄 톰슨(William Thomson)은 이 사실을 한 문장으로 표현했다.

나는 55년간 분투하며 과학 발전에 온 힘을 다했다. 그 과정에서 숱한 실패를 겪었고, 그 일이 내게는 가장 힘들었다.

사실 과학사에서 과학자가 거둔 성공보다 그들이 저지른 각종 실수와 실패가 더 흥미진진하고 교훈적이다. 영국의 저명한 화학자 험프리 데이비(Humphry Davy)는 다음과 같이 말했다.

나의 가장 중요한 발견은 실패에서 얻은 교훈으로부터 나왔다.

그러니 흑역사라고도 볼 수 있는 과학자의 실패를 세심하고 깊게 탐구할 필요가 있다. 생리심리학자이자 미국 심리학회 전 회장인 닐 엘가 밀러(Neal Elgar Miller) 역시 이렇게 지적했다.

연구 보고서는 대부분 연구에 성공한 후에야 작성된다. 학술지 지면을 낭비하지 않기 위해 혹은 체면을 지키기 위해 과학자들은 어둠 속을 더듬으며 탐색하고 시도했던 과정을 생략한다. 실패했거나 포기해버린 시도는 거의 언급하지 않는다. 그래서 그들이 묘사하는 연구 과정은 과도하게 규칙적이고 간단해 보이며, 사람들은 쉽게 오해한다.

이처럼 연구 보고서에 생략이 들어가기 시작하면 편견과 오해가 커지기 시작한다. 그러니 실패 사례 연구를 건너뛰어서는 안 된다. 실제로 뛰어난 과학자들은 실패 사례를 중요하게 생각했다. 위대한 영국 물리학자 제임스 클러크 맥스웰(James Clerk Maxwell)의 말은 언제나 옳다.

과학사는 성공한 연구 활동을 나열하는 데 그쳐서는 안되고, 실패한 연구 과정을 드러내고 해명하는 데까지 나아가야 한다. 재능 있는 사람들이 어째서 지식의 문을 열 열쇠를 찾지 못했는지, 과학자로서의 명성이 그들의 잘못을 어떻게 심화했는지 말이다.

미국의 저명한 생물학자이자 과학사가이며, 하버드대학교 교수인 에른스트 마이어(Ernst Mayr)는 자신의 저서 『생물학 사상의 발전』(*The Growth of Biological Thought*) 에서 이렇게 말했다.

과학사는 문제 해결에 성공한 시도뿐 아니라 성공에 이르지 못한 노력도 소개해야 한다. 논쟁을 다룰 때도 어떤 이론을 지지하거나 반대하기 위해 각자 사용한 사상과 관념 (혹은 신조), 구체적 증거 등을 분석하려 노력해야 한다. (……) 이런 개념이 형성되기까지 지나온 험난한 길을 학습하며 앞선 가설이 어떻게 부정되었는지를 배워야 한다. 다시 말해 과거의 실수를 배워야만 철저하고 완전한 이해에 도달할 수 있다. 과학자들은 자신의 실수뿐 아니라 타인의 실수에서도 배울 수 있다.

밀러, 맥스웰, 마이어의 관점에 나도 동의한다. 그래서 일찍부터 과학자들의 실패에 관심이 많았다. 이 책은 내가 오랫동안 관심있게 살핀 주제를 정리한 것으로, 책에 실린 26가지 이야기를 보며 독자들이 두 가지 유익을 얻길 바란다.

첫째, 갈릴레이, 뉴턴, 린네, 퀴비에, 가우스, 오일러, 맥스웰, 아인슈타인과 같은 뛰어난 과학자에게도 흑역사는 있다. 누구라도 언제나 성공만 할 수는 없다. 사실 그들은 성공한 횟수보다 실패한 횟수가 더 많다.

그들이 최종적으로 성공했던 것은 과거 실패에 실망하거나 타협하지 않았기 때문이다.

둘째, 앞선 사람들의 실패 경험과 교훈을 본보기로 삼는다면 앞으로 과학 연구에서 몇몇 실수와 실패는 피할 수 있음을 기억하길 바란다.

이 책에서 말하는 과학자들의 흑역사는 과학 이론과 연구 방법에서의 실수뿐 아니라 심리적 문제, 성격적 결함, 정서적 문제 등 개인적 원인으로 빚어진 흑역사도 포함한다. 예를 들면, 과학자 중에는 너무 오만해 실수를 저지르거나 과도한 애국심에 휘둘려 일시적으로 객관적인 기준을 잃어버린 경우도 있었다. 원인이 무엇이든 많은 과학자가 실수를 경험했고, 그 실수를 연구하는 것은 중요한 의의와 가치를 지닌다.

이 책은 베이징대학출판사 편집부의 도움을 받아 이전 판본의 잘못을 바로잡은 개정판이다. 개정판에서는 이전 판본에서 잘못된 사실들을 바로잡았고, 오탈자 및 표현상 문제가 되는 부분을 수정했다. 또한 장 제목을 좀 더 바람직하게 바꾸고, 마지막에 참고문헌 목록을 추가했다. 이 자리를 빌려 베이징대학출판사 편집부에게 깊은 감사를 표한다.

양젠예(楊建鄴)

2020년 4월 1일

화중과기대학(華中科技大學) 영박서재에서

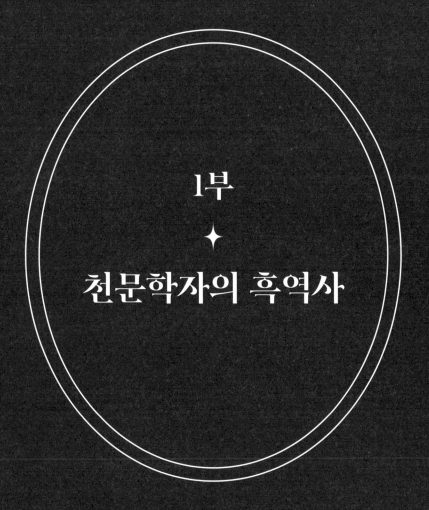

1부

✦

천문학자의 흑역사

1장

호킹이 이런 짓을 하다니!

신은 주사위 놀이를 하지 않는다.

알베르트 아인슈타인(Albert Einstein, 1879~1955)

신도 주사위 놀이를 한다. 때로는 찾을 수 없는 곳에 주사위를 던지기도 한다.

스티븐 호킹(Stephen Hawking, 1942~2018)

1981년에 바티칸 교황청 과학원에서 우주학 토론회가 열렸다. 이 회의에는 영국의 위대한 우주학자 스티븐 호킹이 참석했고, '무경계 우주론' 이론을 발표할 예정이었다. 회의에 참석한 각국 과학자들은 호킹의 이론을 열렬하게 지지했지만, 이 이론에는 분명한 반종교적 함의가 있었다. 그 때문에 교황 요한 바오로 2세(1920~2005, 1978년에 즉위)가 어떻게 반응할지가 사람들의 관심사였다. 우주에 경계가 없다면 하느님이 설 자리가 없어지는 것 아닌가? 교황은 이에 대해 뭐라고 말할까? 과학자들은 교황 접견일을 손꼽아 기다렸다.

마침내 접견일이 되었다. 회의에 참석한 과학자와 이들의 배우자는 교황의 피서지 카스텔 간돌포로 초청됐다. 성은 수수했고 성벽 바깥은 온통 농토와 작은 마을이었다. 교황은 큰 응접실에서 짧은 연설을 한 뒤, 단상 높은 의자에 앉았다. 로마 가톨릭교회 소속 경호원들이 호위하는 가운데 손님들이 하나둘씩 교황에게 안내됐다. 전통적으로, 교황을 접견하는 사람은 단상에 올라가 교황 앞에 무릎을 꿇고 가벼운 대화를 나눈 뒤 올라온 방향과 반대쪽으로 단상을 내려와야 했다.

호킹이 휠체어를 움직여 단상의 입구로 다가갔을 때 참석자들은 숨죽여 호킹과 교황의 일거수일투족을 지켜보았다. 교황이 조물주가 필요 없다고 생각하는 호킹에게 무슨 말을 할지 궁금해했다. 이때 놀라운 장면이 펼쳐졌다. 교황이 자리에서 일어나 호킹의 휠체어 앞으로 다가가 무릎을 꿇고 앉았다. 교황은 호킹과 눈높이를 맞췄고, 대화 시간도 다른 사람보다 길었다.

"지금 무엇을 연구하고 계십니까?"

"우주의 가장자리가 성립할 수 있는 조건을 연구 중입니다."

"당신의 연구 성과가 인류의 발전과 행복에 이바지하기를 바랍니다."

교황은 잠시 말을 멈췄다가 이렇게 말했다.

"저는 우주론을 연구하는 사람들에게 바라는 것이 한 가지 있습니다."

호킹은 어깨에 비스듬히 기대고 있던 머리를 힘껏 들어 올리며 교황의 말씀을 기다렸다.

"'세계가 형성된 순간'에 관한 연구는 하지 않는 것이 좋겠습니다."

호킹은 어떻게 대답해야 할지 몰라 잠시 망설이다가 말했다.

"최선을 다하겠습니다."

교황은 미소를 지으며 고개를 끄덕였다. 교황이 일어나 옷에 붙은 먼지를 털어냈고, 호킹과 작별했다. 호킹의 휠체어는 단상 반대편으로 향했다. 그날 오후 응접실에 있던 많은 천주교인들은 교황이 호킹을 지나치게 존중했다고 느꼈다. 더욱이 호킹은 무신론자이며 그의 이론은 전통적인 천주교 교리와 정면으로 배치된다. 교황은 왜 이렇게 호킹을 존중해주었을까?

✦

세상에는 내막을 제대로 설명할 수 없는 신비로운 사건들이 있다. 1642년 1월 8일, 유럽에서는 천주교와 개신교의 싸움이 한창이었다. 그날 교회로부터 온갖 박해와 모욕을 받아온 갈릴레오 갈릴레이(Galileo Galilei, 1564~1642)가 피렌체 근교의 산장에서 숨을 거뒀다.

그 후, 300년이 흘러 1942년 1월 8일, 갈릴레이의 서거 300주년에 우주를 깊이 탐구한 또 한 명의 과학자 스티븐 호킹이 태어났다.

그의 고향은 대학의 도시 옥스퍼드다. 원래 그의 가족은 런던 근교 하이게이트에 살았지만 호킹의 아버지 프랭크와 어머니 이사벨은 첫 아이를 옥스퍼드에서 낳기로 했다. 당시 영국은 매일 저녁 독일군의 공습을 받고 있었다. 런던 곳곳이 무너진 건물의 잔해로 가득 찼다. 그들이 살고 있는 교외 지역에도 멀지 않은 곳에 폭탄이 떨어져 유리창이 깨지는 일이 벌어졌다. 다만 영국과 독일 두 나라 정부가 유명한 대학 도시는 공습하지 않기로 협약을 맺었기 때문에 영국의 옥스퍼드와 케임브리지, 독일의 괴팅겐과 하이델베르크는 폭격을 받지 않았다.

스티븐 호킹은 두 살 무렵 하마터면 폭격으로 사망할 뻔한 적도 있었다. 호킹 가족은 그때 다시 런던으로 돌아가 있었는데, 독일의 장거리 로켓 V-2가 떨어져 호킹의 집을 무너뜨렸다. 당시 가족들이 전부 외출한 상태였기에 망정이지, 자칫 인류는 위대한 과학자를 잃어버릴 뻔했다.

호킹의 아버지는 옥스퍼드대학교를 졸업하고 열대병을 연구하는 의사였고, 어머니도 같은 학교를 나와 의학 연구기관에서 비서로 일했다. 부부가 모두 학력이 높고 명문대 졸업생이라 그런지 이웃들은 호킹 가족을 존중하면서도 그들이 좀 괴짜라고 생각했다. 예를 들면 호킹 가족은 이미 수많은 책이 있는데도 끊임없이 책을 사들인다거나 어른부터 어린아이까지 책을 읽으면서 밥을 먹는다는 것이었다. 식사 시간에도 책을 들고 있는 풍경은 다른 집에서는 예의에 어긋난다며 절대 허용되지 않는 일이었다.

호킹은 굼뜨고 서툰 편이었지만 상상력은 놀라울 정도로 풍부했다. 그의 사고는 여러 주제를 넘나들며 휙휙 바뀌었다. 그런 탓에 호킹은 적절한 언어로 생각을 표현하지 못했고, 말할 때 어물거리거나 더듬거리는 편이었는데, 그의 아버지도 꼭 그랬다. 호킹 가문의 사람들에게는 '호킹어'라는 특수한 언어가 따로 있다고 농담 삼아 말할 정도였다. 호킹의 빠르고 날카로운 사유는 어린 시절부터 친구들이 늘 놀라워하는 부분이었다. 그의 친구 중 한 명은 이렇게 말했다.

"나는 그가 높은 곳에 앉아 우리를 내려다본다고 느꼈다. (……) 그건 일반적인 총명함이나 창의성이 아니라 '군계일학'이라고 할 만했다. 원한다면 호킹을 오만하다고 평가해도 좋다. 실제로 세상의 모든 것이 그의 눈 아래 있을 테니까 말이다."

호킹은 확실히 '군계일학'이었다. 그는 아홉 살에 자신이 장래에 과학자가 될 것임을 알았다. 열여섯 살이 되자, 호킹과 친구들은 시계 부품과 버려진 전화 교환기를 이용해 간단한 컴퓨터를 제작했다. 호킹은 이 '논리 회전식 컴퓨터(LUCE)'의 주요 설계자 중 한 사람이었다. 그때만 해도 컴퓨터는 대학이나 정부기관에서나 사용하는 희귀한 물건이었다. 어린 학생들이 이런 컴퓨터를 만들어내자 현지 지방신문이 특집으로 보도할 정도로 많은 관심을 받았다. 그 기사에 따르면 LUCE는 "몇 가지 산술 문제를 실제로 풀어냈다".

나중에 이런 사정을 제대로 알지 못한 학교 책임자가 LUCE를 쓰레기라고 생각해 폐기했다. 한참 세월이 흐른 후 스티븐 호킹이 유명해지자 이 책임자는 그때서야 LUCE의 역사적 가치를 이해하고 크게 후회했다고 한다.

✦

1959년 호킹은 옥스퍼드대학교에 합격했다. 호킹은 물리학을 배우고 싶었지만, 아버지는 그가 의학을 전공하기를 바랐고 둘은 논쟁을 벌였다. 스티븐 호킹은 당시를 이렇게 회고했다.

아버지는 내가 의학을 배우기를 바라셨다. 하지만 나는 생물학이 현상을 서술할 뿐이라 생각했고, 근본적인 문제에 관해서는 충분히 연구할 수 없다고 느꼈다. 분자생물학을 이해하게 된 후 좀 다른 생각을 갖게 되었지만 그때는 분자생물학이 널리 알려지기 전이었다.

그해 10월, 호킹은 옥스퍼드대학교에서 정식 입학 통지서를 받았다. 그는 물리학과에 합격했을 뿐 아니라 장학금도 받았다. 호킹 일가에게 장학금은 몹시 중요했다. 당시 의사 월급으로 아들을 옥스퍼드 같은 명문대에 보내기에는 어려움이 많았기 때문이다.

옥스퍼드 특유의 분위기 때문에 호킹은 공부를 소홀히 했다. 학생들은 열심히 공부하면서 높은 점수를 받는 친구를 무시했고 그들에게 '그레이 맨(grey man)'이라는 별명을 붙여 조롱했다. 호킹이 쓴 책 『시간의 역사』(*A Brief History of Time*)에 이런 이야기가 나온다.

> 그때 옥스퍼드에서는 학업을 몹시 저해하는 풍조가 유행했다. 노력하지 않고도 좋은 성적을 거두든지, 아니면 자신의 지능에 한계가 있음을 인정하고 낮은 성적을 받든지 둘 중 하나를 해야 했다. 만약 무지막지하게 노력해서야 비로소 좋은 성적을 거둔다면 그 사람은 '그레이 맨'으로 여겨졌다. 옥스퍼드 학생들에게 이 별명은 가장 모욕적인 칭호였다.

호킹은 당연히 '그레이 맨'이 되고 싶지 않았다. 다행히 그는 지능이 남보다 좋았기 때문에 게으름을 부려도(그가 대강 계산한 바에 따르면, 옥스퍼드대학교에서 보낸 3년 중 학업에 쏟은 시간이 대략 1천 시간인데, 이는 평균적으로 하루에 1시간이다) 그의 성적은 교수나 친구들이 놀랄 만큼 훌륭했다. 이런 일화가 있다.

어느 날, 그의 지도교수 버만 박사가 학생 네 명에게 13개의 물리학 문제를 과제로 내주며 다음 주 수업 전에 할 수 있는 데까지 풀어오라고 했다. 수업이 있는 날, 다른 세 명의 학생은 휴게실에서 SF 소설을 읽고 있는 호킹을 보았다.

"스티븐, 교수님이 내준 문제가 참 어려웠지?"

"응? 아직 안 풀었는데."

친구들이 웃음을 터뜨렸다. 그중 한 명이 진지하게 충고했다.

"빨리 시작하는 게 좋을걸. 우리 셋은 지난 월요일부터 풀었는데 겨우 한 문제 풀었어."

호킹은 그 말을 듣고 교수가 내준 과제에 호기심이 생겼다. 그는 그때부터 문제 풀이에 돌입했다. 강의실에서 다시 만난 친구들이 호킹에게 몇 개나 풀었느냐고 물었다.

"시간이 없어서 겨우 9개 풀었어."

그 후, 호킹은 아버지를 따라 중동으로 여행을 갔다가 돌아와 케임브리지대학교에 등록하여 데니스 시아마(Dennis Sciama, 1926~1999) 교수의 대학원생이 되었다. 원래는 우주론의 대가인 프레드 호일(Fred Hoyle, 1915~2001)의 연구실에 들어가고 싶었지만 어째서인지 시아마 교수로 바뀌었다. 처음에는 꽤 실망했지만 호킹은 곧 시아마가 매우 우수한 과학자임을 깨달았다. 그는 언제든지 호킹과 다양한 과학 문제를 토론했다.

1962년 겨울 방학, 호킹은 제인 와일드[1]라는 여학생을 알게 되었다. 그녀는 막 고등학교를 졸업하고, 다음 해 가을에 대학에 입학해 언어학을 전공하려고 준비 중이었다. 제인은 호킹에게서 깊은 인상을 받았다. 재치 있게 말하면서도 행동거지가 남다르다고 생각했지만, 그의 지나친 자부심은 좋아하지 않았다. 그럼에도 두 사람의 우정은 깊어졌다.

호킹이 한창 빛과 행복 그리고 찬란한 미래를 향해 나아갈 때, 거대한 불행이 몰려와 그를 파괴했다. 그해 겨울방학, 호킹은 어머니와 스케이트를 타러 나갔다가 아무 이유 없이 넘어져 일어나지 못한다. 이런 일이 몇 차례 발생한 후 의사를 찾아갔는데 검사 결과 루게릭병(ALS)이라는 진단을 받았다. 루게릭병은 불치병이었고, 의사들은 호킹이 최대 2년밖에 살지 못할 것이라 생각했다. 이 병의 일반적인 진행은 근육위축(근육의 크기가 원래 크기에 비하여 줄어드는 것)에 따른 운동기능 저하, 전신마비,

---

1   스티븐 호킹의 첫 번째 아내.

성대의 근육위축으로 말을 할 수 없게 되어 언어능력 상실이 오고 마지막으로 음식이나 물을 삼키지 못하다가 호흡 근육까지 손상되면 사망이 임박했다고 본다. 이 모든 과정에서 오직 사고력과 기억력만이 손상을 입지 않는다.

호킹은 얼마나 고통스러웠을까? '왜 어린 내가 고통 속에서 천천히 죽어가야 한단 말인가? 왜?' 하지만 이런 질문에 아무도 대답해줄 수 없었다. 혼자 기숙사에 처박혀 술을 마시며 괴로움을 잊으려 했다. 그의 정신은 거의 붕괴될 지경에 이르렀다. 그러나 결국 이성이 그를 구원했다. "어차피 죽는다면 세상에 도움이 되는 일을 하는 것이 좋지 않을까?"

그는 학업으로 돌아가기로 결심했다. 자신이 이론물리학을 전공한 것을 다행스럽게 여겼다. 두뇌는 루게릭병의 영향을 받지 않으니 말이다. 마음을 굳힌 후, 전보다 더 시간을 소중히 여겼고 과거 자신이 낭비한 시간을 안타까워했다. 그는 난생처음 공부와 연구에 몰두했다. 이때 제인 와일드의 격려와 도움도 호킹의 변화를 이끈 결정적 요인 중 하나였다. 독실한 가톨릭 신자인 제인은 강한 종교적 책임감으로 그를 절망에서 구해내기로 결심했다. 호킹의 전기 작가는 아주 공정한 태도로 다음과 같이 썼다.

이 시기에 제인이 나타난 것은 호킹의 삶에서 중요한 전환점이었다. 이 사실에는 누구도 의문을 품지 못할 것이다. (……) 제인은 호킹이 절망을 극복하고 새롭게 삶과 학업을 시작할 수 있도록 해주었다. 한편 호킹은 더디고 힘들게 박사 과정을 계속 이어가고 있었다.

호킹은 몸이 마비되어 전동 휠체어에 의존해 움직여야 했고 1985년 이후에는 전혀 소리를 내지 못해 컴퓨터로 타인과 소통해야 했지만, 이처럼 세계 최악의 장애를 가진 사람이 76세까지 살았을 뿐 아니라 최고의 우주학자이자 이론물리학자가 된 것은 기적이다. 호킹은 1974년에 블랙홀 복사 이론으로 영국 왕립학회 회원이 되었다. 당시 32세였던 그는 왕립학회의 오랜 역사에서 가장 젊은 회원 중 한 명이었다. 1979년에는 케임브리지대학교에서 루커스 수학 석좌교수[2]로 임명되었다. 310년 전 뉴턴도 이 직책을 맡은 적이 있었다. 1989년에는 훈장 컴패니언 오브 아너(Companion of Honour)를 받았다.

호킹이 연구한 우주학 분야는 수학 수준이 높고 상상력이 풍부한 학자만이 할 수 있는 연구다. 또한 물리학에서 가장 심오한 이론인 일반상대성이론과 양자장론(quantum field theory)에도 정통해야 한다. 호킹은 대단한 노력과 탁월한 성과로 초기 우주에 대한 인류의 인식을 크게 끌어올렸으며, 다른 누구도 이 분야에서 호킹보다 뛰어난 공헌을 하지 못했다. 이 공로로 스티븐 호킹은 20세기 가장 위대한 기적 가운데 하나로 자리 잡았다.

호킹의 삶과 성취는 그를 아는 모든 사람에게 깊은 감동을 주었고, 수많은 사람을 격려하며 용기를 주었다. 세상에서 이보다 더 위대하고 감동적인 일이 있을까? 하지만 이런 호킹도 때로는 실수를 했다.

✦

호킹은 주로 블랙홀을 연구했다. 블랙홀은 우주 공간에서 물

---

2   케임브리지대학교의 수학 관련 분야의 교수직 가운데 하나.

질이 존재하는 특수한 형태 중 하나이며, 블랙홀에서는 물질의 밀도가 상상할 수 없이 높아진다. 그래서 블랙홀에서는 빛도 빠져나오지 못한다. 당연히 인간의 눈에도 보이지 않으므로 이 공간을 '블랙홀'이라고 부르게 되었다. 블랙홀에 한번 들어가면 어떤 물질도 다시는 밖으로 나올 수 없다. 블랙홀의 중력이 워낙 커서 빛조차도 탈출하지 못하기 때문이다. 빛은 어느 정도의 거리를 달아났다가 더 이상 빠져나갈 힘이 없어지면 다시 블랙홀로 빨려 들어간다. 이것은 우리가 허공을 향해 소총을 쏘는 것과 비슷하다. 처음에 총알은 의욕적으로 하늘을 향해 날아가지만, 잠시 후 어느 정도의 고도에 도달하면 중력의 작용으로 힘이 빠져 지구로 떨어진다.

블랙홀은 중력이 엄청나게 크기 때문에 총알은 물론이고 미사일이든 빛이든 모두 일정 거리까지 날아간 다음에는 꼼짝없이 급커브를 돌아 블랙홀 안으로 들어와야 한다. 빛이 가장 멀리까지 날아간 지점을 r_e라고 할 때, 이 r_e를 반지름으로 그린 원의 경계를 '사건의 지평선(event horizon)'이라고 한다.[3] 사건의 지평선은 곧 블랙홀의 경계다. 블랙홀이 클수록 사건의 지평선이 가지는 표면적(r_e를 반경으로 하는 원의 면적인 πr_e^2)도 커진다.

호킹의 위대한 공헌이 바로 이 원의 면적 πr_e^2을 연구한 것이다. 1970년 11월, 호킹의 딸 루시가 태어난 지 2주째 되던 날 밤, 막 잠자리

---

3   사건의 지평선이란 일반상대성이론에 나오는 개념으로, 내부에서 일어난 사건이 그 외부에 영향을 줄 수 없는 경계면이다. 외부에서는 물질이나 빛이 안쪽으로 빨려들어 갈 수 있지만, 내부에서는 블랙홀의 중력에 의한 붕괴 속도가 탈출하려는 빛의 속도보다 커지므로 내부로 들어온 물질이나 빛은 사건의 지평선 바깥으로 빠져나갈 수 없다.

에 들려던 호킹은 블랙홀 경계의 면적이 줄어들지 않고 변함없이 유지되거나 증가하기만 할 것이라는 생각을 떠올렸다. 이런 규칙을 적용하면 블랙홀의 성질과 작용에 중요한 제한을 둘 수 있고, 이 블랙홀 면적과 열역학의 엔트로피(entropy) 사이에 있는 커다란 유사성을 일깨워줄 수 있다. 열역학 제2법칙은 '고립계의 엔트로피가 줄어들지 않고 그대로 유지되거나 증가하기만 한다'라는 것인데(그래서 열역학 제2법칙을 엔트로피 증가의 법칙이라고도 한다), 특이하게도 블랙홀 면적(사건의 지평선 면적)이 엔트로피와 동일한 차원을 가진다는 것을 보여준다. 그러니 나중에 미국 물리학자 찬드라세카르가 다음과 같이 감탄했을 것이다.

> 열역학과 통계물리학은 일반상대성이론에서 엔트로피를 얻으려고 기대하지 않았다. 그러나 이 이론에서 나온 결과는 열역학과 통계물리학의 규칙에 어긋나지 않는다. (……) 이런 사실로 사람들은 일반상대성이론을 확신하게 되었다. (……) 이는 일반상대성이론의 미학적 토대와 관련이 있다.

호킹의 이런 중대한 발견은 당시 이론물리학자들의 환호를 받았다. 호킹 본인도 기뻐하며 휠체어를 타고 케임브리지대학교 거리를 돌아다녔다. 나중에 호킹은 의기양양하게 이런 말을 하기도 했다.

> 머릿속으로 무엇을 생각하든지, 그것을 꽉 붙잡고 있다 보면 언젠가는 좋은 생각이 떠오를 것이다.

당시 호킹이 느꼈던 흥분이 고스란히 전해진다. 얼마 후, 아무도 예상하지 못했던 일이 발생했다. 호킹이 자신의 새로운 견해(블랙홀의 경계가 가진 성질이 열역학의 엔트로피 법칙과 같다는 사실)에서 시작하여 블랙홀에 관한 통념을 단번에 뒤집은 것이다. 그러면서 이론물리학자들이 가장 좋아하는 "블랙홀은 검지 않다"라는 개념을 전하기 시작했다. 이것은 곧 어떤 물질(기본 입자 등)은 블랙홀에서도 빠져나올 수 있다는 의미다. 몬테크리스토 백작이 난공불락의 외딴 섬에 지은 감옥인 샤토디프에서 탈출한 것처럼 말이다.

이 획기적인 발견으로 호킹은 당대 우주학에서 최고의 인물이자 공인된 권위자가 됐다. 그런데 이 놀라운 발견이 실수에서 비롯되었다는 것을 믿을 수 있겠는가? 처음에 호킹은 블랙홀 경계의 면적이 가지는 불변성을 엔트로피 증가의 법칙과 연결 짓지 않았다. 오히려 이러한 연계에 반대하는 입장이었다. 그는 이 둘을 '숫자적으로 늘지 않는다'라는 점에서 연결했을 뿐 본질적인 연관성이 있다고 보지는 않았다. 그랬던 호킹은 나중에 어떤 논문에서 미국 프린스턴대학교의 교수 존 휠러(John Wheeler)의 대학원생인 야코브 베켄슈타인(Jacob Bekenstein)이 블랙홀 경계의 면적이 블랙홀의 엔트로피와 관련이 있을 가능성이 크며, 이 면적이 블랙홀의 엔트로피량일지도 모른다고 주장한 사실을 뒤늦게 알게 되었다.

"또 뭘 모르는 대학원생이 나대는군!" 호킹은 베켄슈타인의 의견에 울화통을 터트리며 몹시 분개했다. "어린애 같은 대학원생들은 생각도 없나? 블랙홀 사건의 지평선 면적이 정말로 엔트로피량이라면 그건 곧 온도량이라는 뜻이 되잖아. 블랙홀에 정말로 온도가 있다면 열이 블랙홀에서 빠져나와 우주에서 가장 추운 곳(-273℃)으로 흘러간다는 뜻인데, 그러면 에너지가 블랙홀에서 유실된다는 것을 의미해. 이게 어떻게 가능하다는 거지?"

그렇다. 호킹이 어떻게 화를 내지 않을 수 있겠는가? 블랙홀이 '검은' 이유는 어떤 물질(당연히 에너지도 포함된다)도 블랙홀에서 빠져나올 수 없기 때문이 아니던가? 1973년에 호킹과 그의 동료 두 사람은 논문을 발표해 베켄슈타인의 논문에 나타난 '치명적인 약점'을 지적했다. 사실상 블랙홀의 유효 온도는 절대영도[4]이며, 어떤 복사열도 블랙홀 밖으로 방출되지 않는다고 말이다.

그러나 호킹은 나중에 베켄슈타인이 아니라 자신이 틀렸음을 알게 되었다. 앞으로 보게 되겠지만 과학사에서 몇 번이나 반복해서 이와 비슷한 일이 일어났다. 보수적인 전통 사상에 속박되지 않으려 애쓰면서 대담하게 도전하는 젊은 과학자는 예외 없이 권위자들의 분노와 반대에 직면한다. 그러나 결과적으로 과학의 중대한 발전은 이런 젊은이들의 쉼 없는 도전 끝에 이루어졌다. 권위자와 노인들은 대부분 그 발전 과정에서 반대 세력의 역할을 맡는다. 이번에는 서른 살을 막 넘겨 나이는 많지 않지만 명성은 대단한 호킹이 이 역할을 맡은 것이다.

더 재미있는 부분은 호킹이 좀 더 연구를 진행시켜 도출한 수학 공식이 베켄슈타인의 관점에 몹시 유리했다는 사실이다. 하지만 호킹은 이를 믿으려 하지 않았다. 그는 여전히 "약간의 분노를 가지고 있었고, 나중에야 호기심을 느꼈다". 이런 내용이 호킹의 저서 『시간의 역사』에 나와 있다.

나는 베켄슈타인이 이 사실을 알게 되면 분명히 블랙홀 엔트로피 이론을

---

4   절대 온도의 기준 온도. 영하 273.15℃로, 이상 기체의 부피가 이론상 0이 되는 점이다.

지지하는 논거로 사용할 것이라고 생각했다. 그러나 나는 여전히 그의 이론을 좋아하지 않았다.

호킹은 수많은 노력을 기울여 베켄슈타인의 '잘못된 견해'에서 벗어나려 했지만 성공하지 못했다. 결국 호킹은 베켄슈타인의 견해와 자신의 수학 공식에서 얻은 결론을 인정하고 편견을 내려놓았다. 잘못을 인정한 후에 호킹은 한 시대의 획을 긋는 과학적 발견을 하게 된다. "실패는 성공의 어머니"라는 말이 최고의 진리임을 보여주는 사례다.

✦

1989년에 호킹의 『시간의 역사』가 전 세계적인 베스트셀러가 되었다. 그럼에도 호킹의 실수와 고집으로 또다시 풍파가 일어났다. 사건은 1981년으로 거슬러 올라간다. 그해 호킹은 모스크바를 방문했는데, 그때 만난 물리학자 안드레이 린데(Andrei Linde)는 자신이 연구 중인 우주의 새로운 팽창 이론을 호킹에게 들려주었다. 호킹은 비판 의견을 내놓았고, 린데는 호킹의 의견에 따라 자신의 이론을 수정했다. 모스크바 방문이 끝난 후, 호킹은 곧바로 미국 필라델피아로 날아가 필라델피아 프랭클린 인스티튜트가 수여하는 벤저민 프랭클린 메달을 받은 후 우주학 토론회에 참석해 발언했다. 토론회가 끝난 후에는 펜실베이니아대학교의 젊은 물리학자 폴 스타인하트(Paul Steinhardt)와 우주 팽창 문제를 두고 이야기를 나누었다. 그런데 나중에 문제가 생겼다. 호킹이 1988년에 출간한 『시간의 역사』에서 이 일을 언급했는데, 단순히 부주의했는지 아니면 다른 이유가 있는지 몰라도 이렇게 썼던 것이다.

필라델피아 토론회에서 나는 우주 팽창에 대해 이야기하면서 린데의 이론을 언급했다. 그러면서 내가 그의 오류를 어떻게 바로잡아주었는지에 대해서도 이야기했다. 당시 청중 가운데 스타인하트가 있었다. (……) 나중에 스타인하트는 나에게 논문을 하나 보내주었다. 그와 안드레아스 알브레히트가 같이 쓴 것인데, 린데의 이론과 매우 유사했다. 나중에 스타인하트는 내가 당시 린데의 이론을 설명했던 것을 기억하지 못한다고 했으며, 게다가 그들이 논문을 거의 완성한 시점에서야 린데의 논문을 읽었다고 말했다.

스타인하트는 호킹의 무책임한 말에 몹시 화를 냈다. 이 일의 옳고 그름을 제대로 따지지 않는다면 자신의 명예와 연구 업적에 심각한 피해를 입게 될 상황이었다. 스타인하트가 왜 이렇게 화를 냈을까?

1982년에 호킹은 케임브리지에서 물리학 토론 강의를 열었다. 이 강의에서 우주 팽창 문제를 연구하고 토론했는데, 예정된 강의 일정이 모두 끝난 뒤 주최 측에서 토론 내용을 기록물로 작성했다. 이 강의에 참가한 미국의 물리학자 터너(Turner)와 배로(Barrow)가 초안을 보고 스타인하트의 공로를 내용에 추가해야 한다고 건의했다. 스타인하트와 린데는 각자 독립적으로 우주의 새로운 팽창 이론을 내놓았기 때문이다. 호킹은 '공로를 나눠 주자'라는 그들의 제안에 찬성하지 않았을 뿐 아니라 스타인하트와 알브레히트의 이름을 빼는 대신 호킹-모스(Moss)의 이름으로 된 논문을 참고자료에 넣으라는 의견을 내놓았다.

터너와 배로는 호킹의 무분별한 태도에 크게 화를 냈다. 특히 호킹-모스의 논문을 넣자는 의견은 누가 봐도 본인이 새로운 팽창 이론을 발견한 공로를 가져가려는 것으로 보였다. 터너와 배로는 호킹의 말도 안 되는 요구를 무시하기로 했다. 또한 호킹에게도 다음과 같은 사실을 일깨

위주었다. '스타인하트가 이런 상황을 모를 리 없으며, 최고의 위치에 있는 인물과 맞서는 것은 위험한 일이지만 그들은 공정한 결과를 얻기 위해 어떤 것도 불사할 것이다.'

처음에는 호킹이 오해를 했던 듯하다. 스타인하트가 필라델피아에서 자신의 강연을 듣고 린데의 새로운 팽창 이론에 대해 알게 된 후에 논문을 썼다고 생각했던 것이다. 그래서 스타인하트가 우주의 새로운 팽창 이론을 발견한 공로를 가질 자격이 없다고 여겼다. 스타인하트는 이 일을 알게 된 후 곧바로 자신의 수첩과 편지를 호킹에게 보냈다. 그것으로 필라델피아에서 호킹의 강연을 듣기 전부터 이미 새로운 팽창 이론에 관한 상당히 진척된 생각을 가지고 있었음을 증명하는 동시에 필라델피아 회의에서 호킹이 린데의 새로운 사상을 언급하는 것을 들은 바가 없다고 단언했다. 호킹은 스타인하트의 편지를 받은 후, 답신을 보내 스타인하트와 알브레히트의 연구가 린데의 연구와는 완전히 독립된 것임을 인정했다. 그는 또한 우호적인 태도로 앞으로 같이 협력 연구를 하자는 뜻을 비췄으며, 명백하게 이 일은 여기서 일단락되었음을 밝혔다.

이것이 1982년의 일이었다. 만약 호킹이 자신의 말을 지켰다면 아무 일도 일어나지 않았을 것이다. 그러나 1988년에 그는 『시간의 역사』를 쓰면서 자신이 1982년에 스타인하트에게 보낸 편지에서 했던 말을 전면 부정했다. 이 책을 읽은 사람들은 호킹이 스타인하트를 헐뜯고 있다는 것을 기민하게 알아차렸다. 스타인하트는 호킹이 신의를 지키지 않은 것을 용서할 수 없었다.

이 일로 스타인하트의 명예는 순식간에 바닥으로 떨어졌고, 미국의 정부과학기금에서는 그에게 연구비 지원을 중지하겠다는 결정을 내렸다. 원인은 전부 호킹이 쓴 책이었다. 스타인하트는 자신의 명성을 지키려 싸워야 했다. 다행히 1981년에 열린 어떤 학술회의를 촬영한 비디오를 찾아냈고, 그 영상에서 스타인하트는 매우 확실하게 새로운 팽창 이론의 핵심적인 내용을 언급하고 있었다. 스타인하트는 이 영상을 복사해 케임브리지에 있는 호킹과『시간의 역사』를 출간한 출판사로 보냈다. 몇 달 후, 호킹이 답신을 보냈다.『시간의 역사』다음 판에서는 스타인하트의 기분을 상하게 한 그 부분의 내용을 수정하겠다는 편지였다. 그러나 호킹은 스타인하트에게 심각한 피해를 입힌 사건을 두고 당사자에게 직접 사과를 하지도 않았고, 자신의 잘못을 공개적으로 인정하지도 않았다.

1988년에 미국에서 열린 회의에서 호킹은 터너를 만났을 때 어색하게 말을 붙였다.

"나와 대화하실 생각이 있으십니까?"

"당신이 만들어낸 문제를 바로잡는다면요!"

나중에 세계 각국의 수많은 학자가 명백하게 그의 잘못이었다고 지적한 후에야 호킹은 조금 관대해진 태도를 보였다. 이 일을 두고『스티븐 호킹: 과학의 일생』(Stephen Hawking: A Life in Science)의 저자는 이렇게 평가했다.

호킹과 스타인하트 두 사람 입장에서 이 일은 이미 끝난 일이다. 하지만 호킹의 행동은 명백히 잘못되었다. 그는 성격이 강하고 고집스러운 것으로 잘 알려져 있다. 그는 이런 성격의 부정적인 영향으로 공정함의 원칙을 무시하고 말았다. 아직도 이 일로 고통받고 있는 스타인하트는 의심의 여지 없이 직업적으로 손해를 입었으며 정신적으로 받지 않아도 되었을 상처를 받았다. 스타인하트로서는 억울한 일이다. 호킹처럼 걸출한 인물은 그들의 사상과 상상력으로 과학을 더욱 생기 있게 만들지만, 개성이 뚜렷한 만큼 부정적 측면 역시 크게 드러난다. 어떨 때는 이런 부정적 측면이 삶의 흐름을 원래의 방향에서 멀어지게 한다.

이 평가는 호킹의 전처인 제인 와일드가 한 말을 떠올리게 한다. "나는 스티븐에게 말해줬어요. 그는 신이 아니라고요." 그렇다. 스티븐 호킹은 신이 아니다. 다만 신의 어깨에 올라타 우주의 비밀을 슬쩍 넘겨다보았던 행운아였을 뿐이다.

2장

아인슈타인이 저지른 가장 멍청한 실수

우주는 무한한가? 아니면 어딘가 끝이 있는가? 하이네(Heine)의 시에 답이 있다. "한 가지 결론은 바보들이나 바라는 일이지."
알베르트 아인슈타인

우주가 팽창한다는 사실은 20세기의 지식 혁명이었다. 돌이켜 보면 참 괴이쩍은 일이다. 왜 그전에는 우주가 팽창할 것이라고 생각한 사람이 아무도 없었을까?
스티븐 호킹

아인슈타인은 일반상대성이론을 이용해 우주에 관한 한 가장 대담하고 뛰어난 연구를 진행한 물리학자다. 1917년에 그는 자신의 첫 우주론 논문을 발표했다. '우주론' 분야에서 일반상대성이론을 주제로 발표한 최초의 논문이기도 했다. 이 논문의 제목은 「일반상대성이론에 근거한 우주론 고찰」이다. 이 선구적인 논문에 도입된 수많은 개념과 발전은 100년이 흐른 지금까지도 현대 우주론 발전에 막대한 영향을 주고 있다.

아인슈타인은 자신의 우주론 연구에 '우주항'이라는 개념을 도입했고, 그 방정식에서 우주 상수 Λ(람다)를 설정했다. 하지만 러시아 출신 이론물리학자 조지 가모브(George Gamow, 1904~1968)는 회고록에서 아인슈타인이 우주항을 도입한 것을 후회했다고 썼다.

> 옛날에 나와 아인슈타인이 우주론 문제를 토론한 적이 있었다. 그는 우주 상수를 도입한 것이 자신이 평생 한 일 중에서 가장 멍청한 짓이었다고 말했다.

그러나 수십 년이 지난 지금 우주론을 연구하는 학자들은 아인슈타인이 도입한 우주 상수가 필수적인 개념이라고 여긴다. 가모브는 아마도 그렇게 생각하지 않는 듯하지만 말이다. 그는 이렇게 말한 적도 있다.

> 아인슈타인이 부정하고 포기한 이 '멍청한' 방정식 항을 지금에 와서도 여전히 몇몇 우주론 학자들이 사용하고 있다. 그리스어 자모인 Λ로 대표되는 우주 상수는 그 추악하게 뾰족한 머리를 의기양양하게 치켜들고 몇 번이고 다시 세상에 출현했다.

우주 상수 Λ를 "추악하게 뾰족한 머리"라고 표현한 것을 보면 가모브가 우주 상수를 얼마나 혐오했는지 충분히 느낄 수 있다. 그러나 다른 과학자들은 아인슈타인이 Λ를 포기했다고 해서, 가모브가 Λ를 "추악하다"라고 말했다 해서(Λ의 정수리가 뾰족한 것에는 반박의 여지가 없다) 우주 상수를 쓰레기통에 처박지 않았다.

저명한 우주학자 스티븐 호킹은 물리학자인 머리 겔만(Murry Gell-Mann)의 영향을 받아 우주 상수에 관심을 가지게 되었고, 1982년에 어느 학회에서 '우주 상수와 인류 원리[1]'라는 제목으로 강연했다. 그는 이 강연에서 어떤 상황에서 우주 상수는 마땅히 존재하는 것이지만 지금까지 밝혀진 어떠한 물리학의 상수보다 0에 가까울 뿐이라고 설명했다. 호킹은 특히 광자(光子)의 질량을 0으로 둘 때 동일한 이유로 Λ의 수치 역시 0이 된다고 했다. 영국의 물리학자이자 천문학자인 에딩턴은 우주 상수가 없어서는 안 되는 개념이라고 믿었고, 일찍이 이렇게 예언했다.

> $\Lambda = 0$이라는 것이 불가능하지 않다. 이 사실은 불완전했던 상대성이론을 완전한 상태로 만든다. 우주 상수 문제는 상대성이론이 뉴턴 이론을 완전한 모습으로 만들었던 일과 같아, 생각하고 말고 할 게 없다.

그렇다면 아인슈타인은 왜 자신이 실수했다고 생각했을까? 그리고 수많은 과학자는 왜 실수가 아니라고 여겼을까? 이 일화 속에는 '함정'과 '오해'가 그야말로 진짜와 가짜를 가릴 수 없을 만큼 교묘한 상태로 뒤섞여 있다. 우리가 유일하게 파악할 수 있는 사실은 앞으로 이야기하려는 내용이 맞는지 틀린지 아직도 정확히 결론 나지 않았다는 것이다.

✦

　　뉴턴 역학이 성립된 이후, 그때까지 우주의 구조를 설명하던 초기 학설은 역사의 뒤안길로 사라졌다. 고대 중국이든 고대 그리스든 거의 모든 세상 사람들이 "우주는 우리가 사는 세상 전체를 가리키는데,

---

1　인간을 비롯한 생명체들은 많은 우주 중 적합한 조건을 갖춘 곳에서만 존재 가능하며, 생명체 존재를 위한 조건을 통해 다양한 물리적 법칙들을 설명할 수 있다는 원리.

이 우주는 유한하며 끝이 있다"라고 믿었다. 문제는 이런 생각이 아주 곤혹스러운 역설을 야기한다는 점이다. '유한하며 끝이 있다'라는 말은 우주의 끝(경계선) 너머에 무언가 더 존재한다는 의미다. 반면 우주가 세상의 모든 것을 담고 있다고 한다면 어떤 것도 우주 바깥에 존재할 수 없다. 모든 것을 담고 있는 공간이 우주인데 경계선 너머에 무언가 존재한다면 우주는 모든 것을 담고 있는 상태가 아닌 셈이다. 치명적인 모순을 품고 있는 난제였다.

고대에는 이런 문제를 해결할 쉬운 방법이 있었다. 말하자면 '우주 바깥의 무언가'에 대한 부분을 과학의 연구 영역이 아니라고 여기면 그만이었다. 옛사람들은 우주 바깥이 신 혹은 옥황상제가 다스리는 천국, 천계라고 믿었다. 그러나 근대 과학이 시작된 후로 천국이나 천계라는 식의 설명은 더 이상 발붙일 곳이 없었다. 그래서 이 문제를 해결하기 위해 뉴턴과 라이프니츠(Leibniz, 1646~1716)는 우주가 무한하다는 주장을 폈다. 1692년에 뉴턴은 고전학자인 리처드 벤틀리(Richard Bentley)에게 쓴 편지에서 왜 우주를 물질이 가득 담긴 무한 용량의 그릇으로 보는지 설명했다.

> 만약 태양, 행성 그리고 모든 우주의 물질이 전부 하늘에 균일하게 분포해 있다면, 모든 물질 입자 사이에 서로 끌어당기는 힘(인력)이 작용할 것이다. 이런 상황에서 물질이 분포된 공간이 유한하다고 가정하면, 물질 사이에 작용하는 만유인력으로 인해 모든 물질이 점점 공간의 중심으로 모여들고 궁극적으로는 단 하나뿐인 거대한 물질의 구체를 이룰 것이다. 그런데 물질이 무한한 공간 안에 균일하게 분포한다고 가정할 경우, 물질들이 하나의 구체로 뭉치지 않는다. 무한한 공간에서는 물질이 서로 다른 종류의 여

러 덩어리를 형성할 수 있다. 무한한 공간에 무한히 많은 물질 덩어리가 존재하며, 그들 사이의 거리는 극도로 멀리 떨어져 있을 것이다.

뉴턴은 무한한 공간에 무한히 많은 항성이 존재한다고 여겼으며, 이들 항성이 우주 공간 전체에 균일하게 분포하기 때문에 우주의 물질이 만유인력에 의해 "마지막에는 공간의 중심으로 전부 모여드는 상황"처럼 거대한 재난을 피할 수 있다고 보았다. 확실히 설득력 있는 주장이다. 우주를 무한하다고 가정하면 인력에 의해 형성되는 중심점도 없고, 모든 항성이 각각의 방향에서 받는 힘이 동일하며, 그렇기에 우주는 안정적이며 변화하지 않는다. 뉴턴의 이런 생각을 종합적으로 정리하면, "우주는 정적이다(변화하지 않는다)"라고 볼 수 있다. 아주 오래전부터 인류가 우주를 인식해온 전통적인 방식의 믿음이기도 하다. 게다가 이런 생각과 인류가 실제 경험적으로 인식한 우주의 모습은 딱 맞아 떨어진다. 우리가 생활하면서 느끼는 우주의 어느 부분이 정적이지 않단 말인가.

그러나 뉴턴이 제시한 우주 모형에는 심각한 결함이 있었는데, 바로 무한한 공간에 무한히 많은 항성이 있다고 가정하면 공간 중 임의의 어느 한 지점을 보더라도 인력은 무한대로 나아가고, 그 공간 중 어느 곳이든 항상 밝아야 하며 어둠이 존재할 수 없다. 에드먼드 핼리(Edmund Halley, 1656~1742)가 1720년에 이미 이런 문제를 제기한 바 있다. 그는 어느 글에서 항성의 수가 무한하다면 지구에서 볼 때 하늘이 별빛으로 전부 덮일 텐데 왜 밤하늘은 어둡냐고 지적했다.

독일의 천문학자 하인리히 올베르스(Heinrich Olbers, 1758~1840)도 1823년에 비슷한 의문을 제기하면서 이 문제는 '올베르스의 역설'이라고 불리게 되었다. 이런 이유 때문에 뉴턴은 결국 우주는 무한하지만 유한한 수의 항성이 유한한 공간 안에 분포해 있는 상태라고 결론 내렸다.

반면 뉴턴과 동시대를 살았던 라이프니츠는 항성들이 무한한 우주 공간 전체에 균일하게 분포한다고 굳게 믿었다. 즉 무한한 공간에 무한한 수의 항성이 존재한다고 생각했다. 항성의 분포가 유한하다면 '물질이 존재하는 우주'는 결국 무한하지 않고 공간의 끝이 존재한다는 뜻이기 때문이다. 그렇게 되면 결국 고대 인류가 그랬듯 물질이 존재하는 우주의 경계선 너머에는 무엇이 있느냐 하는 문제로 되돌아가는 꼴이 된다.

뉴턴과 라이프니츠는 서로 다른 의견을 주장하면서 절대 굴복하지 않았다. 원인은 단순했다. 오로지 '사유(思惟)'를 통해 논리적으로 주장을 내세울 수 있을 뿐 우주를 관측하여 실존하는 근거를 댈 수 없었기 때문이다. 두 사람은 서로의 생각을 똑같이 "증명할 수 없다"라는 말로 반박했다. 칸트는 뉴턴과 라이프니츠의 논쟁을 애초에 다툴 필요가 없는 문제로 치부했다. 우주는 유한할 수도 없고 무한할 수도 없기 때문에 뉴턴과 라이프니츠의 논쟁은 "공간의 이율배반" 문제라는 것이었다.

하지만 물리학자들은 철학자의 생각에 쉽게 동의하지 않았다. 1890년대 중반 독일 천문학자 카를 노이만(Karl Neumann, 1832~1925)과 휴고 젤리거(Hugo Seeliger, 1849~1924)는 뉴턴의 우주 모델에 새로운 아이디어를 더했다. 뉴턴이 제시한 "무한한 공간 내의 유한한 일부 공간에 유한한 항성이 분포한다"라는 관점을 차용하면 뉴턴이 맨 처음 벗어나려고 했던 난제로 돌아가게 된다. 인력 작용에 의해 우주가 수축한다는 것 말이다.

노이만과 젤리거 두 사람은 우주의 수축을 피하는 방식으로 다음과 같은 주장을 제기했다. 무한한 공간이라는 관점은 마땅히 유지되어야 한다. 항성 또한 마땅히 유한한 수여야 한다. 그렇다면 뉴턴의 인력 방정식에 '우주항'이라는 것을 새롭게 추가하면 어떨까? 그들이 주장한 우주

항은 $\Lambda\phi$라고 쓰며, '척력 항'이라고 불린다. 서로 밀어내는 힘인 척력이 존재하면 우주가 수축할 가능성을 방지할 수 있다. 이들이 주장한 우주항의 Λ는 곧 우주 상수(cosmological constant)였으며, 방정식에서 변하지 않고 항상 같은 값을 가진다.

그러나 두 사람 역시 항성의 수가 유한하다고 가정하면 결국 물질이 존재하는 우주에 끝이 있다는 문제에 대해서는 답을 내놓지 못했다. 1917년, 드디어 이 문제를 해결해줄 한 줄기 빛이 나타났다.

✦

아인슈타인은 일반상대성이론을 만든 후 우주론 연구로 전향해 "바보들이나 단 하나의 결론을 바랄" 난제를 탐구하기 시작했다. 아인슈타인이 돌연 우주론에 관심을 가진 이유는 무엇일까? 두 가지 원인이 있는데 하나는 그가 항상 '자연계의 신비로운 조화'에 감탄과 경외의 감정을 품었기 때문이고, 다른 하나는 일반상대성이론 자체의 필요 때문이었다.

일반상대성이론 방정식은 뉴턴의 만유인력 이론에서 제시하는 방정식과 다르다. 두 이론은 기본 개념부터 본질적 차이가 존재한다. 그러나 대부분의 상황에서 인력은 매우 미약한 힘이기 때문에 두 방정식에 의해 나온 값의 차이는 사실상 아주 작았다. 일반상대성이론의 가장 기본적인 근사해석[2] 값은 뉴턴 인력 이론과 완전히 동일한 값을 가진다.

뉴턴의 만유인력 법칙은 우주론에 존재하는 대부분의 문제를 해결하

---

2   물질이나 현상에 대해 정확한 해석을 할 수 없을 때, 가정을 세워 허용 오차를 갖도록 해석하는 방법.

는 데 충분했다. 하지만 당시 뉴턴 역학으로 설명할 수 없었던 몇 가지 문제를 일반상대성이론이 효과적으로 해석해냈다.

예를 들면 인력의 적색편이(赤色偏移)라든가 빛의 휘어짐, 수성의 근일점(近日點) 이동 등의 문제를 일반상대성이론의 제1근사해석으로 설명할 수 있었고, 실험을 통해 이런 문제들이 증명되면서 일반상대성이론이 대중적으로 인정받았다. 그러나 단순히 이 정도의 증명만으로는 뉴턴 역학과 일반상대성이론이 본질적으로 커다란 차이점을 가진다는 사실을 설명하기에 부족했다. 강한 인력이 작용하는 공간을 탐구해야만 뉴턴 법칙과 일반상대성이론의 본질적 차이를 분명하게 드러낼 수 있었다.

그렇다면 강한 인력이 작용하는 공간이란 어디일까? 바로 우리 지구가 존재하는 우주 공간이다. 사실상 우주만이 일반상대성이론의 힘을 충분히 증명할 수 있는 곳이었다. 반대로 말하자면 뉴턴 법칙의 취약점을 폭로할 수 있는 곳이기도 했다.

아인슈타인이 우주론을 연구하기 시작했을 때, 학계에는 이미 수많은 관점이 존재했다. 이런 관점들은 대부분 뉴턴 역학의 법칙에 부합했고, 인류의 실제 경험에도 부합했다. 예를 들면 다음과 같다.

① 우주 공간은 무한하고 끝이 없다.

② 우주에 존재하는 물질은 유한하다.

③ 우주는 전체적으로 볼 때 정적이다.

④ 카를 노이만과 휴고 젤리거가 주장한 것처럼 척력(즉 우주 상수)을 만유인력 이론에 추가할 수 있다.

이런 관점 외에 아인슈타인은 마하의 원리[3]에도 영향을 받았다. 그러나 우주 모형을 만들려면 일반상대성이론이 인류의 실제 경험에 부합한다는 더 많은 증거가 필요했다. 미국 포틀랜드대학교의 C. 레이의 말은 상당히 일리가 있다.

아인슈타인은 경험적 증명이 필요했기 때문에 우주 상수를 도입했다.

우선 위에 언급한 관점 중 첫 번째를 살펴보자. 일반상대성이론은 이전과 완전히 다른 해답을 내놓았다. 일반상대성이론이 필요한 공간은 리만공간(Riemannian Space)이지 뉴턴이 제시한 절대공간(Absolute space)이 아니다. 리만공간이 발견되기 전 인류는 유한하면 반드시 끝이 있고, 끝이 있으면 당연히 유한하다고 여겼다. 반대로 무한하면 끝이 없고, 끝이 없으면 당연히 무한한 것이었다. 그러나 독일 수학자 베른하르트 리만(Bernhard Riemann, 1826~1866)이 1854년에 "우주는 유한하지만 끝이 없다"라는 관점을 최초로 제시했다.

리만 기하학의 중요한 의의가 바로 여기에 있다. 유한이냐 무한이냐 하는 문제는 오로지 사유의 힘에 의존해야 하는 것이 아니라 실증적인 방식으로 연구할 수 있는 문제였던 것이다. 게다가 리만 이론에 따르면 공간의 유한성과 무한성은 공간곡률[4]에 의해 결정된다. 공간곡률은 원

---

3 입자의 운동은 우주에서 다른 물질과 상호관계를 가져야만 의미가 있다는 원리이며 이는 곧 상대운동이 존재한다는 주장이다. 뉴턴이 절대운동을 가정한 것을 비판하며 등장했다.

4 큰 질량을 가진 천체 주변의 공간이 휘어지는 정도.

칙적으로 측정이 가능한 값이다.

아인슈타인의 일반상대성이론이 묘사하는 공간은 다시 말해 리만 기하학에서 전제하는 공간이다. 그러므로 아인슈타인의 인력 이론에서 볼 때 우주란 "유한하지만 끝이 없는" 공간이었다. 이런 관점은 수천 년간 이어져온 '유한하면 곧 끝이 있다'는 관점에서 제기되는 모순점을 해결했다. 아인슈타인의 우주론을 불안하게 하던 문제 하나를 없애준 셈이다. 그러나 다른 방면에서 아인슈타인의 우주가 맞닥뜨린 문제는 뉴턴의 우주만큼이나 많았다. 그중 가장 중요한 문제가 바로 "우주는 전체적으로 볼 때 정적이다"라는 관점이었다. 아인슈타인의 인력 방정식은 뉴턴의 방정식과 마찬가지로 인력 개념만 가지고 있었기 때문에 우주가 수축해 한 덩어리로 뭉치게 된다는 모순을 해결할 수 없었다. 다행히 노이만과 젤리거의 선례가 있어 아인슈타인 또한 자신의 방정식에 우주항을 도입했다. 이것이 $\Lambda g_{\mu\nu}$다. 여기서 나온 Λ가 바로 가모브가 혐오스럽다는 듯 표현했던 "뾰족한 머리", 즉 우주 상수다.

처음에는 아인슈타인 역시 "뾰족한 머리"를 싫어했다. 이 우주 상수를 도입한 후 원래 상대성이론 방정식이 가졌던 미학적 매력이 손상되었기 때문이다. 만약 Λ를 도입하지 않고 원래의 방정식을 풀고자 하면 우주는 팽창하거나 수축한다는 결과가 나오는데 아인슈타인이 살던 시대만 해도 인류의 지식 체계에서 우주가 팽창하거나 수축할 수도 있음을 받아들일 수 없었다. 아인슈타인은 자신이 만든 방정식이 아니라 천문학자들의 실제 관측 결과를 믿기로 했다. 우주에는 별의 탄생과 소멸 같은 수많은 불규칙 운동이 존재하지만, 전체적으로 볼 때 우주는 정적이라는 관점 말이다. 아인슈타인은 노이만과 젤리거가 그랬듯 인력에 반대되는 힘인 반인력(척력)을 도입했다.

반인력과 지금까지 사람들이 잘 알고 있던 힘(만유인력, 전자력 등)은 많은 부분에서 달랐다.

① 지금까지의 다른 힘은 전부 '근원'이 존재한다. 예를 들어 만유인력은 지구 중심 혹은 태양에서 나온다. 그러나 반인력은 어떠한 특정 근원도 없이 "시공간 본래의 구조 속에 포함되어 있다."

② 다른 힘은 크든 작든 상호작용하는 두 물체 사이의 거리에 반비례한다. 거리가 멀면 힘이 작다. 하지만 반인력은 두 물체의 거리가 멀수록 크다.

③ 다른 힘은 상호작용하는 두 물체의 양쪽에 관련된 힘이지만 반인력은 그중 한 물체의 질량에 따라 결정된다.

이렇게 보면 반인력은 정말 이해할 수 없는 개념이다. 특히 '근원이 없다'라는 부분이 그렇다. 당시 사람들은 이런 개념을 받아들일 수 없었다. 하지만 가모브가 말했던 대로, 아인슈타인은 "우주의 정태적 안정성을 구원할 수만 있다면 어떻게 하든 상관없었다".

1917년 2월, 아인슈타인은 「일반상대성이론에 근거한 우주론 고찰」 이라는 논문을 발표했다. 이 논문에 어떤 문제점이 있는지는 차치하고, 이론 체계로서 볼 때 이 논문은 물리학 역사의 새 장을 열었다고 할 수 있다. 아인슈타인은 겁이 없는 사람이었다. 그는 우주라는 공간 전체를 아우르는 역학 법칙을 만드는 것이 근본적으로 불가능할지 모른다는 사실을 인정하지 않았으며, 그런 법칙을 만들겠다는 희망을 버리지도 않았다. 그는 끊임없이 노력했다.

그럼에도 이번 논문에 대해서는 앞서 특수상대성이론과 일반상대성이론을 발표할 때처럼 확실한 자신이 없었다. 아마도 반인력이라는 척력항을 넣은 방정식이 간결하지도 조화롭지도 아름답지도 않았기 때문일 것이다. 반인력이라는 녀석이 가진 성질이 너무 괴상한 것도 그를 불안하게 만들었을지 모른다. 완성한 논문을 프로이센 왕립 과학아카데미에 제출하기 며칠 전, 아인슈타인은 가까운 친구인 네덜란드 이론물리학자 파울 에렌페스트(Paul Ehrenfest)에게 보내는 편지에 이렇게 썼다.

> 내가 또 인력 이론에 대해 얼토당토않은 소리를 썼다네. 이번에는 정말 나를 정신병원에 처넣을지도 모르겠군.

나중에 벌어진 일들을 생각하면 아인슈타인의 걱정이 아주 근거 없는 생각은 아니었다.

✦

아인슈타인의 논문이 발표된 후 얼마 지나지 않아 러시아의 수학자 알렉산드르 프리드만(Alexander Friedmann, 1888~1925)은 순수수학의 입장에서 아인슈타인의 논문을 연구했고, 그가 증명 과정에서 오류를 범했음을 발견했다. 아인슈타인은 복잡한 항을 방정식 양변에서 나눌 때 모종의 상황에서 그 항이 0이 된다는 것을 놓쳤다. 0인 값을 방정식 양변에서 나누면 안 된다는 것은 중학생도 잘 아는 내용이지만 아인슈타인이 그 부분을 지나쳤던 것이다. 이런 오류로 아인슈타인이 내놓은 증명은 신뢰할 수 없게 되었다.

프리드만은 그 순간에 완전히 새로운 우주론이 탄생하려 한다는 것을 알아차렸다. 그는 신중하고 긴장감 넘치는 연구를 거쳐 아인슈타인이 1916년에 발표한 인력장 방정식이 정확하다는 결론에 도달했다. 이 방정식은 우주가 팽창하거나 수축한다는 가능성을 보여주고 있었다. 그런데 아인슈타인은 우주가 변함없이 정적이라는 것을 보여주기 위해 맨 처음 자신이 발견하고 주장했던 이론에 대한 믿음을 배신하고 우주항이라는 새로운 개념을 넣은 방정식을 제시한 것이다. 사실 우주항의 도입은 불필요한 것이었으며, 결국 슬프고 한탄스러운 실수가 되었다.

프리드만은 자신의 발견을 아인슈타인에게 편지로 알렸고, 아인슈타인은 여기에 답장하지 않았다고 알려져 있다. 프리드만은 마침 베를린에 갈 일이 있었던 레닌그라드 국립대학교(현 상트페테르부르크대학교)의 물리학 교수 크루트코프(Krutkov)에게 아인슈타인을 만나 자신의 연구 결과를 전해달라고 부탁했다. 가모브의 회고록에 따르면, 아인슈타인은 짤막한 답장을 보냈다. "표현은 좀 거칠었지만 아인슈타인도 프리드만의 논증에 동의한다는 내용이었다."

1922년에 프리드만은 독일 학술지 『물리학』에 논문을 발표했다. 이 논문에서 그는 아인슈타인의 방정식을 증명하고 우주가 팽창할 수 있다는 가능성을 보여주었다. 이는 과학사상 가장 위대한 발견이라고 할 만했다. 또한 우주 공간 전체를 범위로 두고 있다는 점, 최초로 우주가 정적이라는 전통적 믿음을 깨뜨렸다는 점 때문에 우주론의 신기원을 열었다고도 할 수 있었다.

아인슈타인은 프리드만의 논문에 오류가 있다고 생각했다. 그는 학술지의 편집진에게 편지를 보내 이 논문을 비판했다. 아인슈타인이 쓴 글은 바로 다음 호 『물리학』에 실렸다. 그러나 프리드만은 곧바로 아인슈타인이 자신의 논문을 비판한 내용에 또 오류가 있음을 발견했으며, 아인슈타인의 글을 반박했다. 1923년에 아인슈타인은 짧은 글에서 프리드만의 논문을 비판했던 자신의 견해를 철회하고, 그가 제시한 우주 모형에 동의한다고 밝혔고, 1931년에 정식으로 자신의 실수를 인정했다. "우주항을 도입한 것은 이론적으로 어떻게 해도 만족스럽지 못하다"면서 다시는 이 "멍청한 짓"을 언급하지 않겠다고 한 것이다.

우주가 정적이라는 믿음 때문에 우주 상수를 도입한 것은 분명히 실수였다. 아인슈타인은 젊은 시절에 어떠한 선험적 개념도 쉽게 믿지 않았고, 심지어 이렇게 말한 적도 있었다.

> 물리학에서는 어떤 개념도 선험적 필연이 없고, 선험적으로 정확하다고 말할 수도 없다.

그러나 영원히 선험적 개념의 오류에서 벗어나 있을 수 있는 사람은 없다. 아인슈타인은 1917년 2월 논문을 발표하기 전 이미 우주가 팽창 혹은 수축한다는 결과를 얻었다. 그러나 전통적인 관념에 영향을 받아 자신이 발견한 가능성을 포기했고, 우주 상수 Λ를 도입하여 우주는 변함없이 정적이라는 관점을 뒷받침하려 했다. 이것이 아인슈타인의 생애 가장 '멍청한 실수'가 되었다.

물론 아인슈타인 이후로도 예측불허의 과학적 사건들이 많이 벌어졌다. 우주 상수의 운명도 오르락내리락했다. 어떨 때는 각광받았고 어떨 때는 비판받았다. 하지만 우주 상수에 관한 그 후의 이야기는 더 이상 우리가 이 책에서 다룰 수준이 아니다.

3장 | 해왕성의 발견과 르베리에의 실패

펜 한 자루, 잉크 한 병, 종이 한 장만 있으면 머나먼 곳 미지의 별을 예언할 수 있다. 그리고 천문 관측자들에게는 "망원경을 이 방향을 향해 고정하면 새 행성을 볼 수 있지"라고 말할 수 있고. 이런 일은 항상 황홀함을 안겼다.

올리버 조지프 로지(Oliver Joseph Lodge, 1851~1940)

독일 철학자 칸트는 이런 말을 했다. "하늘에서 별이 반짝이면, 지상에서는 가슴이 뛴다." 지혜가 가득한 이 철학자의 말은 많은 사람을 감동시켰다. 하늘에 대한 경외감으로 정신을 엄격히 가다듬는 것은 동양이나 서양이 다르지 않다. 얼마나 많은 지식인이 맑은 밤하늘에서 반짝이는 별을 보며 깊은 사색에 빠졌던가. 그 덕분에 셀 수 없이 많은 사상과 시가 탄생했다.

중국 당나라 때의 시인 두보는 「천하(天河)」라는 시에서 이렇게 썼다.

별을 머금고 쌍궐을 움직이며, 달과 더불어 변성을 비추네

견우와 직녀가 해마다 은하수를 건너는데, 풍랑이 일어난 적이 있던가

프랑스 시인이자 최초로 노벨 문학상을 받은 쉴리 프뤼돔은 「은하수」라는 시에서 이렇게 읊었다.

> 어느 밤, 나는 별을 향해 말했다
>
> 너희는 행복해보이지 않는구나
>
> 너희는 무한한 어둠 속에서 반짝이며
>
> 부드러운 감정 속에 고통을 품고 있다
>
> (……)
>
> 별이여, 너희는 인간의 선조이며
>
> 또한 신의 선조이다
>
> 어째서 눈물을 머금고 있는가?
>
> 별이 대답하기를, 우리는 외롭다
>
> (……)

러시아 시인 미하일 레르몬토프는 「별」에서 깊은 감성을 담아 이렇게 노래했다.

> 하늘의 별 하나, 별빛이 찬란하네
>
> 영원한 반짝임, 내 눈을 유혹하네
>
> 별은 나의 꿈과 환상을 매료시키고
>
> 별은 하늘에서 나를 부르고 있네
>
> 그 다정한 눈빛은 별과 같다네 (……)

이제부터 내가 하는 이야기에 주목하기 바란다. 앞으로 하늘에서 반짝이는 별을 볼 때 많은 철학자와 시인이 그랬듯 더욱 감격하며 그 밤하늘에 '유혹'될지도 모르니까.

✦

독일의 천문학자 위르뱅 장 조제프 르베리에(Urbain Jean Joseph Le Verrier, 1811~1877)의 업적과 실수를 언급하기 전, 우선 태양계의 역사부터 알아두는 게 좋겠다.

인류는 이미 수천 년 전부터 지구 가까이에 다섯 개의 행성이 있음을 알고 있었다. 각각 수성, 금성, 화성, 목성, 토성이다. 수천 년 동안 이 행성들에 어떤 규칙이 있는지 알아내려 애썼지만 알아낸 건 거의 없었다. 하지만 인류의 호기심은 사라지지 않았다.

1766년, 독일의 수학 교사 요한 다니엘 티티우스(Johann Daniel Titius, 1729~1796)가 우연히 아주 재미있는 규칙을 발견했다. 그는 수업 중에 여러 행성과 태양 사이의 평균거리를 설명하면서 학생들이 그 숫자를 잘 기억하지 못하자 독특한 방법을 고안했다. 티티우스는 칠판에 다음 수열을 썼다.

0, 3, 6, 12, 24, 48, 96, 192, 384 ······

이 숫자들에 4를 더하고 10으로 나누면 다음과 같은 값이 나온다.

0.4	0.7	1.0	1.6	2.8	5.2	10.0	19.6	38.8	······
수성	금성	지구	화성	?	목성	토성	?	?	······

만약 태양에서 지구까지의 거리를 1이라는 천문단위[1]로 설정하면, 위 표에 나오는 0.4, 0.7 등의 숫자는 곧 수성, 금성 등의 태양까지 평균거리가 된다. 이런 재미있는 규칙 덕분에 티티우스는 화성과 목성 사이 2.8천문단위에 행성이 하나 부족하다는 것을 알아차렸다. 하지만 토성은 당시 알려진 가장 먼 행성이었고 그 바깥 행성이 아직 발견되지 않은 것에 대해서는 이상하다는 생각을 하지 못했다.

당시 티티우스는 학생들의 기억을 돕는 방법으로 이 규칙을 썼을 뿐 그다지 중요하게 여기지 않았다. 6년 후 독일 베를린의 천문대 책임자인 요한 엘레르트 보데(Johann Elert Bode, 1747~1826)는 티티우스가 제안한 방법에 중요하고 가치 있는 규칙이 숨어 있음을 알아차렸고, 이를 정식으로 발표했다. 그래서 지금은 이 규칙을 '티티우스-보데의 법칙(Titius-Bode law)'이라고 부른다. 처음에는 이 규칙에 무슨 가치가 있다는 것인지 사람들의 평가가 엇갈렸다. 그런데 1781년에 천왕성이 발견되고, 태양까지의 평균거리가 19.2천문단위임이 밝혀졌다. 티티우스-보데의 법칙이 예측한 19.6과 가까운 값이었던 것이다. 이 일로 티티우스-보데의 법칙의 신뢰도가 크게 높아졌다.

천왕성을 발견한 사람은 영국 천문학자 윌리엄 허셜(Frederick William Herschel, 1738~1822)이다. 허셜은 독일 하노버에서 태어났는데, 아버지는 군대에 소속된 악단의 연주자였다. 허셜은 아버지의 뒤를 이어 군악대에 들어갔다가 1757년에 열아홉의 나이로 영국에 밀입국했다. 그는 리

---

1   천문단위(天文單位)는 태양계 내에서 천체 사이의 거리를 나타내는 단위로, 태양과 지구 사이의 평균 거리 약 1억 5천만 킬로미터를 1천문단위로 둔다.

즈 등의 지역에서 음악을 가르치며 먹고살았다. 허셜은 음악적 재능이 뛰어났고 수업도 인기가 있어 생계는 걱정하지 않아도 될 정도였다. 이런 상황에서 허셜에게 잠재되어 있던 지적 욕구가 드러났다. 그는 라틴어, 이탈리아어를 혼자 공부했고, 수학과 광학 관련 서적을 탐독했다. 광학 서적을 읽던 시기에는 뉴턴의 전기를 보고 하늘의 천체를 연구하겠다는 충동에 사로잡혔다.

망원경이 없거나 구하기 힘들다는 사실은 장애물이 되지 못했다. 그는 망원경에 필요한 렌즈를 직접 손으로 갈아 만들었다. 망원경을 빨리 만들고 싶은 마음이 얼마나 간절했던지, 렌즈를 가느라 식사할 시간도 부족해 그가 렌즈를 가는 동안 여동생 캐롤라인이 음식을 먹여주어야 했다. 캐롤라인도 오빠처럼 천체 연구에 푹 빠져 있었고, 훗날 84세에는 영국 왕립학회 최초 여성 회원이 되었다. 이런 노력으로 그들은 당시 유럽에서 가장 성능이 좋고 크기가 큰 망원경을 만들어냈다. 처음에는 초점거리가 10피트인 반사망원경을 만들었고, 나중에는 초점거리 40피트짜리 대형 망원경을 제작했다. 1774년, 그들은 당시 세계 최고의 반사망원경이자, 굴절망원경의 성능을 능가하는 망원경을 제작했다. 허셜은 뛰어난 망원경으로 달의 산맥, 변광성, 태양 흑점을 관찰하여 큰 반향을 불러일으켰다.

하늘에 있는 별이 몇 개인지 알아내기 위해 허셜은 밤하늘을 638개의 구역으로 나누고 구역마다 별의 수를 세어 기록했다. 강한 의지와 꼼꼼한 성격이 아니면 해낼 수 없는 일이었다.

1781년 3월 13일 밤, 하늘을 관찰하던 허셜이 흥분하여 외쳤다.

"캐롤라인! 낯선 손님이 내 망원경에 찾아왔어!"

캐롤라인이 급히 오빠 옆으로 다가갔다. 그녀가 망원경에 눈을 대자,

정말 처음 보는 별이 아주 느리게 밤하늘을 가르며 움직이고 있었다. 빛이 약해서 자세히 들여다보지 않으면 지나치기 쉬운 별이었다.

"정말이네."

캐롤라인의 목소리도 감격에 젖었다.

"오빠, 저 별은 새로운 행성이야. 다만……."

"캐롤라인, 행운의 여신이 우리를 돌아보셨어. 이건 우리 노력과 인내심이 하늘을 감동시킨 결과야. 그렇지?"

이렇게 아리스토텔레스 시대로부터 2천 년이 지나서야 새로운 행성이 세상에 알려졌다. 이 미약한 빛을 내는 별은 쉽지는 않아도 육안으로 확인이 가능해 허셜 남매 이전에도 여러 차례 관측된 적이 있었다. 영국 천문학자 존 플램스티드(John Flamsteed, 1646~1719) 시대에 만들어진 도록에서는 이 별을 황소자리에 놓고 황소자리 34번 천체로 기록했다.[2] 1764년에는 또 어떤 사람이 이 별을 금성 근처에서 발견하여 금성의 위성이라 생각했다. 허셜 남매는 우수한 망원경 덕분에 처음으로 그것이 행성이라는 사실을 확인한 것이다.

처음에는 이 별을 '허셜 행성'이라고 불렀는데, 나중에 천문학계에서는 이 별을 천왕성(Uranus)이라고 부르기로 의견을 모았다. 천왕성의 발견은 과학계를 떠들썩하게 만든 엄청난 소식이었다. 첫째, 토성이 끝이라고 생각했던 태양계의 범위가 거의 두 배로 확장되어 약 28억 킬로미터까지 커졌다. 둘째, 천문학자들은 뉴턴 이후로 더 이상 새로운 발견은 없으리라 여겼는데 그 생각이 깨어졌다. 허셜이 과학계에 신선한 바

---

2   존 플램스티드는 최초의 영국 왕실 천문관으로, 3천여 개의 별을 관찰하여 기록했다.

람을 불어넣어 오랫동안 정체되었던 과학 연구에 활력이 생긴 것이다. 1781년, 허셜은 영국 왕립학회 회원으로 위촉되었고, 당시 과학계의 가장 큰 영예였던 코플리 메달을 받았다.

✦

천왕성은 태양까지의 평균거리가 19.2천문단위다. 이는 티티우스-보데의 법칙에 부합한다. 이 발견은 많은 천문학자의 상상력을 자극했다. 천왕성 바깥으로 더 멀리 있는 행성이 있을까? 티티우스-보데의 법칙에 따라 38.8천문단위에 다른 행성이 있지 않을까?

이런 추측은 당연히 합리적이었다. 나중에 천왕성 바깥에서 행성이 하나 더 발견되어 해왕성이라는 이름이 붙었다. 그러나 해왕성의 발견은 망원경으로 관측한 뒤 연구를 시작한 허셜의 천왕성 발견과는 좀 달랐다. 천왕성의 발견 자체보다 더 사람들을 놀라게 한 것은 천왕성의 궤도가 좀 이상하다는 점이었다. 천왕성의 공전 궤도는 이론적 계산 결과와 맞지 않아 천문학자들의 골머리를 썩였다.

당시 뉴턴의 법칙이 갖는 권위는 절대 건드릴 수 없는 성역과 같았다. 뉴턴 이론은 천왕성이라는 너무도 먼 천체에 적용하기 어렵다고 극소수가 조심스레 주장했고, 천문학자 대다수는 천왕성 궤도 바깥으로 더 먼 곳에 다른 행성이 더 있어 그 미지의 행성에 영향을 받아 천왕성 궤도가 이상한 형태를 띤다고 여겼다.

그렇다면 이 미지의 그리고 가설상의 행성은 어디에 있을까? 드넓은 우주에서 그 행성을 찾는 일은 불가능했다. 유일한 방법은 이론상으로 행성 위치를 추론하는 것이었다. 그러나 그게 말처럼 쉬운 일이겠는가? 이미 알려진 행성의 질량과 운동 방식을 따르지 않는 알려지지 않은 행성이 기존 행성의 운동에 미치는 영향을 알아내야 했다. 이 가설 속 행성의 질량과 궤도를 확정하기에는 알려지지 않은 변수가 너무 많았다. 해결해야 할 방정식 조합이 총 33개였으니, 그 어려움이 어떠했을지 충분히 짐작된다.

1843년에 케임브리지대학교에서 공부하던 존 애덤스(John Adams)는 이 거대하고 지난한 과제에 흥미를 느꼈다. 그는 뉴턴의 '만유인력의 법칙'을 이용해 미지의 행성을 찾아내겠다고 마음먹었다. 2년간 힘겨운 계산 끝에 1845년 9월, 애덤스는 자신의 계산 결과를 영국 왕립 천문대의 최고책임자에게 보냈다. 그가 강력한 천체망원경을 이용해 찾아낸 위치에 실제로 그 미지의 행성이 있는지 확인해달라는 요청이었다. 그러나 당시 애덤스는 고작 학생에 불과했고, 왕립 천문대에서는 그의 요청을 무시했다. 이듬해, 영국 왕립 천문대에서 애덤스의 계산 결과를 검증하기로 결정했지만 이미 때는 늦고 말았다.

애덤스가 행성의 위치를 예측한 것과 거의 비슷한 시기에 프랑스 파리의 천문대에서 프랑수아 아라고(Francois Arago)가 미지의 행성 위치를 이론적으로 계산하라는 과제를 애덤스보다 여덟 살 많은 르베리에에게 맡겼다. 르베리에는 애덤스보다 1년 늦은 1846년 8월 31일에서야 계산을 완성했다. 9월 18일, 르베리에는 베를린 천문대의 연구원 요한 고트프리트 갈레(Johann Gottfried Galle)에게 편지를 보냈다.

망원경을 황경(黃經)[3] 326°에 있는 물병자리 황도 위의 점에 고정하고, 그

---

3   태양의 둘레를 도는 지구의 궤도를 천구(天球)에 투영한 것을 황도(黃道)라고 하는데, 황경은 황도의 경도(經度)를 가리킨다. 춘분점에서 시작해 동쪽으로 돌아 0도에

점에서 1° 정도 떨어진 구역을 살피면 원반(原盤)[4]이 선명하게 보이는 새로운 행성을 발견하게 될 것입니다. 행성의 밝기는 대략 9등성이며…….

갈레는 9월 23일에 르베리에의 편지를 받았다. 마침 갈레는 이 미지의 행성을 찾는 데 도움이 될 만한 새로운 성도(星圖)[5]를 가지고 있었다. 그날 밤 갈레와 그의 조수 다레스트는 르베리에가 예측한 위치를 망원경으로 관찰했다. 30분도 지나기 전에 그가 말한 위치에서 51′ 떨어진 곳에 있는 행성을 발견했다. 이튿날 밤에 이어서 관측한 결과 이 행성의 운동 속도 역시 르베리에가 말한 것처럼 만유인력의 법칙에 완전히 들어맞았다. 만유인력의 법칙이 거둔 찬란한 승리였다! 이 행성은 나중에 해왕성(Nepture)이라는 이름이 붙었다.

해왕성이 발견된 후, 누가 최초의 발견자인지 격렬한 논쟁이 벌어졌다. 논쟁의 양 당사자가 영국과 프랑스이니 더욱 그럴 수밖에 없었다. 특히 파리 천문대의 수장인 아라고의 격앙된 태도는 놀라울 정도였다. 그는 해왕성의 발견이 오로지 르베리에의 공로이며 애덤스의 몫은 조금도 없고, 심지어 이 행성을 '르베리에 행성'이라고 이름 붙일 것을 주장했다. 영국과 프랑스 두 나라 과학계의 다툼이 점점 심해졌지만 정작 애덤스와 르베리에는 이 분쟁 속에 끼어들지 않았다. 그들은 과학 연구에 더 집중했으며, 함께 토론하는 친한 친구 사이가 되었다.

서 360도까지 잰다.

4 별 주변의 먼지나 가스 등이 원반 모양을 이룬 것.

5 항성이나 별자리를 평면 위에 나타낸 그림.

✦

　당시 만유인력의 법칙은 불패 이론으로 통했다. 그러나 수성의 세차운동(歲差運動)에서 만유인력의 법칙은 작은 문제점을 드러냈고 르베리에도 이것 때문에 좌절을 겪었다.

　수성은 태양계 행성 중에서 태양에 가장 가까운 행성이다. 만유인력의 법칙에 따르면 수성은 만유인력의 작용을 받아 운동 궤도가 폐쇄적인 타원형을 이루어야 한다. 그러나 실제로 수성의 궤도는 엄격한 의미의 타원이 아니며, 매번 한 바퀴 돌 때마다 장축(타원 궤도의 가장 긴 지점)이 약간씩 움직인다. 이를 수성의 세차운동이라고 한다.

　만유인력의 법칙에 근거하여 계산하면 세차운동으로 수성의 궤도는 100년 동안 $1°32'37''$(1도 32분 37초)만큼 움직여야 한다. 그러나 르베리에가 1854년에 관측한 결과는 100년 동안 $1°33'20''$(1도 33분 20초)였다. 100년마다 $43''$의 오차라면 별 것 아니라고 생각할지도 모르지만 천문학에서 이 정도의 오차는 용납할 수 없는 수준이다. 따라서 이 오차는 당시 천문학자들 사이에서 의견이 분분했던 주제였다.

　르베리에는 1859년에 해왕성을 발견했던 경험을 바탕으로 태양과 더 가까운 곳에 아직은 밝혀지지 않은 작은 행성이 더 있기 때문에 이런 오차가 생겼다는 가설을 세웠다. 그 행성의 작용으로 수성이 세차운동을 하게 되었다는 것이다. 르베리에는 이 행성이 태양과 함께 뜨고 질 것이므로 개기일식이 있을 때 혹은 행성이 태양 앞으로 통과할 때만 관측할 수 있을 것으로 예측했다. 또 태양과 거리가 가깝기 때문에 표면온도가 높을 것이므로 행성의 이름을 로마 신화의 대장장이 신 불카누스에서 따와 '벌컨(Vulcan)'이라고 지었다. 하지만 다른 사람들은 이를 '수성 궤도 안쪽 행성'이라고 불렀다.

같은 해 프랑스의 아마추어 천문학자가 태양 표면의 흑점을 관측했는데 많은 학자가 이 일을 두고 지구와 태양 사이에 위치한 벌컨을 관측한 것이라고 생각했다. 르베리에는 크게 고무되어 자신이 또 한 차례 혁혁한 공로를 세우게 될 거라고 여겼다. 게다가 이번에는 혼자만의 공로였다. 그는 이와 관련해 다양한 계산을 시도했다. 벌컨의 궤도를 예측하고, 벌컨이 지구와 태양 사이를 통과하는 시기가 구체적으로 언제인지도 예고했다.

당시 르베리에의 명성은 상당히 높아진 상태였다. 1854년에 그는 파리 천문대의 대장으로 임명되었다. 그런 만큼 르베리에의 '예언'을 믿고 벌컨의 존재를 찾는 일에 많은 천문학자가 뛰어들었다. 그러나 수십 년이 지나도록 아무런 성과가 없었다. 르베리에가 추측한 위치에서는 새로운 행성이 발견되지 않았고, 결국 벌컨이라는 행성은 애초에 존재하지 않는 것으로 결론이 났다. 르베리에의 '예언'이 빗나간 것이다.

그러나 100년마다 43″씩 오차가 생기는 것은 여전히 풀리지 않는 미스터리였다. 이 문제는 뉴턴 역학에 심각한 위협이기도 했다. 오랫동안 해법을 기다려온 이 문제의 출구가 어디에 있었을까?

1915년이 되어 아인슈타인이 일반상대성이론을 내놓았을 때, 수성의 세차운동 문제가 풀렸다. 상대론적 효과로 인해 이런 오차가 생기는 것이며 이론상 오차 계산 값은 43.03″라는 결론이 나왔다. 이 결과 수성의 근일점이 세차운동하는 현상을 설명할 수 있었다. 또한 수성 근일점이 43″씩 이동한다는 결론은 일반상대성이론의 첫 번째 검증이기도 했다. 이로써 르베리에의 실패한 '예언'은 비로소 막을 내렸다.

4장

에딩턴은 왜 블랙홀의 존재를 부인했을까?

권위로 논증하는 예는 셀 수 없이 많고, 권위가 저지른 잘못도 흔하다.

칼 에드워드 세이건(Carl Edward Sagan, 1934~1996)

1935년 1월 11일 오후, 영국 런던의 왕립 천문학회에서 인도 출신의 젊은 천문학자 수브라마니안 찬드라세카르(Subrahmanyan Chandrasekhar, 1910~1995)는 새로운 과학적 발견인 '상대성이론적 축퇴(degeneracy)'를 발표했다. 이 이론은 항성의 진화[1]에 관한 놀랍고도 흥미로운 결론을 도출했다. 당시 스물다섯 살이었던 찬드라세카르는 매우 중요한 발견을 해냈다고 자신만만했다.

---

1   항성의 일생에 걸쳐 일어나는 변화 과정, 즉 별의 일생을 말한다.

그런데 발표가 끝나자 늘 존경했던 물리학자 아서 스탠리 에딩턴(Ar-
thur Stanley Eddington, 1882~1944)이 조롱하듯 반박했다. "내가 이 회의장
을 살아서 떠날 수 있을지 모르겠지만, 내 논문에서 말하는 관점은 '상대
성이론적 축퇴' 따위는 없다는 것이다."

에딩턴은 당시 천문학계를 이끌던 유명 인사였고, 상대성이론 방면에
서도 잘 알려진 권위자였지만 스물다섯 살의 찬드라세카르는 이제 막
박사 학위를 받았을 뿐이었다. 이 논쟁에서 누가 유리한지는 더 말할 것
도 없었다(사실 '논리의 전쟁'이라고 할 만한 일도 벌어지지 않았다). '진리의 천칭'
이 완전히 에딩턴 쪽으로 기울어져 있었으니, 찬드라세카르는 어깨를
늘어뜨리고 떠나는 수밖에 없었다.

그러나 천문학이 발전하면서 찬드라세카르가 옳았고 에딩턴이 틀렸
음이 밝혀졌다. 게다가 에딩턴의 권위적인 행동 때문에 천문학에서 항
성 진화에 관한 연구가 거의 20~30년이나 늦어졌다.

✦

논쟁의 시작은 백색왜성(White Dwarf)을 바라보는 관점의 차
이였다. 그러니 백색왜성이 무엇인지부터 설명하도록 하겠다.

1920년대 미국의 천문학자 월터 애덤스(Walter Adams)는 분광경을 이
용해 쌍성인 시리우스 중 시리우스 B를 연구할 때 이 별이 매우 기이한
항성임을 알아냈다. 밝기는 시리우스 A의 10^{-4}배에 불과하지만 표면 온
도는 매우 높아 8,000℃(태양의 표면 온도가 6,000℃)이며, 이는 시리우스 A
의 표면 온도와 비슷하다(시리우스 A의 표면 온도는 10,000℃ 정도다). 그렇다면
시리우스 B의 표면적이 시리우스 A보다 현저히 작다는 의미다. 계산 결
과, 시리우스 A 표면적에 비해 2,800분의 1밖에 되지 않았다. 다시 말해

시리우스 B는 부피가 지구와 비슷하지만 질량은 놀라울 만큼 크다. 거의 태양에 맞먹는다. 그래서 시리우스 B의 밀도는 아주 높다. 대략 10^6g/cm^3인데, 우리에게 익숙한 물질의 밀도를 훨씬 상회하고, 지구 내부의 물질이 가지는 밀도보다 몇 만 배나 높다.

애덤스의 발견은 시리우스 B가 완전히 새로운 종류의 항성에 속한다는 사실을 보여준다. 이 별은 보통 항성에 비할 때 마치 난쟁이처럼 보였다. 그래서 천문학자들은 이런 항성을 '백색왜성'이라고 불렀다. 그 후 시리우스 B와 유사한 백색왜성이 여럿 발견되었다.

애덤스가 백색왜성을 발견하기 4년 전, 영국 물리학자 러더퍼드는 원자의 질량이 대부분 극소 부분인 원자핵에 몰려 있음을 증명했다. 핵 바깥의 훨씬 넓은 공간은 일정한 궤도 위를 고속으로 회전하는 전자가 점유한다. 백색왜성의 높은 밀도를 생각하면 원자가 압력에 의해 짜부라지는 모습을 상상할 수 있다. 원자핵 바깥에서 궤도 운동하던 전자가 압력을 받으면서 원래 궤도에 따른 고속 운동을 할 수 없는 상태, 즉 원자 내의 넓은 공간을 점유하지 못하는 상태로 원자핵에 바짝 붙어 있다는 상상이다. 그러나 과학자들은 이런 상상을 곧바로 받아들이지 못했으며, 대다수 천문학자가 백색왜성의 존재에 회의적인 태도를 취했다.

에딩턴은 백색왜성의 이런 특성에 근거해 시리우스 B의 표면 중력이 태양의 840배, 지구의 23,500배일 것이라고 계산했다. 만약 정말로 그렇다면 아인슈타인의 일반상대성이론에 기반해 생각할 때 시리우스 B에서 나오는 빛은 적색편이(red shift)[2] 현상이 태양보다 훨씬 클 것이 분명

---

2 물체가 내는 빛의 파장이 늘어나 보이는 현상을 말한다. 파장이 길수록 붉게 보이기 때문에 물체의 광선 스펙트럼이 붉은색 쪽으로 치우친다는 의미에서 '적색편이'라고

하다. 이를 확인하기 위해 에딩턴은 시리우스 B의 적색편이 현상을 측정하라고 애덤스에게 권했다. 1925년 애덤스의 측정 결과, 시리우스 B의 적색편이는 에딩턴의 예상과 일치했고, 그 후 백색왜성의 존재를 의심하는 사람은 없었다.

그러나 백색왜성이 형성되는 물리적 메커니즘은 여전히 수수께끼였다. 에딩턴을 비롯한 천문학자와 물리학자들은 아무리 생각해도 이 문제의 답을 알 수 없었다. 그때 천문학과 아무 상관도 없는 양자역학의 연구 성과가 천문학자들에게 만족스러운 해답을 제시했다.

1926년에 이탈리아 물리학자 페르미, 영국 물리학자 폴 디랙이 각기 양자역학의 방법론으로 '전자기체'[3]를 증명하는 연구를 했다. 즉 고밀도 혹은 저온이라는 조건 아래 전자기체의 움직임은 고전역학의 법칙에 위배되고, 그들 두 사람이 새로 제창한 '페르미-디랙 통계'를 따른다는 것이다. 이 새로운 양자 법칙에서 압력과 밀도의 관계는 온도와 무관하며, 압력의 값은 밀도 함수일 뿐이다. 온도가 절대영도(絕對零度)여도 압력은 여전히 일정한 값을 갖는다. 이런 양자통계역학의 법칙이 발표된 후, 영국 물리학자 랄프 파울러(Ralph Fowler)는 곧바로 이 이론을 백색왜성이라는 특수한 물질 상태에 적용했다. 백색왜성의 조건에서 전자는 정상 상태의 운동궤도를 벗어나 한곳에 뭉치게 되는데, 이를 '자유전자'[4]라고 한다. 이때 원자핵은 '핵이 노출된' 상태이며, 이런 상태를 '축퇴(縮退, degeneracy)'라고 한다. 파울러는 고밀도의 백색왜성에서 전자의 축퇴압

불린다.

3 고체, 특히 금속에서 자유 상태에 있는 전자들의 집합은 기체처럼 다룰 수 있다.

4 진공이나 물질 속에서 외부로부터 힘을 받는 일 없이 자유롭게 떠돌아다니는 전자.

은 중력의 수축기압에 저항할 정도로 크다는 것을 증명했다. 또한 백색 왜성과 비슷한 밀도와 압력 조건에서 물질의 에너지는 지구상 보통 물질이 가지는 에너지보다 확실히 크다는 것도 증명했다. 그뿐 아니라 어떤 질량의 항성이라도 생애 주기에서 만년에 접어들면 백색왜성이 되어 별의 삶을 마감한다는 것도 밝혔다. 1926년 12월 10일, 파울러는 영국 왕립학회에서 자신의 이런 과학적 발견을 발표했다.

파울러의 과학적 발견은 당시 막 탄생한 양자역학에 바탕을 둔 합리적 추론이었다. 이 결론은 에딩턴을 만족시켰고, 에딩턴을 비롯해 많은 천문학자는 백색왜성 문제가 전부 해결되었다고 생각했다. 그러나 어떤 과학자가 놀라운 발견을 해내고 자신의 이론에 만족한 순간 거대한 위기가 닥치는 일은 과학사에서 수없이 되풀이되었다. 이번에도 그랬다. 천문학자들이 모두 기뻐하며 만족했을 때, 인도에서 영국으로 유학 온 청년 찬드라세카르는 다른 의견을 내놓았다.

1928년에 독일의 이론물리학자 조머펠트가 인도를 방문했다. 이때 마드라스대학교에 다니던 찬드라세카르는 조머펠트의 강연을 듣고 양자통계역학을 처음 접했고, 이 통계를 응용한 파울러의 논문도 자세히 읽게 되었다. 비록 당시 찬드라세카르는 여러 면에서 관련 지식이 많이 부족했지만, 그때 알고 있던 지식만으로도 파울러의 결론에 의문을 갖기는 충분했다. 그는 에딩턴이 '이미 모든 문제가 해결되었다'라고 여긴 부분을 더 파고들기로 마음먹었다.

몇 년에 걸친 연구 끝에 찬드라세카르는 자신의 관점을 명확하게 다듬었다. 천체는 생애 후기가 되면 인력이 천체 내부의 핵반응으로 생성되는 복사 압력보다 커지면서 크기가 줄어든다. 천체를 이루는 물질은 축퇴 상태에 처한다. 이 시기에 물질 입자간 거리는 점점 가까워지는데,

'파울리의 배타 원리'(Pauli exclusion principle)에 따라 입자간 척력이 생겨나 인력과 대립한다. 일정한 조건에서 척력과 인력이 평형 상태를 이룰 때 그 천체는 백색왜성이 된다. 그러나 찬드라세카르의 연구에서는 상대성이론의 효과를 고려하여 천체 중의 물질 입자 속도가 광속보다 클 수 없으므로 천체가 수축하여 충분히 밀도가 높아지더라도 파울리의 배타 원리에 따른 척력이 반드시 인력과 대립하지는 않는다고 보았다. 여기서 임계질량 $1.44M_\odot$[5]이 등장한다. 천체의 질량이 임계질량을 넘으면 천체의 인력이 척력보다 커서 항성이 백색왜성이 된 후에도 지속적으로 수축한다. 다시 말해 파울러의 생각처럼 모든 항성이 생애 후기에 백색왜성이 되어 삶을 끝맺는 것이 아니라는 것이다.

✦

1930년 찬드라세카르는 두 편의 논문을 들고 영국 케임브리지대학교를 찾았다. 한 편은 상대성이론이 아닌 축퇴 구조를 논술했고, 다른 한 편은 상대성이론의 메커니즘과 임계질량에 대해 논술했다. 파울러는 두 편의 논문을 읽은 후, 첫 번째 논문에 대해서는 별다른 이견 없이 찬드라세카르의 결론에 동의했다. 그러나 두 번째 논문이 말하는 상대성이론 메커니즘에 의한 축퇴 현상과 거기서 파생된 임계질량에는 회의적인 태도를 보였다. 파울러는 두 번째 논문을 천체물리학자 에드워드 아서 밀른(Edward Arthur Milne)에게 보여주고 의견을 물었다. 밀른 역시 파울러와 마찬가지로 회의적이었다.

---

5 $M_\odot$는 태양의 질량을 가리킨다. 연구 초기 찬드라세카르가 계산해낸 임계질량은 $0.91M_\odot$이었다. — 저자

두 교수가 강한 의구심을 표시했음에도 찬드라세카르는 그들과 논쟁하면서 임계질량이 특수상대성이론과 양자통계역학의 법칙이 결합하는 데 필수적이라는 생각을 더욱 굳혔다. 1932년에 찬드라세카르는 학술지 『천체물리학』에 논문을 발표하며 자신의 관점을 공개했다.

1933년 찬드라세카르는 케임브리지대학교 트리니티 칼리지에서 철학 박사 학위를 받고 트리니티 칼리지의 연구원으로 일할 수 있도록 추천받았다. 몇 년 후, 그는 밀른과 매우 가까운 협력 관계이자 우정을 나누는 사이가 되었다. 에딩턴과도 친해졌다. 에딩턴은 트리니티 칼리지를 자주 방문했고, 찬드라세카르와 식사를 같이 하며 이런저런 과학적 연구 과제들을 토론했다. 찬드라세카르가 매일 무슨 일을 하는지 에딩턴이 모두 알고 있었다고 해도 과언이 아니었다.

1934년 말, 찬드라세카르는 백색왜성 연구를 완성했다. 그는 자신의 연구가 항성 진화 이론에 새로운 돌파구를 열 것이라고 믿었고, 연구 결과를 담은 논문 두 편을 영국 왕립천문학회에 제출했다. 학회에서는 연구 성과를 소개할 수 있도록 그를 1935년 1월 학술회의에 초청했다.

회의는 1935년 1월 11일 금요일에 열렸다. 찬드라세카르는 자신만만했다. 금요일 오후 발표 내용 중에서는 분명 자신의 연구가 참석자들을 가장 놀라게 할 것이라 생각했다. 그러나 목요일 저녁에 당혹스러운 일이 벌어졌다. 회의를 보조하는 여성 비서 윌리엄스가 금요일 회의의 식순을 그에게 건네주었다. 그는 자신의 발표 바로 뒤에 에딩턴의 발표가 있는 것을 확인했다. 주제는 '상대성이론적 축퇴'였다. 찬드라세카르는 상대성이론적 축퇴라는 자신의 연구 내용을 에딩턴과 자주 논의하곤 했다. 자신이 알고 있는 공식과 수치도 전부 그에게 말해주었다. 그리고 에딩턴은 단 한 번도 이 분야를 연구한다고 언급한 적이 없었다. 그런데 다음 날 그 역시 상대성이론적 축퇴를 발표한다니? 찬드라세카르는 에딩턴이 '믿을 수 없을 만큼 불성실한 짓'을 했다고 생각했다.

그날 만찬에서 찬드라세카르는 에딩턴과 마주쳤다. 찬드라세카르는 에딩턴의 설명을 기대했지만, 설명은커녕 사과도 없었다. 오히려 그는 찬드라세카르를 신경 써주는 듯 말했다. "자네 논문이 길어서 내가 회의 주최 측에 부탁해 시간을 늘렸네. 보통은 15분인데 30분을 배정하기로 했어." 찬드라세카르는 이 기회에 에딩턴이 쓴 논문이 어떤 내용인지 물어보고 싶었지만 에딩턴을 몹시 존경해온 터라 차마 질문을 던지지 못하고 그저 "감사합니다"라고 대답했다. 이튿날 회의가 열리기 전, 찬드라세카르와 천문학자인 윌리엄 맥크리(William McCrea)가 차를 마시는데 에딩턴이 그들 옆을 지나갔다. 맥크리가 에딩턴에게 물었다.

"에딩턴 교수님, 상대성이론적 축퇴가 어떤 것을 말하는 겁니까?"

에딩턴은 그 질문에 답하지 않고 찬드라세카르를 향해 미소 지었다.

"내가 자네를 깜짝 놀라게 해줄 걸세."

찬드라세카르는 이 말을 듣고 얼마나 고민스럽고 불안했을까?

오후 회의에서 찬드라세카르는 간단히 자신의 연구를 소개했다. 항성이 천체 내에 가진 모든 핵연료를 태운 뒤에는 어떤 일이 벌어질까? 상대성이론적 축퇴라는 현상을 고려하지 않는다면, 항성은 수축하다가 최종적으로 백색왜성이 된다. 이것이 지금까지의 이론이었다. 그러나 상대성이론에 의한 축퇴를 고려한다면 질량이 $1.44M_\odot$ 이상인 항성은 수축할 때 중력(인력)이 매우 커 항성을 이루는 물질이 수축할 때 생성되는 축퇴압을 이기게 되므로 이 항성은 백색왜성 단계를 지나 지속적으로 수축한다. 항성의 직경이 점점 줄어들고, 밀도는 점점 커진다.

찬드라세카르는 명확하게 설명했다.

"아, 그건 정말 재미있는 문제지요. 질량이 큰 항성은 백색왜성 단계에서 멈추지 않습니다. 우리는 다른 가능성을 생각해야 합니다."

이어서 밀른이 찬드라세카르의 발언에 대해 간단히 평론했다. 그런 다음 회의 진행자가 에딩턴을 호명하며 '상대성이론적 축퇴'를 발표하라고 말했다. 에딩턴이 입을 열었다. 찬드라세카르는 엄청난 긴장감 속에 이 분야 권위자인 에딩턴의 발표를 들었다. 에딩턴은 발언을 거의 마무리할 때쯤 이렇게 말했다.

> 찬드라세카르 박사가 이미 축퇴를 언급했습니다. 통상적으로 두 가지 축퇴가 있다고 봅니다. 보통의 축퇴 현상과 상대성이론적인 축퇴 현상……. 제가 이 회의장을 살아서 떠날 수 있을지 모르겠지만, 내 논문에서 말하는 관점은 '상대성이론적 축퇴' 따위는 없다는 것입니다.

찬드라세카르는 당황했다. 에딩턴은 그와 토론할 때 이런 생각을 전혀 말한 적이 없었다. 찬드라세카르는 머리를 한 대 맞은 것 같았다. 그러나 에딩턴은 찬드라세카르의 논리와 계산 결과를 반박할 방법이 없어 단지 찬드라세카르의 결론이 황당하고 엉뚱한 헛소리라고 주장하기만 했다. 찬드라세카르는 임계질량을 넘는 항성은 필연적으로 복사 에너지 방출과 수축을 계속하다가 반지름이 수천 킬로미터가 될 때까지 작아질 것이라고 말했다. 그때는 중력이 어떤 복사 에너지도 빠져나가지 못할 정도로 커질 것이므로 이 항성은 마침내 평온한 상태가 된다고 보았다. 에딩턴은 이런 결말이 그야말로 터무니없다고 여겼다.

지금은 찬드라세카르가 주장한 항성의 결말이 '블랙홀'이라 불리며 널리 인정받고 있다. 블랙홀이라는 이름은 30여 년이 지난 1969년에 미국 과학자 존 아치볼드 휠러(John Archibald Wheeler)가 정식으로 명명했다. 그러나 1935년 1월 11일 오후, 에딩턴은 그런 일이 절대 존재할 수 없다고 단언했다. 이유는 이랬다. "항성이 그처럼 멍청하고 이해할 수 없는 짓을 하지 않도록 막아줄 자연법칙이 반드시 있을 것이다!" 떨어지는 벼락을 막을 수 없는 것처럼, 격렬한 논쟁이 시작되었다.

✦

　　　　1935년 1월 11일 회의는 찬드라세카르에게 참담하기 그지없는 시간이었다. 나중에 그는 학술회의가 끝난 뒤의 심정을 토로했다.

> 회의가 끝난 후, 다들 내 쪽으로 와서 말했다. "안됐군, 찬드라. 참 안됐어." 회의에 참석하러 갈 때만 해도 내가 중요한 과학적 발견을 했다고 선포하리라 믿었다. 그러나 에딩턴에게 망신을 당했다. 앞으로 이 연구를 계속해야 하는지도 의심스러웠다. 그날 밤 늦게 케임브리지로 돌아왔다. 내가 기억하기로는, 바로 교수 휴게실로 들어갔던 것 같다. 그곳은 늘 사람들로 붐비는 장소였다. 물론 그 시간에는 텅 비어 있었다. 난롯불은 피워 놓았지만 말이다. 그날 내가 난로 앞에 서서 중얼거렸던 기억이 난다. "이렇게 세상이 끝났다. 펑 하는 커다란 소리도 없이, 목이 막힌 듯한 소리를 내면서."

다음 날 오전에 찬드라세카르는 파울러를 만났다. 회의에서 있었던 일을 전하자 파울러가 몇 마디 위로의 말을 해주었다. 다른 동료들도 따로 찾아와 그를 위로했다. 그러나 찬드라세카르는 그들의 위로가 싫었다. 그들의 위로에는 에딩턴이 옳고, 그가 틀렸다는 전제가 깔려 있었기 때문이다. 찬드라세카르는 그런 말투가 끔찍했다. 그는 자신이 옳다고 확신했다. 게다가 에딩턴은 찬드라세카르의 결론에 반대하면서 아무런 이유도 대지 못했다. 에딩턴이 제시한 유일한 근거는 위대한 자연이 "그처럼 멍청하고 황당한 일이 벌어지게 놔두지 않는다"라는 것뿐이었다. 찬드라세카르는 그 이유가 우스꽝스러웠다.

에딩턴은 찬드라세카르의 '잘못'에 대한 비판을 멈추지 않았다. 1935년에 파리에서 열린 국제 천문학회의 학술회의 기간 중, 에딩턴은 또 한 번 찬드라세카르의 연구 결과를 이교도의 사악한 교리인 것처럼 비판했다. 임계질량이라는 것도 에딩턴이 보기에는 우스울 지경이라고 말이다. 찬드라세카르도 그 회의에 참석했는데, 회의를 진행하던 학회장은 그에게 발언할 기회를 주지 않았다. 찬드라세카르는 자신이 불공정한 대우를 받는다고 느꼈다. 사람들이 에딩턴의 의견에 찬성하는 이유는 그가 권위자이고 유명해서이며, 찬드라세카르의 의견에 반대하는 이유는 젊고 유명하지 않아서일 뿐이었다. 찬드라세카르가 느낀 것은 사실에 가까웠다. 이것은 맥크리가 1979년 11월에 보낸 편지에서도 충분히 드러나 있다.

> 왕립 천문학회의 회의에서 에딩턴이 발언했을 때가 기억납니다. 그건 애초에 대적할 수 없는 논쟁이었습니다. (……) 에딩턴의 발언을 들은 후, 나는 그가 어떤 말을 했는지 사고할 수 없었고, 그저 나의 직감이 '아마도 그가 맞겠지'라고 속삭이더군요.

맥크리는 용감하게 당시 자신의 정신적 상태를 분석했다.

> 부끄럽게도 나는 에딩턴이 일으킨 논쟁을 검증하려는 시도조차 하지 않았

습니다. 만약 에딩턴이 아니라 다른 사람이 논쟁을 시작했다면, 내용을 알아보려고 했을 거라 생각합니다. 표면적으로는 다들 에딩턴의 발언에 만족한 것처럼 보였습니다. 솔직히 말해서 나도 상황이 그렇게 흘러가기를 바랐습니다. 게다가 나는 항성을 연구하는 사람도 아니니까요. 그러나 나 역시 특수상대성이론을 조금이나마 알고 있는 사람이니만큼 에딩턴이 제기한 문제에 관해 깊이 생각해보았어야 합니다.

찬드라세카르는 그와 에딩턴 사이의 논쟁은 물리학 문제이기 때문에 천문학계에서만 다투면 결론이 나지 않는다고 생각했다. 그는 보어, 파울리(Wolfgang Ernst Pauli, 1900~1958) 등 양자역학의 개척자들에게 도움을 청했다. 대략 1935년 1월 하순쯤, 찬드라세카르는 친한 친구인 벨기에 물리학자 레옹 로젠펠드에게 편지를 썼다. 로젠펠드는 당시 코펜하겐에서 보어의 조수로 일하고 있었다. 찬드라세카르는 편지에서 에딩턴과의 논쟁을 상세히 설명한 후, 이렇게 썼다.

만약 보어 같은 권위 있는 사람이 발언을 해준다면, 그러면 이 논쟁을 해결하는 데 큰 도움이 될 걸세.

하지만 안타깝게도 당시 보어는 원자핵을 연구하며 아인슈타인과 양자역학의 완전성 문제를 논쟁하느라 바빴고, 찬드라세카르의 희망은 물거품이 되었다. 그렇지만 로젠펠드는 몇 차례 편지를 주고받으면서 그가 보어와 기본적인 수준에서 토론한 결과를 찬드라세카르에게 알려주었다. 보어와 로젠펠드는 에딩턴의 의견에 아무런 가치도 없다고 여긴다는 것이었다. 또한 찬드라세카르의 관점을 높이 평가한다는 말도 덧

붙였다. 로젠펠드는 편지에 이렇게 썼다.

내가 보기에 자네의 새로운 연구는 아주 중요한 것 같네. 나는 에딩턴 외에 누구라도 그 연구가 완전한 기초 위에 수립되었다는 것을 인정할 거라고 생각하네.

로젠펠드는 에딩턴과의 논쟁을 파울리에게 전달하라고 권했다. 물리학계의 양심으로 불리는 그에게 중재를 요청하라는 것이었다. 찬드라세카르는 로젠펠드의 의견이 훌륭하다고 생각했다. 그래서 자신의 상대성이론적 축퇴에 대한 생각과 에딩턴의 논문 등 관련 자료를 챙겨 파울리에게 보냈다. 파울리는 곧 찬드라세카르를 격려하는 답신을 보냈다. 그가 보기에 찬드라세카르는 자신이 제창한 파울리의 배타 원리를 상대성이론에 접목하기를 조금도 망설이지 않았다. 반면 에딩턴은 파울리의 배타 원리를 상대성이론에 응용할 때 천체물리학의 계산 결과에 너무 의존했다. 하지만 천체물리학에 관심이 없었던 파울리는 이 논쟁에 끼어들지 않으려 했다.

보어와 파울리 등 물리학자들이 개입하지 않으면서 결과적으로 찬드라세카르가 예상한 것처럼 천문학에서는 거의 20년간 혼란이 계속되었다. 찬드라세카르가 보어와 파울리 등에게서 권위 있는 평론을 얻고자 했던 것은 자신의 이론이 옳다는 것을 사람들이 알아주기를 바란 것도 있었지만(찬드라세카르 자신은 전혀 의심한 적이 없었다) 가능한 빨리 천문학계의 혼란을 없애고 싶었기 때문이었다.

물리학자들이 개입하지 않으면서 찬드라세카르의 처지는 더욱 불리해져 영국에서 직장도 구할 수 없을 정도였다. 다들 에딩턴의 조롱을 생생히 기억하고 있었기 때문이다. 어쩔 수 없이 찬드라세카르는 1937년에 미국행을 결정했고 다행히 시카고대학교에서 교수직을 맡았다. 그와 동시에 찬드라세카르는 잠시 항성의 진화 연구에 손대지 않기로 했다. 그러나 자신의 이론이 언젠가는 빛을 볼 거라는 굳은 믿음으로 모든 추론과 논리, 계산 결과, 공식 등을 담아 책 한 권을 썼다. 그 책이 『항성 구조 연구 입문』(*An Introduction to the Study of Stellar Structure*)으로, 1939년에 시카고대학교출판사에서 출간되었다.

이 책을 쓴 뒤, 찬드라세카르는 연구 분야를 바꾸어 은하계의 천체 확률분포를 연구했다. 그다음에는 하늘이 왜 파란색인지를 연구했다. 재미있게도 찬드라세카르는 연구 주제를 계속 전환하는 것이 만족스러웠는지 그 후 자기장의 열유체 운동, 회전 물체의 안정성, 일반상대성이론 등을 연구했으며, 마침내 완전히 다른 측면에서 블랙홀 이론으로 돌아갔다. 1983년에 찬드라세카르는 항성의 구조와 진화 과정 연구, 특히 왜성의 변화에 대한 정확한 예측으로 노벨 물리학상을 받았다. 그가 이론을 처음 제시한 지 48년 만의 일이었다.

✦

미국의 전기 작가 어빙 스톤(Irving Stone)은 이런 말을 했다.

인생의 운명이란 예측불가하다. 몇 시간 사이에 벌어진 일로 파멸하기도 하고, 구원받기도 한다.

어빙 스톤이 말하는 파멸과 구원의 사례는 역사적으로 수없이 많다. 가끔은 파멸과 구원이 오직 운명에 달려 있어 개인의 힘으로 바꿀 수 없기도 하지만, 대개 운명이란 당사자 자신이 어떻게 하느냐에 달렸다. 프랑스 작가 미셸 드 몽테뉴(Michel de Montaigne)가 의미심장하게 말했듯이 말이다.

> 운명과 우리 사이에는 아무런 이해관계도 없다. 운명은 단지 이익과 손해의 원료와 씨앗을 제공할 뿐이며, 운명보다 강한 영혼은 이것을 제 뜻대로 바꾸고 이용할 수 있다. 영혼이야말로 우리의 행복과 불행을 결정하는 주재자다.

찬드라세카르가 이후에 보여준 모습은 몽테뉴의 말이 사실임을 보여주는 증거라고 할 수 있다. 1935년 1월 11일에 찬드라세카르는 한 사람의 인생을 파멸시킬 수 있을 법한 충격을 받았다. 그러나 '운명보다 강한 영혼'을 가진 찬드라세카르는 이 일을 전화위복의 기회로 삼았으며, 아주 심오한 이치를 깨달았다. 40년이 흐른 뒤 1975년 강연에서 찬드라세카르가 한 말을 살펴보자.

1975년 4월 22일에 찬드라세카르는 "셰익스피어, 뉴턴 그리고 베토벤: 각자의 창의성"이라는 주제로 시카고대학교에서 강연했다. 강연 중에 그는 아주 독특한 현상을 언급했다. 문학가와 예술가, 즉 셰익스피어와 베토벤의 창작 활동은 생애 말기까지 이어졌고 오히려 나이가 들수록 더 높고 순수한 창의성을 발휘했다는 것이다. 그런데 과학은 다르다. 과학자는 50세가 지나면(심지어는 더 이르게) 더 이상 창의성을 발휘하지 못한다. 1817년, 베토벤이 47세 때의 일이다. 그때까지 베토벤은 거의 곡을 쓰지 못했는데 "이제야 어떻게 작곡을 하는 줄 알겠다"라고 말했다. 찬드라세카르는 이 일을 이렇게 평가했다. "나는 과학자가 40세가 넘어서 '이제야 어떻게 연구해야 할지 알겠다'라고 말했다는 이야기는 들어보지 못했습니다."

영국 물리학자 토머스 헨리 헉슬리(Thomas Henry Huxley)는 "과학자가 60세를 넘으면 기여하는 일은 적고 해를 끼치는 일은 많다"라고 했다. 영국 물리학자 레일리 남작이 67세가 되었을 때, 그의 아들이 헉슬리의 말을 어떻게 생각하느냐고 물은 적이 있었다.

나이든 과학자가 젊은이들이 성취한 일을 두고 이러쿵저러쿵 한다면 분명 그럴 것이다. 하지만 그 사람이 자신이 할 수 있는 일에 최선을 다한다면, 꼭 기여하는 일은 적고 해를 끼치는 일은 많다고 할 수는 없다.

찬드라세카르는 놀라운 사례를 들었다. 바로 아인슈타인의 일화다. 그는 아인슈타인이 20세기 가장 위대한 물리학자 중 한 명이라는 것은 누구나 인정한다고 말했다. 1916년에 아인슈타인은 세상을 깜짝 놀라게 만든 일반상대성이론을 발표했다. 그때 나이가 37세였다. 그리고 1920년 초에는 아주 중요한 일들을 했다. 그러나 그 시기 이후로는 "과학이 발전하는 흐름에서 벗어나 고립되었으며, 양자역학의 '비판자'로 활동할 뿐 과학을 위해 더 이상 공헌하지 못했다. 아인슈타인이 40세 이후에 전보다 더 뛰어난 통찰력을 보였다는 징조는 전혀 없다."

과학자는 왜 문학가나 예술가처럼 계속 창의성을 발휘하지 못할까? 찬드라세카르는 그 점에 흥미를 보였다. 찬드라세카르는 자신의 경험을 바탕으로 한 가지 해답을 찾아냈다.

더욱 적절한 표현을 찾지 못했기 때문에 "자연을 대하는 오만한 태도" 정도로 표현할 수밖에 없다. 어떤 사람들은 위대한 통찰력으로 뛰어난 과학적 발견을 해냈다. 그러나 그 성공 때문에 자연을 바라보는 자신의 특수한 방법론이 필연적이고 정확하다는 생각에 빠진다. 그러나 과학은 그런 생각을 인정하지 않는다. 자연이 몇 번이고 보여주었듯이 자연의 근간을 이루는 여러 진리는 가장 훌륭한 과학자를 넘어선다.

찬드라세카르는 에딩턴과 아인슈타인의 사례를 이야기했다.

에딩턴은 뛰어난 과학자였다. 그런 그가 항성이 블랙홀로 변하는 것을 막는 자연법칙이 필연적으로 존재하리라고 여겼다. 에딩턴은 왜 이렇게 말했을까? 단지 블랙홀이라는 이론을 싫어했기 때문이다. 그렇다고 해서 자연법칙이 마땅히 이러저러해야 한다고 말할 이유가 되지는 않는다. 마찬가지로, 아인슈타인이 양자역학에 동의하지 않으면서 한 말은 다들 잘 알고 있을 것이다. "신은 주사위 놀이를 하지 않는다." 신이 무엇을 좋아하는지 아닌지를 그가 어떻게 다 안단 말인가?

찬드라세카르의 말은 깊이 생각해볼 가치가 있다.

진정으로 위대한 발견은 '오만한' 정신을 가진 사람이 해내는 것이다. 그런 사람들은 감히 자연을 대상으로 평가하고 판단하여 놀라운 과학적 발견을 이룬다. 그러나 과학 발전에 더 새로운 공헌을 하려면 자연을 대하는 겸허한 태도가 반드시 필요하다.

영국 수상 처칠이 반대 진영인 노동당의 영수 에드윈이 겸손하다는 평가를 받자 질투하며 이렇게 말한 적이 있다. "그는 확실히 겸손해야 할 부분이 많다." 이 말은 과학자들에게 들려주면 딱 좋을 말이다. 자연 앞에서 모든 과학자는 겸손해야 할 부분이 많다. 그가 과거에 어떤 대단한 성공을 거두었다고 해도 말이다.

그러나 오랫동안 겸손한 태도를 유지하는 것은 쉬운 일이 아니다. 게다가 "겸손해야 할 부분이 많다"라는 사실을 인정하는 것만으로는 진정으로 겸손하다고 할 수 없다. 어쩌면 방법론이나 절차가 필요할 수도 있지 않을까? 어떻게 해야 과학자들을 항상 겸손하게 만들 수 있을까? 찬드라세카르가 좋은 방법을 제안했다.

> 10년마다 새로운 분야를 공부하면 됩니다. 그러면 겸손한 태도를 계속 유지할 수 있습니다. 젊은이들과 마찰을 빚을 일도 없을 것입니다. 당신이 새로운 분야에 들어갔을 때 거기서 만나는 젊은이들은 당신보다 그 분야에서 긴 시간을 보냈을 테니까요.

분명 찬드라세카르 자신의 경험이 집약된 제안일 것이다. 1935년의 일이 있은 후, 찬드라세카르는 7년간 연구해온 항성의 진화 문제를 떠나 다른 분야를 연구했다. 어쩔 수 없는 상황이었지만 찬드라세카르에게는 생각지도 못한 좋은 결과를 가져왔다. 그는 평생 습관적으로, 나중에는 심지어 즐기는 기분으로 자신의 연구 분야를 바꾸었다. 그러면서 오랫동안 의아하게 여겼던 문제, "과학자의 창의성은 왜 문학가나 예술가보다 짧은가?"에 대한 답을 찾았다.

찬드라세카르가 말년에 회고한 바에 따르면, 그는 오래전에 이미 1935년에 느꼈던 절망스러운 감정을 잊었다. 반대로 에딩턴이 그때 자신을 몹시 힘들게 했던 일에 고마움을 느꼈다(실제로 찬드라세카르와 에딩턴은 평생 친밀한 우정을 유지했다). 에딩턴 덕분에 원래의 전공 분야를 버리고 새로운 도전을 할 수 있었기 때문이다.

그때 에딩턴이 자연계에 블랙홀이 존재한다는 것을 받아들였다고 가정해
보자. 그는 블랙홀을 주목받는 연구 분야로 만들 능력이 있었다. 블랙홀의
여러 특징도 20년 혹은 30년 앞당겨 발견되었을 것이다. 이론천체물리학
의 위상도 크게 달라졌을 것이다. 그것이 나에게 유익한 일이었을까? 나는
그렇게 생각하지 않는다. 에딩턴이 내 이론을 칭찬했다면 과학계에서 내
지위는 완전히 달라졌을 텐데, 유명세를 얻은 내가 어떻게 변했을지 모르
겠다.

2부

✦

생물학자의 흑역사

5장

생물학계의 독재자가 진화론을 거부한 사연은?

퀴비에는 걸출한 비교해부학자이며 고생물학의 창시자다. 그는 라마르크의 이론, 특히 그가 주장한 진화론을 결사적으로 반대했다. 비록 퀴비에는 생물 진화의 가능성을 끝까지 인정하지 않았지만 비교해부학에서 그가 이룬 업적은 해부학을 생물학 자료 수집을 위한 강력한 도구로 만들었다. 이 자료들은 나중에 진화론을 뒷받침하는 증거가 되었다.

로이스 매그너(Lois Magner, 1943~)

사람들은 일반적으로 스웨덴 식물학자인 칼 폰 린네(Carl von Linne, 1707~1778)가 18세기에 '종의 불변'[1]을 끝까지 주장했던 대표적 인물이라고 생각한다. 하지만 린네는 일찍부터 종이 변하지 않는다는 개념을 의심했고, 그의 후기 저서에도 이런 생각이 어느 정도 반영되어 있다. 물론 린네가 시종일관 명확하게 진화론을 지지하지 않았던 것은 사실이고, 그 바람에 '진화론의 반대자'의 대표 격으로 자리매김한 것도 부인할

---

1 생물의 종은 각각 창조되었으며 창조된 이래로 변화하지 않았다는 믿음.

수 없다.

　사실 종은 변화하지 않는다는 믿음을 하나의 이론으로 끌어올리고 진화론을 철저히 배격했던 사람은 19세기 프랑스의 가장 위대한 생물학자이자 당시 생물학계에서 '독재자'로 불렸던 조르주 퀴비에(Georges Cuvier, 1769~1832)였다. 퀴비에는 어떤 과학자였을까?

✦

　비교해부학을 확립시킨 조르주 퀴비에는 1769년 프랑스 동부 바젤 부근의 몽벨리아르에서 태어났다. 퀴비에의 아버지는 위그노교도[2]였으며, 그것도 선교사였다. 그는 젊은 시절 프랑스 군대에 소속되어 있었는데, 한때 뷔르템베르그(Württemberg, 현재는 독일 영토)에 살다가 나중에 프랑스로 이주했다. 군대에서 퇴역할 당시 수중에는 쥐꼬리만 한 양로금뿐이어서 형편이 몹시 어려웠다.

　조르주 퀴비에는 어릴 적부터 신동으로 불렸다. 네 살 때 책을 읽었고, 열네 살에는 슈투트가르트대학교에 입학했다. 어릴 때부터 머리가 비상했던 퀴비에는 주변 어른들이 걱정할 만큼 체격이 왜소했고 자주 병이 났다. 다행히 어머니가 그를 늘 사랑과 정성으로 돌보아주었다. 퀴비에는 이런 어머니에게 평생 깊은 애정과 존경심을 가졌다. 어머니가 돌아

2　위그노(Huguenots)는 1530년대 장 칼뱅의 사상에 영향을 받아 정치적으로 군주제를 반대하는 입장이었다. 1555~1561년, 많은 귀족과 시민이 위그노교로 개종했다. 이 시기에 가톨릭 교회는 위그노교파를 칼뱅 교도라고 불렀으나 위그노는 자신을 '개혁가'로 여겼다. 교파의 주요 구성원은 국왕의 전제군주제를 반대하고 가톨릭 교회의 토지를 빼앗으려는 신교를 믿는 봉건 귀족과 지방 소귀족, 또한 도시의 '자유'를 지키려는 자산 계급과 수공업자였다.—저자

가신 후로는 유품을 늘 곁에 두고 시시때때로 꺼내 보면서 어머니를 그리워하곤 했다.

어머니는 퀴비에의 비상한 지능을 알아차리고 일찍부터 그를 몽벨리아르의 초급 학교에 보냈다. 퀴비에는 학생들 중 가장 어렸지만 놀라운 기억력과 이해력을 보였고, 교사는 그를 특별하게 여겨 열네 살 때 슈투트가르트대학교에 보냈다. 그곳의 생물학 교수인 칼 프리드리히 키엘마이어(Carl Friedrich Kielmeyer, 1765~1844)는 비교해부학을 연구하는 유명한 학자였다. 키엘마이어는 금방 퀴비에의 재능을 알아보았으며, 그를 몹시 아꼈다.

퀴비에는 어렸을 때부터 박물학(博物學)에 특별한 관심을 보였는데, 대학교를 다니는 동안 키엘마이어의 가르침을 받으며 더욱 심취했다. 강의가 없는 시간에는 각종 동식물 표본을 수집했고, 자신의 표본을 공들여 기록했다. 그 덕분에 대학교를 다니는 동안 여러 차례 상과 훈장을 받았다.

퀴비에는 1787년에 슈투트가르트대학교를 졸업했다. 다행히 졸업 다음 해에 노르망디 어느 백작 가문의 가정 교사 자리를 얻었다. 퀴비에는 노르망디에서도 아이들을 가르치지 않을 때면 박물학 연구에 매진했다. 가정 교사로 일하는 6년 동안 노르망디의 동식물 분포를 조사하는 데 모든 시간과 노력을 바쳤다. 마침 백작의 저택이 바닷가에 인접한 덕분에 퀴비에는 자연 생태계를 더욱 폭넓게 관찰할 수 있었다. 그는 노르망디에서 무수한 척추동물을 해부하고 상세한 기록을 남겼으며, 이는 그가 앞으로 쌓아올릴 업적의 탄탄한 기초가 되었다.

그는 뜻하는 바를 이루지 못하고 학계에서 멀리 떨어져 있는 현실을 원망하지 않았다. 그의 생활신조는 '행동하는 것', 그것도 '적극적으로 행동하는 것'이었다. 이런 그에게 삶은 공정한 결과를 돌려주었다.

1792년에 퀴비에는 연체동물 해부에 관한 책을 한 권 썼다. 마침 그 시기에 앙리 알렉상드르 테시어(Henri-Alexandre Tessier)라는 농학자가 노르망디에 왔다가 퀴비에를 만났고, 퀴비에의 인생은 새로운 전환점을 맞았다. 테시어는 퀴비에의 의지와 연구 성과에 깊은 감동을 받아 파리 자연사박물관에 재직하던 에티엔 제프루아 생틸레르(Étienne Geoffroy Saint-Hilaire) 교수에게 편지를 보냈다. 테시어는 편지에서 "내가 노르망디 진흙탕에서 보석을 찾아냈다"라고 썼으며, 퀴비에가 파리에서 일자리를 찾을 수 있게 도와달라는 말과 그렇게 하지 않으면 학계에 큰 손해라는 말도 덧붙였다.

대략 1794년 말에서 1795년 초에 생틸레르는 퀴비에에게 편지를 보냈다. 파리 자연사박물관에 와서 비교해부학 강의를 맡아달라는 내용이었다. 1795년 봄, 노르망디에 6년간 웅크리고 있던 퀴비에는 봄기운을 맞아 땅 속에서 튀어나오는 개구리처럼 학문의 땅으로 돌아왔다. 그 후 퀴비에는 학계나 정계에서 늘 성공가도를 달렸다. 1795년에는 프랑스 왕립 과학아카데미 회원이 되었고, 1802년에는 프랑스에서 과학자로서는 최고 직위인 과학아카데미 종신회원이 되었다. 1806년에는 영국 왕립학회 회원이 되었다.

그는 걸출한 과학자였을 뿐 아니라 성공적인 사회 활동가이기도 했다. 1813년 나폴레옹 시대에는 황제의 특명을 받아 전권 대사로 활동했으며, 1819년 왕정복고 이후에는 루이 18세 내각에서 내무장관이 되었다. 62세 때인 1831년에는 남작 작위를 받았다. 또한 1832년에 세상을 떠날 때까지 10여 권의 뛰어난 저작을 남겼다.

후대 과학자들은 그를 '제2의 아리스토텔레스'라고 불렀으며, 약간 펌

하하는 의미를 담아 '생물학계의 독재자'라고 칭하기도 했다. 이런 사실을 미뤄볼 때 그가 과학계에 얼마나 큰 공헌을 했는지 알 수 있다.

✦

퀴비에는 파리 자연사박물관에 온 이후, 비교해부학 교수의 조교로 임명되었다. 그는 자신 있게 능력을 펼치며 과학자로서 여정을 시작했다. 그는 극단적일 만큼 자기 일을 사랑했으며, 새 직장에 출근하자마자 방대한 비교해부학 자료를 정리하기 시작했다. 그는 친구에게 보내는 편지에 이렇게 썼다. "나는 어린 시절부터 비교해부학을 사랑했네. 나이가 들수록 이 분야에 대한 애정은 더 커지기만 하네그려. 결국 비교해부학에 평생을 바치겠다는 결심을 했다네."

비교해부학이란 동물의 여러 신체 기관 사이에 나타나는 상관관계, 신체 기관의 구조와 기능이 갖는 규칙성 등을 연구하는 학문이다. 이런 연구에는 엄청난 노력이 필요하다. 퀴비에 역시 이렇게 말했다. "나는 수집한 생물 표본을 하나하나 조사했으며 (……) 모든 아속(亞屬)[3]에 속하는 생물 종을 하나씩 전부 해부했다."

조류를 연구할 때는 "인내심을 최대한 발휘하여 박물관에 소장된 4천여 종류의 조류 표본을 전부 조사했다. 업무량이 과중해 힘들었지만, 이런 작업은 사실적이고 정확한 조류사(鳥類史)를 확립하는 데 무척 중요한 과정이다"라고 말하기도 했다.

퀴비에는 근면성실함으로 뛰어난 연구 업적을 쌓았고, 자연사 박물관

---

3 생물은 크게 종(種), 속(屬), 과(科), 목(目), 강(綱), 문(門), 계(界)로 분류하는데, 분류 체계는 더욱 세분화되기도 한다. 아속은 종과 속의 중간 단계다.

에서 일한 지 3년 만에『동물의 자연사(自然史)에 대한 기본 표』(1798년)를 발표했다. 그 후 2년간 퀴비에를 대표하는 책인『비교해부학 강의』(*Lectures in Comparative Anatomy*)의 제1권과 제2권이 세상에 나왔고, 1805년에 다시 제3권이 출간되었다.

이 후대에 길이 전해질 걸작에서 퀴비에는 오랫동안 연구해온 대량의 자료를 바탕으로 하나의 동물 안에 있는 모든 기관이 상호 연관되어 있다는 주장을 폈다. 이런 견해는 모든 동물 종의 유기체가 엄밀하고 완전한 통일체라는 것을 의미한다. 동물이 가진 신체 기관과 형태는 해당 종에 속하는 동물의 생활상(초식, 육식, 수생 등)과 관계가 있다. 만약 동물의 신체 중 어느 한 부위에 변화가 발생했다면 연관된 다른 신체 부위 역시 변화를 일으킬 것이다. 이러한 신체 기관 상관의 법칙은 땅속에서 고생물의 조그만 뼛조각 하나만 발견되어도 그 동물의 전체적인 모습을 합리적으로 추측할 수 있다는 의미였다.

예를 들어 이빨(혹은 발톱) 형태만으로 이 동물이 전체적으로 어떤 모습일지 알아낼 수 있다. 이빨이 날카로워 다른 동물의 피부와 살을 찢거나 깨무는 데 적합하다면, 턱뼈 또한 폭이 넓고 단단할 것이다. 그래야 먹이를 잘 씹을 수 있기 때문이다. 어깨뼈는 먹잇감을 쫓아 달리는 데 유리한 모양일 것이고, 날카로운 발톱이 있어 먹이를 붙잡거나 찢기 쉬울 것이다. 내장 기관은 신선한 고기를 소화시키는 데 적합하며, 다리는 멀리 있는 사냥감을 따라잡아 덮치기 좋은 모양일 것이다. 머리에 뿔은 없을 것이고, 뇌에는 사냥감을 잡기 위해 '음모'를 꾸미는 본능이 충분히 담겨 있을 터였다. 강한 목 근육을 가지고 있을 것이고, 다른 동물을 습격하는 데 도움이 되는 특수한 형태의 척추뼈와 뒤통수뼈가 있을 것이다.

이빨뿐 아니라 발톱, 어깨뼈, 다리뼈, 혹은 다른 어느 부위의 골격이든 조각 하나를 알고 있다면 그런 골격을 갖춘 동물이 전체적으로 어떤 구조일지 예상할 수 있다. 퀴비에는 자신이 주장한 신체 기관 상관의 법칙에 담긴 의미와 가치를 이렇게 설명했다.

> 한 동물의 모든 기관은 하나의 계통을 형성하고, 각 부분이 하나로 합쳐져 작용 혹은 반작용을 한다. 몸의 한 부분에 변화가 일어나면 필연적으로 다른 부분도 그에 상응하여 변화한다. (……) 동물의 신체 기관 사이 상관관계를 결정짓는 규칙은 신체 기능의 상호 의존성과 협조성 위에 성립하며, 형이상학적 규칙이나 수학적 규칙과도 같은 필연성을 지닌다. (……) 이빨의 형태는 구개의 형태를 의미하고, 어깨뼈의 형태는 발톱의 형태를 의미한다. 곡선 방정식에 그 곡선의 모든 속성이 함유되어 있는 것과 같다.

퀴비에가 확립한 비교해부학 덕분에 생물학 연구의 지평이 넓어지고 기초가 견고해졌다. 퀴비에는 린네의 인위(人爲) 분류 체계를 타파하고 자연(自然) 분류 체계를 확립하는 데에도 크게 공헌했다. 연구 대상을 어떤 방식으로 분류하느냐는 과학 연구에서 가장 기본이 되는 방법론이다. 분류 방식은 크게 인위적 분류와 자연적 분류로 나뉜다. 인위적 분류는 사물의 외형적 특징 혹은 외부 관련성을 바탕으로 분류하는 방식으로 현상분류법이라고도 한다. 자연적 분류는 사물의 본질적 특징 혹은 내부 관련성을 바탕으로 분류하는 방식이며, 본질분류법이라 불린다. 과학 연구는 대개 인위적 분류에서 시작한다. 시간이 흐르면서 연구가 진척되어 관련 지식이 확장, 심화되면 인위적 분류법의 폐단이 드러나 차차 자연적 분류법이 그 자리를 대신한다.

퀴비에는 린네가 했던 것처럼 형태를 비교하는 방법 외에 신체 기관

상관의 법칙을 이용해 동물을 분류했다. 퀴비에의 분류 체계에서는 동물계 전체가 어떤 친연 관계를 가지는지 쉽게 알 수 있었다. 생물 진화의 흐름도 금방 눈에 띄었다. 실제로 퀴비에의 분류 체계 덕분에 같은 문(門)에 속하는 종은 하나의 원시적인 공통 조상(예를 들면 모든 새는 시조새에서 분류되어 나왔다)을 가진다는 것을 발견했다. 비록 오랜 시간이 지나면서 각 동물의 신체 구조와 형태는 수없이 많은 변화를 겪었지만, 아무리 많은 변화가 있었다고 해도 그 근본은 변함이 없다. 하나의 문에 속하는 종은 항상 어느 정도 친연 관계를 가지며, 저마다 최초의 원형을 유지했다. 종이 동일한 기원에서 진화해왔다는 사실을 퀴비에의 분류 체계가 말해주고 있는 셈이다. 퀴비에 스스로 이런 말을 하기도 했다.

> 인간(및 유인원)과 같은 거대한 체계의 동물을 세심하게 조사하다 보면 가장 거리가 먼 두 종이라 해도 그들 사이에는 어떤 유사성이 나타난다. 또한 인간에서 어류에 이르기까지 동일한 방식으로 점진적으로 변화해온 등급을 추적할 수 있다.

퀴비에는 구체적인 해부학 증거를 가지고 하나의 문에 속한 여러 종 사이에 나타나는 친연 관계와 공통 조상을 밝혀냈으며, 심지어 동물계의 4대 문 사이에도 수많은 연결고리가 있음을 논술했다.

퀴비에가 집필한 책을 읽어보면 자연적 분류법이 린네의 인위적 분류법보다 뛰어난 것을 분명히 알 수 있다. 퀴비에의 분류법에는 생물계의 통일성과 차별성, 공통점과 개성 그리고 생물 진화의 과정에서 나타나는 연속성과 불연속성까지 잘 드러난다. 린네의 분류법보다 생물계의 자연적 면모와 본질적 특징을 훨씬 더 잘 반영하고 있는 것이다.

이처럼 퀴비에의 비교해부학은 진화론을 확립하는 데 믿을 만한 과학적 근거를 풍부하게 제공했다. 독일의 유명한 진화론자 에른스트 헤켈(Ernst Haeckel, 1834~1919)은 이렇게 말했다.

> 우리가 오늘날 비교해부학이라고 칭하는 고도로 발달한 학문은 1803년에 와서야 탄생했다. 위대한 프랑스 동물학자 퀴비에는 자신의 주요한 저작 『비교해부학 강의』를 출간하여 그 책에서 처음으로 인간과 동물의 신체 구조에 일정한 규칙이 있음을 확립하였다. (……) 그는 인류를 명확하게 척추동물이라는 분류 속에 귀속시켰으며, 인류와 다른 동물의 근본적인 차이를 명확히 설명했다.

노벨 생리의학상 수상자인 프랑스 생물학자 자크 모노(Jacques Monod, 1910~1976)는 진화론의 역사를 설명하면서 다음과 같이 언급했다.

> 영원히 빛날 퀴비에의 업적은 곧이어 진화론이 옳다는 증명을 이끌어냈다.

그렇다면 독자들은 이렇게 추측할 것이다. "퀴비에는 진화론을 적극 지지했겠군." 하지만 실제로는 그 반대였다. 퀴비에는 단호하게 진화론을 배격했다. 왜 이런 일이 벌어졌을까?

✦

　　미국 생물학자 에른스트 마이어(Ernst Mayr, 1904~2005)는 이런 재미있는 이야기를 했다.

퀴비에는 진화론에 관한 논쟁에서 늘 반대 측에 섰으며, 항상 승리했다. 하지만 그가 조금만 더 오래 살았더라면 자신이 이 논쟁에서 결국 패배할 운명임을 알았을 것이다.

퀴비에가 파리 자연사박물관에서 일할 때, 박물관에는 세 명의 걸출한 박물학자가 있었다. 퀴비에, 생틸레르, 라마르크(Lamarck, 1744~1829)가 그들이다. 퀴비에는 자신의 저서에서 여러 차례 라마르크와 생틸레르의 이름을 언급하며 그들의 도움에 고마움을 표시했다. 그러나 학문적 관점은 서로 달랐다. 퀴비에는 종의 불변을 신봉했다. 특히 퀴비에는 어떤 종이 다른 종에서 기원했다는 관점에 절대 찬성하지 않았다. 『화석 골격 연구』(Research on Fossil Bones)에서 그는 이렇게 썼다.

현대의 각종 생물에게 있는 고유한 차이점이 외부 요인에 의해서 유발되었을 가능성을 보여주는 증거는 어디에도 없다. 지금까지 발표된 모든 이론은 가설일 뿐이다. 반면 종의 변화가 지구 환경에 의해 상당히 좁은 범위로 제한되었음은 경험적으로 입증된 사실이다. 우리가 통찰할 수 있을 정도의 옛날을 기준으로 본다면, 이런 종 변화의 범위는 과거든 현재든 동일하다. 그러므로 우리는 어떤 '유형'이 존재함을 인정해야만 한다. 그 유형은 처음부터 지금까지 번식해왔고, 우리가 알고 있는 변화의 범위를 벗어난 적이 없다. 이런 유형에 속하는 모든 생물이 곧 소위 말하는 '종'인 것이다. 변종이란 하나의 종이 우연히 얻게 된 분기점에 지나지 않는다.

이 글을 보면 퀴비에가 종의 불변을 주장했음을 확실히 알 수 있다. 그는 변종을 우연히 얻어진 것으로 보았고, 모든 종을 독립된 것으로 생각했다. 하지만 종의 진화를 부정하려면 필연적으로 왜 지구상의 생물이 그토록 복잡 다양한지를 설명할 수 있어야 했다. 결국 퀴비에는 신에게 도움을 청할 수밖에 없었는데, 마치 뉴턴이 우주의 물리법칙을 연구하면서 최종 원인을 우주를 창조한 첫 번째 추진력, 즉 신에게서 찾았던 것처럼 말이다. "신은 세상을 창조할 때 각양각색의 생물도 창조했다. 신의 창조 이후에 생물은 변화되지 않았다. 환경은 생물을 바꾸지 못한다. 인간의 힘으로는 더욱 불가능하다. 약간의 변화가 있다 해도 그다지 중요하지 않은 성질이거나 표면적인 현상에 지나지 않는다." 퀴비에는 이렇게 생각했다.

에른스트 마이어가 말한 것처럼 "퀴비에는 진화를 뒷받침하는 유력한 비교해부학 증거를 무시했다."

비교해부학이 제공한 생물 진화의 증거를 무시했듯이, 화석의 발견 순서 역시 퀴비에의 생각을 바꾸지 못했다. 퀴비에는 화석을 깊이 연구했다. 그는 지층이 형성된 시대에 따라 발견되는 생물 화석이 다르다는 것을 알아차렸다. 지층의 연대가 오래될수록 화석은 단순해지는 것도 발견했다. 최근 지층일수록 발견되는 화석이 복잡해지고 현대의 생물과 비슷해졌다.

이런 사실은 그 자체로 생물이 진화의 과정을 거친다는 것을 명확하게 증명한다. 안타깝게도 퀴비에는 이런 자료를 많이 가졌음에도 여전히 종의 불변을 지지했다. 게다가 격변설(激變說)을 이용해 자신의 관점을 변호했다.

격변설이란 지표면에서 주기적으로 재난이 일어난다는 것이다. 홍수, 화산 폭발, 기후 변화 등이 지구 표면에 엄청난 재난을 불러일으켜 생물이 전부 멸절한다. 그때 멸절한 생물의 유체는 퇴적 작용으로 지층에 매립되어 화석이 된다. 재난이 지나가면 신이 지구상의 생물을 새로 창조하는데, 과거에 창조했던 생물을 기억하지 못하기 때문에 신이 창조한 생물이 매번 달랐다는 것이다.

퀴비에는 순전히 억측으로 지금까지 지표면에서 네 차례의 대재난이 발생했다고 주장했다. 마지막 재난이 바로 5~6천 년 전에 일어난 노아의 홍수라고 했다. 무시무시한 홍수가 지구상 모든 생물을 완전히 없애버렸다는 것이다. 가장 우스운 대목은 퀴비에가 이런 재난을 '혁명'이라 불렀다는 점인데, 아마 당시 프랑스 혁명의 영향을 받은 것이 아닐까 싶다. 퀴비에의 격변설은 그의 저서 『지구 표면의 혁명에 대한 논설』(*A Discourse on the Revolutions of the Surface of the Globe*)에 상세히 서술되어 있다.

에른스트 마이어는 이를 노골적으로 지적했다.

> 퀴비에는 서로 다른 높이의 지층에서 발견되는 동물 화석 사이에 존재하는 발전 단계, 좀 더 일반적으로 말하자면 지층의 순서에 따라 통일적으로 나타나는 발전 과정의 모습을 결국 부정했다. (……) 화석의 순서는 그에게 진화와 관련해 어떠한 정보도 주지 못했다.

퀴비에는 이 문제를 직시하고 싶지 않았다. 지질학적으로 볼 때 시간의 흐름을 관통하는 동물군의 진화는 쉽게 확인할 수 있는 사실이었다. 원인과 결과를 따지면 필연적으로 진화라는 결론에 이를 수밖에 없었다. 이제 두 가지 선택지뿐이었다. 첫째, 오래전 동물구계(動物區系)[4]가

---

4 '구계'는 생물의 지리적 분포와 생태적 특성에 따라 구분한 생물지리학적 지역 단위다. 동물과 식물의 지리적 분포가 다르기 때문에 동물구계와 식물구계로 나눈다.

변화하여 새 동물구계가 되었다는 해석이다. 이 선택지는 퀴비에가 절대 받아들일 수 없는 것이었다. 둘째, 재난이 옛 동물구계를 없애버린 후 새 동물구계가 탄생했다는 해석이다. 후자를 선택하면 결국 신학을 과학 안에 끌어들여야 했다.

그렇다면 퀴비에는 진화론이라는 위대한 성공을 목전에 두고 왜 그것을 거부했을까? 진화론은 몹시 혁명적인 이론이다. 찰스 다윈(Charles Darwin, 1809~1882)이 용감하게 진화론의 기치를 높이 치켜들자 유럽 전역이 충격에 빠지지 않았던가! 진화론은 종교의 근간을 뒤흔드는 이론이기 때문에 신문과 잡지에 다윈을 저주하고 위협하거나 조롱하는 글이 끊임없이 게재되었다. 다윈의 친구이자 생물학자인 토머스 헨리 헉슬리는 이렇게 선언했다.

(진화론 반대 진영과 싸우기 위해) 손톱과 이빨을 날카롭게 갈며 전투 준비를 하고 있다.

이처럼 진화론이 혁명적인 이론이었던 탓에 퀴비에는 감히 이를 주장하지 못했다. 과학사가 윌리엄 콜먼(William Coleman)이 말한 것처럼 말이다.

퀴비에는 낡은 것을 답습하며 현재에 안주했다. 그는 박학다식하고 놀라울 정도로 성실했으며 뛰어난 지성과 명확한 판단력을 갖췄지만, 결국 지식의 혁명가는 아니었다.

바로 이런 이유 때문에 퀴비에는 진화론을 세상에 내놓을 가장 유리한 조건을 갖췄는데도 이 사실을 회피했다. 이런 상황은 비단 퀴비에 한 사람에게 국한되지 않는다. 과학사상 이런 사례는 수없이 많이 등장한다. "과학자란 전반적으로 보수적이다"라는 말이 있는데, 상당히 일리 있는 말이다.

6장	# 단순함의 함정

단순함은 진리의 표식이다.

– 라틴 격언

진리는 그 자신을 반대하는 세찬 비바람을 불러일으켰고, 그 비
바람은 진리가 뿌린 씨앗을 흩뿌렸다.

– 라빈드라나트 타고르(Rabindranath Tagore, 1861~1941)

20세기 과학사에서 물리학자들이 기를 펴게 된 재미있는 일
화가 있다. 1962년 6월, 독일 쾰른에 유전학 연구소가 세워져 개업식을
했다. 이때 연구소는 생물학자가 아닌 덴마크 물리학자이자 1922년 노
벨 물리학상 수상자인 닐스 보어(Niels Bohr, 1885~1962)를 초청해 강연을
열었다. 강연 주제는 "빛과 생명을 다시 논하다"였다. 왜 유전학 연구소
에서 생물학자가 아닌 물리학자를 초청했을까? 그 이유는 1932년 8월
어느 날로 거슬러 올라간다.

덴마크 코펜하겐에서 열린 국제 광학 학술회의에 참석한
보어는 '빛과 생명'이라는 주제로 강연을 했다. 그날 강연을 들은 사

람 중에는 베를린에서 온 젊은 물리학자 막스 델브뤼크(Max Delbrück, 1906~1981)가 있었다. 그는 보어에게 물리학을 배울 생각으로 코펜하겐에 왔다가 그날 강연에 영향을 받아 유전학을 연구하기로 마음먹었다. 보어는 그날 강연에서 이렇게 말했다. "물리학이라는 좁은 영역에서 얻어낸 결과로 자연과학에서 생물이 차지하는 위상에 대해 우리가 붙든 견해를 얼마나 바꿀 수 있을까요?"

이어서 보어는 생물학 연구에서 상보성원리[1]가 가지는 지위와 가치를 분석했다. 그는 다음과 같이 지적했다.

> 본질적으로 이러한 상보성 특징이 존재하기 때문에 물체의 운동 법칙을 연구하는 역학(力學)에는 찾아볼 수 없는 '목적'이라는 개념이 생물학에서는 어느 정도 활용성을 갖는다. 확실히 이런 의미에서 목적론 논증이 생물학의 합법적인 특징이라고 생각할 수 있다.

나중에 델브뤼크는 보어의 논문 「원자 구조」 발표 50주년을 기념하는 자리에서 이런 재미있는 경험을 회상했다.

> 나를 데리러 온 벨기에 물리학자 레옹 로젠펠드를 기차역에서 만났다. 우리는 곧장 강연장으로 향했다. (……) 당시 보어의 강연을 진지하게 경청한 사람은 나와 로젠펠드 둘뿐이었는지도 모른다. 그토록 진지하게 강연을 들은 덕분에 그날 강연은 과학자로서의 내 삶을 결정지었다. 나는 연구 방향

---

1 닐스 보어가 주장한 이론으로, 물리학에서 미시적 세계의 현상을 기술할 때 파동과 입자처럼 서로 반대되는 개념을 함께 사용하는 것을 가리킨다.

을 바꿔 생물학 영역 안에서 보어가 말한 것이 진실인지 확인하기로 했다.

생물학을 연구하기로 마음을 바꾼 후, 델브뤼크는 이미 물리학 영역에서 검증된 과학 사상과 연구 방법론을 십분 활용하여 빠르게 성과를 거뒀다. 그는 1969년에 바이러스의 복제 메커니즘과 유전적 구조를 발견한 공로로 노벨 생리의학상을 수상했다. 우스갯소리로 "델브뤼크가 직업을 바꾼 것이야말로 1932년의 보어 강연이 거둔 최고의 성과다"라는 말을 하는 사람도 있을 정도다.

✦

1906년 9월 4일, 델브뤼크는 독일 베를린에서 태어났다. 그는 일곱 형제 중 막내였다. 아버지 한스 델브뤼크는 베를린대학교의 역사학 교수였고, 작은 아버지는 신학 교수였다. 어머니는 독일의 뛰어난 화학자 유스투스 폰 리비히(Justus von Liebig, 1803~1873)의 손녀였다. 델브뤼크는 학자 집안의 후예였고, 이런 가족 분위기가 과학자로서 성공을 거두는 데 영향을 미쳤을 것이다.

아버지가 대학 교수였기 때문에 델브뤼크의 어린 시절은 유복한 편이었다. 당시 대부분의 독일 부유층 가정처럼 그의 가족도 조용하고 풍광 좋은 교외 저택에서 살았다. 델브뤼크는 어렸을 때부터 아름다운 자연 속에서 성장했고 높은 수준의 교육을 받았다.

하지만 그가 청소년이 되었을 무렵 제1차 세계대전이라는 비극이 터졌다. 잔혹한 전쟁은 배고픔, 추위, 죽음을 가져왔고 전쟁이 끝나자 독일 경제는 침체에 빠져들었다. 델브뤼크 가족은 그나마 행운이 따라준 편이었지만 잔인한 현실은 한창 예민할 시기였던 델브뤼크에게 많은 영향을 미쳤다.

델브뤼크는 어려서부터 과학에 깊은 관심을 보였다. 맑은 밤하늘에서 빛나는 별들은 끝없는 상상력을 자극했다. 초등학교와 중학교, 대학 예비학교를 마친 후 델브뤼크는 우수한 성적으로 독일의 명문 괴팅겐대학교에 입학했다. 자유로운 대학 생활을 처음 맛본 학생들은 쉽게 자제력을 잃곤 하지만 아직 스무 살도 되지 않은 델브뤼크는 대학생에게 주어진 자율성을 드넓은 지식의 바다를 유영하는 데 사용했다.

델브뤼크는 우선 천문학을 전공했다. 대학원 진학 후에는 이론물리학에 관심을 가졌다. 이상한 일은 아니었다. 물리학이 사람들의 마음을 한창 격동하던 시절이었고, 양자역학이라는 새로운 학문이 각광받던 때였다. 당시 괴팅겐대학교에는 1954년 노벨 물리학상 수상자 막스 보른(Max Born, 1882~1970)과 1925년 노벨 물리학상 수상자 제임스 프랑크(James Franck, 1882~1964)가 있었다. 두 사람은 양자역학에 지대한 공헌을 한 뛰어난 물리학자로, 이들 덕분에 괴팅겐대학교는 당시 세계적인 양자역학 연구 중심지가 되었다. 젊고 열정적인 델브뤼크가 양자역학에서 자신의 능력을 선보이겠다고 마음먹은 것도 자연스러운 일이었다.

1930년에 24세의 델브뤼크는 괴팅겐대학교에서 박사 학위를 받았다. 그 후 3여 년의 시간 동안 델브뤼크는 스위스 취리히, 덴마크 코펜하겐 등에서 공부했다. 1932년 8월, 그는 닐스 보어가 '빛과 생명'이라는 주제로 강연한다는 소식을 듣고 코펜하겐으로 달려갔다. 그날 보어의 강연 내용은 생물학 연구의 지평을 분자 수준으로 끌어올려야 한다는 문제 제기였다. 델브뤼크는 보어의 견해를 진지하게 경청했고, 생물학 연구에 인생을 바치겠다는 생각을 품었다. 그렇다고 해서 당장 연구 방향을 바꾼 것은 아니었다. 그는 한동안 독일의 유명한 화학자이자 1944년 노벨 화학상 수상자인 오토 한(Otto Hahn, 1879~1968), 걸출한 여성 물리학자 리제 마이트너(Lise Meitner, 1878~1968)와 함께 방사성 물질을 화학적으로 연구하는 방사화학 분야에서 일했다.

이때 1933년 독일에서 열린 학회가 델브뤼크의 결심을 부채질했다. 이 학회는 '기초 물리학의 미래'를 주제로 베를린에서 열렸다. 학회에서는 토론 끝에 세 가지 결론을 도출했다. 첫째, 물리학은 최근 유의미한 연구 과제를 내놓지 못했다. 둘째, 생물학은 해결해야 할 문제가 가장 많이 산적해 있다. 셋째, 몇몇 물리학 연구자들이 생물학 영역으로 넘어갈 것이다.

이 학회 이후로 델브뤼크는 물리학을 떠나겠다는 결심을 굳혔다. 그는 생명의 비밀을 알아내는 것이 향후의 과학 연구 방향이라고 여겼다.

✦

과학자가 새로운 분야로 뛰어들 때 고민하는 가장 큰 문제는 어떤 부분을 파고들어 연구할지 정하는 일이다. 생물학 연구를 시작하는 델브뤼크는 장단점을 고루 가지고 있었다. 그는 냉철하게 자신의 조건을 저울질해본 뒤, 똑똑한 결정을 내렸다. 델브뤼크가 생물학을 연구하기로 결심하기 몇 년 전, 1946년에 노벨 생리의학상을 받게 되는 미국 유전학자 허먼 멀러(Hermann Muller, 1890~1967)가 X선을 이용해 생물체의 유전자에 돌연변이를 일으킨 사례가 있었다. 멀러의 연구는 물리학적 수단을 생물학에 적용한 가장 좋은 사례였다. 델브뤼크는 자신의 수학과 물리학 지식 그리고 물리학에서 발달한 연구방법론으로 생물학에 매진하면 분명히 생각지 못한 성공을 거둘 수 있다고 여겼다. 그는 생화학 관련 지식이 부족한 것도 잘 알았다. 그러나 그런 점이 오히려 장점이 될 수 있다고 생각했다. 영국 물리학자 마이클 패러데이(Michael Faraday, 1791~1867)가 수학 지식이 부족한 덕분에 전자기학 영역에서 놀라운 공헌을 할 수 있었던 것처럼 말이다.

델브뤼크는 당시 생물학 연구 상황을 자세히 분석한 다음, 유전학 영역에서 생명의 본질을 파헤쳐보기로 결정했다. 델브뤼크는 멀러의 X선 실험에서 '유전자는 화학에서 말하는 분자와 같으며, 모종의 안정성을 갖추고 있을 가능성이 크다'라는 실마리를 얻었다. 이런 관점은 사실 오늘날에는 상식이나 다를 바 없다. 유전자가 분자 말고 무엇이란 말인가? 하지만 1930년대 고전유전학[2]에서는 아무도 이런 생각을 하지 않았다. 고전유전학에서는 유전자를 형태와 성질을 결정하는 추상적 단위로 보았고, 명확한 화학적 실체라고 생각하지 않았다. 오늘날 생각하기에는 우스운 이야기지만, 당시에는 정말 그랬다. 그러니 이런 말을 하는 사람이 있는 것도 당연하다.

고전유전학자는 유전학의 가장자리를 맴돌며 세밀하게 찔러대지만 아무리 해도 유전자의 본질이나 자가 촉매 반응 등 유전학의 진정한 과녁 한가운데에는 이르지 못하는 사람들이라고 평가받는다.

연구자들이 유전자를 분자라고 확신한 뒤로 유전학에 본질적인 변화가 일어났다. 고전유전학에서 분자유전학으로 나아가게 된 것이다. 델브뤼크는 이론물리학적 지식, 사고방식 등의 비교우위와 예리한 실력으로

---

2   DNA의 구조와 역할이 밝혀지기 이전에 멘델의 유전 법칙을 중심으로 한 유전학.

분자유전학으로의 전환을 완성한 핵심 인물이 되었다.

1935년에 29세였던 델브뤼크는 「유전자 돌연변이와 유전자 구조의 본질」이라는 순수하게 이론적 성격을 띤 논문을 발표했다. 그 후 델브뤼크는 생물학에서 두각을 드러내며 세상의 주목을 받았다. 그는 이 논문에서 유전자의 원자 모형을 제시했고, 정식으로 '유전자의 고분자설'을 제창했다. 그로부터 이론유전학에 물리학의 낙인이 찍혔다.

델브뤼크의 가까운 친구이자 1933년에 노벨 물리학상을 수상하고 양자역학의 창시자 중 한 명으로 불리는 에르빈 슈뢰딩거(Erwin Schrödinger, 1887~1961)는 델브뤼크 논문의 학설을 수용하고 발전시켜 『생명이란 무엇인가』(What Is Life?)를 썼다. 이 책에서 슈뢰딩거는 명확한 물리학 법칙으로 살아있는 세포와 유전 과정을 연구해야 한다고 건의했으며, 새로운 영역을 개척하는 물리학자들로부터 생물학 연구의 신기원이 열릴 것이라고 예측했다.

1937년에 델브뤼크는 코펜하겐에서 열린 소규모 연구 발표회에서 '생명의 비밀'이라는 주제로 강연했다. 그는 바이러스 복제와 세포 분열, 동식물의 성(性) 번식 과정을 흥미롭게 비교해 참가자들의 주목을 받았다. 당시 독일에서는 히틀러의 억압 정책이 시행되고 있었기 때문에 많은 지식인이 다른 나라로 속속 이주하고 있었다. 델브뤼크는 유태인이 아니었지만, 그의 친인척 중에도 나치 정책에 불만을 표했다가 잔인하게 살해된 사람이 있었다. 델브뤼크 역시 위급한 상황에 몰린 끝에 그해 가을, 가족들을 데리고 미국으로 떠났다.

델브뤼크는 록펠러 재단의 보조금을 받았고, 캘리포니아 공과대학교를 자신의 생물학 연구 기지로 삼았다. 그의 이런 선택은 당연했다. 캘리포니아 공과대학교에는 토머스 헌트 모건(Thomas Hunt Morgan,

1866~1945)이 설립한 유전학 연구소가 있었기 때문이다. 모건은 초파리를 이용해 유전학을 연구하여 빛나는 성취를 거두었으며, 유전 과정에서 염색체의 작용을 발견한 공로로 1933년 노벨 생리의학상을 받았다.

물리학자들은 가장 간단한 대상부터 연구에 착수하는 습관이 있다. 그들은 이런 연구 방법을 가장 기본적이며 중요한 방식으로 여긴다. 역학 연구는 질점(質點)[3]에서 시작하고, 열학(熱學)[4] 연구는 이상기체(理想氣體)[5]에서 시작하며, 전기학은 점전하(點電荷)[6]에서 시작한다. 그렇다면 생명의 신비를 연구할 때 역학의 질점에 해당하는 것은 무엇일까? 물리학자로 연구하는 동안 복잡한 문제를 단순화하는 데 익숙했던 델브뤼크는 유전학자들이 전통적으로 좋아하고 또 중요시했던 연구 대상인 옥수수, 완두콩, 초파리 등이 유전학 연구에 이상적인 생물이 아니라는 것을 깊이 느끼고 있었다. 이런 생물은 '단순함'이라는 요구 조건을 만족시키지 못하기 때문에 유전학 연구의 질점이 될 수 없었다. 델브뤼크는 새로운 연구 대상을 찾아내겠다고 결심했고, 그 대상은 가장 간단한 형태라는 요구 조건에 부합하면서도 생명의 본질적 특징을 대표할 수 있어야 했다.

신중한 고찰 끝에 델브뤼크와 그의 동료들은 박테리오파지(bacterio-phage, '파지'라고도 함)를 찾아냈다. 박테리오파지는 각종 세균성 세포에 침

---

3   물체의 크기를 무시하고 질량이 모여 있다고 보는 점. 이 점으로 물체의 위치나 운동을 표시할 수 있으며, 역학 원리 및 모든 법칙의 기초가 된다.
4   열에 관한 현상을 연구하는 물리학의 한 분야.
5   보일-샤를의 법칙이 완전하게 적용되는 가상의 기체.
6   공간의 한 점에 집중되어 공간적 크기를 무시할 수 있는 전하.

입하는 바이러스(세균을 감염시켜 증식하는 바이러스)다. 박테리오파지는 모든 바이러스가 그렇듯 단백질 껍질과 내부 핵산으로 구성되어 있으며, 핵산은 통상 DNA지만 RNA도 있다.[7] 박테리오파지의 형태는 주사기와 비슷하다. 박테리오파지는 우선 자신의 몸에서 좀 더 가느다란 부분을 세균 세포의 외막에 흡착한 후 자신의 핵산을 세균 안에 주입한다. 이때 박테리오파지의 단백질 껍질은 여전히 세균 외막 위에 남아 있다. 박테리오파지의 핵산이 세균 안에 주입되면 핵산은 곧바로 명령을 내려 세균 내 세포기관에 바이러스가 필요로 하는 새로운 DNA와 단백질 껍질을 생성하도록 한다. 그렇게 새로운 박테리오파지가 50마리에서 100마리까지 증식하면 감염된 세균 바깥으로 터져 나온 후 계속 다른 세균을 감염시킨다. 박테리오파지는 다른 세포에 기생하는 방식으로만 자신의 유전 정보를 퍼뜨릴 수 있다.

델브뤼크는 박테리오파지 연구에 담긴 가치를 민감하게 알아차렸다. 박테리오파지는 생명의 본질을 연구하고 생명 현상을 해석하는 데 더없이 적합한 다섯 가지 장점을 지녔다. 첫째, 박테리오파지는 쉽게 증식한다. 둘째, 아주 작은 공간에서도 수만 마리의 박테리오파지를 배양할 수 있다. 셋째, 새로운 세대가 나타나는 데 필요한 시간이 짧다. 20분에서 30분이면 다음 세대가 번식한다. 넷째, 간단한 구조를 가지며, 단백질과 핵산이라는 두 종류의 생체고분자(biopolymer)[8]가 포함된다. 다섯째, 구

---

7 DNA(Deoxyribonucleic Acid)는 일종의 분자이며, 유전 정보를 구성하고 생물의 발육과 생명 기능이 운용되도록 유도한다. RNA(Ribonucleic Acid)는 생물의 세포 또는 일부 바이러스, 바이로이드(viroid, 바이러스와 유사한 병원체)에 존재하는 유전 정보의 매개체다.—저자

8 생물의 몸 안에서 합성되어 생기는 고분자 화합물로, 단백질, 핵산, 다당류 등이 대표

조가 간단하지만 생명체의 가장 본질적인 특징인 '자기 복제'를 갖췄다.

이 다섯 가지 장점 덕분에 박테리오파지는 핵산과 단백질의 증식 과정 변화를 간단하면서도 정확하게 관찰할 수 있는 이상적인 연구 재료였다. 그에 비해 모건이 선택한 초파리는 피할 수 없는 결점이 수없이 많아 생명의 본질을 깊이 연구하기에는 부적합했다.

델브뤼크는 자신의 계획을 열성적으로 홍보했고, 곧 미국에서도 연구팀을 구성할 수 있었다. 델브뤼크 연구팀은 '파지 그룹(phage group)'이라고 불렸다. 전쟁, 독일(당시 미국의 적국) 국적, 불신 등 여러 가지 원인 때문에 델브뤼크는 연구비 지원을 거의 받지 못했지만 마음만 먹으면 끝까지 해내는 성격답게 오래지 않아 중요한 연구 성과를 거두었다. 1945년 이전에 파지 그룹은 세균이 박테리오파지에 대한 저항력을 이용하여 박테리오파지 항체를 생성하는 변종을 만드는 과정을 증명했고, 박테리오파지의 복제 메커니즘을 발견했다. 델브뤼크 연구팀이 발견한 박테리오파지의 복제 메커니즘은 모든 바이러스에 예외 없이 적용되었다. 이들의 선구적인 연구가 분자생물학이라는 새로운 학문의 기초가 된 셈이다. 이는 생명과학의 혁명적인 발전을 견인하는 쾌거였고, 과학사상 대단한 공헌이었다.

1946년 델브뤼크와 미국 생물학자 앨프레드 허시(Alfred Hershey, 1908~1997)는 각자 독립적인 연구를 거쳐 서로 다른 바이러스의 유전 물질이 새롭게 조합될 수 있다는 것과 이렇게 조합된 유전 물질로 인해 원래 바이러스와는 전혀 다른 바이러스로 변화한다는 것을 발견했다. 이

적이다. '고분자'는 화합물 가운데 분자량이 대략 1만 이상인 분자를 가리킨다.

연구 성과로 분자유전학이 확립되었다. 20여 년의 연구 끝에 델브뤼크의 업적이 최종적으로 인정받게 된 것이다.

1969년 델브뤼크와 허시, 샐버도어 루리아(Salvador Luria, 1912~1991)는 노벨 생리의학상을 공동 수상했다.

✦

델브뤼크는 이론물리학자로서 소질과 지식을 갖췄고, 이로 인해 생물학 연구에 뛰어들었을 때 많은 도움을 받았다. 그가 연이어 뛰어난 성취를 거둘 수 있었던 데는 물리학자였던 경험이 큰 역할을 했다. 그러나 체계적인 생화학 지식이 부족하고 이와 관련한 기술적 훈련을 받지 못했기 때문에 여러 차례 실수를 저지르기도 했다. 그중 생명의 비밀을 알아낼 뻔했지만, 바로 그 직전에 실마리를 놓쳐버린 일도 있었다. 델브뤼크에게는 평생의 한이라고 할 만한 일이었다.

델브뤼크는 미국에 온 지 얼마 되지 않아 뜻이 맞는 친구를 만났다. 바로 이탈리아에서 온 미생물학자 샐버도어 루리아였다. 루리아는 파리 파스퇴르 연구소에 있을 때부터 박테리오파지를 줄곧 연구해왔다. 1940년에 미국에 왔을 때는 마침 델브뤼크가 박테리오파지를 유전학 연구 재료로 사용하려고 구상하고 있었다. 두 사람 다 미국의 적국인 독일과 이탈리아 국적자이면서 독일어를 할 줄 알았고, 미국에서 생활하고 있었다. 두 사람은 확실한 실험 결과와 흠 잡을 데 없는 수학적 논증으로 세균에 자체적으로 돌연변이를 일으키는 본능이 있음을 증명했다. 사실상 DNA가 유전 물질임을 증명하는 결정적인 연구 결과였다. 그러나 이처럼 위대한 실험을 완성한 델브뤼크는 정작 DNA가 유전 물질이라는 것을 인정하지 않았고, 다른 사람이 그 부분을 지적했을 때도 자신의 잘못된 생각을 버리지 않았다. 왜 그랬을까?

유전자가 염색체에 존재한다는 것은 이미 고전유전학에서 밝혀졌다. 또한 염색체의 화학적 성분은 단백질과 핵산이 주된 성분이라는 것도 알려졌다. 그렇다면 유전 정보의 매개체는 단백질일까, 핵산일까?

일찍이 1920년대에 영국 미생물학자인 프레더릭 그리피스(Frederick Griffith, 1879~1941)가 폐렴구균의 변이 실험에서 어떤 물질을 발견했다. 이 물질은 첫 세균에서 다음 세균으로 이동한 후에 두 번째 세균의 유전 형질을 변화시켰다. 당시에는 과학계가 경악할 만큼 놀라운 발견이었다. 그러나 그때까지만 해도 세균은 너무 작고 원시적이어서 유전자를 함유할 수 없다는 것이 보편적인 생각이었다. 그래서 그리피스의 발견은 세상 사람들에게 주목받지 못했다. 안타깝게도 1941년 독일이 런던을 공습했을 때 그리피스는 실험실에서 사망했다. 그는 죽을 때까지 자신이 현대 분자유전학의 도래를 예고했다는 사실을 몰랐다.

그리피스 다음으로는 캐나다에서 태어난 미국 세균학자 오즈월드 에이버리(Oswald Avery, 1877~1955)가 더욱 중요한 발견을 해냈다. 1913년에 에이버리는 뉴욕 록펠러 의학연구소에서 일하는 세균학자였다. 그해 미국에서는 5만 명이 폐렴구균에 감염되어 사망했다. 에이버리의 어머니도 폐렴구균 때문에 세상을 떠났다. 에이버리는 어떤 사람은 폐렴구균으로 사망에 이르는데 어떤 사람은 감염되어도 사망하지 않는 이유를 밝히고자 했다. 그는 어떤 물질이 세균의 독성 발현을 제어한다 생각했고, 그 물질이 무엇인지 알아내기로 했다. 당시 의학계의 보편적인 인식으로는 독성을 가지는(혹은 독성 여부를 결정하는) 가장 기본적인 물질은 단백질이었다. 하지만 에이버리는 명확한 실험을 거쳐 독성을 결정하는 물질이 순수한 DNA이며 단백질과는 관계없음을 밝혀냈다. 그야말로 생물학에서 핵심적인 진전을 이룬 대사건이었다. 단백질이 유전 정보의 매개체라는 잘못된 생각을 바로잡고, DNA야말로 유전학의 기본임을 알게 된 것이다. 이 실험 결과는 1944년에 공표되었다.

그러나 명확한 실험 결과가 나왔는데도 사람들은 편견에 얽매여 의심을 지우지 못했다. 단순한 구조를 가진 DNA가 어떻게 거대하고 미묘하며 복잡한 유전이라는 임무를 수행할 수 있단 말인가? 실험 결과를 믿지 못한 사람들은 에이버리의 실험 표본 중에 소량의 단백질이 잔류했을지도 모른다고 여겼다.

의심이란 과학자들에게 무척 훌륭한 자질이다. 그들은 의심을 통해 우매함, 잘못된 지식, 편견을 깨부순다. 그러나 의심 그 자체가 편견에 가려져 있다면, 이 강력한 무기는 수많은 천재를 목 졸라 죽일 수도 있다.

에이버리의 이론을 의심한 사람이 전부 경직된 사상을 가진 무능력자는 아니었다. 델브뤼크 역시 에이버리의 이론을 믿지 않았다. 1943년 5월의 어느 오후, 델브뤼크가 대학 캠퍼스에서 산책을 하다가 에이버리와 마주쳤다. 두 사람은 한창 연구 중인 과제에 대해 잡담을 나눴다. 에이버리는 DNA가 유전 정보의 매개체라는 실험 결과를 언급했고, 델브뤼크가 놀라워하며 말했다.

"그래요? 제 친구에게서 막 편지를 받는데, 최근의 새로운 발견에 대해 이야기하더군요. 당신이 방금 말한 것과 거의 비슷했지요……."

"그럼 당신은 어떻게 생각하십니까?"

에이버리가 다급하게 질문했다. 그러나 델브뤼크의 관점은 에이버리를 크게 실망시켰다. 델브뤼크는 DNA가 '재미없고 제멋대로인 고분자'라고 여겼으며, 절대로 유전 정보를 매개하는 중요한 역할을 담당할 수 없다고 생각했다.

에이버리는 델브뤼크의 단호한 대답에 뭐라 반박하고 싶었으나 결국 입을 다물었다. '파지 그룹' 사람들은 대부분 생화학의 기초가 부족한데 이처럼 복잡한 생물학 문제를 탐구하면서 왜 다른 사람 의견에 귀를 기울이지 않느냐고 에이버리는 속으로 생각했을지도 모르겠다. 에이버리는 결국 1955년에 세상을 떠나 노벨상을 받지 못했다. 세계 과학계가 좀 더 일찍 에이버리의 정확한 견해를 인정했더라면 생전에 수상했을 수도 있다.

단순함을 중시했던 델브뤼크의 관점은 비록 한때를 풍미하며 이름을 떨쳤지만, 이런 생각법은 과장되거나 확대되었을 때 반대로 과학의 발전의 저해할 수도 있다. 1983년에 노벨 생리의학상을 수상한 바버라 매클린톡(Barbara McClintock, 1902~1992)이 바로 이런 피해를 입은 사람이다. 20세기 중엽은 '박테리오파지 학파'가 한창 주목받던 때였다. 그들은 물리학에서 효과적이었던 단순함을 중시하는 관점을 생물학에 적용했고, 이런 경향은 비결정론(非決定論)[9]이나 환원주의(還元主義)[10] 등을 생물학 영역으로 가져왔다. 그래서 생물학 연구는 필수적으로 가장 단순한 대상으로 시작해야 하며, 박테리오파지가 그에 부합하는 가장 이상적인 생명체라는 견해가 힘을 얻었다. 당시 파지 그룹의 명성은 미국 전역의 생물학 연구자에게 영향을 미쳤다.

---

9 상태나 결과의 인과론적 결정을 인정하지 않는 태도. 인간의 의지를 비롯하여 모든 자연 현상과 역사 현상은 합법칙성과 인과성이 아닌 주체 스스로 결정한다는 이론이다. 양자역학에서의 불확정성 원리가 이에 해당한다.

10 다양한 현상을 기본적인 하나의 원리나 요인으로 설명하려는 경향을 말한다. 복잡하고 추상적인 사상이나 개념을 같은 수준의 더 기본적인 요소로 환원해 해석하고자 한다.

하지만 매클린톡은 이 경향과 반대되는 움직임을 보였다. 그는 유전자 비밀을 풀기 위한 연구 재료로 옥수수를 택했다. 당시 생물학자들은 매클린톡이 잘못된 길을 걷는다고 여겼다. 옥수수는 고등한 진핵생물(세포에 막으로 싸인 핵을 가진 생물)이자 생장주기가 길어 1년에 한 번 성숙한다(박테리오파지는 20~30분이면 한 세대가 완성된다). 게다가 옥수수는 야생식물이 아니라 인간에 의해 재배되는 식물이기 때문에 이 연구로 도출되는 개념이나 학설은 보편성이 없을 것이라 생각했다. 매클린톡이 옥수수 연구에 심취했을 때 거의 모든 연구자들이 그녀를 멀리하고 박테리오파지에 열광했다.

파지 그룹의 주요 활동 장소는 뉴욕의 콜드 스프링 하버(Cold Spring Harbor) 연구소였다. 매클린톡 역시 콜드 스프링 하버를 거의 떠나지 않았다. 그러니 델브뤼크는 매클린톡의 연구 방향과 내용을 잘 알고 있었을 것이다. 그는 매클린톡을 존중했지만, 그래도 그녀가 유행이 지난 전통적인 연구방법을 고수한다고 여겼고 그녀의 연구에서 배울 것이 없다고 생각했다. 델브뤼크는 심지어 이런 말을 한 적도 있었다. "진정으로 중요한 유전학 문제를 이해하는 데 생화학은 별 도움이 되지 않는다."

생화학자들이 효소가 어떻게 합성되고 작용하는지 연구하여 유전의 본질을 연구할 때, 델브뤼크는 이 연구가 옆길로 빠진 것이라고 생각했다. 그러니 그가 매클린톡의 연구를 얼마나 유감스럽게 생각했을지 짐작할 수 있다. 심지어 델브뤼크는 유전학의 기본 단위가 물리학의 새로운 법칙에 복속될 것이라고 생각했다. 그의 야심은 바로 이 '물리학의 새로운 법칙'을 찾아내는 데 있었다(생물학의 새로운 법칙이 아니라는 데 주목하자). 결과적으로 델브뤼크는 물리학의 새로운 법칙을 찾아내는 일에 철저히 실패했지만 다행히 생물학에서 새로운 법칙을 발견했고, 자신이 사상적으로 편견에 사로잡혀 있다는 사실은 끝내 알지 못했다.

미국의 작가이자 물리학자인 에벌린 폭스 켈러(Evelyn Fox Keller, 1936~)는 매클린톡의 평전 『유기체에 대한 감정』(*A Feeling for the Organism*)에서 이렇게 썼다. "다행히 모든 사람이 델브뤼크처럼 편견에 사로잡혀 있지는 않았다."

'델브뤼크처럼 편견에 사로잡히지 않은' 사람이 바로 매클린톡이었다. 그녀는 방대한 증거 자료를 통해 감수분열이 아닌 교차에 의해 유전자 재조합이 발생할 수 있다는 내용을 담은 논문을 발표했고, 1983년에 81세라는 고령의 나이로 노벨 생리의학상을 받았다.

한편 델브뤼크는 한창 전성기였던 1953년 이후 분자생물학 연구 영역에서 물러나기로 결단했다. 생화학 지식이 부족해 더는 그 분야를 깊이 연구할 수 없었기 때문이다. 델브뤼크는 새로운 연구 영역으로 다시 한번 전향하여 자신의 자리를 찾으려 했다. 이번에 그가 선택한 영역은 '감각생리학(esthesiophysiology)'[11]이었다. 연구 대상으로는 단세포 진균인 조균속(phycomyces, 藻菌屬)을 선택했다. 그는 여전히 박테리오파지를 연구했던 과거의 방식으로 실험을 진행했고, 결과는 완전히 실패였다. 따르던 몇몇 학생들도 차차 그를 떠났다. 그가 감각생리학 분야에서 아무런 진전도 없이 연구를 하는 동안 분자생물학은 비약적인 발전을 이뤘으며 새로운 과학적 발견이 끊이지 않고 일어났다.

안타깝게도 델브뤼크는 편견 때문에 이런 새로운 성취를 함께 나눌 수 없었다.

---

11 시각, 청각, 후각 따위의 감각을 자연과학적으로 연구하는 학문.

7장 | 필연과 우연, 어느 쪽이 옳은가?

구석기시대 어떤 전사가 맨 처음 돌멩이에 걸려 넘어졌을 때부터 우연성 작용 여부는 인류에게 논쟁의 대상이었다.

앨빈 토플러(Alvin Toffler, 1928~2016)

미국의 미래학자 토플러가 말한 것처럼, 우연성과 필연성에 관한 논쟁의 기원은 아주 오래전 구석기시대까지로 거슬러 올라간다. 게다가 이 논쟁은 상당히 긴 시간 강렬한 종교적, 정치적 색채를 띠었다. "운명은 정해져 있는가, 아니면 자유 의지에 따르는가? 이 문제를 둘러싸고 계속 충돌이 이어졌다."

이 문제는 여전히 과학자와 철학자 사이에서 논쟁을 불러일으킨다. 논쟁의 형식은 현대화하고 복잡해졌지만 기본 내용은 변하지 않았다. 프랑스의 유명한 유전학자 자크 모노(Jacques Monod, 1910~1976)가 일련의 저서를 발표하며 벨기에 화학자 일리야 프리고진(Ilya Prigogine,

1917~2003)을 필두로 한 비평형 열역학에 도전장을 내밀었던 적이 있다. 모노는 이렇게 지적했다.

> 최근 새로운 유형의 애니미즘(animism)[1] 신봉자가 등장했다. 나는 그들을 열역학자라고 부르는데, 그들은 몇몇 이론과 공식을 주장하면서 이를 근거로 하여 지구상에 생명이 출현하지 않을 수 없고, 그 이후의 진화 역시 필연적이었음을 설명하려 한다.

그러면서 모노는 독일 과학자 만프레트 아이겐(Manfred Eigen, 1927~2019)의 이름을 언급했다. 아이겐은 수학과 물리학 이론으로 분자 진화[2]를 탐구했으며 독일에서 자신의 학파를 이뤘다. 아이겐과 프리고진은 모두 노벨상 수상자로, 각기 1967년과 1977년에 노벨 화학상을 받았다. 프리고진은 비평형 열역학 연구에서 소산 구조(dissipative structure)[3] 이론을 제시한 공로로 노벨상을 받았다. 반면, 모노는 바로 이 소산 구조론을 비판의 주요 대상으로 삼았다.

뛰어난 과학자 두 사람의 의견이 왜 불일치했으며, 공개적인 논쟁까지 벌였을까? 그들 중 누가 옳고 누가 그른가? 한두 마디로는 설명하기 힘든 문제이니 차근차근 이야기해보자.

---

1   17세기에 유행했던 철학 사상으로, 만물에 모두 영혼 혹은 자연정신이 깃들어 있다는 믿음.

2   염기 배열이나 단백질의 아미노산 배열 등 분자 구조의 특징을 기초로 하여 따지는 진화론.

3   소산(消散) 구조는 산일(散逸) 구조라고도 한다. 평형 상태에서 형성되는 평형구조의 상대적 개념으로 비평형 상태에서 나타나는 거시적인 구조를 말한다.

✦

우선 자크 모노를 소개하겠다.

모노는 1910년 2월 9일 파리에서 태어났다. 그의 아버지는 화가였다. 1928년 모노는 파리 대학교에 입학해 생물학을 공부했다. 1931년에 학사 학위를 받았고, 1941년에 박사 학위를 받았다. 박사 논문을 준비하던 때에 교수가 그에게 말했다. 섬모충은 너무 복잡해 생물의 생장에 관한 문제를 연구하기에 이상적인 소재가 아니니 세균으로 연구를 해보라고 말이다. 그러면서 대장균을 추천했다. 대장균은 인공 배양기(배지)에서도 생장하고 연구자가 각종 조건을 통제하기 용이하다. 1937년부터 모노는 대장균을 연구 소재로 삼았고, 곧 성공가도를 달리게 되었다.

모노의 연구 과제는 '세균 생장의 동역학(動力學)'[4]이었다. 그는 생물 통계학[5] 지식을 이용해 당분의 함유량이 서로 다른 배양기에서 세균이 나타내는 생장상수를 측정했다. 이 과정에서 모노는 재미있지만 이상한 현상을 발견했다. 세균이 포도당과 젖당이 함유된 배양기에서 생장할 때, 포도당을 먼저 사용하고 포도당이 없어지면 그때 젖당을 사용했던 것이다. 그런데 젖당 사용으로 전환한 뒤 세균은 마치 먹이가 바뀐 데 적응하지 못한 것처럼 한동안 증식을 멈추었다가 시간이 흐른 뒤에 젖당을 사용했다. 이런 이상 현상은 생장곡선에서 두 차례의 상승 곡선 사이에 평탄한 기울기를 보이는 직선으로 나타났다. 모노는 이것을 '이차 생장곡선'이라고 명명했다. 그러나 이런 현상을 제대로 설명할 수는 없었다. 그는 지도 교수에게 도움을 구했고, 교수는 잠시 생각해본 뒤에 이렇

---

4   물체의 운동과 힘의 관계를 다루는 학문.

5   생물이 나타내는 현상들을 통계학적으로 분석하는 학문.

게 말했다.

"어쩌면 이 문제는 효소적응(enzymatic adaptation)과 관련이 있을지도 모르겠군."

"효소적응이라고요?"

모노는 효소적응이 무엇인지 확실히 알기 위해 문헌 자료를 섭렵했다. 세포에는 두 종류의 효소가 있는데, 한 종류는 구성효소(構成酵素, constitutive enzyme)이고, 이것이 세균의 정상적인 구성 성분이다. 다른 한 종류는 적응-효소(適應酵素, induced enzyme, 지금은 유발효소[誘發酵素]라는 용어로 불림)다. 평상시에는 미약하게 존재하다가 어떤 환경에서 이 효소를 출현하게 하는 물질이 많아지면 그때부터 대량으로 생성된다. 말하자면 구성효소는 정규군이고 유발효소는 예비군인 셈이다. 예비군은 특수한 때에만 전투에 동원되지만, 신속하게 전투에 돌입한다.

모노는 이런 기본 개념을 이해한 후, 이차 생장곡선을 해석할 수 있는 하나의 가설을 세웠다. 그러나 이 가설은 잘못된 것으로 증명되었다. 마침 그때 제2차 세계대전이 발발해 파리가 함락되었다. 모노는 레지스탕스에 들어가 활동했고, 연구를 멈출 수밖에 없었다. 모노는 독일의 정치 경찰 '게슈타포'를 피하기 위해 파리 대학교를 떠나 파스퇴르 연구소에서 일했는데, 제2차 세계대전이 끝난 후에는 파스퇴르 연구소의 소장까지 맡았다.

첫 연구에서 실패한 이후, 모노는 이차 생장곡선의 비밀을 풀기 위해서는 유전학에서 시작해야 한다는 것을 깨달았다. 바로 그때, 델브뤼크와 루리아가 "세균이 스스로 돌연변이를 일으킬 수 있다"라는 내용으로 논문을 발표했다. 이 논문은 그에게 큰 깨우침을 주었고, 유전학 측면에서 세균 속 유발효소의 생성을 탐구하기로 마음먹었다. 모노는 곧 자신이 연구하는 문제가 유전학과 생화학의 교차점에 위치하고 있음을 명확히 알게 되었다. 당시에는 아직 아무도 이 연구 과제에 주의를 기울이지 않았는데, 훗날 모노가 연구 성과를 발표하면서 엄청난 주목을 받았다. 힘든 연구 끝에 모노는 효소 생성을 유발한다는 것이 사실상 고분자물을 합성하는 과정이며, 단백질 고분자 구조는 그 자체로 안정적이라는 점을 명확히 밝혔다. 모노가 내린 결론은 분자생물학에서 몹시 중요한 의미를 가진다.

1950년대는 세균유전학 연구가 왕성하게 발전하던 시기였고 모노의 실험실에도 우수한 연구원 두 명이 들어왔다. 프랑수아 자코브(Francois Jacob)와 스탠리 코헨(Stanley Cohen)으로, 이 두 사람은 각기 1965년과 1986년에 노벨 생리의학상을 받았다.

그들은 효과적으로 협력하여 이차 생장곡선의 비밀을 풀었으며 mRNA[6]라는 개념을 제시했다. 단백질 합성의 첫 단계는 DNA 사슬의 염기 배열을 복제하여 상보적 염기쌍합에 따라 RNA로 배열하는 것이다. 이때 RNA가 유전 정보를 핵단백질에 전송하기 때문에 모노와 자코브는 이를 mRNA라고 명명했다. 이 가설은 금세 프랑스 생물학자에 의해 증명되었다. mRNA의 발견은 생물학자가 분자 수준에서 유전학 법칙을 도출해낸 놀라운 성과였다. '콩 심은 데 콩 나고, 팥 심은 데 팥 난다'라는 익숙한 속담은 모노의 연구를 통해 드러난 유전의 강력한 비밀을 잘 보여준다.

모노는 이 밖에도 뛰어난 과학적 발견을 한 가지 더 제시했다. 바로

---

6 전령 RNA(Messenger RNA), 이를 줄여서 mRNA라고 부른다. 유전 정보를 가지고 단백질 합성 시에 바탕이 되는 역할을 한다.—저자

'오페론(operon)'[7]이다. 오페론은 단백질 구조를 결정하는 정보를 지닌 구조유전자와 조절유전자(구조유전자의 복제를 조절한다)로 구성된다. 조절유전자가 작동하면 mRNA가 생성되고, 조절유전자가 작동하지 않으면 mRNA를 생성할 수 없다. 이렇듯 오페론 모델은 효소의 합성과 박테리오파지의 유발 작용을 설명하는 데 도움이 된다.

다음으로 살펴볼 인물은 프리고진이다. 프리고진은 1917년 1월 25일에 모스크바의 화학 엔지니어 집안에서 태어났다. 그해 러시아에서는 10월 혁명이 일어났고, 사회적 격변에 적응하지 못한 많은 사람이 러시아를 떠나 외국으로 망명했다. 프리고진 일가 역시 1921년에 모스크바를 떠났고, 1929년에 벨기에의 수도 브뤼셀에 정착했다.

프리고진은 학창시절을 브뤼셀에서 보냈다. 그는 관심사가 다양해 역사학과 고고학을 좋아했고 음악을 사랑했으며 철학에도 식지 않는 흥미를 느꼈다. 그는 이렇게 말한 바 있다. "내가 앙리 베르그송(Henri Bergson, 1859~1941)의 『창조적 진화』(Creative Evolution)를 읽었을 때 느낀 매력은 지금까지도 생생하게 기억한다."

그는 프랑스 철학자인 베르그송의 명언을 몹시 좋아했다.

> 시간의 자연적 성질을 깊게 분석할수록 나는 시간의 연속성이란 새로운 형식의 창조를 의미한다는 사실을 더욱 확실히 깨닫게 된다.

베르그송의 철학 이론은 프리고진이 시간의 보편성을 연구하여 중대

7　오페론은 작동유전자, 조절유전자 그리고 긴밀히 연결된 여러 구조유전자를 총칭하는 말이다.—저자

한 과학적 발견을 해내도록 촉진했으며, "시간은 다시 한번 발견되었다"고 말하도록 했다.

1941년, 프리고진은 브뤼셀 자유대학교 화학과에서 박사 학위를 받았다. 10년 후에는 같은 대학교에 교수로 채용되었다. 프리고진은 수십 년간 연구 생활을 하며 브뤼셀 학파를 형성했다. 이 학파의 가장 유명한 성취는 전 세계 과학계를 놀라게 한 소산 구조론이다. 프리고진은 이 이론으로 1977년에 노벨 화학상을 받았다.

프리고진 이전 과학계에는 풀리지 않은 수수께끼로 두 가지 큰 모순점이 있었다. 하나는 질서와 무질서의 관계에 대한 문제다. 열역학 제2법칙에 따르면 우주 만물은 부단히 질서에서 무질서로 나아간다. 예를 들면 산이 침식되어 끝내 먼지가 되는 일이나 집이 무너지는 일, 사람이 죽어서 사라지는 일 등이 그렇다. 우주에서 일어나는 모든 일이 그러하다. 그런데 진화론은 생물이 단순한 것에서 복잡한 것으로, 무질서에서 질서로 나아간다는 것을 증명했다. 예를 들면 인간이라고 하는 가장 복잡하고 질서정연한 고등 동물이 유기물에서부터 점진적으로 진화하여 출현했다는 사실이 그렇다. 어째서 이런 모순이 생길까?

다른 하나는 가역성(可逆性)[8] 문제다. 열역학 제2법칙에서 묘사하는 것은 모두 비가역 현상이다. 예를 들어 열은 온도가 높은 곳에서 낮은 곳으로 자발적으로 흐른다(잔에 담긴 뜨거운 물이 차차 식어가는 것이 이에 해당한다). 그 반대의 현상은 아무도 본 적이 없다. 열이 온도가 낮은 곳에서 높은 곳으로 흐르는(잔에 담긴 차가운 물이 주변에서 저절로 열을 끌어와 따뜻해지는

---

8   물질이 어떤 상태로 변하였다가 다시 원래의 상태로 되돌아갈 수 있는 성질.

116

⚡

117

경우) 현상을 본 사람이 있을까? 이것은 곧 시간이 일정한 방향으로만 흐른다는 사실을 가리킨다. 그러나 이미 성립된 고전역학, 상대성이론, 양자역학 등에서는 모든 과정이 시간과 무관하다. 시간 t를 양수(t)와 음수(-t)로 각각 역학 방정식에 대입하면 그 결과는 완전히 동일하다. 이것은 분명히 모순이다.

프리고진 학파는 1950년대부터 이 두 가지 모순점을 해결하는 데 매진했는데, 1969년에 이르러 돌파구를 찾아냈다. 전 세계에 소산 구조론을 발표한 것이다. 간단히 말해서 소산 구조의 개념은 평형 구조에 대립하는 개념으로 제시되었다. 평형 상태에서 먼 열린계(系)[9]에서 외부의 변화가 일정한 역치에 이르면(평형 상태에서 먼 비평형계), 양적 변화가 질적 변화로 이행된다. 이때 외부와 부단히 에너지나 물질을 교환함으로써 원래의 무질서 상태에서 질서 상태로 변화한다. 이것이 소산 구조론이다. 새로운 질서 상태를 유지하려면 반드시 외부와 끊임없이 에너지와 물질을 주고받아야 한다.

간단한 예를 들어보겠다. 금속으로 된 그릇에 액체를 담는다. 그런 다음 그릇 아래에 불을 피워 가열한다. 가열하기 전 물속에서는 억만 개의 분자가 무질서 운동을 하고 있지만, 전체적으로 볼 때 물은 평온하게 그릇에 담겨 있다. 가열하여 상당한 온도까지 올라가 위와 아래의 수온 차이가 일정 이상 커졌을 때(주변 온도와 수온이 차이가 없었던 평형 상태에서 멀어졌다) 윗부분의 물은 아래로 내려가고, 아랫부분의 물은 위로 올라가서 대류운동을 형성한다.

---

9 계(系)란 모종의 경계 혹은 수학적 제약 등으로 정의된, 실제 또는 상상적인 우주의 일부분을 말한다. 주위와의 관계에 따라 닫힌계, 열린계, 고립계로 구분한다.

이런 현상은 전혀 이상하지 않다. 이상한 것은 대류운동이 매우 질서 정연하다는 점이다. 금속 그릇의 형태와 성질, 기타 조건에 따라 여러 가지 대류 현상으로 아름다운 물결무늬가 생기고, 거시적으로 볼 때 억만 개의 물 분자는 신비한 부름을 받은 것처럼 매우 규칙적인 질서 운동을 한다. 무질서가 질서로 바뀌고, 평형 상태에서는 멀어졌다. 이 아름다운 무늬를 유지하려면 계속 가열해야 한다. 즉 금속 그릇에 담긴 물이라는 계가 외부(불)에서 에너지(열)를 흡수해야 하는 것이다.

살아 있는 인간, 식물, 동물 등 모든 것이 소산 구조다. 사회, 도시, 공장 역시 마찬가지다. 이처럼 소산 구조는 생물학적이거나 물리학적이거나 화학적이며, 또한 사회적이기도 하다. 이 이론은 극도로 광범위하게 응용이 가능한데, 자연과학, 사회과학, 심지어 수학 이론의 발전도 촉진할 만큼 시대에 한 획을 그었다. 더욱 흥미로운 부분은 이 이론이 생명과학의 비밀을 푸는 데도 중요한 역할을 한다는 사실이다. 이처럼 다양한 분야에서 소산 구조론이 가진 가치를 인정받은 덕분에 프리고진은 노벨상을 받았다.

✦

프리고진은 생명이 고급 자기조직(自己組織)[10] 형태이자 일종의 소산 구조라고 생각했다. 그래서 생명의 기원을 탐구할 때 소산 구조론에서 계시를 얻어 그 비밀을 풀 수 있다고 여겼다. 그는 그리스 화학자 그레고리 니콜리스(Gregoire Nicolis, 1939~2018)와 공저한 『복잡성 탐

---

10   자기의 구조를 스스로 만들어내는 능력. 일반적으로 평등 구조에서 비평등 구조를 만들어내는 역학계의 작용을 가리킨다.

구』(*Exploring complexity*)에서 이렇게 지적했다.

> 생물은 형태와 기능 두 방면에서 자연계에서 창조된 가장 복잡하고 가장 조직적인 물체다. (……) 생물은 물리학자를 격려하고 계몽한다. (……) 일반적인 물리화학의 계가 복잡한 성능을 드러낼 수 있음을 오늘날에는 확신하고 있다. 그리고 이런 물리화학의 계가 생물에 속하는 특성을 갖기도 한다. 그렇다면 사람들은 자연히 비평형으로 제한되어있는 상태에 어떤 생물적 특성이 변화를 일으킬지 질문하게 된다.
>
> 이 질문이 과학자가 제시할 수 있는 가장 기본적인 문제일지 모른다. 지금은 최적의 답안을 내놓을 수 없지만, 몇몇 사례를 떠올려보면 그중 생물의 질서와 연관된 물리화학의 자기조직 현상이 사람들의 주의를 끌게 될 것이다.

아이겐도 1978년에 "자기조직 과정은 일종의 중개 행위와 같다. 이런 중개 행위가 있으면 생명 기원의 화학적 변화가 생명 진화 과정 속으로 포함될 수 있다"고 지적했다.

그럼 지금부터 모노가 관심을 가졌던 우연성 문제에 대해 이야기해보 겠다. 소산 구조는 생명의 기원이라는 개념 속에 우연성을 끌어왔다. 하지만 프리고진은 생명의 기원을 순수하게 우연한 사건으로 귀결 짓지 않았다.

그는 생명 현상을 '역사적 객체'로 보고, 그 기원과 형성 과정에서 수많은 우연한 사건이 핵심적인 돌연변이로 작용했다고 여겼다. 돌연변이 는 개개의 생명 체계에서 볼 때 몹시 우연적이고 확률이 극히 낮은 사건이다. 다시 말해 '큰 수의 법칙'[11]에서 볼 때 확률이 극히 낮은 사건이 우연히 전체 앙상블(Ensemble)[12]에서 현실적인 조건에 따라 확률이 1(필연)일 수 있는 것이다. 따라서 여기서 말하는 확정성이란 엄격한 의미의 확정성이다. 그뿐 아니라 '원시 생명의 출현'이라는 극히 우연한 사건이 일단 실현된 후에는 총체적으로 자가 촉매 기능(신진대사, 자기 복제 및 번식)이 일어나면서 곧 엄격한 규칙으로 바뀐다. 이렇듯 소산 구조 속에서 우연성과 필연성은 동일한 과정 중에 드러나는 분리할 수 없는 관계다.

모노는 엄정하고 창의성이 강한 실험과학자다.[13] 그러나 그는 단순하면서 구체적인 과학 지식 획득에 만족하지 않았다. 그는 아인슈타인이나 보어, 프리고진처럼 자연과학의 철학적 문제를 탐구하는 것을 좋아했다. 1970년에 그가 쓴 『우연과 필연』(*Chance and Necessity*)이 바로 그가 철학적으로 천착하며 사고한 성과다.

---

11 큰 수의 법칙(law of large numbers)은 임의적 실험(random test)에서는 매번 도출되는 결과가 다르지만 실험을 반복하면 도출되는 결과의 평균값이 거의 확정적인 어떤 값에 가까워지는 것을 가리킨다. 그 원인은 대량의 관찰실험에서 개별적이고 우연적인 요인에 따른 차이는 상호 상쇄될 수 있고, 현상의 필연적 규칙성이 드러나기 때문이다. 예를 들어 개별 가정은 출생 시, 아들을 낳을지 딸을 낳을지 알 수 없다. 그러나 대규모 관찰을 통해 아들과 딸의 총수 비율은 거의 50퍼센트에 수렴한다.—저자

12 앙상블이란 일정한 거시 조건 아래서 성질과 구조가 완전히 동일하고 각종 운동 상태에 놓인 독립된 여러 계가 어우러진 것을 말한다. 앙상블 이론은 일종의 평형 상태에 관한 통계물리학 이론이며, 상호작용하는 입자계를 묘사하고 해석하는 데 이용된다. 상용되는 앙상블에는 미소정준 앙상블(작은 바른틀 앙상블), 정준 앙상블(바른틀 앙상블), 대정준 앙상블(큰 바른틀 앙상블)이 있다.—저자

13 실험과학이란 일정한 조건 아래서 변화를 일으키게 하고 그 현상을 관찰 및 측정하는 방법을 주로 사용하여 법칙을 찾아내는 과학을 말한다.

모노는 현대 다윈주의자[14]이며 그래서 그는 우연성(예를 들면 돌연변이)의 작용을 인정하는 동시에 필연성(예를 들면 진화)의 결과도 인정한다. 이는 이렇게 말한 바 있다.

> 돌연변이가 순수한 우연성 범주에서 파생되고 나면, 우연한 사건이 필연성의 범주에 들어가게 된다. 진화의 보편적이고 점진적인 과정, 진화 순서에 따른 발전, 진화가 인간에게 순조롭고 안정적으로 전개된다는 인상 등은 모두 이런 엄격한 조건에 기인하며, 우연성에서 비롯되지 않는다.

돌연변이에 관한 모노의 관점은 프리고진과 달랐다. 모노는 확률이 극히 낮은 돌연변이가 생명 탄생과 진화의 유일한 원천이라고 여겼다. 그렇다면 자연계의 종에 무슨 필연성이 있겠는가? 그는 앞에서 언급한 책에서 이렇게 썼다.

> 돌연변이는 양자(量子)적 사건이다. (……) 그러므로 양자의 본질에 따라 예견할 수 없다.

모노는 인류의 출현이 몬테카를로의 카지노에서 잭팟을 터뜨린 일에 불과하다고 여겼다. 그는 생물체를 몹시 보수적인 계(系)로 여겼고, 불변성이 생물의 고유한 속성이라 생각했다. DNA의 돌연변이, 생물의 진화는 복제 실수 등의 우연성 요소에 의해 일어난다는 견해였다. 모노는 이

---

14   현대 다윈주의는 다윈의 자연선택설과 집단유전학에 생물학의 여러 다른 분과인 세포학, 발생학, 생태학 등의 새로운 성취가 결합되어 발전했다.—저자

렇게 말하기도 했다.

오직 우연만이 생물계의 모든 혁신과 창조의 원천이다.

이처럼 모노의 관점은 프리고진과 큰 차이가 난다. 1975년 모노는 그의 관점을 더욱 정돈했고, 아이겐의 이름을 대놓고 거론하며 비판했다. 그는 「분자진화론에 관하여」라는 글에서 이렇게 지적했다.

생물체의 특권은 진화가 아니라 보수(현재 상태를 지키는 것)다. 진화를 생물의 규칙이라고 말하는 것은 개념상의 잘못이다. (⋯⋯) 진화론의 한 측면은 완전히 우연성에 기댄다. 인간, 사회 등의 존재는 완전히 우연적이다. (⋯⋯) 생명이 지구상에 출현한 것은 어쩌면 전혀 예측할 수 없는 일이었을지 모른다. 그러니 필연적으로 다음과 같이 단언할 수밖에 없다. 우리 인류를 포함한 어떠한 종도 유일무이한 사건이며 우주 전체에서 오직 한 번 발생했을 뿐인 사건이기에 예측될 수 없다. (⋯⋯) 우리 인류의 출현 역시 실제로 출현하기 전에는 예측될 수 없었다. 우리는 어쩌면 지구가 아닌 다른 곳에서 나타났거나 아예 발생하지 못했을 수도 있다.

모노의 글에서 알 수 있듯, 그는 생명체 출현을 '본질적인' 우연으로 여겼다. 또한 절대적으로 우연의 일치에 의한 일이므로 통계학적 방법으로는 예측할 수 없다고 생각했다.

✦

프리고진은 모노가 소산 구조를 '새로운 형태의 미묘한 애니미즘'이라 지칭한 것에 동의하지 않았다. 특히 모노가 우연성을 과하게 강조하며 필연성을 부정한 것도 옳지 않다고 여겼다. 그는 모노의 관점에 대해 이렇게 지적했다.

우연성과 필연성은 서로 협력하는 관계이지 상호 대립하지 않는다. 그러므로 아무런 규칙성 없는 순수한 우연성이라는 관점은 잘못된 것이다.

확실히 모노는 우연성을 너무 확대 적용했다. 그는 사물의 변화에 일정한 흐름이 있다는 것을 부정했다. 생물 진화는 오로지 우연히 나타난 현상이라 아무런 규칙도 없고 예측도 불가하다고 여겼다. 그것이 프리고진과 아이겐을 '애니미즘'이라고 비판하는 이유였다. 그들처럼 자연의 발전에 규칙이 있다고 인정하면 그것은 곧 '우주에 영성을 가진 발전적 흐름이 있다'고 인정하는 것이기 때문이다. 모노의 이런 철학적 견해는 경솔했던 측면이 있다.

실제로 생물의 변이는 순수한 우연처럼 보인다. 하지만 그런 우연성 뒤에는 여전히 필연성의 지배를 받는 부분이 남아 있다. 예를 들어, DNA 분자에 돌연변이가 발생하는 것은 우연적이고 확률이 극히 낮은 사건이다. 그러나 이런 돌연변이가 대규모(수십억 이상) 개체로 구성된 종에서 일어난다면 더 이상은 우연한 사건이 아니다. 그 종에서 돌연변이가 실현되는 현상에는 일종의 필연성이 생기는 것이다. 게다가 이런 돌연변이가 일으키는 변화는 엄격한 확정성에 따른 자연선택과 부단한 복제에 의한 결과다. 물론 생명 집단의 진화는 몹시 복잡한 현상이며 완전한 해명에는 시간이 더 필요하지만, 자기조직 이론을 통해 생물 진화를 설명하지 못할 정도는 아니다.

프리고진을 필두로 한 브뤼셀 학파의 소산 구조론은 물리화학 분야에서도 비교적 성숙한 방법론으로 생물 진화의 방향과 규칙을 연구한 사례였기에 마땅히 기뻐해야 할 성과였다. 또한 그들의 탐구 덕분에 가치 있는 과학적 돌파구를 얻기도 했다. 그러니 소산 구조론을 어떻게 '애니미즘'이라고 폄하할 수 있을까? 어떤 사람은 모노가 프리고진과 아이겐의 이론을 제대로 이해하지 못했다고 평가한다. 이상한 일은 아니다. 위대한 분자생물학자이지만 물리학, 수학, 화학 등에는 정통하지 못했을 수도 있기 때문이다. 생물학자에게 그들의 전공 분야 이외의 지식에도 정통하라고 요구할 이유도 없다. 다만 그들이 전공 분야 바깥 영역에 관심을 보일 때는 좀 더 신중하게 행동하기를 바라는 것은 당연한 일이다. 특히 철학적 결론을 제시할 때는 더욱 조심해야 하고, 가능하면 다른 사람에게는 무슨 '이론'이나 '사상'이라고 딱지를 붙이지 않는 게 좋다.

미국 물리학자이자 1959년에 노벨 물리학상을 받은 에밀리오 지노 세그레(Emilio Gino Segrè, 1905~1989)는 이렇게 말했다.

어떤 규칙이 수많은 상황에서 전부 성립될 때, 사람들은 그것을 확대하여 아직 증명되지 않은 상황에도 적용하려고 한다. 심지어 그것을 일종의 '원리'라고 여기기도 한다. 더 나아가 그것에 철학적 색채를 덮어씌우려고 시도하기도 한다. 아인슈타인 이전 사람들이 시간과 공간의 개념에 대해 그랬듯이 말이다.

모노는 돌연변이의 우연성이 진화 과정 중에 일어난 창조성 작용임을 발견한 후 기계적 결정론을 비판했다. 의심할 바 없이 놀라운 성취였다. 그러나 그는 돌연변이의 우연성을 너무 확대하여 마치 우주를 지배하는 법칙처럼 여겼는데, 이는 아무래도 과한 생각이었다.

우리는 과학사에서 몇몇 뛰어난 과학자가 철학적 이론을 개괄하려 할 때 쉽게 오류를 범하는 사례를 많이 봐왔다. 아인슈타인, 오스트발트 역시 이런 실수를 저질렀다. 왜 그랬을까? 1956년에 노벨 물리학상을 받은 리처드 파인만(Richard Feynman, 1918~1988)은 과학자를 탐험가 부류라고 본 반면 철학자는 여행자 부류라고 했다. "여행자는 자신이 본 것이 반듯하게 정돈된 상태여야 좋아하고, 탐험가는 대자연을 자신이 발견한 모양대로만 본다."

모노는 그의 전공 영역에서 우수한 탐험가였지만 모든 자연과학을 마치 여행자처럼 심사하고자 했다. 그는 인과관계, 결정론, 우연성 또는 필연성 같은 철학 범주에 속하는 개념어를 이용해서 연구를 할 때, 이런 개념에 담긴 세부 사항을 모두 고려하지 못하면 혼란을 일으킬 수도 있다는 생각을 전혀 하지 못했다. 특히 그는 다른 사람의 연구 내용을 이해하지 못한 상태에서 과격한 철학적 반응을 보였다. 그러니 그가 중심을 잃을 수밖에 없었으리라.

아인슈타인이 말년에 저지른 실수를 기억하는가? 그는 1942년에 친구에게 보낸 편지에서 이렇게 썼다.

> 신의 속마음을 훔쳐보는 것은 아마 힘들 것 같다. 그러나 나는 단 한 순간도 신이 주사위를 던지거나 '텔레파시'를 사용한다고 믿지 않았다(지금의 양자이론은 신이 그렇게 했다고 생각하는 듯하다).

아인슈타인이 양자역학 이론을 대한 태도는 확실히 모노가 소산 구조 이론을 상대하던 태도와 닮았다. '주사위를 던진다', '텔레파시' 등 상대를 조롱하는 표현을 쓰는 것과 애니미즘이라는 말로 다른 의견을 가진 사람을 비판하는 것이 비슷하다. 사실 모노와 아인슈타인이 비판한 사람들은 열정적인 탐험가였고 대자연의 무한한 비밀에 감동하여 심오한 이치를 더 깊이 탐구하며 만족하는 사람이었다.

물론 과학자가 철학적 고찰을 해서는 안 된다는 뜻이 아니다. 반성과 고찰은 필수불가결하다. 사실상 과학 연구, 특히 기본 원리에 관련된 연구는 철학 사상에 가깝다. 역사적으로 철학의 독단이 과학을 훼손한 사례가 많았다고 해서 철학을 홀대하거나 혐오해서는 안 된다. 또한 자연 과학자가 철학 영역에 발을 들일 때 쉽게 오류를 범하곤 하지만, 그렇다고 해서 그런 시도를 경원시하면 안 된다.

막스 보른이 말년에 체험에서 우러나는 한마디를 남겼다. 귀 기울여 들어야 할 말이다.

모든 현대 과학자들은 (특히 모든 이론물리학자) 진지하고 확실하게 자신의 작업이 철학적 사유와 뒤섞여 있음을 인식해야 한다. 충분한 철학적 지식이 없다면 힘든 연구 작업이 결과적으로 무효화될 수 있다. 이것이 내 평생 가장 중요한 사상적 성취다.

| 8장 | # 노벨상 수상자 세 사람의 이상한 법정 다툼 |

글이란 천고에 전해지는 일, 그 득실은 마음만이 안다
(文章千古事, 得失寸心知).

두보(杜甫, 712 ~ 770)

콜럼버스는 본래 똑똑한 사람이다. 누군가 그에게 달걀을 세우라고 요구했을 때 그는 달걀의 한쪽 끝을 살짝 깨뜨려서 쉽게 달걀을 세웠다.

전해지는 이야기

1990년대 미국에서는 첨단 과학기술의 특허권, 즉 우선권을 놓고 소송이 벌어졌다. 미국의 듀폰(Dupont) 사(社)가 세터스 코퍼레이션(Cetus corporation)을 권리 침해 및 불법 이익 취득으로 고소한 것이다. 이 소송은 미국 과학계, 기술계, 공업계에서 큰 주목을 받았다. 이 소송은 중합효소 연쇄반응(PCR) 기술의 우선권이 누구 소유냐의 문제와 함께 아직 법률적으로 명확하지 않았던 개념 문제를 정리하기 위한 것이었다. 그 밖에도 이 소송은 무려 노벨상 수상자 세 명과도 얽혀 있어 사람들의 호기심을 자극했다.

노벨상을 받은 뛰어난 과학자라도 개인적 이익 문제로 불명예스러운 지경에 빠져들 수 있다. 우선 세 과학자 중 깊게 관련된 두 명에 대해 알아보고, 이어서 PCR 기술을 간략히 설명한 다음, 마지막으로 이 소송에 대해 이야기하겠다.

✦

소송에 깊이 관련된 두 노벨상 수상자는 미국 분자생물학자 아서 콘버그(Arthur Kornberg, 1918~2007)와 미국 생화학자 캐리 멀리스(Kary Mullis, 1944~)이다. 콘버그는 1959년에 노벨 생리의학상을 받았고, 멀리스는 1993년에 노벨 화학상을 받았다.

콘버그는 1918년 3월 3일에 미국 뉴욕시 브루클린에서 태어났다. 1933년에 뉴욕주 장학금을 받고 뉴욕대학교 의과대학교에 입학했고, 1937년 우수한 성적으로 학사 학위를 받았다. 이어서 그는 로체스터대학교 의학대학원에 입학하여 1941년에 박사 학위를 받았다.

대학원에서 공부할 당시 그는 효소[1]에 큰 흥미를 느꼈다. 10년 후 미국 공중보건학회에서 의학 자문위원을 지낼 때도 여전히 효소의 본질과 작용이라는 중요한 과제에 심취했다. 특히 유전학에서 중요한 학문적 문제에 흠뻑 빠져 있었는데, 세포가 어떻게 효소를 생성하는가 하는 문제였다. 왜 어떤 세포는 효소를 생성하고, 다른 세포는 효소를 만들지 않을까? 당시 유전학에서 생화학 연구 영역은 여전히 비어 있었기 때문에

---

1   효소(enzyme)는 세포가 생존하는 기반이다. 생물체 내의 살아있는 세포가 일종의 촉매제를 만들고, 대다수는 단백질로 구성된다(소수지만 RNA도 있다). 고효율로 각종 생화학 반응에 촉매 작용을 하고 생물체의 신진대사를 촉진한다. 세포의 신진대사를 포함한 모든 화학 반응은 효소를 촉매제로 하여 진행된다. 즉, 생명활동에 속하는 소화, 흡수, 호흡, 운동, 생식은 모두 촉매 반응의 과정이다. ─저자

이 문제를 규명하는 것은 어려운 일이었다.

제임스 듀이 왓슨(James Dewey Watson, 1928~)과 프랜시스 크릭(F. H. C. Crick, 1916~2004)이 DNA의 이중 나선 구조를 발견한 이후(왓슨과 크릭은 이 공로로 1962년 노벨 생리의학상을 수상했다), 뉴욕대학교 의과대학의 세베로 오초아(Severo Ochoa, 1905~1993, 그는 아서 콘버그와 함께 1959년 노벨 생리의학상을 받았다)가 RNA를 합성할 때 사용한 방법으로 DNA 고분자를 인공 합성했다.

콘버그가 DNA를 합성한 일은 인류가 처음으로 유전 물질의 기초적인 제작 방법을 알아냈다는 데 중대한 의의가 있다. 유전자를 변화시키고 생물체의 유전 기능을 통제하거나 나아가 암 등 각종 유전 질병을 치료할 수 있는 가능성이 열린 것이다. 콘버그는 이런 공로로 1959년에 노벨상을 받았다. 그는 1974년 대표 저서인 『DNA 합성』(*DNA Synthesis*)을, 1980년에는 그 스스로 몹시 자랑스러워한 책 『DNA 복제』(*DNA Replication*)를 출간했다.

후대 연구자들은 앞선 연구자의 성취를 더욱 빠른 속도로 밀어낸다. 캐리 멀리스가 바로 그런 사람이었다. 멀리스는 1944년에 미국 사우스캐롤라이나주의 컬럼비아시에서 태어났다. 그는 어려서부터 과학에 깊은 관심을 가졌다. 멀리스의 어린 시절은 아무런 구속 없이 자유로웠다. 그의 집은 원시림 가장자리에 위치했고, 작은 강이 있었으며 숲과 강가에는 주머니쥐, 아메리카너구리(라쿤), 독사 등의 다양한 동물이 살았다. 멀리스와 남자아이들은 숲속에서 충분히 놀고도 도시의 하수도 안으로 들어가 놀이를 이어갔다.

대략 16~17세가 되었을 무렵, 멀리스는 설탕과 질산칼륨을 가열한 것을 연료로 삼아 청개구리를 태운 작은 로켓을 지상 1.5마일 높이로 쏘아

올리는 데 성공했다. 놀랍게도 로켓에 탑승한 청개구리는 별 탈 없이 지상으로 되돌아왔다. 한번은 연료가 갑자기 폭발하는 바람에 이웃까지 연기가 날아갈 정도였는데, 다행히 불은 나지 않았다.

고등학교에 입학한 후에야 멀리스의 어머니는 겨우 안심할 수 있었다. 그때 멀리스는 학생회의 부회장, 토론 동아리 회장을 맡았으며 미국 전역에서 뽑힌 우수 장학생이었다. 하지만 그는 여전히 '발명'을 멈추지 않았다. 조지아 공과대학교에서 화학을 공부할 때는 여름방학마다 낡은 닭장을 개조한 화학실험실에서 각종 상품을 만들어 팔았다.

1972년에 멀리스는 캘리포니아대학교 버클리 캠퍼스에서 박사 학위를 받았다. 이때 지도교수조차 놀라게 한 일이 있었는데, 1968년에 자신의 전공 분야와는 전혀 상관없는 「시간 역전에 대한 우주론적 의의」라는 논문을 발표한 데다 그 논문이 수준 높은 학술지 『네이처』에 실렸던 것이다.

박사 학위를 받은 후 멀리스는 모교에 남아 박사 후 과정을 계속했다. 이 시기에 그는 성장호르몬 억제 인자를 사용해 유전자 합성과 복제에 영향을 주는 연구에 흥미를 가졌다. 그가 제일 먼저 깨달은 것은 DNA의 유의미한 조각을 화학적 방법으로 합성할 수 있다는 것이었다. 얼마나 가슴이 뛰는 일인가! 그는 DNA 합성에 관한 책과 문헌을 두루 찾아보았다.

1979년 가을, 멀리스는 세터스 코퍼레이션에 입사했다. 세터스 코퍼레이션은 샌프란시스코에 있는 바이오테크놀로지 회사였다. 당시 샌프란시스코의 여러 회사에서 DNA 합성법에 관심을 갖고 적극적으로 실험 연구를 진행 중이었다. 이때가 그의 과학자 생애에서 특히 빛나는 시기였다.

1983년 4월의 어느 주말 저녁, 멀리스는 집 근처 숲을 산책하다 PCR

기술[2]과 관련된 초기 구상을 떠올렸다(이 기술에 대해서는 잠시 뒤에 상세히 소개하겠다).

세상에! 만약 이 과정이 정말로 실행된다면 DNA의 생산량이 얼마나 늘어날 것인가? 2의 10제곱은 대략 1000이고, 2의 20제곱은 약 100만, 2의 30제곱은 약 10억……. 정말로 엄청난 증가폭이다!

그날 저녁 멀리스의 머릿속은 DNA의 '증폭'에 관한 신기한 상상으로 가득했다. 하지만 그는 조금 걱정스럽기도 했다.

이렇게 간단한 걸 왜 지금까지 아무도 생각하지 못했을까? 내가 생각하는 것처럼 쉬운 일이 아닌가?

월요일 아침, 그는 급히 대학 도서관으로 달려가 자료 조사를 했다. DNA 증폭에 대한 논문은 전혀 없었다. 100명 이상의 사람들에게 자신의 구상을 들려주었지만 관심을 보이는 사람이 없었다. 그들은 이런 방법을 들어본 적이 없다고 했으며, 지금까지 아무도 이런 실험을 하지 않았는지도 모른다고 했다. 대부분은 이렇게 대답했다.

아무도 그런 구상을 떠올리거나 시도한 적이 없다면 그건 실행할 수 없거나 가치가 없는 일일 걸세. 그러니 자네의 그 영감을 잊어버리도록 해! 그

---

2   중합효소 연쇄반응(PCR)은 현재 유전 물질을 조작하여 실험하는 거의 모든 과정에 사용하고 있는 검사법으로, 검출을 원하는 표적 유전 물질을 증폭하는 방법이다.

건 분명히 쓰레기일 거야. 그렇지 않은가?

그러나 멀리스는 포기하지 않았다. 그해 봄과 여름을 온통 이 구상을 심화하는 데 바쳤다. 9월 어느 날 저녁, 그는 이론상 준비를 대략 마치고 실험을 시작했다. 그는 인간 DNA의 일부분과 신경성장인자 시발체(primer)[3]를 작은 시험관에 넣었다. 혼합물을 끓인 후 냉각하여 10개 단위의 DNA 중합효소(새로운 DNA 사슬 형성을 촉매하는 효소)를 추가로 넣은 다음 시험관을 밀봉하여 37°C에서 보관했다.

다음 날 정오, 멀리스는 결과를 확인하고 크게 실망했다. 상상했던 것과 같은 증폭 현상이 일어나지 않은 것이다. 그는 한참 생각한 끝에 문제가 어디에 있었는지 알아냈고, 결국 1983년 12월 16일, 실험에 성공했다. 그는 말했다. "내가 분자생물학의 규칙을 바꿨어!"

✦

멀리스의 실험은 성공했지만 여전히 이 과학적 발견이 가진 실용적 가치를 통찰하는 사람은 적었다. 하지만 멀리스는 끝까지 자신의 통찰을 믿었고, 자신이 개발한 기술을 PCR 기술이라고 명명했다. 그는 적극적으로 특허권을 신청하는 한편, 광고지를 제작해 PCR 기술을 설명하고 실용적 가치를 알렸다.

멀리스의 열성적인 홍보는 딱 한 사람의 관심을 끌었는데, 그 사람이 1958년 노벨 생리의학상 수상자이자 록펠러대학교 총장인 조슈아 레더

---

3   DNA 합성의 시발점으로 사용되는 짧은 DNA의 가닥을 가리킨다.

버그(Joshua Lederberg, 1925~2008)였다. 그는 광고지를 다 읽은 후 옆에 있던 멀리스에게 물었다. "이 방법이 통하던가?"

이 일화만 보아도 당시 멀리스의 기술이 얼마나 생소하고 믿기 어려웠는지 짐작할 수 있다. 그러나 수십 년이 지난 지금, 상황은 완전히 달라졌다. PCR 기술은 혁명적이었고 이미 분자생물학에서 없어서는 안 될 도구가 되었다. 생물학에서는 고대의 생물 표본에서 DNA 조각을 찾아내 연구할 수 있었고, 법학자들도 범죄 현장에 남겨진 소량의 DNA로 범인을 특정할 수 있었다.

그렇다면 이 PCR 기술이란 무엇인가? PCR은 'polymerase chain reaction'의 약어로, 중합효소 연쇄반응이라는 뜻이다. 연쇄반응은 물리학에서도 사용하는 개념인데, 원자로나 원자폭탄도 일종의 연쇄반응이며 중성자가 자동으로 계속 증가하는 것을 가리킨다. 다시 말해 어떤 '반응'이 멈추지 않고 계속 일어나는 것을 연쇄반응이라고 한다. PCR 역시 바로 이런 의미다. 즉 DNA가 끊임없이 증폭하는 것이다. 이는 아주 간편하게 체외에서 세포 내 DNA의 복제 과정을 시뮬레이션하는 과정이며, 그래서 어떤 사람들은 이 기술을 두고 '무세포적 분자 복제'라고 부른다. 좀 더 쉽게 설명하자면, PCR 기술이란 복사기와 같다. 복사기는 문서 한 부를 신속하게 1백만 부로 만들 수 있다. PCR 기술은 DNA를 쉬지 않고 '복사'(즉 복제)하여 1백만 개로 만드는 기술이다. PCR 기술은 과학계에서 인정받자마자 분자생물학 영역에서 가장 눈에 띄는 '스타'가 되었다. 더불어 멀리스도 이름을 날렸으며 1993년에는 이 기술로 노벨 화학상을 수상했다.

현재 PCR 기술은 어디서나 발견할 수 있다. 의학적으로는 위험한 전염병의 병원균을 신속히 검사하고, 법의학에서는 혈액, 모발, 정액, 타액,

피부조직 등에서 DNA 샘플을 얻어 분석, 감정하는 데 사용된다. 생물학 연구에서는 PCR 기술이 유전적 변화를 검사하는 유용한 도구로 자리 매김했다. 유전자의 특정 조각을 증폭하여 직접적으로 관련된 DNA 구역을 분석할 수 있게 되어 해당 유전체(게놈) 전부를 알아야 할 필요가 없다. 오늘날 이 기술은 계속 개선되고 있으며, 거의 모든 생물학 영역에서 통용되고 있다. PCR의 활용도는 점점 넓어지고 있고, 새로운 상업적 기회도 여전히 열려 있다.

그런데 멀리스가 명성과 재산을 모두 얻으며 전성기를 누릴 때, 생각지도 못했던 악의적인 소송이 그를 향해 다가오고 있었다.

✦

프랜시스 베이컨(Francis Bacon, 1561~1626)은 이런 말을 했다. "질투에는 휴식기가 없다." 영국 작가 헨리 필딩(Henry Fielding, 1707~1754)도 말했다. "사람이 남을 공격하는 이유는 자신이 몹시 갖고 싶었으나 손에 넣지 못한 것을 바로 그 사람이 갖고 있기 때문이다."

PCR 기술이 큰 이익을 거두는 기술로 자리 잡은 후, 세터스 코퍼레이션은 수억 달러의 이윤을 올렸다. 다른 회사들도 이 기술을 써보고 싶어 안달했다. 그때 뛰어난 기술력을 가진 듀폰 사가 세터스를 권리 침해로 고소하는 예상치 못한 일이 벌어졌다. 그들은 세터스 코퍼레이션에 PCR 기술 응용을 즉각 중지하고, 이로 인한 자신들의 손실을 배상하라고 요구했다.

듀폰 사의 주장은 이러했다. PCR 기술은 매사추세츠공과대학교(MIT) 교수이자 1968년 노벨 생리의학상을 받은 하르 고빈드 코라나(Har Gobind Khorana, 1922~2011)가 1970년대 초에 연구한 결과물을 기초로 만들어졌으므로 세터스가 코라나의 권리를 침해했다는 것이었다.

코라나는 파키스탄에서 태어난 학자로, 1948년에 영국 리버풀대학교에서 유기화학 박사 학위를 받았다. 1960년에 미국으로 이주하여 대학 교수로 임용되었고, 1970년에는 매사추세츠공과대학교 교수가 되었다. 코라나는 유전자 코드를 해독하고 단백질 합성 기제 및 RNA와 효소를 연구한 공로로 1968년에 노벨 생리의학상을 받았다.

그는 1966년에 유전자 코드(유전자 암호)를 전부 해독했다고 발표했고 그해에 미국 국적을 취득했다. 이어서 더욱 지난한 연구 과제, 즉 DNA 합성을 시작했다. 그후 코라나는 자신의 연구 성과를 「유전자의 총체적 합성」이라는 논문에 기술했다. 또한 이를 연구하던 시기에 코라나는 한 논문에서 PCR 기술의 기본 사상이라 할 만한 내용을 명백히 서술하면서 모종의 조건에서 DNA를 반복적으로 복제할 수 있다고 설명했다. 그러나 그의 논문에서는 구체적인 온도, 시발체의 농도 등을 전혀 언급하지 않았고 그후 이 실험을 더 이상 진행하지 않았다.

듀폰은 코라나의 논문 두 편과 이 논문에 관한 저작권 양도 증명 서류를 주요 증거로 법원에 제출했다. 그러나 코라나는 법정에 출석하여 증언하기를 거부했는데, 이 때문에 듀폰의 입장이 난처해졌다. 그럼에도 듀폰 사는 이 소송을 계속 진행했다. 재판 결과, 법원은 듀폰의 고소에 근거가 불충분하다고 지적했다. 과학자의 두뇌에 존재하는 '생각'을 상품으로 삼아 양도하는 것은 법률적 보호를 받지 못하는 일이며, 따라서 듀폰이 코라나로부터 받은 저작권 양도 증명 서류는 법적으로 효력이 없다는 것이었다. 세터스 코퍼레이션은 그들의 이익을 지켰고, 멀리스의 명성도 더 높아졌다. 코라나 또한 증언을 거부하면서 이 소송 사건에 휘말리지 않았다.

그런데 또 다른 노벨상 수상자가 어리석게도 이 소송에 발을 들였다. 그가 바로 앞에서 언급한 아서 콘버그다. 콘버그는 듀폰의 증인으로 법정에 출석했고, 당당하게 말했다.

> PCR 기술은 멀리스가 새롭게 발명한 것이 아니다. 1950년대 중반 무렵, 나 역시 DNA 중합효소에 대한 연구를 했고, PCR 기술은 DNA 중합효소가 가진 특성의 합리적인 파생물일 뿐이다. 그리고 그 효소를 발견한 사람이 나 자신이다.

여기까지는 별로 선을 넘지 않았다고 볼 수도 있다. 그러나 다음 말은 과학자의 자세를 잃고 무책임한 말로 멀리스를 조롱했다고 볼 수 있다.

> 앞서 말씀드린 사실에서 확실히 알 수 있는 것은 내 실험실의 연구원 혹은 우리 연구팀과 비슷한 환경을 가진 실험실의 연구원이라면 언제든지 DNA 증폭을 해낼 수 있었다는 사실이다. 다만 지금까지 그럴 필요가 없었을 뿐이다. 멀리스는 한가해서 나나 내 학생들이 절대 하지 않을 일을 했다. (……) 할 일이 없어 그 일을 한 덕에 그가 DNA 증폭을 실현하게 된 것이다.

콘버그가 세련되게 비꼬았지만, 멀리스의 변호사는 화를 내지 않고 물었다.

"선생님께서는 1980년에 『DNA 복제』라는 책을 출간하셨습니다. 그렇죠?"

그 책은 콘버그가 가장 만족스럽게 여기는 저서였다. 몇 차례 개정판도 냈다. 그래서 그는 망설이지 않고 대답했다.

"그렇습니다."

"1983년에 개정판을 내셨고요. 맞습니까?"

"맞습니다."

"제가 알기로는 1983년의 『DNA 복제』에는 DNA 증폭기술에 대한 내용이 없었습니다. 그렇죠?"

콘버그는 자신이 함정에 빠졌음을 예감했다. 하지만 변호사의 말에 대답해야 했다. 대답하지 않을 이유가 전혀 없었기 때문이다.

"그렇습니다."

변호사가 웃으면서 『DNA 복제』의 가장 최근 개정판을 꺼냈다. 책갈피가 꽂혀 있는 곳을 펼치더니 판사에게 말했다.

"여기, 최근 개정판에는 DNA 증폭에 관한 내용이 나오는군요. 이게 무슨 뜻이죠?"

누구라도 변호사의 반문이 무슨 뜻인지, 콘버그에게 얼마나 심각한 타격인지 이해할 수 있었다. 콘버그는 고개를 떨어뜨렸다. 사람들이 콜럼버스에게 달걀을 세우라고 요구했을 때, 사람들은 그를 비웃을 준비를 하고 있었다. 그러나 콜럼버스는 달걀 끝을 탁자 위에 가볍게 내리쳤고, 달걀은 흔들림 없이 탁자 위에 섰다.

"이것 봐, 달걀을 세울 수 있잖아?"

주변 사람들은 경악했고, 곧 소리 높여 비난했다.

"이걸 누가 못해! 이런 식으로 달걀을 세우는 건 너무 간단해."

하지만 콜럼버스가 달걀을 세웠다는 사실을 부정할 수는 없다. 말하자면 멀리스는 달걀을 세운 콜럼버스였다. 그는 기자에게 이렇게 말했다. "저는 손을 움직이는 게 싫습니다. 발명가로서 가장 중요한 것은 어떤 문제를 해결하기 위해 최대한 간결한 행동방법을 찾아내는 것이죠."

9장 | 염색체를 인정하지 않은 베이트슨

현대의 모든 과학자, 특히 이론물리학자는 진지하고 확실하게 자신의 작업이 철학적 사유와 뒤섞여 있음을 인식해야 한다. 충분한 철학적 지식이 없다면 힘든 연구 작업이 결과적으로 무효화될 수 있다. 이것이 내 평생의 가장 중요한 사상적 성취다.

막스 보른(Max Born, 1882~1970)

윌리엄 베이트슨(William Bateson, 1861~1926)은 영국의 유전학자다. 그는 국제적으로 '위대한 유전학의 선구자'라는 명예를 얻었고, 유전학에서 케임브리지 학파의 위치를 확립했다. 또한 그의 적극적인 노력으로 수십 년 전에 잊힌 멘델의 유전 법칙이 사람들에게 인정받았다. 베이트슨의 공로는 대단했다. 그러나 베이트슨과 관련한 이상한 일도 적잖다. 미국의 토머스 헌트 모건을 중심으로 한 생물학자들이 멘델 유전학설을 염색체 이론에 적용하려 했을 때 베이트슨은 모건 이론을 단호하게 반대했으며 20년이라는 긴 시간 동안 '보수파'의 역할을 했던 것이다.

✦

　　1861년 8월 8일, 베이트슨은 영국 휘트비시의 어느 학자 집안에서 태어났다. 아버지는 케임브리지 세인트존스 칼리지의 원장이었다. 어른이 된 후 베이트슨은 순조롭게 케임브리지대학교에 합격해 동물학을 공부했다. 대학 졸업 후, 그는 1883년에서 1884년 사이 미국 존스홉킨스대학교에 있는 윌리엄 키스 브룩스(William Keith Brooks, 1848~1908)의 실험실에 2년간 머물렀다. 브룩스의 지도 아래 베이트슨은 해양생물의 발육을 공부했고, 버지니아주와 노스캐롤라이나주 해안에서 해양생물을 관찰하며 첫 연구 성과를 거두었다.

　유전학자 모건의 지도교수이기도 했던 브룩스의 영향으로 베이트슨은 유전학, 특히 '불연속변이'에도 관심을 가졌다. 불연속변이는 한 개체와 그 후대 사이에 돌연변이적이고 쉽게 구별되는 변이가 일어나는 것을 가리킨다. 예를 들어 파란색 눈동자를 가진 사람이 갈색 눈동자의 아들을 낳았을 때, 빨간 꽃의 꽃씨가 주황색 꽃을 피웠을 때와 같은 경우다. 이와 반대되는 관점이 '연속변이'다. 19세기 말에서 20세기 초, 생물학자들은 이 문제의 해답을 찾는 데 매진했다. 둘 중 어느 변이가 진짜일까? 자연선택은 어느 쪽 유전에 작용을 일으킬까?

　베이트슨은 미국에서 케임브리지대학교로 돌아온 후 세인트존스칼리지의 고급 연구원이 되었고, 변이에 대한 연구를 시작했다. 그는 변이와 그 형태 및 성질을 연구하는 것이 유전학 연구의 올바른 방향이라고 확신했다. 1886~1887년, 젊고 열정적이었던 베이트슨은 변이 연구의 유용한 자료를 수집하러 러시아와 이집트로 떠났다.

　1899년 7월 11일에 그는 영국 왕립원예학회에 「과학 연구 방법으로서의 교배와 육종」이라는 논문을 제출했다. 이 논문에서 제시하는 베이트슨의 연구 결과는 멘델의 관점으로 쉽게 설명이 가능했지만, 당시에 그는 그것을 명확하게 설명하지 못했다. 그러나 상황은 금세 드라마틱한 변화를 보였다.

베이트슨은 1900년 5월 8일, 런던에서 열리는 학술회의에 참가하기 위해 케임브리지에서 기차를 탔다. 기차 안에서 그는 처음으로 멘델의 저서를 읽었다. 그레고어 요한 멘델(Gregor Johann Mendel, 1822~1884)은 오스트리아의 유전학자이며 완두콩 교배 실험 결과로 1865년 체코 브르노 자연과학 학술회의에서 「식물 교배 실험」 논문을 발표했다. 이 논문에서 멘델은 '유전 단위'라는 개념을 제시했는데, 지금의 유전자에 해당한다. 또한 멘델은 유전의 3대 법칙을 제시했다. 이것이 지금은 멘델 유전 법칙으로 불린다. 안타깝게도 멘델의 유전 법칙은 30여 년간 세상에 알려지지 못한 채 잊혔다. 그러다가 1900년에 네덜란드 식물학자 휘호 더 브리스(Hugo de Vries), 독일 생물학자 칼 코렌스(Carl Correns), 오스트리아 식물학자 에리히 폰 체르마크(Erich von Tschermak)에 의해 발견되었다. 베이트슨도 브리스를 통해 멘델의 논문을 접했다.

베이트슨은 멘델의 논문을 보자마자 그의 유전 이론에 심취했으며, 열정적인 옹호자가 되었다. 그는 런던 회의가 끝난 뒤 곧바로 케임브리지로 돌아와 멘델 사상을 추가하여 논문을 수정했다. 이어 멘델의 저서를 번역하는 작업에 착수했다. 또한 각종 동물, 식물을 이용해 멘델 이론을 검증하려 했다. 실험 초기 결과는 멘델 이론과 기본적으로 일치했다.

그러나 베이트슨이 멘델 이론을 옹호하고 선전하자 친한 친구인 라파엘 웰던(Raphael Weldon)이 그를 공격하기 시작했다. 웰던은 상당히 영향력 있던 생물통계학자로, 불연속변이를 중요하게 여기지 않았다. 하지만 베이트슨은 웰던의 공격에 대해 조금의 예의도 차리지 않고 1902년『멘

델 유전 법칙: 돌아온 공격』(*Mendel's Principles of Heredity*)을 출간하며 반격에 나섰다. 1904년에는 학술회의 석상에서 두 사람이 논쟁을 벌였는데, 결과적으로 베이트슨이 압승을 거뒀다. 그때 이후로 '불연속성'은 유전학 개념에서 의심할 수 없는 특징으로 자리 잡았다.

베이트슨의 주장은 영국 및 해외 여러 학자들의 지지를 받았다. 1902년에 베이트슨은 미국에서 농업진흥학회에 참석했는데, 예상치 못한 열렬한 환영을 받았다. 그는 아내에게 보내는 편지에서 이렇게 썼다.

내가 어디를 가든 손에 멘델의 논문을 들고 있는 농업 전문가들의 환영을 받았다오. 정말 흥분되는 일이었소. 멘델, 온통 멘델이 가득했소!

베이트슨은 이런 놀라운 공헌에 힘입어 1910년에 존 이네스 센터(John Innes Centre)의 소장을 맡았다. 그가 소장직을 맡은 후 이 연구소는 당시 영국 유전학의 연구 중심지로 발돋움했다.

✦

베이트슨은 유전학의 확립과 발전에 탁월한 공헌을 했다. 1906년 제3회 국제 유전학회가 열렸을 때, 그는 그리스어 자모로 '유전학(genetics)'이라는 고유명사를 만들어 그때까지 쓰던 '(전해) 내려오다'라는 뜻의 'descent'라는 불확실한 단어를 대체했다. 이로써 유전학에 대한 인식의 신기원이 열렸다. 한스 슈투베(Hans Stubbe)는『유전학의 역사』(*History of Genetics*)에서 다음과 같이 지적했다.

유전을 연구하는 이 과학 분야는 베이트슨 덕분에 자신의 명칭을 가지게 되었다.

베이트슨은 연구를 계속하는 한편, 유전학 분야에서 새로운 용어를 많이 만들어냈다. F1(자손 1대), F2(자손 2대), 대립유전자(allele), 상위유전자(epistatic gene), 하위유전자(hypostatic gene), 접합체(zygote), 동형접합체(homozygote), 이형접합체(heterozygote) 등의 용어는 지금까지도 널리 쓰이고 있다.

그러나 자신이 거둔 놀라운 성취가 과학계의 찬사를 받고 유전학이 왕성하게 발전하던 1920년대에 베이트슨은 거의 20년이나 유전학 발전을 저해하는 악역을 맡았다. 누구도 상상하지 못했던 비극이었다. 미국 하버드대학교의 교수 마이어는 이렇게 지적했다.

베이트슨은 복잡한 성격을 가진 인물이다. 논쟁을 할 때 그는 호전적이었다. 심지어 거칠다고 할 정도였다. 그러나 동시에 그는 과학 연구에 완전히 헌신하는 면모를 보였다. 그는 혁명성과 수구성이 혼합된 특징을 가졌으며, 새로운 사상을 잘 받아들이지 못했다. 1900년 이후 10년 동안 그는 유전학 영역의 선도자였다. 윌리엄 캐슬(William Castle)이 1951년의 논문에서 말한 것처럼, 베이트슨을 '유전학의 진정한 창시자'라고 여길 충분하고 합당한 이유가 있다. 그러나 1910년 이후, 그는 염색체 이론에 반대하며 종이 순간적으로 형성되었다는 논점을 오랫동안 변호했다. 이런 관점 때문에 그는 더 이상 유전학에 어떠한 공헌도 하지 못했다.

반면 모건은 멘델 이론에 반대하는 입장이었지만 1년 만에 미국에서 가장 열광적인 지지자로 바뀌었다. 처음 모건이 멘델 이론을 반대한 이유는 멘델 이론에 몇 가지 오류가 있었고, 새롭게 밝혀진 몇몇 실험 결과를 설명할 수 없었기 때문이었다. 그러나 멘델 이론의 깊은 본질을 이해하고, 부족한 부분을 정확히 평가한 이후에는 멘델 이론을 적극적으로 알리고 발전시키기 시작했다. 베이트슨과 모건의 태도는 분명히 달랐다. 베이트슨은 멘델 이론을 무조건적으로 지지했고, 모건은 멘델 이론의 결점을 극복하고 더 완벽하게 만들고자 했다.

멘델 이론을 발전시키는 과정에서 모건은 초파리를 연구 대상으로 삼고 새로운 유전 규칙을 발견했으며, 염색체 유전학설을 제창했다. 그는 염색체가 멘델이 말했던 '유전적 형상 전달 메커니즘' 속의 유전 물질을 운반하는 존재라고 여겼다. 모건은 또한 유전자 학설을 세우고, 유전자야말로 염색체를 구성하는 유전의 기본단위라고 여겼다. 그는 유전자가 염색체의 어디에 위치하는지 증명하고, 이를 직선으로 배열했다. 생물 개체의 발육 과정에서 유전자는 일정한 조건에 따라 대사 과정을 통제하고 유전적 특징을 발현시킨다. 유전 과정에서 염색체가 하는 작용을 발견한 탁월한 성취를 인정받아 모건은 1933년에 노벨 생리의학상을 받았다.

베이트슨은 모건이 염색체 개념을 제시하자 곧바로 반대 의견을 표명했다. 염색체는 근본적으로 멘델 이론과 아무 관련도 없다는 것이었다. 베이트슨의 학생 중에 이런 글을 쓴 사람이 있다.

1903~1904년 사이, 나는 베이트슨의 초기 학생 중 한 명이었다. 그 시기에 내게 가장 선명한 기억은 베이트슨이 염색체 이론에 가지는 저항감이었다. 도서관에서 별 생각 없이 미국 유전학자 월터 서턴(Walter Sutton)의 논문을 보고 흥미롭다고 생각해 베이트슨에게 보여주며 의견을 물었다. 그는 거들

떠보지도 않았다. 그가 그 논문을 뒤적이다가 단호하게 말한 것이 기억난다. "염색체는 멘델 학설과 관련이 없네."

그때부터 베이트슨은 염색체 이론과의 투쟁을 시작했다가 1922년 직접 모건의 실험실을 방문한 후에야 염색체 이론에 대한 의심을 포기했다. 그는 모건에게 편지를 써서 그를 '서쪽에서 떠오르는 별'이라고 지칭하며 존경심을 표현했다. 그러기까지 걸린 세월이 무려 20년이었다. 그리고 이 20년 동안 미국 생물학 연구는 세계 선두에 자리 잡았다. 모건과 그의 동료들이 두각을 드러내던 시기에 베이트슨은 좋은 기회를 놓쳤을 뿐 아니라 스스로 '수구세력'의 대표 인물이 되었고, 영국 유전학 연구도 20년이나 뒤떨어졌다. 미국의 저명한 학자 갈런드 앨런(Garland Allen, 1936~)은 『20세기의 생명과학』(Life Sciences in the 20th Century)에서 다음과 같이 지적했다.

베이트슨은 자신의 입장을 완고하게 고집했다. 그는 유전학의 발전을 돌아보지 않다가 1920년, 결국 시대로부터 유리되었다. 그는 고집스럽게 '유전자'(혹은 멘델이 말한 유전인자)의 물질적 기초가 세포 구조 중 어떤 것과도 직접적 관련이 없다고 주장했다.

베이트슨은 '유전학의 진정한 창시자'에서 '시대로부터 유리된 인물'로 바뀌었다. 염색체라는 정확한 이론에 반대했던 가장 중요한 세 인물 중 하나로 손꼽히기도 했다. 베이트슨이 유전학 발전의 방향을 알아차리지 못하게 된 원인이 무엇일까?

✦

과학 발전은 일반적으로 '현상학적 이론(phenomenological theory)'이라는 단계를 거친다. 현상학은 표출된 현상과 변화를 연구하며 표상 내부의 심층적인 메커니즘은 깊이 탐구하지 않는다. 예를 들어 물리학자가 열학을 연구하는 과정에서 열역학 제1법칙, 제2법칙을 발견했는데, 이는 현상학적 규칙에 해당한다. 그 내부(미시적 차원)의 메커니즘은 현상적 연구가 상당히 진척한 후에야 물리학자들의 관심을 끌었다. 그 이후로 기체의 분자운동 이론, 통계역학 같은 현상학 범주를 벗어난 좀 더 고차원적인 이론 구조(theoretical structure) 단계에 접어들었다. 물리학은 비교적 일찌감치 이런 변화를 겪었다.

생물학은 대체적으로 1920년대부터 현상학적 이론에서 벗어나 생명 신비의 심층부를 탐구하게 되었다. 열역학에서 분자운동 이론으로의 전환 중 수많은 반대자가 나타났던 것처럼, 생물학도 이러한 '탈바꿈' 과정에서 필연적으로 회의론자의 반대에 부딪혔다. 게다가 물리학에서 그랬듯, 이런 반대자의 대부분은 현상학적 이론에서 공헌도가 높았던 탁월한 과학자들이었다.

베이트슨은 생물학의 탈바꿈 과정에서 악역을 담당했다. 그가 반대했던 이유는 크게 두 가지다. 모건은 생물 유전학의 현상학적 서술 방식을 끝내기 위해 유전 물질의 매개체를 찾았다. 그는 멘델이 추상적인 '인자'로 표현한 것을 '염색체 입자'로 귀결했고, 물질의 구조라는 측면에서 유전학의 규칙을 찾았다. 이런 접근법은 분명히 한 단계 진보한 것이었다. 물리학자들이 물질의 원자-분자 구조에서 열 현상의 본질을 찾으려 한 것과 마찬가지였다. 하지만 베이트슨은 모건의 탐구 과정이 황당무계하다고 여겼다.

(모건 등 그들의 생각은) 상상하기 힘든 것들이다. 염색체의 입자 혹은 어떠한 다른 물질이 아무리 복잡하더라도, 정말로 우리가 말하는 인자 혹은 유전자와 같은 능력을 가질 수 있을까? 그들이 말하는 염색체는 쉽게 분별되지도 않을 뿐더러, 실험으로 검증한 바 서로 거의 동질함이 밝혀졌다. 이런 입자가 어떻게 그 물질의 본성을 이용해 생명 전체의 비밀을 수여하고 전달할 수 있겠는가? 이런 가설은 사람들이 완전히 믿을 수 있는 유물주의의 범주를 벗어난 것이다.

또 다른 이유로 그는 모건이 내놓은 염색체에 대한 해설에는 모건 스스로 찾아낸 믿을 만하고 독립된 증거가 없다고 여겼다. 베이트슨은 모건의 실험 팀에게 염색체에 유전자가 있다는 증거를 내놓으라고 요구했다. 그는 1921년에 이렇게 말했다.

우연한 사건의 수량, 치명적인 요인, 유전자, 수식사슬 (……) 및 여러 유사한 임시변통의 새 용어 등은 유효할 수도 있지만 필요한 것은 증거다. 모든 가설에는 그것을 뒷받침할 것이 필요하다.

모건이 염색체 이론을 제창하고 있을 때, 베이트슨은 반대파 입장에서 이리저리 움직였다. 그는 갖은 방법을 동원해 모건을 질책하며 이게 틀렸다, 저게 부족하다, 이걸 증명해라, 저걸 실험해라 난리였다. 지금에 와서 보면 베이트슨의 이런 태도가 억지처럼 보이지만 과학 발전의 역사에는 논쟁이 빠질 수 없다. 논쟁이 없다면 과학은 더 이상 발전하지 못할 것이다. 새로운 이론이 막 나왔을 때는 불완전하기 마련이고, 반대파의 엄격하고 까다로운 흠집 잡기가 필요할 때도 있다. 따라서 베이트슨의 반대 자체가 잘못이라고 말할 수는 없다. 아인슈타인이 양자역학의 통계적 해석에 반대했던 것처럼 말이다. 닐스 보어가 아직 완전하지 않은 가설에 너무 열중한 나머지 잘못된 방향으로 빠지지 않으려면 아인슈타인의 날카로운 반대 의견이 꼭 필요했다.

그렇다면 베이트슨의 실수는 어떤 면에서 우리에게 교훈을 주는가? 독일 화학자 오스트발트는 20세기 초에도 원자 이론을 반대했다. 그가 남긴 유명한 말이 있다.

내가 원자 가설을 믿기를 바란다면 내게 원자를 보여주시오.

당시 물리학자들은 원자 이론으로 수많은 물리 현상을 정확히 해석할 수 있었고, 또한 여러 현상을 예측했다(게다가 실험을 통해 이런 예측을 증명하기도 했다). 그러나 그토록 작은 원자를 다른 사람에게 '보여주는 것'은 정말 쉽지 않은 일이었다. 베이트슨이 모건의 염색체 이론에 대해 가지는 태도가 딱 그랬다. 그는 모건에게 염색체를 증명할 독립적인 증거를 원했다. 베이트슨 자신도 유전학 연구에 평생 종사한 사람인만큼 이런 요구가 너무 과하다는 것을 모를 리 없었다. 베이트슨 역시 하나의 가설은 한 단계 한 단계 성공을 향해 나아가는 것이지, 갑자기 하늘에서 뚝 떨어지듯 성취되는 것이 아니라는 것을 잘 알았다. 그러니 그런 과정을 기다려주어야 했다.

베이트슨이 인내심 없이 모건에게 염색체 가설을 당장 증명하라고 힐문한 것은 그의 철학적 관점 때문이었다. 그는 일찌감치 생명 현상은 물질 그 자체에서 설명을 얻을 수 없으며, 그래서도 안 된다고 단언했다. 그가 보기에 어떠한 물질 구조를 이용한 가설로도 생명의 신비를 해석할 수는 없었다. 베이트슨은 염색체든 혹은 다른 어떤 '복잡한' 물질 단위든 절대로 유전 물질 매개체가 될 수 없다고 여러 차례 강조했다. 다시 말해 생명을 신비화하는 관념주의 철학을 가지고 있었다. 관념주의 철학에서는 생명과 물질이 절대로 상호 독립적인 존재가 될 수 없다. 또한 물질 활동으로 생명 현상을 설명하는 것도 불가하다. 유전이란 생명 현상 중에서도 특히 신비한 영역으로 여겨졌다. 이런 철학 사상을 가진 베이트슨은 당연히 염색체 가설에 반대했으며, 그 가설이 일고의 가치도 없다고 여겼다.

베이트슨이 저지른 이런 실수에 대해 앨런은 정확하게 분석했다.

> 베이트슨의 논점 이면에는 그 자신도 알아차리지 못한 경향성이 숨겨져 있었다. 그것은 바로 관념주의 철학 그리고 과학 영역에서 유물주의 이론을 인정하지 않는 것이었다. (……) 베이트슨의 실수는 추상적이고 관념적인 멘델 이론과 염색체 이론이 결합해야 한다는 필요성을 간과한 데 있었다.

베이트슨의 반대는 당시 유전학의 발전을 크게 저해했다. 지금 우리는 생명 현상에서 유전 물질이 무언가에 의해 운반된다는 개념에 익숙하기에 누군가 이런 사실에 이의를 제기하면 깜짝 놀랄 것이다. 하지만 생명 현상이 모종의 실체가 있는 '매개체'를 기초로 하여 일어난다는 생각은 1920년대에는 몹시 낯설고 대담한 것이었다. 이는 과거의 전통과 근본적으로 결별하는 위대한 움직임이었다. 이런 중요한 전환기에 베이트슨은 자신의 철학 사상 때문에 시대의 흐름에 역행하는 보수파가 되고 말았다.

베이트슨이 염색체를 인정하지 않은 것은 개인 성향이라기보다 당시 유럽의 거대한 실증주의 철학 사조에 따른 반응이라고 해야 할 것이다. 오스트발트가 원자 이론을 인정하지 않은 것도 이런 사조 때문이었다. 앨런은 그가 쓴 『토머스 헌트 모건: 한 남자와 그의 과학』(*Thomas Hunt Morgan: The Man and his Science*)에서 이런 점을 더욱 적나라하게 서술했다.

> 베이트슨은 유전 물질 이론이 고대의 전성설(前成說)[1]에 가깝다는 식으로 생각했다. 더욱이 베이트슨은 어떤 형식의 유물론에도 반감을 드러냈는데, 그가 관념론을 신봉하는 물리학자들로부터 깊이 영향을 받았기 때문이다. 어쨌든 관념론을 따르는 물리학자들은 1900년부터 1920년 사이에 케임브리지대학교에서 매우 영향력 있는 학파를 이뤘다. 심지어 모건 연구팀이 염색체 지도를 만들 수 있음을 발표했을 때도 베이트슨은 관념론 사상으로 끝까지 염색체 이론을 받아들이지 못했다.

과학자가 철학 사상 때문에 과학적 연구에서 실수를 저지르는 사례는 과학사에서 드물지 않게 나타난다. 베이트슨이 유전학의 격변기에 잘못된 과학관 때문에 계속해서 유전학 연구를 추진할 좋은 기회를 놓치고 오히려 유전학 발전의 장애물이 되고 만 것을 생각해보라. 드넓은 허허벌판을 헤매는 과학자들은 사상과 방법론을 의지할 철학을 찾고 싶어 하기 마련이다. 그래서 혁명적인 순간에는 올바른 과학관이 매우 중요하다. 조금만 잘못해도 오랫동안 후회할 실수를 하게 되니 말이다.

1 　현미경이 발달되지 않았던 18세기에 나온 동물 발생에 관한 학설. 발생이 진행되는 배(胚)의 구조나 모양이 성체(成體)와 비슷하다는 점에 착안, 배 속에 어버이의 구조나 복잡성이 축소되어 있다가 그것이 커져 성체가 된다는 것이다.

3부

✦

수학자의 흑역사

10장 오일러가 풀지 못한 문제

그는 삶이 멈출 때가 되어서야 계산하기를 멈추었다.

콩도르세(Condorcet, 1743~1794)

수학에 존재하는 방정식, 정리, 공식 중 레온하르트 오일러(Leonhard Euler, 1707~1783)의 이름이 붙은 것이 몇 가지나 될까? 누구도 정확히는 알기 어렵다. 지금 생각나는 것만 꼽아도 오일러 변환, 오일러 상수, 오일러 정리, 오일러 공식, 오일러 동역학 방정식, 오일러 방법, 오일러 방정식, 오일러 곡률 공식, 오일러 그래프 이론, 오일러 직선, 오일러 좌표, 오일러 각, 오일러 힘, 오일러 함수, 오일러 적분, 오일러 운동 방정식 등 한두 가지가 아니다.

수학자 오일러의 위대함을 잘 보여주는 한 가지 재미있는 일화가 있다. 사람들은 수십 년간 수학계를 호령했던 오일러의 업적을 기리기 위해 그를 아르키메데스, 뉴턴, 가우스와 같은 반열에 올리고 '수학계의 4대 위인'이라고 불렀다. 그랬더니 어떤 저명한 수학자가 나서서 반대했다. "그렇지 않소! 오일러는 수학의 영웅이라고 불려야 하오!"

그가 보기에 오일러야말로 아르키메데스, 뉴턴, 가우스보다 뛰어난 최고의 수학자였던 것이다.

✦

오일러는 1707년 4월 15일에 스위스 제2의 도시 바젤에서 태어났다. 아버지는 가난한 목사였다. 집안 형편은 어려웠지만 아버지 덕분에 오일러는 사람들이 부러워할 만한 학교에 입학했다. 아버지는 어린 오일러가 눈에 띄게 총명한 데 큰 기대를 걸었고, 그가 훗날 성공해 집안을 일으키기를 바랐다. 그러나 어린 시절 오일러는 종종 괴상한 질문을 던지며 아버지를 근심스럽게 했다. 보통 어린아이처럼 오일러도 밤하늘을 올려다보며 반짝이는 별에서 시작해 무한한 상상을 펼쳤고, 상상은 우주 곳곳을 누볐다.

아버지의 걱정은 머지않아 현실이 되었다. 교장은 어린 오일러가 자주 금기를 범하는 질문을 한다면서 사람의 마음을 어지럽히는 불길한 말을 퍼뜨리지 못하도록 오일러를 퇴학시켰다. 아버지는 몹시 상심했고, 어린 오일러에게 집에서 목사직 잡일을 거들게 했다. 아버지가 보기에 아들의 미래는 암담했다.

그때 아무도 예상하지 못한 일이 벌어졌다. 어느 날 바젤대학교의 수학 교수 요한 베르누이(Johann Bernoulli, 1667~1748)가 오일러의 아버지를 찾아왔다. 어린 오일러가 비범한 수학적 재능을 가졌다는 소문을 듣고 사실인지 알아보러 온 것이다. 베르누이 집안은 유럽 수학계에서 명성이 자자했고, 뛰어난 수학자를 아홉 명이나 배출했다. 게다가 그들은 인재를 선발하고 훈련하는 데 큰 관심이 있었다. 요한 베르누이는 어린 오일러가 쉽지 않은 '울타리 문제'를 해결했다는 이야기를 듣고, 진짜 천재가 맞다면 이대로 재능을 썩힐 수 없다고 생각했다. 울타리 문제란 바로 이런 것이었다.

어느 날, 오일러의 아버지가 양 떼를 가둘 울타리를 세우려고 했다. 울타리는 세로 40피트(1피트는 약 30.48센티미터 ─ 편집자), 가로 15피트였다. 울타리 내부의 면적은 600제곱피트였다. 울타리를 세우는 데는 목재 110피트가 필요하다. 그런데 오일러의 아버지에게는 100피트의 목재뿐이었다. 어린 오일러가 난감해하는 아버지를 돕겠다며 왜 고민하느냐고 물었지만 아버지는 귀찮아할 뿐이었다. 어린 오일러는 포기하지 않고 계속 질문했고, 결국 아버지가 고민하는 문제가 무엇인지 알게 되었다. 오일러는 잠깐 고민하고, 땅바닥에 나뭇가지로 뭔가 그리더니 아버지에게 이렇게 말했다.

"아빠, 가로와 세로를 모두 25피트로 하면 울타리 내부의 면적이 625제곱피트가 돼요. 그러면 원래 계획한 것보다 면적은 25제곱피트 넓고, 울타리에 들어가는 목재 길이는 100피트예요! 이제 걱정하지 않아도 된다고요!"

아버지는 아들의 말을 듣고 기쁨을 감추지 못했다. 그는 주변 사람들에게 아들이 일으킨 '기적'에 대해 열심히 자랑했다.

요한 베르누이는 이 이야기를 듣고 어린 오일러를 만나야겠다고 생각했다. 베르누이는 오일러를 만난 자리에서 친절한 태도로 지금 무슨 생각을 하느냐고 물었고, 오일러는 흥분한 태도로 이렇게 대답했다.

6이라는 숫자는 1, 2, 3, 6이라는 네 개의 수로 나눌 수 있어요. 이때 앞에 있는 세 개의 수 1, 2, 3을 더하면 네 개의 수 중 마지막인 6이 되지요. 그리고 28이라는 숫자도 1, 2, 4, 7, 14, 28이라는 여섯 개의 수로 나눌 수 있는데, 앞에 있는 다섯 개의 수 1, 2, 4, 7, 14를 더하면 다섯 개 중에서 마지막 숫자인 28이 되고요. 베르누이 선생님, 이런 재미있는 숫자가 6과 28 외에도 또 있나요?

베르누이는 오일러의 말에 깜짝 놀랐다. 6과 28은 수학에서 말하는 '완전수(Perfect number)'다. 몇 개의 완전수가 있는지는 지금까지 아무도 밝혀내지 못한 수학적 난제였다. 그런데 아직 어린 꼬마의 입에서 이 문제가 튀어나오다니, 불가사의한 일이었다. 베르누이는 반짝이는 오일러의 눈을 바라보며 결심했다. '반드시 이 놀라운 재능을 지닌 아이를 잘 키워야 한다. 이대로 진흙 속에 묻힌 진주가 되도록 놔두면 안 된다.'

오일러의 운명은 기적과도 같은 변화를 맞이했다. 1720년, 요한 베르누이 교수의 적극적인 추천으로 열세 살의 오일러는 전례 없이 어린 나이에 바젤대학교에 입학했다. 대학 총장의 반대에 요한 베르누이는 이렇게 반박했다.

총장님, 천재가 나이 때문에 대학교에 입학하지 못하는 건 말이 안 됩니다. 우리 때문에 하늘에서 빛나야 할 별이 유성이 되어 떨어지게 된다면 우리 대학의 치욕이 아닐까요? 아니, 이건 범죄입니다. 총장님, 범죄라고요.

대학에 들어간 오일러는 물 만난 고기처럼 행복한 시간을 보냈다. 오일러와 베르누이 일가와의 친분도 점점 두터워져 베르누이 집안 사람들은 오일러를 거의 가족처럼 여겼다. 그중 니콜라우스 베르누이(Nicolaus Bernoulli, 1695~1726)와 다니엘 베르누이(Daniel Bernoulli, 1700~1782)는 오일러와 비슷한 또래여서 특히 사이가 좋았다.

1725년에 니콜라우스와 다니엘은 동시에 제정 러시아의 상트페테르부르크 과학아카데미(지금의 러시아 과학아카데미)에서 일하게 되었다. 당시 러시아 황제인 예카테리나 1세는 남편인 표트르 1세가 남긴 뜻을 따라 러시아의 과학을 진흥하기 위해 힘썼다. 훌륭한 설비를 갖춘 상트페테르부르크 과학아카데미를 세우고 높은 금액을 제시하여 유럽 각국의 유명한 과학자를 고용했다. 니콜라우스와 다니엘은 이미 유럽 수학계에서 명성을 떨치고 있었기에 상트페테르부르크 과학아카데미로 초청되었던 것이다.

그러나 안타깝게도 니콜라우스는 러시아에 간 지 1년 만에 병으로 사망했다. 니콜라우스가 병사한 후 예카테리나 1세는 다니엘을 불러 그의 자리를 대신할 수학자를 추천하라고 했고, 다니엘은 오일러를 추천했다.

"오일러는 올해 열아홉 살로 바젤대학교에서 석사 학위를 받았고, 얼마 전 발표한 논문은 파리 과학아카데미에서 상금을 받았습니다."

예카테리나 1세는 다니엘의 추천을 믿기 어려웠다. 겨우 열아홉 살 먹은 젊은이를 러시아 최고의 과학아카데미에 고용한다면 사람들에게 비웃음을 살 거라고 생각했다. 똑똑한 다니엘은 예카테리나 1세의 의중을 꿰뚫어 보았다.

"폐하, 오일러를 고용하여 그에게 우수한 연구 환경을 제공한다면 그 친구가 저희 베르누이 가족 전체를 합친 것보다 훌륭한 연구 성과를 내놓을 것입니다. 이런 기회를 놓치시면 안 됩니다."

예카테리나 1세는 다니엘이 아무런 사심 없이 재능 있는 사람을 추천하는 데 열을 올리는 모습을 보고 오일러를 고용하기로 결심했다. 오일러는 1727년에 상트페테르부르크에 왔고, 그때부터 1741년까지 그곳에서 일했다. 그 후 1766년에 다시 상트페테르부르크 과학아카데미로 돌아와 1783년까지 머물렀으며, 그곳에서 세상을 떠났다. 30여 년을 러시아에서 보낸 것이다.

1766년 러시아에 돌아온 오일러는 시력을 거의 상실한 상태였다. 그러나 수학 연구는 계속되었고, 그 후로도 400여 편의 논문과 저서를 세상에 내놓았다. 그는 1783년 9월 18일에 세상을 떠났는데, 마지막 순간까지 독일 천문학자 프레더릭 윌리엄 허셜(Frederick William Herschel, 1738~1822)이 발견한 천왕성의 운행 궤도를 계산하다가 손에 쥐고 있던 담배 파이프를 떨어뜨리며 숨을 거두었다.

오일러는 886편이라는 엄청난 양의 수학 저작물을 인류에게 남겼다. 수학 외에 물리학, 천문학, 탄도학, 항해학, 건축학 등의 저서도 있었다. 훗날 상트페테르부르트 과학아카데미에서 그의 저작물을 정리하는 데만 꼬박 47년이 걸렸다. 이런 대량의 저작물을 남기기 위해 오일러가 얼마나 많은 시간과 노력을 쏟았을까! 그러니 프랑스 철학자이자 수학자인 콩도르세가 존경심을 담아 "그는 삶이 멈출 때가 되어서야 계산하기를 멈추었다"라고 했을 것이다.

오일러의 저작물은 양도 양이지만 관련된 모든 영역에 관해 깊고 탁월하며 창의적인 견해를 담고 있다. 후대의 독일 수학자이며 '수학의 왕자'라고 불리는 카를 프리드리히 가우스(Carl Friedrich Gauss, 1777~1855) 역시 "오일러의 저서를 통해 배우는 것이 수학을 알아가는 가장 빠른 길이며, 이를 대체하는 방법은 없다"라고 말했다.

프랑스 물리학자 피에르 시몽 라플라스(Pierre Simon Laplace)는 학생들에게 "오일러의 책을 읽어라. 제발 오일러의 책을 읽어라. 그는 우리 모두의 스승이다"라고 타일렀다.

후배 과학자들은 오일러의 비범한 재능에 무한한 감탄을 쏟아냈다. 저명한 프랑스 물리학자 프랑수아 아라고(François Arago, 1786~1853) 역시 "오일러에게는 수학 계산이 조금도 어렵지 않은 것 같다. 그는 인간이 숨을 쉬고 독수리가 하늘을 날듯 수학 계산을 해낸다"라고 말했다.

나중에 스승을 회고하며 한 학생은 이렇게 말한 적도 있다.

나와 다른 학생 한 명이 몹시 복잡한 수렴급수를 항목별로 쓴 다음 둘이 작성한 자료를 합치기로 했다. 그런데 나와 친구의 결과가 달랐다. 게다가 그 차이가 상당히 커서 50번째부터 오류가 생겼다. (……) 오일러 교수님은 거의 실명하다시피 한 눈을 감고 우리 둘이 논쟁하는 것을 말없이 듣고만 있었다. (……) 마지막에 교수님이 우리의 오류가 어디서 시작되었는지, 왜 오류가 발생했는지를 알려주셨다. 학생들은 교수님이 얼마나 대단한 암산 능력을 가졌는지 잘 알았기 때문에, 눈을 감고 듣기만 하면서도 올바른 답을 계산해내는 것을 보면서도 놀라지 않았다. 오일러 교수님은 간단한 문제뿐 아니라 고등수학 범주에 들어가는 내용까지도 암산할 수 있었다.

그러나 이 '수학의 영웅'에게도 다른 과학자들과 마찬가지로 실패할 때가 있었다.

✦

오일러는 천재 수학자다. 이 사실은 반론의 여지가 없다. 그러나 천재라 해도 엄청난 노력이 없었다면 이처럼 놀라운 성취를 거두지는 못했을 것이다. 그는 성실하게 노력했기 때문에 그만큼 많은 실수를 저질렀다. 우리는 오일러가 저지른 수많은 실수 중에서 쉽게 이해할 수 있는 두 가지만 골라 그가 가졌던 사상과 한계를 살펴보고자 한다.

먼저 무한급수[1]는 수학에서 자주 볼 수 있는 문제다. 예를 들어 중학생 정도면 다음과 같은 기괴한 급수를 접한다.

$$1 + \frac{1}{2} + \frac{1}{3} + \frac{1}{4} + \frac{1}{5} + \cdots$$

$$1 + \frac{1}{x} + \frac{1}{x^2} + \frac{1}{x^3} + \cdots \quad (|x|>1)$$

$$1 + 1 - 1 + 1 - 1 + 1 - 1 + \cdots$$

이런 급수는 무한히 많은 항을 가지므로 종종 우리에게 이해할 수 없는 문제로 다가온다. 이를 보여주는 재미있는 사례로 그리스의 영웅 아킬레스가 거북이를 따라잡지 못한다는 '제논의 역설'이 있다.

고대 그리스 철학자 제논(Zenon, 기원전 490~기원전 425)은 이상한 역설을 제시했다. 몹시 빠르게 달릴 수 있는 힘센 장사인 아킬레스가 거북이 하나를 따라잡을 수 없다는 것이었다. 제논은 아킬레스가 그보다 10미터 앞에 있는 거북이를 영원히 따라잡지 못하는 이유를 논리적으로 증명했다.

---

1 급수는 수열의 모든 항을 더한 것, 즉 수열의 합이다. 항의 개수가 유한한 유한급수와 항의 개수가 무한한 무한급수로 분류된다. 무한급수의 경우, 항을 더해가면서 합이 어떤 값에 한없이 가까워지는 수렴급수와 그렇지 않은 발산급수로 분류된다.

아킬레스와 거북이가 변하지 않는 속도로 전진한다고 가정하고, 달리기를 시작할 때 거북이는 아킬레스의 10미터 앞에 자리 잡는다. 아킬레스의 속도는 거북이의 열 배라고 가정한다. 그럼에도 그는 영원히 거북이를 따라잡지 못한다. 왜일까? 아킬레스가 10미터를 달려 처음 거북이가 출발한 장소에 도착했을 때, 거북이는 이미 아킬레스의 출발점에서 11미터 떨어진 곳에 도착해 1미터 앞서 있다. 아킬레스가 다시 11미터 지점에 도착했을 때는 거북이가 11.1미터 지점에 도착한다. 둘 사이의 격차가 줄어들었지만 그래도 거북이가 0.1미터 앞서 있다. 아킬레스가 11.1미터 지점에 왔을 때는 거북이가 11.11미터 지점에 갔을 테니 0.01미터 앞서 있다. 이렇게 끊임없이 계속하면 아킬레스가 10미터, 11미터, 11.1미터, 11.11미터 지점을 달릴 때, 거북이는 여전히 아킬레스를 1미터, 0.1미터, 0.11미터 앞서 나가고 있다. 이런 상황이 무한히 반복되므로 거북이는 영원히 아주 작은 격차지만 아킬레스를 앞서 가고, 아킬레스는 거북이를 따라잡지 못한다.

비록 누구나 제논의 궤변이 옳지 않은 것은 알았지만 이 오류를 제대로 반박하는 것은 쉽지 않았다. 과학자와 철학자들은 제논의 궤변을 반박하기 위해 거의 2천 년 가까운 시간을 쏟았다. 오일러 역시 이 문제를 해결할 때 잠깐 신중하지 못한 바람에 실패한 적이 있다. 그가 만난 것은 아주 평범한 급수였다.

$$1 - 1 + 1 - 1 + 1 - \cdots \quad ①$$

이 무한급수의 합계를 구할 때 프랑스의 저명한 수학자 장-바티스트 조제프 푸리에(Jean-Baptiste Joseph Fourier)는 다음과 같은 방법을 썼다.

위에 나온 ①의 해답을 S라고 하자. 우선 ①은 다음과 같이 고쳐 쓸 수 있다.

$$1-(1-1+1-1+\cdots)\ \ ②$$

①은 무한히 많은 항을 가지므로 고쳐 써도 무한히 많은 항의 ②가 가능하다. 그러므로 $S=1-S$이다. 따라서 $S=\frac{1}{2}$가 된다. 푸리에는 $S=\frac{1}{2}$ 이라는 결과를 얻을 때 무한급수 ①의 합계를 구하는 과정에서 결합법칙[2]을 활용했다. 이는 논리정연하고 문제가 없는 것처럼 보인다. 그러나 사실은 문제가 많았다. 결합법칙을 활용하면 ①을 다음과 같이 고쳐 쓸 수도 있다.

$$(1-1)+(1-1)+(1-1)+\cdots\ \ ③$$

이렇게 하면 $S=0$이라는 결과가 나온다.

①은 또 다음과 같이 고쳐 쓸 수도 있다.

$$1-(1-1)+(1-1)+(1-1)+\cdots\ \ ④$$

이번에는 $S=1-0=1$이라는 결과가 나온다.

---

2   결합법칙은 이항연산이 만족하거나 만족하지 않는 성질이다. 한 식에서 연산이 두 번 이상 연속될 때, 앞쪽의 연산을 먼저 계산한 값과 뒤쪽의 연산을 먼저 계산한 결과가 항상 같을 경우 그 연산은 결합법칙을 만족한다고 한다.

결과적으로 무한급수는 하나인데 그 합은 $\frac{1}{2}$, 0, 1까지 세 가지 서로 다른 숫자가 나오는 것이다. 오일러 역시 이 문제에 관심을 가졌다. 그가 쓴 방법은 다른 것이었지만 $S = \frac{1}{2}$ 이라는 결과를 얻었다. 그가 사용한 공식은 조금 복잡하다.

$$\frac{1}{(1-x)} = 1 + x^2 + x^3 + \cdots \; ⑤$$

즉 ⑤에서 $x = -1$ 이라고 가정할 때 $\frac{1}{1-(-1)} = 1 + (-1)^2 + (-1)^3 + \cdots$ 가 된다. 그러므로 $\frac{1}{2} = 1 - 1 + 1 - 1 + 1 - \cdots$ 이다. 따라서 ①의 합계는 마땅히 $\frac{1}{2}$ 이 되어야 한다. 이것이 오일러의 증명이었다.

지금은 푸리에나 오일러 같은 뛰어난 수학자들이 다 틀렸다는 것을 안다. 원인은 무한급수가 '무한히 많은 항'으로 구성되기에 '유한한 수의 항'을 가진 다항식과는 본질적으로 다른 점이 많기 때문이다.

'무한히 많은 항'이라는 새로운 수학적 연구 대상에는 새로운 개념과 방법을 써야 한다. 그러나 오일러가 살았던 시대에는 아직 이 부분이 해결되지 않았다. 그래서 오일러와 다른 수학자들은 오류를 범할 수밖에 없었다. 이 같은 실수가 수학자들의 자존심과 영감을 자극한 덕분에 후대의 빛나는 성과가 나왔다.

1784년 베를린 과학아카데미에서 상금을 내걸고 논문을 모집했는데, 그 주제가 바로 "수학에서 '무한'이라는 개념에 관해 엄격하고 명확한 이론을 확립하라"였다.

오일러가 살았던 시대 수학계에서 '무한'을 설명할 새로운 개념과 방법을 얼마나 급박하게 찾았는지 알 수 있는 사례다.

✦

　　1741년, 오일러는 독일 프로이센 왕국 프리드리히 2세의 초청을 받아 베를린 과학아카데미에서 일하게 되었다. 당시 러시아에서는 격변이 일어나 표트르 2세의 딸 옐리자베타 페트로브나가 반정을 일으켜 조카인 어린 황제 이반 6세 대신 황위에 앉았다. 옐리자베타의 전횡으로 러시아 국민의 존엄성이 짓밟혔고, 과학자 역시 자유와 편안한 연구 환경을 잃었다. 이런 환경 때문에 오일러는 가족을 데리고 독일로 올 수밖에 없었다. 이 시기 오일러의 시력은 점점 떨어지고 있었다. 그러나 자신의 건강은 돌보지 않고 음식 먹는 시간조차 아까워하며 온 힘을 쏟아 연구에 매진했다.

　　1760년 러시아 군대가 프로이센 왕국을 침공했다. 옐리자베타 여제는 오일러가 러시아 과학계에 큰 공헌을 했다는 사실을 잊지 않았다. 여제는 오일러에게 편지와 함께 전쟁 배상금을 보냈고, 오일러는 이 일로 큰 감동을 받았다.

　　1762년 예카테리나 2세[3]가 즉위했다. 예카테리나 2세는 매우 야심 있는 인물로, 과학 사업에도 관심이 많았다. 예카테리나 2세는 오일러에게 상트페테르부르크로 돌아오라고 몇 차례나 권유하며 특별한 대우를 약속했다. 오일러는 59세 때인 1766년에 자신의 전성기를 보냈던 곳이자 아내의 고향인 상트페테르부르크로 돌아갔다. 예카테리나 2세는 황족에 준하는 대우로 오일러를 환영했고, 호화로운 저택과 18명의 하인을

3　재위 1762~1796년. 옐리자베타 여제의 뒤를 이어 황위에 오른 표트르 3세의 황후. 지능이 부족했던 남편을 대신하여 섭정을 했다. 그러나 남편 표트르에 대한 평판이 나빠지자 1762년 정변을 일으켜 남편을 폐위시키고 스스로 제위에 올랐다.

제공했다.

반면, 프리드리히 2세는 신하들이 자신의 공적을 칭송하는 것을 좋아했다. 그래서 프로이센 왕궁에서는 소인배가 득세하고 정직한 사람은 손해를 보았다. 오일러가 베를린을 떠난 데는 이런 원인도 있었다. 다만 프리드리히 2세는 오일러를 특별히 중시했으며 후하게 대접했다. 그는 오일러가 베를린을 떠난 후에도 여러 번 편지를 보내 안부를 묻고 의견을 구했다.

1780년 전후로 프리드리히 2세가 오일러에게 '방진(方陣)'[4]에 대해 묻기도 했다. 방진이 무엇일까? 방진은 병사의 배치와 관련이 있다. 분대를 검열할 때 대개 사각형 모양으로 줄을 선다. 예를 들어 400명이 한 단위인 군대라면 한 줄에 20명씩 20줄을 서는 것이다. 이처럼 병사를 사각형으로 배치하면 질서정연하고 위풍당당한 느낌을 준다. 그뿐 아니라 군사학자들은 사각형 형태가 훈련하거나 전투할 때 여러 장점이 있음을 발견했다. 사방을 관찰하기 용이하고 적을 저지하는 데도 좋았다. 이렇듯 군사상으로 사면을 향해 총을 쏠 수 있는 진형을 일컬어 방진이라고 한다.

방진은 훗날 수학자들의 관심을 받았다. 방진은 다양한 변화가 가능하여 수학자들이 골머리를 앓아도 해결하기 어려운 문제들을 수없이 끌어내기 때문이었다.

예를 들어 이런 것들이다. 어떤 수로 방진을 구성할 수 있는가? 하나의 방진을 어떻게 두 개의 방진으로 바꿀 것인가? 동일한 방진 여러 개

---

4 자연수를 정사각형 모양으로 나열하여 가로, 세로, 대각선으로 배열된 각각의 수의 합이 전부 같아지게 만든 것.

에 얼마나 더 큰 수를 더해야 또 다른 큰 방진이 될까? 이런 문제는 수학에서 사실상 '완전제곱수'의 문제를 토론하는 것이었다.[5]

예를 들어 53명의 병사로 두 개의 방진을 배열한다고 해보자.

수학적으로는 $53 = 2^2 + 7^2$이 된다. 그렇다면 21,200명의 병사로는 두 개의 방진을 어떻게 배열할 수 있을까? 수학적으로 분석하면 $21200 = 53 \times 20^2$이므로, $53 \times 20^2 = (2^2 + 7^2) \times 20^2 = (2^2 \times 20^2) + (7^2 \times 20^2) = 40^2 + 140^2$가 된다. 즉 21,200명의 병사는 40명씩 40줄을 서는 방진과 140명씩 140줄을 서는 방진으로 배열할 수 있다.

조금 더 분석해보자. 위와는 다른 방식으로 두 개의 방진을 배열하려면 어떻게 해야할까?

다시 수학적으로 분석하면, $21200 = 53 \times 400 = 53 \times 25 \times 16 = (2^2 + 7^2) \times (3^2 + 4^2) \times 4^2$이다.

---

5 하나의 수(예를 들어 9)가 만약 다른 정수의 제곱이 되는 수(3^2)일 때 우리는 이 숫자를 완전제곱수 혹은 제곱수라고 한다. 이런 숫자에는 0, 1, 4, 9, 16, 25, 36, 49, 64, 81, 100, 121, 144, 169, 196……이 있다.―저자

이를 다시 풀어쓰면 $(3^2+4^2)\times(2^2+7^2)=34^2+13^2=29^2+22^2$가 된다. 따라서 $21200=4^2\times(34^2+13^2)=4^2\times(29^2+22^2)=136^2+52^2=116^2+88^2$이다.

이와 같이 계산하면 21,200명의 병사로 두 개의 방진을 배열하는 방법은 두 가지가 더 나온다.

자, 이제 방진의 기본개념과 방법을 대략 이해했으니 다시 프리드리히 2세의 문제로 돌아가자. 그의 문제는 이러했다.

> 6개 부대에서 계급이 다른 6명의 장교를 뽑아 대령, 중령, 소령, 대위, 중위, 소위로 구성된 6×6의 방진을 배치하되, 각 행과 열마다 장교의 출신 부대와 계급이 겹치지 않아야 한다.[6]

베를린에서는 누구도 이 문제를 풀지 못했다. 그래서 프리드리히 2세가 오일러에게 도움을 청한 것이다. 오일러는 이미 방진에 관한 탁월하고 효과적인 연구 성과를 내고 그것을 '오일러 방진(Euler squares)'이라고 명명하기도 했다. 그러나 오일러도 이번 방진 문제는 해결하지 못했다. 오일러는 우선 쉬운 부분부터 해결하기로 했다. 5개 부대에서 5명의 계급이 다른 장교를 뽑아 5×5 방진을 구성하면서 각 행과 열에 부대와 계급이 겹치지 않게 할 수 있었다. 그러나 6×6 방진은 여전히 해결되지 않았다.

몇 년이 흘렀다. 오일러는 시력을 잃은 상태에서도 생각하고 또 생각했지만 아무 진전이 없었다. 그러던 어느 날 기발한 생각이 떠올랐다.

---

6   이런 방진을 '라틴 방진'이라고 한다.─저자

"애초에 해결할 수 없는 문제가 아닐까?"

해답이 없는 문제라는 것도 일종의 결과다. 그러나 여전히 이를 증명할 수는 없었다. 오일러가 해답이 없다는 것조차 증명하지 못한다니. 결국 그가 75세가 되었을 때, 즉 세상을 떠나기 1년 전에 한 가지 가설을 세웠다.

$(4K+2) \times (4K+2)$ 방진은 해답이 없는 문제라는 것이었다(K=0, 1, 2, … 일 때). 이 가설에 따르면 프리드리히 2세의 문제는 K=1일 때 $(4 \times 1+2) \times (4 \times 1+2)=6 \times 6$이며, 이는 해답이 없다. 그러나 행과 열의 숫자가 $(4K+2)$가 아닌 3, 4, 5, 7, 8, 9인 방진일 때는 해답이 생긴다. 이런 가설은 올바른 것일까? 정확한 결론을 얻을 수 있을까?

170여 년이 지난 1959년, 진실이 밝혀졌다. 인도의 수학자이자 물리학자인 라지 찬드라 보스(Raj Chandra Bose, 1901~1987)와 샤랏찬드라 샹카르 슈리칸드(Sharadchandra Shankar Shrikhande, 1917~2000)가 오일러의 가설을 뒤집었고, 이어 어니스트 틸든 파커(Ernest Tilden Parker, 1926~1991)가 행과 열이 10개(K=2일 때 $(4K+2) \times (4K+2)$는 10×10이 된다)인 방진이 존재함을 밝혔다. 오일러의 가설이 철저히 뒤집힌 것이다. 오일러가 '불가능하다'고 밝혀낸 K=0, 1일 경우를 제외하고, K=2, 3, 4일 때 프리드리히 2세가 원했던 방진이 가능하다.

어떤 작가는 오일러의 이 실패에 대해 이렇게 썼다.

이 일은 오일러의 비극이 아니다. 오일러의 험난한 연구 과정은 후배 수학자들이 발전할 수 있는 계단이 되었다.

어떠한 위대한 과학자도 모든 과학 문제를 풀어낼 수는 없다. 언젠가는 그 당시에 가장 곤란한 문제 앞에 멈출 때가 온다. 그리고 나중에는 잘못된 것이라고 밝혀지는 이론과 생각을 내놓을 때도 있다. 그러나 그런 이론들이 미래의 과학자들이 한 걸음 전진할 수 있게 받쳐주는 디딤돌이 된다. 이것이 역사의 한계성이 갖는 필연이다.

11장　누가 알렉산드로스 대왕의 칼을 휘두를 수 있을까?

세상일에는 그런 시기가 있다. 봄날 여기저기서 꽃이 피는 것처럼, 어떤 사실이 여러 곳에서 동시에 발견되는 시기 말이다.

보여이 퍼르커시(Bolyai Farkas, 1775~1856)

선을 행하는 데 온 힘을 다하라. 자유를 사랑함이 다른 모든 것보다 중요하다. 왕좌 앞에서도 절대 진리를 가벼이 여기지 마라.

루트비히 판 베토벤(Ludwig van Beethoven, 1770~1827)

그리스 신화에 나오는 고르디아스(Gordias) 왕은 원래 평범한 농민이었다. 어느 날 그가 끌고 가던 수레에 독수리가 내려앉았다. 한 예언가가 이 일을 두고 고르디아스가 왕이 될 징조라고 말했고, 나중에 고르디아스는 정말로 왕위에 오른다. 고르디아스는 독수리가 내려앉았던 그 수레를 신전에 바친 후, 매우 복잡한 매듭을 지어 신전에 묶어두었다. 그리고 누구든 이 매듭을 푸는 자가 있다면 왕이 되리라 선언했다. 그 후 아무도 이 매듭을 풀지 못했는데, 마케도니아 왕 알렉산드로스가 칼을 빼어 밧줄을 자르고 왕위를 이어받았다. 이 일로 "고르디아스의 매듭을 자르다"라는 관용구가 생겼다. 과감한 수단으로 어려운 문제를 해결한다는 뜻이다.

수학사에도 무수한 수학자를 좌절시킨 '고르디아스의 매듭'이 있었다. 누가 알렉산드로스 대왕의 칼을 치켜들어 이 매듭을 잘라버렸는지 지금부터 살펴보자.

✦

먼저 수학사에서 고르디아스 매듭이 어떤 문제인지 간략히 소개하겠다. 보통 고등학교 수준에서 배우는 기초적인 기하학을 평면기하학이라고 하는데, 사실 유클리드 기하학이 정확한 이름이다. 유클리드 기하학은 기원전 300년쯤 유클리드(Euclid, 기원전 330~기원전 275)라는 그리스인이 확립했다.[1] 그는 자신의 성과를 담은 책『기하학 원론』(*Elements of Geometry*)을 썼는데 이 책은 2천여 년이 지난 후에도 길이 전해지며 이름을 떨쳤다. 물리학도 유클리드가 만든 기하학 이론에 근거해 뉴턴 역학에서 사용하는 공간 개념을 확립했는데, 이를 유클리드 공간이라고 한다. 유클리드 공간을 이용하면 하늘의 천체와 지면의 물체가 보여주는 각종 운동을 정확하게 계산할 수 있고, 이 공간을 이용해 아름다운 해왕성을 발견하기도 했다.

이 빛나는 성취로 사람들의 마음속에는 뿌리 깊은 고정관념이 생겼다. 유클리드 기하학은 신성하고 침범할 수 없는 것이며 절대적으로 옳은 이론이라는 것이었다. 예를 들어, 중세 이탈리아의 수학자인 지롤라모 카르다노(Gerolamo Cardano, 1501~1576)는 이렇게 말했다.

---

1   유클리드는 영어식 이름이지만 이 이름으로 널리 알려져 있기에 이를 사용하기로 한다. 그리스식으로 읽으면 에우클레이데스다.

유클리드 기하학의 원리는 의심할 수 없이 견고하며 그 아름다움과 훌륭함은 절대적이다. 기타 어떠한 논문으로도 정확성으로는 이 원리와 견줄 수 없다. '기초'에서 진리의 빛이 뻗어 나오듯, 유클리드 기하학을 완전히 익힌 인재들이어야만 복잡한 기하학 가운데서 진실과 거짓을 판별할 수 있을 것이다.

철학자 역시 유클리드 기하학에 광채를 더했다. 토머스 홉스(Thomas Hobbes), 존 로크(John Locke), 고트프리트 라이프니츠(Gottfried Wilhelm von Leibniz) 등 저명한 학자들이 입을 모아 유클리드 기하학은 전 우주적으로 고유한 것이라고 일컬었다. 스코틀랜드 철학자 데이비드 흄(David Hume)만이 예외적으로 과학은 순수한 경험주의적 산물이라고 말하면서 유클리드 기하학이 반드시 물리학의 진리라고 할 수는 없다고 주장했다. 하지만 독일 관념철학의 창시자 칸트마저도 유클리드 기하학은 태생적인 진리라고 말하며 흄의 의심을 불식했다. 칸트는 그의 저서 『순수이성비판』(Critique of Pure Reason)에서 다음과 같이 단언했다.

유클리드 기하학은 유일하며 필연적이다. 물리적 세계는 필연적으로 '유클리드식'이어야 하며 이는 경험을 통해 알아낼 필요도 없다.

관념철학의 또 다른 대가 헤겔 역시 기하학은 이미 결말에 도달했으니 더 이상 발전할 여지가 없다고 말했다. 유물주의 철학자들도 유클리드 기하학의 진리성과 권위성을 부정하지 못했다.

하지만 이론이나 사상을 쉽게 믿지 않는 수학자들은 유클리드 기하학이 수학의 최고봉이라고 여기거나 넘어설 수 없는 진리라고 생각하지 않았다. 경계심 많고 까다로운 수학자의 눈은 『기하학 원론』의 다섯 번째 공준(公準)[2]에 가닿았다.

유클리드 기하학의 기초는 다섯 개의 공준에 있다. 공준이란 무조건 인정해야 하는 법칙, 다시 말해 가장 기본이 되는 가설을 의미한다. 유클리드 기하학 전체가 이 다섯 개의 공준 위에 지어진 건물과 같다. 첫 번째부터 네 번째까지의 공준은 간명하고 직관적인데, 다섯 번째 공준은 복잡하면서 직관성도 없었다. 게다가 직선의 무한한 연장에 관한 문제여서 상상하기 쉽지 않았고, 유클리드의 서술도 어물쩍거렸다.

유클리드가 다섯 번째 공준에서 설명하려는 내용은 실상 아주 간단하다. 두 개의 평행하는 직선은 무한히 연장하여도 서로 만나지 않는다는 것. 이것이 곧 '평행선 공준'이라고 하는 법칙이다.[3] 그러나 이 공준은 설득력이 충분하지 않다. 유클리드는 다섯 번째 공준으로 증명할 필요가 없는 명제들을 최대한 앞부분에 배치해 28가지 정리(定理)를 도출한 후에야 마지막으로 다섯 번째 공준을 넣었다. 유클리드 본인도 이 공준에 자신감이 부족했던 것을 알 수 있다. 미국의 저명한 수학자 모리스 클라인(Morris Kline, 1908~1992)이 저서인 『고대부터 현대까지 수학 사상』

---

2 공준은 공리(公理)처럼 자명하지 않아도 학문적 원리로 인정되는 명제를 말한다. 유클리드의 『기하학 원론』에 나오는 공리 가운데 기하학적인 내용을 갖는 공리를 가리킬 때도 흔히 '공준'이라고 한다.

3 유클리드가 『기하학 원론』에서 서술한 다섯 번째 공준의 원문은 "두 직선이 다른 한 직선과 만나 이루는 두 동측내각의 합이 두 직각보다 작다면, 이 두 직선을 무한히 연장할 때, 그 두 동측내각과 같은 쪽에서 만난다"이다. 이 공준과 동일한 명제로는 '두 개의 평행하는 직선은 무한히 연장하여도 서로 만나지 않는다', '모든 삼각형의 내각합은 180°이다', '직선 밖의 한 점을 지나면서 그 직선에 평행한 직선은 단 하나 존재한다' 등이 있다.

(*Mathematical Thought From Ancient to Modern Times*)에서 쓴 내용이 바로 이와 같다.

> 유클리드가 취한 방식으로 평행선 공준을 서술하면 너무 복잡하다는 인상을 준다. 공준의 진리성을 의심하는 사람은 없지만, 다른 공준이 가지는 것과 같은 설득력이 없다. 유클리드 자신도 평행선 공준과 같은 설명 방식을 좋아하지 않는 것이 분명하다. 그는 평행선 공준이 필요하지 않은 모든 정리를 증명한 후에야 그 공준을 사용했다.

바로 이런 이유들 때문에 고대 그리스 시대부터 2천여 년 동안 많은 수학자가 이 다섯 번째 공준을 밀어내려고 시도했지만 줄곧 실패를 겪었다. 만약 성공한다면 다섯 번째 공준은 더 이상 공준이 아니라 정리 중 하나로 격하될 터였다. 그러던 18세기 말에 새로운 전환점이 나타났다.

✦

이 이야기에서 제일 먼저 언급할 인물은 독일 수학자 프란츠 타우리누스(Franz Taurinus, 1794~1874)다. 타우리누스의 숙부 페르디난트 슈바이카르트(Ferdinand Schweikart, 1780~1857)는 본래 법학자였는데 수학에 관심이 생겨 스물일곱 살에 수학 논문을 한 편 발표했다. 유클리드 기하학의 논술 방법에 대해 형식상의 변경을 제안하는 내용이었다. 또한 그는 논문을 다음과 같이 결론 맺었다. "평행선 공준은 논리적으로 증명이 불가능하다. 우리는 삼각형의 세 내각의 합이 180°보다 작은 데서 출발하여 또 다른 기하학을 구성할 수 있다."

삼각형 내각의 합이 180°보다 작다니? 삼각형 내각의 합은 180°여야 하지 않은가? 그러나 이는 유클리드 기하학에서 말하는 명제일 뿐이다. 만약 유클리드 기하학의 다섯 번째 공준을 부정한다면 삼각형 내각의 합이 180°라는 것을 인정하지 않는 것이기 때문에 삼각형 내각의 합이 180°보다 크거나 작다는 말이 된다. 이런 기하학은 더 이상 유클리드 기하학이 아니며, 지금은 비유클리드 기하학으로 통칭한다. 당시 슈바이카르트는 이를 성체기하학이라고 명명했는데, 그 후로 여러 사람이 각기 다른 이름을 붙였다.

타우리누스는 슈바이카르트의 노선을 따라갔다. 삼각형 내각의 합이 180°보다 작다는 조건에서 출발하여 여러 비유클리드 기하학의 정리를 도출한 것이다. 그는 유클리드 기하학 중 다섯 번째 공준은 다른 네 개의 공준과 독립적이며, 상반된 공준으로 대체하여도 논리적 모순 없는 (비유클리드) 기하학을 확립할 수 있다고 생각했다.

1824년에 타우리누스는 자신의 연구 결과를 『평행선 이론』(*Theorie der Parallellinien*)이라는 책으로 출간했다. 그리고 이 원고를 괴팅겐의 '수학 왕자' 가우스에게 보냈다. 가우스는 원고를 읽은 후 타우리누스에게 답장을 썼다.

> 삼각형 내각의 합이 180°보다 작다고 가정하면 독특하면서 유클리드 기하학과는 완전히 다른 기하학이 가능합니다. 이 기하학은 완전히 논리적입니다. 그렇게 하면 저는 만족스럽게 이 기하학을 수정하고 발전시킬 수 있으며, 이 기하학에 남아 있는 어떤 문제도 해결할 수 있습니다.

이 편지에서 가우스는 일정한 조건에서 비유클리드 기하학과 유클리드 기하학은 일치한다고 말했다. 또한 매우 진지하게 "우리는 공간에 관하여 아는 것이 몹시 적으며, 어쩌면 공간의 본질이 무엇인지도 모른다고 해야 한다"라고 지적했다. 이런 발언을 보면 가우스가 비유클리드 기하학을 매우 깊이 생각한 적이 있었던 것 같다. 아래에 인용한 말은 특히 주목할 만하다.

> 만약 비유클리드 기하학이 진리라면, 우리는 하늘과 땅에서 전부 공간을 측량할 수 있으며,[4] 실험을 통해 결정할 수 있다. 그러니 나는 종종 농담 삼아 유클리드 기하학이 진리가 아니기를 바란다고 말하곤 한다. 그러려면 우리에게 절대적인 길이(무한히 길다는 개념)가 필요하기 때문이다.

그러나 가우스는 대중이 이와 같은 '기괴한' 이론을 맹렬히 공격할 것이라 걱정했다. 유클리드 기하학을 털끝 하나라도 건드렸다가는 폭넓은 분노를 사게 될 수 있었다. 특히 철학자들은 분노한 말벌처럼 유클리드 기하학의 '반역자'를 죽이려 들 것이었다. 가우스는 이런 상황을 피하고 싶었기에 편지 마지막 부분에서 타우리누스에게 당부했다. "어떤 상황에서든 내 편지를 사적인 교류로 여기고 공개하지 말아주십시오."

타우리누스는 가우스가 자신의 연구 결과를 지지하자 몹시 기뻤다. 그는 얼른 두 권의 얇은 책자로 자신의 이론을 출판했다(그중 한 권이 앞서 언급한 책이며, 다른 한 권은 1826년에 나온 『기하학 원리 초급』이다). 그러나 그는 가우스가 편지에서 당부한 내용을 잊고, 서론에 자신의 연구 성과가 유럽에서 가장 위대한 수학자의 지지를 얻었다고 썼다.

---

4   유클리드 기하학은 동일한 평면 위라고 가정할 때 성립한다. 따라서 평면이 아닌 우주 공간이나 지표면을 측량하는 데는 활용할 수 없다.

가우스는 타우리누스가 출판한 책을 보고 크게 성을 냈다. 그는 즉시 타우리누스와 편지 왕래를 끊었다. 타우리누스가 어떻게 해명해도 꿈쩍하지 않았다. 이 일이 타우리누스에게 준 충격은 엄청났다. 얼마 후 그는 큰 병에 걸렸고, 정신 이상 증세를 보였다. 결국 어느 날 정신병이 발작한 타우리누스는 자신의 저서를 모두 불태웠다. 가우스가 지지하고 응원하는 가운데 희망의 싹을 틔운 이 이론은 수학 역사상 훨씬 일찍 완성될 수 있었는데, 결과적으로 가우스 자신의 손으로 그 가능성을 없앤 셈이었다. 위대한 수학의 왕자 가우스는 왜 그토록 신중하다 못해 소심한 태도를 보였을까?

✦

이런 비극이 타우리누스에게만 일어난 것은 아니었다. 헝가리 수학자 보여이 야노시(Bolyai János, 1802~1860)[5]의 이야기는 더욱 안타깝다. 보여이 야노시의 아버지인 보여이 퍼르커시(Bolyai Farkas, 1775~1856) 역시 수학자였다. 그는 젊은 시절에 가우스와 깊은 우정을 나눴으며, 가우스에게 많은 도움을 받았다. 퍼르커시는 상당한 노력을 기울여 비유클리드 기하학을 연구했다. 그는 가우스와 비유클리드 기하학에 관한 몇 가지 생각을 논의했는데 가우스는 퍼르커시의 증명 과정에 간단한 실수가 있었음을 발견했다. 이 일이 퍼르커시를 크게 낙담하게 했다. 오랫동안 심혈을 기울인 연구 결과가 아무런 가치도 없는 일이었다는 사실 때문이었다. 그 후 퍼르커시는 열렬히 수학을 사랑하던 마음

---

5 헝가리에서는 성(姓) 다음에 이름이 오므로, '보여이'가 성이고 '야노시'가 이름이다.

을 잃고, 시문학 연구에 손을 댔으며 더 이상 수학에서 아무런 업적도 쌓지 못했다.

수십 년이 흐른 후, 퍼르커시의 아들 야노시가 다시 비유클리드 기하학 연구에 뛰어들었다. 퍼르커시는 아들의 결심을 알고 급히 편지를 보냈다. 자신이 겪은 뼈아픈 교훈을 들려주며 영원히 빛을 볼 수 없는 어둠의 길을 가서는 안 된다고 충고했다.

> 말라붙은 샘에서 무슨 물이 나오겠느냐? 절대로 이 방면으로는 단 한 시간도 쓰지 말거라. 어떠한 보상도 받을 수 없을 것이니 인생을 낭비하는 일이 될 뿐이다. 지난 수세기 동안 수백 명의 위대한 수학자가 그 분야에 갖은 노력을 쏟았다. 내가 보기에 할 수 있는 모든 시도를 다 했다고 생각한다. 위대한 가우스가 이 문제를 숙고한다 해도 아무 결과도 얻지 못한 채 시간만 날려버릴 것이다. 다행히 그는 그렇게 멍청하지 않았다. 그렇지 않았다면 그의 다면체 학설과 기타 저작들은 세상에 나올 수 없었을테니까. 그도 하마터면 평행선 이론이라는 수렁에 빠질 뻔했단다. 그는 구두로 또는 서면으로 이 문제에 관해 여러 해 동안 아무 소득도 없었다고 밝힌 적이 있단다.

아버지는 자신의 아픈 경험으로 아들의 마음을 움직이려 했다.

> 나는 조금의 희망도 없는 어두운 밤을 지나왔다. 그 어둠 속에 인생의 모든 빛과 기쁨, 희망을 묻어버렸다. 네가 그 끝없는 노력에 연연한다면 결국 네 삶의 시간과 건강, 평안, 행복을 전부 잃고 말 것이다.

그러나 스물한 살의 야노시는 아버지의 충고를 귀담아듣지 않고 수렁에 뛰어들기로 결심했다. 그는 아버지의 경고에 이렇게 말했다.

아버지의 경고는 강력했습니다. 용기를 없애려는 것이었지만 나는 겁먹지 않았습니다. 오히려 더욱 흥미와 끈기가 생겼지요. 어떤 대가를 치르더라도 평행선 공리를 연구하고 그 문제를 해결하겠다고 결심했습니다.

야노시 역시 삼각형의 세 내각의 합이 180°보다 작다는 가설에서 출발하여 새로운 기하학 체계를 세우고 이를 '절대기하학'이라고 명명했다. 1823년 11월 3일, 야노시는 자신의 노력이 어느 정도 성과를 거두었다고 생각하여 기쁜 마음으로 아버지에게 편지를 보냈다.

중요한 부분은 아직 찾아내지 못했지만, 제가 가는 길이 반드시 목적지에 도달하리라는 것은 분명합니다. 아직 목적지에 도착하지 않았는데도 벌써 이처럼 좋은 결과를 많이 얻었다는 데 저 자신도 깜짝 놀랐습니다. 제가 이런 수학적 발견을 놓친다면 그것이야말로 영원토록 후회할 일일 것입니다. 저는 무(無)에서 이와 같은 새로운 세계를 창조했습니다. 아버지께서도 그 사실은 인정하실 겁니다.

그럼에도 퍼르커시는 마음을 돌리지 않았고, 야노시를 조금도 격려하지 않았다. 야노시는 고집을 꺾지 않고 1825년에 「공간의 절대기하학」이라는 논문을 완성해 아버지에게 보내며 논문을 발표할 수 있도록 도와달라고 부탁했다. 하지만 퍼르커시는 아들의 이론을 믿지 않았을 뿐 아니라 논문을 발표하는 것도 돕지 않겠다고 말했다. 야노시는 4년을 기다렸지만 아버지는 뜻을 굽히지 않았다. 1829년 야노시는 자신의 논문을 또 다른 수학자에게 보냈지만 아무 성과도 거두지 못했다. 1832년이 되어서야 퍼르커시가 자신이 20년 전에 쓴 『수학의 정리에 관한 시론(試論)』을 새로 출판할 때, 야노시의 논문을 '부록'으로 제1권 마지막 부분에 넣는 것을 허락했다. 그 논문은 총 24쪽으로 "부록: 절대공간의 과학, 유클리드 기하학 제11공리의 진위와 무관함"이라는 묘한 제목이었다.

퍼르커시는 1832년 1월에 이 책을 오랜 친구 가우스에게 보냈다. 가우스는 '부록'을 읽은 후 보여이 부자에게 답신을 썼다. 가우스는 여러 가지 다른 일을 잔뜩 언급한 다음에 편지를 끝맺을 때쯤에서야 '거의 지나가듯이' 책의 부록으로 화제를 옮겼다.

> 이제부터 아드님의 논문에 관해 말씀드리겠습니다. 제가 그의 성과를 칭찬하지 않는다고 말씀드리면서 이야기를 시작하면 많이 놀라시겠지요. 저로서는 이렇게 설명할 수밖에 없겠군요. 이 논문을 칭찬하는 것은 제 자신을 칭찬하는 것과 같기 때문입니다. 아드님의 작업, 그가 걸어온 길과 얻어낸 성과가 30년 혹은 35년 전에 제가 생각했던 결과와 거의 일치합니다. 저도 깜짝 놀랐습니다. 저는 이 분야에 관한 책을 일부만 완성했고, 세상에 발표하지 않으려 했습니다. 왜냐하면 대다수 사람들이 이 내용을 전혀 이해하지 못할 것이고, 책을 쓰면 틀림없이 반대하는 목소리가 크게 일어나리라 여겼기 때문입니다. 지금 오랜 친구의 아들이 그 이론을 써주어서, 그리고 그 이론이 저와 함께 묻히지 않게 되어서 정말 기쁩니다.

야노시는 가우스의 편지를 받고 말로 다할 수 없을 만큼 분노했다. 퍼르커시가 아들을 위로했다.

"그래도 가우스가 네 논문이 탁월하다고 인정했지 않느냐. 너는 형가리에 큰 영광을 가져왔단다······."

"영광이라고요? 가우스는 그 영광을 자기가 차지했습니다!"

퍼르커시는 가우스가 예전에 보낸 편지를 찾아내 아들에게 해명했다.

"가우스는 확실히 평행선 공리의 문제점을 고찰한 적이 있었어······."

"아버지께서 가우스에게 제 연구 작업을 전부 알려주신 것 아닙니까? 그렇지요? 탐욕스러운 거인은 그 공로를 전부 자기 것으로 가져간 겁니다. 그는 지금 거짓말을 하고 있어요!"

야노시는 이 현실을 받아들이지 못했다. 수학사에 길이 남을 공헌을 했을지도 모를 보여이 야노시는 분노를 추스리지 못하고 수학 연구를 집어치운 후 다시는 수학 논문을 발표하지 않았다. 가우스는 이미 월계관을 쓴 권위자였고 수학의 왕자라는 영예를 얻은 사람이었다. 이런 사람이 '오랜 친구'의 아들이 거둔 탁월한 성과를 적극적으로 지지하지 않고, 자신의 우선권을 챙기는 데 급급했다.

가우스가 비유클리드 기하학에 대해 정말 생각해보았다고 해도(실제로 생각해본 적이 있다) 야노시만큼 체계적으로 고찰하지는 못했다. 한참 양보해서 가우스와 야노시의 연구 결과물이 완전히 동일했다고 하더라도 가우스는 벌집을 건드리는 일이 될까 봐 두려워 연구 성과를 발표하지 않았다. 그는 자신의 생각을 구석진 곳에 처박아두고 비유클리드 기하학에 대해 말하는 것을 꺼렸다.

그런데 한 용기 있는 젊은이가 적진에 뛰어들었다. 그 젊은이는 책에 자신의 이론을 인쇄하기까지 했으니, 얼마나 놀랍고 축하할 일인가! 적어도 가우스보다 몇 배는 용감한 행동이었다. "갓 태어난 송아지는 호랑이를 두려워하지 않는다"라고 했다. 가우스는 이런 용기를 갖지 못했다. 가우스 정도의 이력과 권위를 가진 사람이 야노시의 지원군이 되어 함

180

⚡

181

게 위대한 연구 업적을 달성했다면 어땠을까? 비유클리드 기하학이 적어도 30년쯤 앞서 세상에 태어났을 것이다. 이런 사례는 또 있다.

✦

니콜라이 로바쳅스키(Nikolai Lobachevsky, 1792~1856)는 러시아의 카잔대학교 수학과 교수였다. 그는 1815년부터 비유클리드 기하학을 연구했다. 1823년에 서른한 살이었던 로바쳅스키는 대담하고 단호하게 선언했다.

지금까지 기하학에서 말하는 평행선 공준은 불완전했다. 유클리드 시대 이후 2천 년 동안 아무 소득도 없었던 노력 때문에 나는 그 개념에 진실이 들어 있지 않다는 의심을 품었다.

로바쳅스키의 출발점은 야노시와 같았다. 우선 다섯 번째 공준을 부정하면서 연구를 시작했다. 그는 공개적으로 이렇게 말하기도 했다.

"동일 평면상에서 이미 알고 있는 직선과 교차하지 않으면서 직선 밖의 한 점을 지나는 직선은 적어도 두 개이다."

로바쳅스키는 이를 출발점으로 삼아 3년을 연구한 뒤 공개적으로 도전장을 내밀었다. 1826년 2월 11일, 서른네 살의 젊은 교수는 카잔대학교 학술위원회에서 자신의 연구 성과인 「기하학 원리의 개술 및 평행선 정리의 엄격한 증명」을 낭독했다. 그는 단도직입적으로 말했다.

비록 인류가 수학에서 찬란한 성취를 거두었지만, 유클리드 기하학은 지금까지도 여전히 원시적인 결함을 가지고 있다. 사실상 어떤 수학도 유클리드의 그 이해할 수 없는 내용을 반복해서는 안 되며, 어떤 분야에서든 이와 같이 엄밀하지 못한 결함을 용납하여 부자연스럽게 평행선 이론 속에 남겨두어서는 안 된다. (……) 기하학에서 이와 같은 몇 가지 최초의 그리고 일반적인 개념이 불분명했기 때문에 거짓된 결론이 나오게 되었다. 이 사실은 우리가 상상하는 객관적 개념을 신중하게 다루어야 함을 경고한다.

로바쳅스키는 목소리를 높여 더욱 힘차게 선언했다.

지금 이 자리에서 기하학의 공백을 어떻게 메울 것인지 밝히겠다!

카잔대학교의 교수들은 로바쳅스키의 발언에 아연실색했다. 교수 생활을 한 지 얼마 되지도 않은 젊은이가 이런 멍청한 짓을 저지를 줄은 상상도 못했던 것이다. 그들은 불안하게 어깨를 으쓱거리면서 "엉뚱한 소리!", "황당무계하군!", "겁도 없지!" 따위의 말을 중얼거렸다.
로바쳅스키는 그들의 중얼거림을 신경 쓰지 않았다.

이제 두 가지 상황이 존재한다. 첫째, 어떤 삼각형의 세 내각의 합이 $180°$일 때는 통상적인 기하학이 성립한다. 둘째, 어떤 삼각형의 세 내각의 합이 $180°$보다 작을 때는 특수한 기하학의 기초가 된다. 나는 이 기하학을 '추상 기하학'이라고 부르겠다.

로바쳅스키는 이미 마음의 준비를 마친 상태였다. 그는 새로운 기하학을 발표하는 과정이 험난할 것임을 예상하고 있었다. 그는 수천 년간 쌓인 견고한 고정관념과 맞서 싸워야 했다. 그렇지 않으면 눈앞의 저 교수들이 절대 새로운 사상, 새로운 관념을 인정하지 않을 터였다.

과연 그랬다. 카잔대학교의 학술위원들은 선의로 로바쳅스키의 엉터리 발표를 공개하지 않았다. 그의 연구 보고서를 해외에 공개했다가는 카잔대학교뿐 아니라 러시아 과학계 전체가 망신을 당하리라 생각했던 것이다. 이 연구가 절대 외부로 알려지면 안 된다고 생각한 그들은 로바쳅스키의 발표 원고가 '영문도 모르게' 사라졌다고 말했다.

로바쳅스키는 용감한 이카루스와 같았다.

> 날개가 펼쳐졌다!
> 저곳으로 가야 해! 나는 가야 해! 가야 해!
> 나는 태양까지 날아갈 테다![6]

그는 반대하는 목소리를 철저히 외면하고 추상기하학을 독자적으로 연구, 보완하여 1829년에 『기하학 원리』(*On the Origin of Geometry*)라는 책으로 출간했다. 책을 출간한 후, 로바쳅스키는 많은 공격을 받았다. 그의 기하학은 '황당한 엉터리 과학'으로 취급되었고, 로바쳅스키 본인과 그의 기하학은 식사 후 담소를 나눌 때 흔히 등장하는 조롱거리가 되었다. 위대한 독일 시인 괴테까지 이 열기에 동참했으니 로바쳅스키의 추상기하학이 얼마나 비참한 꼴이 되었는지 짐작할 수 있다. 괴테는 『파우스

---

6 이카루스의 아버지 다이달로스는 미궁에서 빠져나가기 위해 자신과 아들의 등에 밀랍으로 된 날개를 붙였다. 그러나 이카루스는 아버지의 경고를 듣지 않고 태양 가까이 날아올랐다가 밀랍 날개가 녹는 바람에 바다에 떨어져 죽었다. 이 이야기는 그리스 신화에 나오는데, 여기서 인용한 것은 괴테가 쓴 『파우스트』 제2부 3막에서 따왔다.— 저자

트』(*Faust*)에서 이렇게 썼다.

  '비유클리드'라는 이름의 기하학이 있는데,
  스스로 '이해할 수 없다'며 조소했다.

  1846년에 가우스는 우연히 로바쳅스키의 『평행선 이론의 기하학 연구』(*Geometrical Researches on the Theory of Parallels*) 독일어판을 발견했다. 어떤 권위에도 반대할 용기 있는 사람을 또 만나게 된 것이다. 그는 이 러시아 학자가 만만치 않다는 것을 알아차렸다. 로바쳅스키는 보여이 부자나 타우리누스처럼 그에게 조언을 구하는 사람이 아니라 보수 세력과 직접 전쟁을 선포하는 사람이었다. 그는 로바쳅스키의 다른 논문을 더 보기 위해 예전에 배웠던 러시아어를 다시 꺼내들었다. 가우스는 로바쳅스키의 많은 논문을 읽은 후, 이 러시아 수학자에게 진심으로 감탄했다. 그는 한 편지에서 이렇게 썼다.

  얼마 전 나는 로바쳅스키의 『평행선 이론의 기하학 연구』라는 책을 읽었습니다. 책 속에는 기하학에 관한 여러 원리가 담겨 있었습니다. 이 책은 정말 출판할 가치가 있는 책입니다. 엄정한 논리성을 갖췄는데, 이런 점은 유클리드 기하학 중 어떤 부분도 가지지 못한 것입니다. 슈바이카르트는 이런 기하학을 '성체기하학'이라고 불렀는데, 로바쳅스키는 '추상기하학'이라고 부릅니다. 당신도 아시겠지만, 나는 1792년부터 지금까지 54년 동안 이와 동일한 신념을 지니고 있었으며 몇 가지는 심도 깊게 연구하기도 했습니다. 그러나 지금 그 문제를 이야기하려는 것은 아닙니다. 제가 말씀드리고 싶은 것은 로바쳅스키의 논문에 새로운 것이 없다는 점입니다. 그렇다고 해도 그가 선택한 사유의 방향은 제 방식과 다릅니다. 로바쳅스키는 자신의 이론을 훌륭하게 발전시켰습니다. 저는 당신이 이 책에 관심을 기울여야 마땅하다고 봅니다. 이 책은 분명히 당신에게 몹시 아름답고 유쾌한 경험을 선사할 것입니다.

가우스는 위에 인용한 것과 유사한 편지를 몇 통 더 썼는데, 로바쳅스키의 날카로운 지성과 탁월한 성과를 칭찬하는 편지였다. 그러나 가우스는 로바쳅스키에게는 그런 편지를 한 통도 보내지 않았다. 물론 이상한 일은 아니다. 로바쳅스키 역시 가우스에게 편지를 보내지 않았으며, 그의 인정이나 지지를 요청한 적도 없기 때문이다.

가우스는 세상 사람들이 다 인정하는 '수학의 왕자'다. 그러니 로바쳅스키의 책을 못 본 척 할 수 없었다. 아니, 가우스는 그렇게 하지 않았을 뿐더러 고고한 자태로 로바쳅스키를 괴팅겐 과학아카데미의 해외 회원으로 추천했다. 당시 아카데미의 회장은 가우스 자신이었다. 그러나 아카데미의 공식 입장이나 로바쳅스키에게 보낸 회원 위촉증서 어디에서도 추상기하학에 대해서는 언급도 하지 않았다.

로바쳅스키는 당시 카잔대학교의 총장이었고, 유럽에서 이 대학의 명성을 올리는 데 온 힘을 다하던 중이었다. 그는 가우스가 보낸 편지와 위촉증서를 받은 후 추상기하학을 누락한 의도를 이해하는 한편, 자신의 비유클리드 기하학이 가우스로부터 인정받았음도 알아차렸다. 그는 가우스에게 감사를 표하는 답신을 보냈다. 로바쳅스키 역시 가우스의 마음을 다 아는 것처럼 비유클리드 기하학에 대해서는 입을 다물었다.

물론 추측일 뿐이다. 하지만 가우스가 이미 유리한 상황이면서도 결정적인 한 발짝을 내딛지 않은 것은 분명한 사실이다. 그는 비유클리드 기하학의 탄생에 기여한 자신의 권리를 공개적으로 인정하지 않았다. 그는 여전히 수학계에 혁명을 일으키는 것, 불안을 야기하는 것을 두려워했다. 이 때문에 로바쳅스키는 계속 조롱과 공격에 시달렸다. 가우스는 로바쳅스키를 도와줄 힘이 있었지만 그러지 않았다.

1868년은 로바쳅스키가 사망한 지 12년째, 가우스가 사망한 지 13년째 그리고 보여이 야노시가 사망한 지 8년째가 되던 해였다. 바로 이 해에 이탈리아 수학자 에우제니오 벨트라미(Eugenio Beltrami, 1835~1900)의 노력으로 완전한 전환점이 마련되었다. 벨트라미는 당시 피사대학교 교수였다. 그는 1868년에 『비유클리드 기하학의 해석에 관한 에세이』(Saggio di Interpretazione della Geometria Non-euclidea)를 출판했다. 이 책은 로바쳅스키의 기하학이 논리학적으로 모순되지 않는다는 점을 확실히 했다. 그로부터 로바쳅스키 기하학이 일반적으로 인정을 받게 되었으며 빠르게 발전하게 되었다.

드디어 '고르디아스의 매듭'이 풀린 것이다.

✦

그렇다면 알렉산드로스 대왕의 칼을 휘두른 것은 누구일까? 이에 관해서는 사람마다 생각이 다를 것이다. 우리가 여기서 관심을 가질 부분은 비유클리드 기하학이 지난한 과정을 거쳐 확립되는 과정에서 수학의 왕자 가우스가 어떤 역할을 맡았느냐 하는 것이다. 가우스의 행동에서 어떤 생각거리를 얻을 수 있을까?

가우스의 공헌은 누구나 잘 알고 있다. 그는 19세기 수학의 발전상을 예견했을 뿐 아니라 19세기에 크게 발전할 수학의 기초를 직접 다졌다. 그는 수학의 거의 모든 영역에 공헌했으며, 심지어 수많은 수학의 분과를 창시하고 기틀을 쌓았다. 물리학과 천문학 방면에서도 뛰어난 연구 업적을 남겼다. 그의 해박한 지식과 날카로운 지성 덕분에 사람들은 그가 『아라비안나이트』에 나오는 마법의 램프 같다고 농담을 할 정도였다. 전 세계 수학자가 수십 년간 그에게서 무궁무진한 보물을 얻었기 때문이다. 젊은 시절에는 가우스가 용감했다는 것을 인정할 수밖에 없다. 그렇지 않다면 그가 어떻게 그토록 위대한 연구 업적을 쌓아 '수학의 왕자'라는 영예로운 월계관을 쓸 수 있었겠는가?

그러나 그는 명성을 얻고 탄탄한 지위에 올라선 후 겁이 많아졌다. 그는 자신의 득과 실을 시시콜콜 따지게 되었다. 과거의 위대한 가우스는 사라지고 자신을 가둔 울타리를 깨고 자유로운 하늘로 날아오를 용기를 잃은 겁쟁이만 남았다. 그는 이카루스의 아버지 다이달로스처럼 안전하게 미궁을 빠져나갈 생각만 할 뿐 태양 가까이 날아오를 생각이 없었다. 『파우스트』에서 파우스트가 아들 에우포리온을 다음과 같이 회고하는 장면이 나온다.

> 에우포리온: 뛰어오르고 싶어요! 하늘 높이 올라갈 것 같아요!
> 뛰는 가슴을 주체할 수가 없어요!
> 파우스트: 자제하렴! 참아야 한다! 무모하게 행동하지 마라!
> 네가 추락해서 다치기라도 하면,
> 아들아, 우리 둘 다 목숨을 잃게 된단다!

여기서 파우스트는 명성을 얻은 후의 가우스, 에우포리온은 야노시와 같다. 그러나 파우스트의 대사를 다음과 같이 고친다면 더욱 가우스의 심리상태에 걸맞을 것 같다. "무모하게 행동하지 마라! 만약 추락해서 다치기라도 하면 내 목숨을 잃게 된다!"

가우스는 자유로운 생각이 얼마나 중요한지를 몰랐을까? 프랑스 음악가 엑토르 베를리오즈(Hector Berlioz)는 다음과 같이 외쳤다.

마음의 자유! 정신의 자유! 영혼의 자유! 모든 것의 자유! 진정으로, 절대적으로, 무한한 자유!

음악이든 수학이든 창조적인 일에 종사하는 사람은 반드시 자유를 부르짖을 수밖에 없다. 그렇지 않고 어떻게 창의성을 이야기할 수 있겠는가. 가우스 역시 자유로운 생각이 필요함을 잘 알았다. 그러나 '과학'이 하나의 직업이나 지위 혹은 명예가 되는 순간 과학자의 고귀했던 정신은 천천히 부식하여 겁 많고 이기적이며 고루한 것으로 변질된다. 이런 일이 역사상 위대한 과학자들에게 무수히 벌어졌다.

특히 가우스가 살았던 시대는 이것저것 재면서 눈치를 보아야 하는 때였다. 당시 독일은 여러 개의 독립된 소국으로 분열되어 있었다. 소국은 저마다 다른 제도와 국왕을 두고 자기 나라를 다스렸는데, 민중은 통치자에게 오로지 복종해야 했다. 그러지 않으면 생계 수단을 잃거나 심하게는 죽임을 당하기도 했다.

당시 과학자나 예술가, 작가 등은 전부 국왕의 종이었다. 왕은 이들을 왕실의 장식품으로 여기면서 그들에게 편안한 환경을 제공하고 자신을 기쁘게 하기를 바랐다. 당시 가우스는 이미 명성을 떨치는 수학자로 편안한 삶을 누리고 있었으니 자신이 어렵게 손에 넣은 것들을 잃을지도 모르는 모험은 하고 싶지 않았을 것이다.

가우스는 비유클리드 기하학을 정식으로 제시하거나 지지할 경우 격럴한 논쟁에 휘말리게 될 것을 잘 알고 있었다. 이런 논쟁이 그에게 가져다줄 결말을 예측하기 어려웠기 때문에 더욱 몸을 사려야 했다. 그래서 가우스는 비유클리드 기하학의 탄생에서 산파 노릇을 할 생각이 없었다. 스위스 수학자로 오랫동안 러시아에서 살며 러시아 과학아카데미 회원을 지낸 니콜라스 푸스(Nicolas Fuss, 1755~1826)는 어느 편지에서 자신의 마음을 이렇게 토로한 적이 있다.

> 그러나 나는 완전히 자유롭지는 않다. 나에게는 커다란 책임이 있다. 조국과 군주(왕)에 대한 책임이다. 왕은 선행을 베풀어 나에게 만족스러운 연구 환경을 제공했다. 이런 환경이 주어졌기에 내가 좋아하는 일에 헌신할 수 있었다. (……) 만약 국왕의 관대하고 자발적인 은혜가 아니었다면 연구 환경을 개선하는 것은 불가능했을 것이다.

이 편지를 보면 가우스가 받았던 굴욕도, 그가 선택한 타협도 나름대로 짐작할 수 있다.

가우스와 같은 시대, 같은 나라에 살았던 괴테와 베토벤의 일화가 떠오른다. 괴테는 왕실의 인정을 받을 때마다 과분한 대우에 기뻐하는 동시에 비굴하게 몸을 낮추곤 했다. 베토벤은 괴테의 그런 태도에 불만이 많았다. 한번은 그가 괴테에게 편지를 보내 직설적으로 지적을 날린 적도 있었다.

> 그들에게 그토록 정중하게 굴 필요가 없습니다. 그런 태도는 옳지 않다고 봅니다. 그러지 말고 당신이 얼마나 대단한 인물인지 그들에게 알려주십시오. 혹은 그들이 당신을 영원히 제대로 파악할 수 없게 하든지요. 어느 나라

의 왕비가 『타소』(Tasso)[7]를 사랑한다고 해도 그녀의 허영심을 채워줄 구두에 대한 사랑보다 오래 유지되지는 않을 테니까요. 나는 그들을 대할 때 당신과 다른 태도를 보입니다. 내가 공작에게 피아노를 가르칠 때의 일인데, 공작이 나를 거실에서 한참을 기다리게 하더군요. 나는 공작의 속셈에 휘둘리지 않았습니다. 공작이 나에게 왜 그리 성가셔 하느냐고 묻기에 당신 때문에 내 시간을 낭비했기 때문이라고 대답했습니다. 쓸데없이 기다리게 해서 그렇다고 말입니다. 그날 이후로 공작이 나를 일부러 기다리게 만든 적이 없습니다. 나는 그가 하는 멍청한 짓거리는 그의 인성이 부족함을 보여줄 뿐이라고 확실히 알려준 겁니다. 나는 공작에게 이렇게 말했습니다. "당신은 관직이 높은 사람을 만들 수는 있어도 괴테나 베토벤은 만들 수 없습니다. 꿈에서도 그런 일을 할 수 없지요. 그러니 사람을 존중하는 법을 배우시기 바랍니다. 그러면 당신에게 큰 이득이 될 겁니다."

베토벤은 정신의 가치를 중요하게 여겼다. 그는 어떤 사람으로 어떻게 살 것인지를 고민할 뿐 가난함을 근심하지 않는 인간이었다. 베토벤은 이런 말도 했다.

한 시인이 평생 편견과 싸워 편협한 관점을 없애고 민중을 계몽하여 그들이 순수한 감상력과 고상한 사상을 갖추도록 할 수 있다면, 그 밖에 무엇을 더 하겠는가? 이보다 더 나은 애국적 행동이 있을까?

---

7   『타소』는 괴테의 대표작 중 하나인 희곡이다. — 저자

괴테에게는 이런 정신적 역량이 없었고 가우스 역시 그랬다. 베토벤과 괴테가 팔짱을 끼고 산책을 하던 중 맞은편에서 왕비와 공작들이 걸어오는 것을 보았다. 베토벤이 괴테에게 말했다. "내 팔을 잡고 놓지 마십시오. 저 사람들이 우리에게 길을 양보해야 합니다. 우리가 아니라요."

하지만 괴테는 그 상황이 너무 어색한 나머지 베토벤의 팔을 놓고 대신 모자를 벗어 손에 쥐었다. 그러면서 길 한쪽 옆으로 물러섰다. 반면 베토벤은 뒷짐을 지고 아무렇지도 않게 왕실 구성원들 옆을 지나갔다. 공작들이 길을 비켜주었고, 베토벤은 가볍게 모자를 들어 올려 예의를 차렸다. 왕실 구성원들은 전부 베토벤에게 인사를 하며 지나갔다. 그런 다음에야 베토벤은 걸음을 멈추고 괴테가 오기를 기다렸다. 괴테는 그때까지도 허리를 굽혀 절을 하고 있었다. 독일 사상가 엥겔스(Engels, 1820~1895)가 다음과 같이 말한 것도 당연한 일이라고 하겠다.

> 괴테는 때로 위대하고 때로 보잘것없다. 어떤 때는 권위에 도전하고 풍자하며 세상을 깔보는 천재인데, 어떤 때는 소심하고 자기 분수에 만족하며 속이 좁은 평범한 사람이다.

엥겔스의 이 말을 이용해 가우스를 평가해도 무리는 없을 것 같다. 하지만 스스로 벌집을 건드릴 용기를 내지 못한 것이야 어쩔 수 없다 해도 다른 사람이 용기를 냈을 때 가우스는 그 사람을 방해했을 뿐 아니라 자신이 일찍부터 그 사실을 알고 있었다고 주장하느라 바빴다. 그런 일이 노르웨이 수학자 닐스 헨리크 아벨(Niels Henrik Abel, 1802~1829)에게도 일어났는데, 이 일도 여러 수학자가 분개했던 사건이다. 가우스는 아벨이 어떤 수학적 발견을 했다는 것을 안 뒤, 급히 프랑스 친구에게 편지를 썼다.

아벨 씨는 제가 거둔 성과의 3분의 1에 해당하는 내용을 완성했더군요. 저는 너무 바빠 그것을 정리한 시간이 없었습니다. 아벨 씨의 연구는 제가 1789년부터 시작했던 일인데 (……) 그가 자신의 작업에서 보여준 놀라운 재능과 아름다움은 제가 더 이상 이전의 원고를 다듬지 않아도 될 정도입니다.

이런 식으로 무슨 일이든 다 자신의 공으로 돌리는 것이었다. 그에게 명예가 부족했을까? 얼마나 큰 월계관을 받아야 만족한단 말인가? 이 일을 두고 프랑스 수학자가 울분을 토했다.

자신의 업적이 아닌 일은 자기 장부에 기재하지 말아야 한다. 그런데 그 이론은 자기가 몇 년 전에 이미 발견한 것이라고 말하고, 그러면서도 어디에 그것을 발표했는지는 설명하지 못한다. 이런 이야기는 터무니없는 소리일 뿐이며 진정한 발견자를 모욕하는 짓이다. (……) 수학계에는 이런 일이 자주 벌어진다. 내가 어떤 이론을 발견했다고 생각했을 때, 이미 다른 사람이 발견한 것이었다거나 다들 보편적으로 알고 있던 내용이라거나 하는 일은 흔하다. 나 역시 비슷한 상황을 겪어보았다. 그러나 나는 이런 일을 언급한 적이 없다. 다른 사람이 나보다 먼저 발표한 이론을 두고 '나의 정리'라고 명명한 적도 없다.

명성을 얻은 후 가우스는 품성에 있어서 어느 정도는 퇴보했던 듯하다. 그는 몇 명의 수학 천재를 억눌러 그들의 발전을 막았고, 수학이라는 학문의 발전 속도를 늦추었다. 위대한 사람일수록 그의 실수가 역사에 끼치는 부정적인 영향은 더 커지는 법이다.

위대한 독일 시인 하이네(Heine, 1797~1856)가 유명해진 후 괴테에 대해 다음과 같이 평가한 적이 있다.

올림포스 산에 앉아 있는 큐피드 조각상을 만들었는데, 사람들은 조각상이 일어서면 신전 지붕에 구멍이 날 거라고들 했다. 바이마르 왕국에서 괴테의 위상이 그랬다. 가만히 앉아 있다가 갑자기 몸을 뻗으면 나라의 지붕을 뚫고 나갔을 것이다. 물론 그러다가 지붕에 부딪혀 머리를 다쳤을 수도 있다. 하지만 독일의 큐피드는 사람들이 자신을 숭배하고 향을 피울 수 있도록 계속 평화롭게 앉아 있었다.

어느 수학자가 하이네의 평가를 빌려와 가우스에 대해 이야기했다. "수학계의 큐피드도 그랬다. 평화롭게 의자에 앉아 있었으며, 과학의 낡은 지붕을 뚫고 일어서서 머리를 다칠 정도의 위험을 감수하지 않았다."

물론 다른 평가도 있을 수 있다. 예를 들어 수학사를 다룬 어떤 책은 가우스가 비유클리드 기하학에 취한 태도를 칭송하는 어조로 언급한다.

가우스는 "사상적으로 문제가 확실히 밝혀질 때까지 펜을 움직이지 않는다"라는 원칙을 지켰다. 엄밀성이 증명되고 명료한 문자 서술이 흠잡을 데 없이 가능할 때만 발표했다. 이것이 가우스가 비유클리드 기하학에 관한 자신의 연구 성과를 발표하려 하지 않았던 중요한 원인 중 하나다.

그러나 같은 책의 두 쪽 뒤에서는 다음과 같이 보충설명하고 있다.

비유클리드 기하학은 시대를 뛰어넘는 발견이며 당시 사람들이 가진 전통적인 인식을 위반하는 내용이었다. 로바쳅스키의 새로운 견해가 당시 사람들에게 강렬한 반향을 불러일으킨 것도 피할 수 없는 일이었다. 공개적으로 글을 발표해 풍자하거나 조롱하는 사람은 물론 익명의 편지를 보내 욕을 퍼붓고 모욕하는 사람도 있었다. 로바쳅스키를 '실수를 저지르는 괴짜'라고 생각하면서 그를 동정해주는 사람이 그나마 가장 선량한 부류였다. 가우스의 신중함은 과거 갈릴레이의 회개와 마찬가지로 과학자가 시대적 억압에서 자신을 보호하고 과학 연구를 계속하기 위한 방식 중 하나였으므로, 이런 점을 과학자들에게 가혹하게 요구해서는 안 된다.

이 책을 읽는 독자라면 과학적인 문제를 사고하기를 좋아하는 사람일 것이다(그렇지 않다면 이 책을 골랐을 리가 없다). 그러니 가우스의 실수를 어떻게 평가해야 할지 자신만의 견해가 있을 것이다. 그러나 이런 행동이 가우스의 중대한 실수였다는 사실만큼은 누구나 동의하지 않을까?

12장   수학자와 물리학자의 대결

우리는 이미 수학을 개조했다. 다음 단계는 물리학을 개조하는
것이며, 그다음 차례는 화학이다.

다비트 힐베르트(David Hilbert, 1862~1943)

19세기 말부터 20세기 초까지 독일에서 문화의 도시로 이
름 높았던 괴팅겐에 세계적인 수학자 다비트 힐베르트(David Hilbert,
1862~1943)가 살았다. 힐베르트 평전에는 이런 말이 있다.

만약 "가장 위대한 현대 물리학자가 누구인가?"라고 묻는다면 대개 "아인
슈타인"이라고 답할 것이다. 그럼 "아인슈타인과 비슷할 정도로 위대한 수
학자가 누구인가?"라고 묻는다면, 정답은 "힐베르트"다.

위에 인용한 내용만 보아도 힐베르트가 20세기 수학계에서 얼마나 확

고한 위치를 차지하는지 알 수 있을 것이다.

힐베르트는 다른 수학자들과 마찬가지로 독일 수학의 우수한 전통을 이어받아 발전시켰으며, 수학 이론을 깊이 연구하면서 물리학에도 깊은 관심을 보였다. 전기 작가인 콘스탄스 리드(Constance Reid)는 힐베르트가 1912년(당시 그는 50세였다)에 "물리학자가 되었다"라고 썼으며, 그때 스스로 자랑스럽게 말했다고 했다.

"물리학은 물리학자들에게 너무 힘든 일이다."

이 말은 물리학이 자신과 같은 수학자들이 해야 할 일이며 물리학자들은 잘하려고 해봐야 소용없다는 뜻이었다. 그래서 그는 아주 자신만만하게 말했다.

"우리는 이미 수학을 개조했다. 다음 단계는 물리학을 개조하는 것이며, 그다음 차례는 화학이다."

힐베르트는 화학을 물리학보다 더 낮잡아 보았고, "여자 중학교에서 요리를 위해 배우는 과목"쯤으로 생각했다. 그러나 10년이 지나 1922년이 되자 "힐베르트는 더 이상 물리학자가 아니었다." 물리학이 10년 전에 생각했던 것처럼 간단한 일이 아님을 알아차렸기 때문이었다. 힐베르트는 한숨을 쉬며 이렇게 말했다.

"물리학은 역시 물리학자가 하는 것이 좋겠다."

자기 분야를 넘어 월권행위를 하려 들면 꼭 사달이 난다. 이제 정확히 어떤 월권행위와 사달이 있었는지 살펴보기로 하자.

✦

힐베르트가 수학계에서 전성기를 누릴 때, 물리학계에서도 격변이 일어나고 있었다. 1895년, 독일 뮌헨대학교의 교수 빌헬름 콘라트 뢴트겐(Wilhelm Conrad Röntgen, 1845~1923)이 X선을 발견했다(이 업적으로 뢴트겐은 1901년 노벨 물리학상을 받았다). 힐베르트는 뢴트겐의 X선 발견이 물리학의 새로운 시작점이라고 여겼다. 1896년에는 프랑스 물리학자 앙투안 앙리 베크렐(Antoine Henri Becquerel, 1852~1908)이 방사선을 발견했다(이 업적으로 베크렐은 1903년 노벨 물리학상을 받았다). 1897년에는 영국 물리학자 조지프 존 톰슨(Joseph John Thomson, 1856~1940)이 전자를 발견했다. 연이은 물리학적 발견은 고전물리학에 큰 충격으로 작용했다. 물리학은 심각한 위기에 봉착했고, 이론적으로 혼란이 가중되었다. 1900년에 독일의 막스 플랑크(Max Planck, 1858~1947)는 양자 이론을 제창했고(1918년 노벨 물리학상 수상), 1905년에는 아인슈타인이 특수상대성이론을 발표했다. 10년이라는 짧은 기간에 위대한 물리학 발견이 우후죽순 쏟아졌다. 힐베르트는 기뻐하며 이렇게 말했다. "이 시기의 모든 발견은 다 놀랍고 위대했다. 과거의 성취와 비교해 조금도 뒤떨어지지 않는다."

힐베르트는 단지 기뻐하는 데 그치지 않고, 물리학 혁명 과정에 직접 참여했다. 가장 놀라운 부분은 그와 아인슈타인이 거의 동시에 일반상대성이론의 목적지에 도착했다는 것이다. 아인슈타인은 1915년 11월 11일과 25일에 베를린 과학아카데미에 두 편의 일반상대성이론 논문을 제출했다. 그리고 힐베르트는 같은 해 11월 20일에 괴팅겐의 한 학술회의에서 「물리학의 기초」라는 논문을 발표했다. 이 논문 역시 일반상대성이론의 여러 내용을 다루고 있다.

목적지는 같았지만 도달하는 방식은 달랐다. 아인슈타인은 우회적이면서 물리학자의 사고방식이 잘 드러나는 방법을 썼고, 힐베르트는 직접적이면서 수학자의 사고방식이 확연한 방법을 썼다. 아인슈타인이 4차원 시공에 관한 수학적 접근에 익숙하지 않아 힘에 부칠 때, 힐베르트는 의기양양하게 말하기도 했다.

> 괴팅겐의 거리를 돌아다니는 젊은이도 아인슈타인보다 4차원 기하학을 더 잘 알고 있을 것이다. (……) 그럼에도 상대성이론을 제창한 것은 여전히 아인슈타인이지만 말이다.

어느 강연에서는 우스갯소리로 이런 말을 한 적도 있다.

> 아인슈타인이 오늘날 시간과 공간에 관한 가장 창조적이고 심도 깊은 관점을 제시할 수 있었던 이유를 아십니까? 그가 시간과 공간을 다루는 철학과 수학을 제대로 공부한 적이 없기 때문입니다!

비록 농담이었지만, 힐베르트의 마음 깊은 곳에 담긴 생각이 어떤지 짐작할 수 있다. 그는 혁명적 발견이 쏟아지는 물리학계를 보면서 물리학자들이 어찌할 바를 모른다고 여겼다. 물리학에는 확실히 질서가 부족했다. 눈도 마음도 즐겁게 해주는 수학과는 달랐다. 힐베르트만 이런 생각을 한 건 아니었다. 또 다른 수학자의 말을 살펴보자.

> 이론물리학 강연에서 종종 이런저런 증명되지 않은 원칙을 마주친다. 그리고 미증명된 원칙에서 도출되는 각종 명제와 결론도 있다. 그때마다 우리 수학자들은 불편함을 느낀다. 우리는 이렇게 생각할 수밖에 없다. "서로 다른 원칙들이 어떻게 상호 용납되는가? 그 사이에 무슨 관련이 있는가?"

바로 이런 이유 때문에 힐베르트는 수학처럼 물리학도 공리화하는 방법으로 개조하고자 했다. 말하자면 기본이 되는 물리 현상을 하나의 '공리(公理)[1]로 선정한다. 그런 다음 이렇게 선정된 몇 가지 공리에서 출발해 엄격한 수학적 연역을 거쳐 관측할 수 있는 전체적인 사실을 유도해낸다. 유클리드 기하학이 다섯 가지 공리에서 시작해 전체적인 기하학 정리를 도출하는 것과 마찬가지다. 힐베르트는 이런 목표를 실현할 수 있는 것은 오로지 수학자뿐이라고 여겼고, 그 사람이 다름 아닌 자신일 거라 믿었다.

그는 곧바로 실행에 옮겼다. 연구 및 고찰을 거쳐, 기체운동 이론이 수학의 확률론과 결합하기 좋을 것이라는 결론을 내렸다. 이 때문에 기체운동 이론부터 연구를 시작하면 분명 큰 성과를 올리리라 생각했다. 그러나 물리학 '개조' 과정에서 힐베르트는 "수학의 힘만으로 물리학 문제를 해결할 수 없다"라고도 생각했다. 다시 말해 그에게는 물리학을 잘 아는 조수가 필요했다. 그는 뮌헨대학교 아르놀트 조머펠트(Arnold Sommerfeld, 1868~1951)에게 조수를 구해달라고 요청했다. 조머펠트는 힐베르트의 제자로 가르침을 받은 적이 있었고, 세계에 이름을 날리는 물리학자였다. 조머펠트는 힐베르트에게 자신이 가장 아끼는 제자인 폴 피터 에월드(Paul Peter Ewald, 1868~1951), 알프레드 란데(Alfred Landé, 1888~1975), 피터 조지프 윌리엄 디바이(Peter Joseph William Debye, 1884~1966) 등을 보내주었다. 이중 디바이는 1936년에 노벨 화학상을 수상했다. 이들의 역할은 최신 물리학 논문을 읽고 정리해 힐베르트와 수학 전공 연구원들에게 보고하는 것이었다. 이런 도움을 받으면서 힐베

---

1 공리(公理)란 수학, 논리학에서 증명 없이도 자명한 진리로 인정되며 다른 명제를 증명하는 데 전제가 되는 원리를 말한다.

르트는 분자운동, 열복사, 물질 구조 등 물리학 최전방에 위치한 연구 과제를 탐구했다.

✦

힐베르트는 작은 일에 허술하고 큰일에 야무진 사람이었다. 한번은 베를린에 있는 문화부 장관을 찾아가 조수 에리히 헤케에게 줄 임금을 높여달라고 요청한 적이 있었다. 그는 베를린에 도착해 다른 일을 먼저 처리하다 순간적으로 자신이 문화부 장관을 만나 무엇을 하려 했는지를 까먹었다. 그래서 힐베르트는 고개를 창밖으로 내밀고 건물 바깥에서 기다리고 있던 아내에게 외쳤다.

"여보! 내가 꼭 말해야 한다던 그 일이 뭐였지?"

"헤케, 에리히 헤케요!"

아내가 고개를 들고 힐베르트를 보며 외쳤다.

힐베르트의 특이한 성격을 잘 보여주는 또 다른 일화도 있다. 1914년 8월, 독일이 전쟁을 일으켜 벨기에를 점령했다. 전 세계 학자들도 분개했다. 독일 정부는 자신의 행동이 정의롭다는 것을 증명하기 위해 독일의 가장 유명한 과학자, 예술가에게 「93인의 성명서」라는 선언문을 발표하도록 명령했다. 이 선언문의 첫 문장은 이러했다. "독일이 이 전쟁을 발동했다는 것은 사실이 아니다." 게다가 "독일이 벨기에의 중립을 침범했다는 것은 사실이 아니다"라고 하기도 했다.

수많은 독일의 저명한 과학자와 예술가가 그 선언문에 서명했지만 아인슈타인과 힐베르트는 선언문에 서명하지 않았다. 아인슈타인은 독일 국민이면서 동시에 스위스 국적도 가지고 있었기 때문에 큰 문제가 아니었지만 힐베르트는 대대로 독일 사람이었다. 독일 사람들은 그를 '매국노'라고 매도했으며, 학생들도 항의의 뜻으로 그의 수업을 거부했다.

이런 성격이 힐베르트가 물리학을 '개조'하려는 데 어떤 영향을 미쳤을까? 화제를 원래대로 돌려 힐베르트가 물리학을 '개조'하려 했던 원대한 시도를 살펴보자. 처음 힐베르트의 조수로 온 사람은 에월드였다. 힐베르트는 그의 도움으로 차차 물리학 연구에서 논쟁의 중심이 되는 내용을 이해하게 되었다. 당시 물리학자들을 괴롭히던 과제 중 복사(輻射) 이론이라는 것이 있다. 막스 플랑크, 보른, 아인슈타인 등 내로라하는 물리학자들도 다 이 분야를 탐구했다. 플랑크가 양자 이론을 만든 것도 이 이론을 이용해 복사와 관련한 문제를 해결하기 위해서였다. 힐베르트도 자연히 이 부분의 연구에 관심을 두었다. 그는 이 문제가 수학적 기초 위에 세워졌을 거라고 생각했다. 1912년, 그는 몇몇 물리학 개념에서 출발하여 적분 방정식 여러 개를 세웠다. 또한 복사 이론의 기본 정리를 도출해 이를 공리화 작업의 기초로 삼았다. 이런 성취는 힐베르트를 몹시 기쁘게 했고, 자신이 물리학의 공리화 과정에서 하나의 방식을 제시했다고 여겼다.

에월드가 괴팅겐을 떠난 이후, 조머펠트는 다시 자신의 대학원생 란데를 힐베르트의 조수로 소개했다. 이때 힐베르트는 전자 이론 등 물질 구조 문제에 관심을 가지고 있었다. 힐베르트는 물리학자 조수를 더욱 잘 활용할 방법을 고안했다. 그는 최신 물리학 논문을 잔뜩 가져다준 뒤, 란데가 생각하기에 의미 있는 내용을 보고하라고 했다.

고체물리학, 분광학, 유체역학, 열학, 전기학 등 자신이 손에 넣을 수 있는 논문이면 뭐든지 나에게 읽으라고 했습니다. 그런 다음 내가 생각하기에 의미 있는 논문만 따로 골라서 보고하라고 했지요.

한동안 이 힘든 일을 하고 나니 란데는 자신의 실력이 크게 향상되었음을 느꼈다. 그는 힐베르트가 자신을 압박해가며 힘든 과제를 준 것에 감사했다.

이 시기가 바로 제 과학자로서의 삶이 시작된 때입니다. 힐베르트 교수가 아니었다면 나는 평생 이처럼 많은 논문을 읽을 일이 없었을 것입니다. 물론 그 내용을 완전히 내 것으로 만들고 흡수하는 일도 불가능했겠지요. 다른 사람에게 설명해주려면 자신이 먼저 그 내용을 완전히 이해해야 하고, 자기의 언어로 표현할 수 있어야 하니까요.

힐베르트가 란데의 설명을 가만히 귀에 담았을까? 그렇게 생각했다면 완전히 틀렸다. 힐베르트처럼 똑똑한 수학자는 '선생'을 한가하게 내버려두지 않는 법이다. 란데는 이렇게 회고했다.

그는 가르치기 어려운 학생이었다. 그가 한 가지 문제를 이해하기까지 나는 여러 번 반복해서 설명해야 했다. 그는 내가 말한 내용을 내 앞에서 다시 반복하는 것을 좋아했는데, 그럴 때 나보다 더 체계적이고 명확하며 간단한 방식으로 설명하곤 했다. 어떨 때 우리가 만나고 나면 힐베르트 교수는 곧바로 강연 일정을 잡았다. 강연 주제는 직전에 우리가 토론했던 내용이다. 나는 힐베르트 교수와 나란히 그의 집이 있는 베버 가(街)에서 강연장까지 걸어가던 것을 아직 기억한다. 강연장으로 향해 걷는 몇 분 사이에도 나는 그에게 관련된 내용을 설명해주어야 했다. 그런 다음 그가 강연 때 이야기할 부분을 내 앞에서 시험 삼아 이야기한다. 물론, 그의 방식으로 말이다. 수학자들의 표현 방식은 물리학자의 것과는 판이했다.

힐베르트는 물리학자들에게 본때를 보여주겠다는 야심만만한 생각으로 물리학에 도전했다. 특히 그가 수학자의 방식을 이용해 아인슈타인과 거의 동일한 일반상대성이론을 도출해낸 후에는 이런 원대한 뜻과 의기양양한 감정을 더 이상 마음속에만 숨겨둘 수 없었다. 적어도 아인슈타인은 괴팅겐 수학자들이 우쭐거리는 기운을 느꼈던 것 같다. 한번은 아인슈타인이 약간 비꼬는 말투로 농담을 한 적이 있다.

> 괴팅겐 사람들이 내게 주는 인상은 특별하다. 그들은 다른 사람들이 어떤 문제를 좀 더 분명하게 해설할 수 있도록 돕는 것보다 자신들이 물리학자들보다 훨씬 똑똑하다는 것을 증명하는 데 관심이 있는 것 같다.

1915년에 세 번째로 열린 보여이 수학상(Bolyai Prize, 19세기 헝가리 수학자 보여이의 이름을 딴 상) 수상자를 선정할 때, 힐베르트는 아인슈타인을 추천했다. 힐베르트가 왜 아인슈타인을 수학상에 추천했을까? 알고 보니 힐베르트는 아인슈타인의 상대성이론이 가지는 심도 깊은 물리학 사상보다 '그의 성취에서 드러난 고도의 수학 정신'을 더 높이 샀다고 한다. 하지만 그 꿈과 의기양양한 기세는 오래가지 못했다. 앞에서 말했듯 1922년 그는 한숨을 쉬며 물리학은 물리학자가 하는 것이 좋고, 수학자가 할 수 없는 일이라고 말하게 되었다.

그럼에도 힐베르트가 물리학에 공헌한 것만 따진다면, 그를 세계적인 물리학자로 인정할 수밖에 없다. 비록 수학자의 '월권행위'는 인정받지 못했더라도 수학적 사고방식은 미궁에 빠졌던 물리학자들에게 많은 도움을 주었다. 영국의 이론물리학자 폴 디랙(Paul Dirac, 1902~1984)은 이렇게 말했다.

수학은 추상적인 개념을 다루는 데 특히 적합한 도구다. 추상적인 개념을 다룰 때 수학의 힘은 한계가 없다. 그러므로 새로운 물리학이 실험만 다루는 것이 아니라면 기본적으로 수학적 형식과 방법론에 기반하여야 한다.

디랙이 한 말을 사실로 증명해주는 일화가 있다. 보른과 1932년 노벨 물리학상을 받은 독일 물리학자 베르너 하이젠베르크(Werner Heisenberg, 1901~1976)가 땅을 치며 후회한 일화이기도 하다. 이 일은 힐베트르의 실수가 아니라 보른과 하이젠베르크의 실수지만, 여기서 같이 언급하는 것이 흐름상 자연스럽다.

✦

1925~1926년에 물리학계에는 괴상한 일이 벌어졌다. 당시 세계 최정상 물리학자들은 전자가 어떻게 운동하는지 알아내는 데 관심이 쏠려 있었다. 그들은 고전물리학의 방법으로 전자 운동을 탐구하는 데 문제가 있음을 깨달았다. 마치 돈키호테가 창을 들고 풍차를 공격했을 때처럼 머리가 깨지고 상처투성이가 될 것이 불 보듯 뻔했다.

앞서 말한 보른, 하이젠베르크 외에도 1945년 노벨 물리학상을 받은 오스트리아의 볼프강 파울리(Wolfgang Pauli, 1900~1958) 등 젊은 물리학자들 사이에서는 물리학의 기초가 근본적으로 바뀌어야 하며 양자역학이라는 새로운 역학을 세워야 한다는 믿음이 점점 커졌다. '양자역학'이라는 새로운 단어는 보른이 1924년 독일의 과학지인 『물리학』에 기고한 글에서 처음 제시됐다. 하지만 그때까지만 해도 양자역학이 어떤 학문인지 아무도 알지 못했다.

젊은 물리학자들은 새로운 역학을 만들어내려고 밤잠을 줄여가며 애썼다. 그러다 1925년 봄, 양자역학에 크게 기여한 두 물리학자가 쓰러지고 말았다. 한 명은 하이젠베르크, 다른 한 명은 슈뢰딩거다. 하이젠베르크를 쓰러뜨린 것은 꽃가루였다. 그는 꽃가루 알레르기 탓에 일을 제대로 할 수 없을 지경이었다. 지도교수였던 보른이 하이젠베르크에게 특별 휴가를 주면서 북해에 있는 헬골란트 섬에서 휴식을 취하라고 조언했다. 헬골란트는 삐죽삐죽한 바위가 대부분인 섬이니 하이젠베르크를 괴롭힐 꽃가루가 별로 없을 것이라는 이유였다. 그때 슈뢰딩거도 알프스의 조용한 산골 마을인 아로자에서 폐병으로 휴양 중이었다. 한 사람은 섬, 한 사람은 산에 틀어박혔다.

고요하고 싱그러운 북해와 알프스는 두 물리학자에게 건강과 즐거움뿐 아니라 기이한 영감을 안겨주었다. 그렇게 기적이 일어났다. 두 사람은 완벽하게 대립하는 개념에서 출발해 각자 위대한 발견을 해냈다. 두 사람이 발견한 물리학 이론은 표현 방식에 있어 완전한 대립 관계에 있지만 양쪽 모두 입자의 운동을 모순점 없이 조리 있게 설명해냈다.

하이젠베르크는 양자가 본질적으로 불연속성을 띤다고 여겼다. 또한 그는 입자 운동을 설명하는 역학은 아인슈타인의 상대성이론이 그렇듯 측정 가능한 물리량인 '관측가능량'에 기반해야 하며, 궤도 등 측정이 불가능한 물리량은 고려하지 않아야 한다고 보았다. 그런데 뉴턴의 고전역학은 연속적인 물리량을 대상으로 하며 미적분을 이용한다. 그렇다면 불연속성을 가진 물리량은 어떤 수학적 도구를 사용해야 하는 걸까? 당시 겨우 스물네 살이었던 하이젠베르크는 스스로 길을 개척하고자 했다. 자신이 생각하는 입자 운동 이론에 적합한 수학적 형식과 방법을 찾으려 했던 것이다. 그에게 수학을 가르쳤던 보른도 이렇게 감탄했다.

전문가도 아니고 자신의 의도에 맞는 수학 분야가 무엇인지도 모르면서 일단 필요하다고 생각하면 자신에게 적합한 수학적 방법을 알아서 만들어낸다. 얼마나 대단한 천재인가!

어느 날 밤, 하이젠베르크는 자신이 고안한 방법으로 새벽 3시까지 계산을 계속했고, 기적이 일어났다. 그는 나중에 이 새벽의 감격을 회상하며 말했다.

어느 날 밤 나는 이 표, 즉 오늘 이야기하고 있는 '행렬'[2]의 각 항목을 확정하려고 했습니다. 요즘 사람들이 보기에는 아주 멍청한 계산 방법을 사용했지요. 계산 결과, 첫 번째 항목의 값이 에너지 보존법칙에 상당히 부합했습니다. 나는 몹시 흥분했지요. 그다음 몇 차례는 계산 실수를 범했습니다. 그러나 새벽 3시가 되었을 즈음에는 계산 결과가 전부 에너지 보존법칙을 만족했습니다. 나는 더 이상 내가 계산해낸 양자역학이 수학적으로 논리적 연속성과 일관성을 갖췄음을 의심하지 않게 되었습니다. 그날 새벽 나는 원자의 겉모습을 투과하여 특별할 만큼 아름다운 내부 구조를 본 것입니다. 그 사실에 극도로 놀라움을 느끼는 한편, 자연이 이토록 관대하게 귀중한 수학 구조를 내 눈 앞에 보여준다는 데 도취되었습니다. 어찌나 흥분했는지 그날 밤은 결국 잠을 이루지 못했습니다. 날이 밝자마자 나는 섬의 남쪽 끄트머리로 향했습니다. 전에는 그곳에서 바다 위로 우뚝 솟은 암석 위에 올라갈 수 있기를 소원했는데, 지금은 어렵지 않게 그 바위 위에 올라가

---

2 하이젠베르크는 수학의 행렬 개념을 도입해 양자역학을 설명하고자 했다. 그래서 하이젠베르크가 만든 양자역학을 행렬역학이라고 부르기도 한다.

태양이 떠오르기를 기다리고 있습니다.

그러나 하이젠베르크의 마음속에 풀리지 않는 의문이 남아 그를 '몹시 불안하게' 했다. 그가 사용한 수학적 방법은 측정가능량(빈도나 강도 등) A와 B를 곱할 때 순서를 바꿀 수 없었기 때문이다. 다시 말해서 AB≠BA라는 것이었다. 이는 우리가 익숙하게 알고 있는 곱셈의 교환법칙에 어긋난다(예를 들면 2×3=3×2여야 한다). 이런 '특이점' 때문에 하이젠베르크는 자신이 만든 양자역학 공식이 확실한지 자신감을 잃을 정도였다. 당시 그는 바로 AB≠BA라는 특이점에 분자, 원자, 전자 등 눈에 보이지 않는 미시적 세계의 중요한 규칙이 숨어 있다는 사실을 몰랐다.

다행히 보른은 하이젠베르크가 찾아낸 수학적 방법이 수학에서 '행렬대수'라고 부르는 것임을 알려주었다. 이렇게 하이젠베르크는 보른의 도움을 받아 미시적 세계를 다루는 역학, '행렬역학'을 만들었다.

바로 그때, 또 하나의 기적이 일어났다. 알프스에서 건강을 회복 중이던 슈뢰딩거가 입자의 파동성(파동성은 '연속성'을 강조한다)을 설명하는 '슈뢰딩거 방정식'을 만든 것이다. 이 방정식은 파동을 묘사하는 미분방정식(파동방정식)이었고, 슈뢰딩거는 이 방정식을 이용해 입자의 운동을 성공적으로 설명해냈다.[3] 물리학자들에게 익숙한 수학적 도구인 파동방정식을 이용하면서 양자의 연속성을 강조하는 이론인 것이다. 덕분에 대부분의 물리학자들은 슈뢰딩거의 양자역학이 등장한 데 기뻐하고 위안을 얻었으며 고무되었다. 심지어 물리학이 마침내 구원을 얻었다고 생

---

3   슈뢰딩거의 양자역학을 파동역학이라고 한다.

각했다. 이제 더 이상 불연속성이라는 '성가신 것'을 신경 쓰지 않아도 되는 것이다.

1926년 봄, 하이젠베르크는 슈뢰딩거의 파동역학에 대해 알고 당혹스러워했다. 같은 것을 보는 두 사람의 생각이 왜 이렇게 달랐을까? 두 사람이 같은 풍경을 보았지만 하이젠베르크는 험준한 봉우리와 벼랑을 보았고(양자전이quantum transition), 슈뢰딩거는 완만하게 굽이치는 구릉을 보았다(물질파matter wave). 하이젠베르크와 보른 그리고 슈뢰딩거는 이점을 깨닫지 못하고 자기 의견을 고집하며 상대방의 이론을 공격해댔다. 하이젠베르크는 슈뢰딩거에게 편지를 보내 "나는 당신의 이론이 갖는 물리학적 의의를 생각할수록 당신의 이론이 더욱 불만스럽고, 나아가 혐오감까지 느낍니다"라고 말했다.

슈뢰딩거 역시 체면을 봐주지 않았다. 그는 답장으로 "당신이 내 이론에 혐오감을 느끼지 않았다면 저는 실망했을 겁니다"라고 보냈다.

물리학계조차 일치된 의견을 내놓지 못하고 혼란스러워하며 슈뢰딩거와 하이젠베르크가 서로 비난하며 논쟁을 거듭할 때, 괴팅겐의 힐베르트는 득의만면하게 웃었다. "물리학자들이여, 그러게 내 말을 듣지 그랬나? 일찌감치 내가 하는 말에 귀 기울였다면 지금 이렇게 귀찮은 상황은 없었을 게 아닌가?"

보른과 하이젠베르크는 힐베르트의 말을 듣고 당황하는 한편 몹시 후회했다. 왜일까? 행렬역학이 막 제시되었을 때, 이 두 사람은 힐베르트에게 행렬대수의 연산법에 관한 질문을 한 적이 있었다. 힐베르트는 대단한 수학자였고, 행렬대수를 전문적으로 연구한 적도 있었다.

내 경험에 따르면, 계산식에서 행렬이 나올 때면 대부분 파동 미분방정식의 고윳값으로 나타난다. 그러니 당신들이 만든 행렬도 어느 하나의 파동 방정식에 대응할 것이다. 그 파동 방정식을 찾아낸다면 행렬도 좀 더 쉽게 다룰 수 있을 것이다.

안타깝게도 두 물리학자는 힐베르트의 충고를 귀담아 듣지 않았다. 그들은 대응하는 파동 방정식을 찾으려 하지 않았고, 힐베르트가 양자역학에 대해 전혀 모르면서 엉뚱한 이야기를 한다고만 생각했다. 결국 슈뢰딩거가 그 파동 방정식을 찾아내 노벨 물리학상까지 받았다. 만약 두 사람이 좀 더 겸허하게 힐베르트의 충고를 듣고 그의 수학적 사고를 제대로 이해했다면 물리학의 역사에 슈뢰딩거 방정식은 등장하지 않았을 것이며 대신 보른-하이젠베르크 방정식이 등장했을 것이다. 그것도 6개월이나 앞서서 말이다. 이들은 편협한 마음 탓에 귀중한 과학적 발견의 기회를 잃어버렸으니 후회막심한 일이 아닐 수 없다.

13장	푸앵카레와 아인슈타인 사이에 무슨 일이 있었나?

인필드가 말했다. "제가 보기에 당신이 특수상대성이론을 만들지 않았더라도 오래지 않아 그 이론은 세상에 나왔을 겁니다. 푸앵카레가 이미 특수상대성이론에 아주 가까이 갔으니까요." 아인슈타인이 대답했다. "그래요, 당신 말이 맞습니다." (……) 푸앵카레는 1909년에 있었던 괴팅겐의 강연에서 왜 아인슈타인을 언급하지 않았을까? 왜 푸앵카레는 아인슈타인과 상대성이론을 연결 짓지 않았을까? (……) 단지 나쁜 성격과 과학자로서의 질투심 때문이었을까?

에이브러햄 페이스(Abraham Pais, 1918~2000)

상대성이론의 역사를 조금이라도 아는 사람이라면 특수상대성이론이 만들어지기 전에 프랑스 수학자 쥘 앙리 푸앵카레(Jules-Henri Poincaré, 1854~1912)가 특수상대성이론에 근접할 정도로 물리학에 능통했음을 알고 있을 것이다. 그가 상대성이론의 문턱을 넘어 그 안으로 한 발을 넣었다고 말해도 좋을 정도다. 그러나 안타깝게도 뒷발은 문 밖에 있던 진흙탕에 빠져 움직일 수 없었고 세상을 떠날 때까지 문 안으로 들여놓지 못했다.

1898년, 아인슈타인이 특수상대성이론을 만들기 7년 전에 푸앵카레는 한 논문에서 '동시성의 객관주의'에 의문을 제기했다. 이 논문의 제목은「시간의 측정」이었다.

> 우리는 두 개의 시간이 동일한 시간간격(시간량)을 가지고 있음을 직감적으로 알아차릴 수 없다. 자신에게 이런 직감이 있다고 믿는 사람들은 사실 환각에 속은 것이다. (……) 동시성의 측정과 시간의 측량을 분리하는 것은 몹시 힘든 일이다. 시간을 기록하는 장치인 크로노그래프(chronograph)를 이용하거나 광속처럼 극도로 빠른 전파 속도를 고려한다고 해도 마찬가지다. 시간을 측량하지 않으면 이런 속도는 측정할 수 없다.
>
> (……) 두 가지 사건이 동시에, 혹은 순서대로 동일한 시간 간격에서 일어난다고 가정하는 것은 자연 법칙의 서술을 최대한 간단히 하기 위해서다. 바꿔 말해 모든 법칙이나 정의(定義)는 모두 무의식적인 기회주의의 산물에 지나지 않는다.

1902년에 출간한 책 『과학과 가설』(Science and Hypothesis)에서 푸앵카레는 한 걸음 더 나아가 지적했다.

> 물체가 어느 시점에서 가지는 상태와 (물체간) 상호 거리는 이 물체의 상태 및 최초의 (물체간) 상호 거리에 의해 결정된다. 그러나 해당 계에서의 절대적인 최초 위치와 절대적인 최초 운동 방향에는 영향을 받지 않는다. 간단히 말해 이것이 바로 내가 명명한 상대성의 법칙이다.

뉴턴이 사용한 절대공간 개념에 대해 푸앵카레는 "객관적인 존재성이 없다"라고 명확하게 지적했으며, "이런 관점은 절대로 용납할 수 없다"

라고 했다.[1]

1904년이 되자 푸앵카레는 미국 세인트루이스에서 열린 국제 예술과학 학술회의에서 대규모 실험적 사실에 근거하여 '상대성원리'라는 명칭을 정식으로 제시했다. 그는 이렇게 지적했다.

> 이 원리에 근거하면, 고정된 위치의 관찰자든 등속운동을 하는 관찰자든 물리법칙이 동일해야 한다. 그러므로 어떤 실험 방법도 우리 자신이 등속운동 상태인지를 식별하는 데 사용되지 않는다.

더욱 놀라운 것은 그가 이미 새로운 역학의 대략적인 모습을 예견했다는 것이다.

> 아마도 우리는 완전히 새로운 역학을 세워야 할 것 같은데, 이미 그 새로운 역학의 모습을 흘끗 보았다. 여기에서는 속도에 따라 관성이 증가한다. 빛의 속도는 넘을 수 없는 한계로 바뀐다. 이전의 간단한 역학은 여전히 1차 근삿값을 유지한다. 그리 크지 않은 속도에서는 여전히 그것이 정확하기 때문이며, 새로운 역학 속에서도 예전 역학은 발견할 수 있다.

1905년에 푸앵카레는 「전자의 동역학」이라는 논문에서 1904년에 제시한 사상을 더욱 구체화, 명확화했다. 또 처음으로 로런츠변환(Lorentz

---

1   절대공간은 물질의 존재와는 무관하게 존재하는 공간을 말한다. 아이작 뉴턴이 개념화한 것으로 물체와 독립적으로 존재하는 실체 및 그 실체들 사이의 공간적 관계이므로 무한, 불변, 3차원의 '상자'라고 볼 수 있다.

transformation)과 로런츠군(Lorentz group)^{2}을 제시하며 수학적으로 로런츠변환으로 형성되는 군(群, 변환의 집합)을 논증했다. 심지어 헤르만 민콥스키(Hermann Minkowski, 1864~1909)가 1907년에야 사용한 4차원 시공간 표현식을 함축적으로 사용하기도 했다.

그러나 이 탁월한 과학자가 아인슈타인의 특수상대성이론에 시종일관 침묵을 지켰다는 점은 매우 당혹스럽다. 이것은 상대성이론의 역사를 연구하는 모든 사람이 이해하기 어려운 사실이다. 과학사가 스탠리 골드버그(Stanley Goldberg)가 말한 것처럼 말이다.

아인슈타인의 특수상대성이론에 대해 푸앵카레가 한 번도 공식 반응을 보이지 않은 것은 잘 알려진 사실이다. 그래서 아인슈타인의 작업에 대한 그의 태도와 사태 전반에 대한 침묵은 신비로운 무언가로 변한다. 한 가지 확실한 것은 푸앵카레가 아인슈타인의 상대성이론 관련 저작물을 알고 있었다는 것이다.

골드버그는 또 이렇게 지적한다.

푸앵카레가 공식적으로 발표한 문서 중 유일하게 아인슈타인의 작업을 다룬 것은 아인슈타인의 광전효과(光電效果)^3 이론에 대한 논문을 논평한 글

---

2   로런츠변환은 특수상대성이론의 기초가 되는 4차원의 좌표변환식으로, 1904년 네덜란드의 이론물리학자 헨드릭 로런츠(Hendrik Lorentz, 1853~1928)가 발견했다. 로런츠군은 로런츠변환에서 불변으로 보존되는 모든 변환의 집합을 가리킨다.
3   물질의 표면에 빛을 비추면 자유 전자가 튀어 나오는 현상.

인데, 이 논평은 상당히 근거가 부족하다.

푸앵카레는 무엇 때문에 아인슈타인의 상대성이론이 좋은지 나쁜지 한마디도 하지 않은 것일까? 여기에는 분명 중요한 원인이 있을 것이다.

✦

푸앵카레의 수학적 성취는 독일에 살았던 '수학의 왕자' 가우스에 견줄 만하다. 영국 수학자 제임스 조지프 실베스터(James Joseph Sylvester, 1814~1897)는 푸앵카레를 이렇게 평가했다.

나는 최근에 푸앵카레를 방문한 적이 있다. 비범하게 분수처럼 솟아오르는 그의 지성 앞에서 내 혀는 말을 듣지 않았다. 2~3분이 지나 청춘의 활력이 넘치는 그 얼굴을 제대로 보고 나서야 비로소 말할 수 있는 기회를 얻었다.

수많은 천재 수학자들이 그랬듯, 푸앵카레는 수학은 물론 천문학, 물리학, 과학철학 등에서 뛰어난 업적을 남겼다. 아인슈타인을 제외하면, 푸앵카레야말로 상대성이론이라는 위대한 물리학 이론에 가장 가까이 다가간 과학자였을 것이다. 푸앵카레가 과학계 전반적으로 다재다능하고 광범위한 공헌을 했기 때문에 영국 물리학자이자 진화론의 창시자 찰스 다윈의 손자인 찰스 골턴 다윈(Charles Galton Darwin, 1887~1962)은 이렇게 말했다.

푸앵카레는 통솔자 역할을 하는 천재 혹은 과학의 수호신이라 할 수 있다.

푸앵카레는 1854년 4월 29일에 프랑스 낭시에서 태어났다. 아버지는 낭시 의대의 교수였고, 수준 높은 생리학자이자 의사였다. 앙리 푸앵카레는 유복하고 학문적 분위기가 형성된 학자 집안에서 태어났지만, 어려서부터 몸이 약했고, 온갖 질병에 시달렸다. 병은 그를 불행하게 했다. 운동신경의 실조(失調) 증세 때문에 손가락을 원하는 대로 움직이기 힘들었고, 후두부의 디프테리아(diphtheria) 후유증으로 후두 마비증을 앓았다. 어쩌면 이런 신체적인 불편함 때문에 이론 연구에 더욱 몰두했는지도 모른다.

어릴 때부터 공부가 좋아 밥 먹는 것도 잊을 정도였던 푸앵카레의 생활 습관을 보며 사람들은 그를 '딴 데 정신이 팔린 녀석'이라고 불렀다. 그러나 뛰어난 기억력과 재능은 사람들을 놀라게 했다.

어느 날 학교에서 수학경시대회가 열렸는데, 같은 학년 친구들이 푸앵카레를 속여 상급반 교실로 보내는 장난을 쳤다. 그러나 푸앵카레는 상급반 시험 문제를 쉽게 풀고 교실을 벗어났다. 친구들은 "저 녀석이 어떻게 이런 어려운 문제를 풀었지?"라며 놀라 물었다. 이 일화는 푸앵카레가 얼마나 뛰어난 학생이었는지 잘 보여준다.

1871년 말, 푸앵카레는 에콜 폴리테크니크(공학전문학교)에 입학하여 1875년에 졸업했다. 그 후에는 광산 기술자가 되기 위해 에콜 데민(광업전문학교)에 입학했다. 하지만 최종적으로는 1879년에 파리대학교에서 수학 박사 학위를 받았고, 그때부터 평생 수학과 물리학 연구에 매진했다. 그는 놀라운 연구 업적을 쌓아 1887년 서른세 살의 나이로 파리 과학아카데미의 회원이 되었다. 이처럼 젊은 나이에 아카데미의 회원이 된 것은 기적이나 다름없는 일이었다.

1889년에 그는 천체역학 연구와 삼체문제(三體問題)[4]에 대한 연구 성과로 스웨덴 국왕 오스카 2세로부터 상금을 받았으며, 조석(潮汐) 현상과 유동체 운동에 관한 이론적 연구로 영국 천문학자 조지 하워드 다윈(George Howard Darwin, 1845~1912, 찰스 다윈의 아들)이 주장한 조석 이론을 뒷받침했다.

푸앵카레는 수학과 물리학을 연구하는 일 외에 과학철학에도 관심이 많아『과학의 가치』,『과학과 방법』(*Science and Method*),『과학과 가설』,『마지막 사색』등 과학철학 저서도 여러 권 출판했으며, 과학철학의 발전에 중대한 영향을 미쳤다.

아인슈타인은 "푸앵카레는 예민하고 깊이 있는 사상가였다"고 평가하기도 했다. 문학적 재능도 뛰어났다. 그는 1909년 프랑스어를 빛낸 사람들만 선정하는 아카데미 프랑세즈(Académie française) 회원으로 뽑혔다. 아카데미 프랑세즈 회원은 모든 프랑스 작가가 꿈꾸는 명예로운 직함이다.

쉰 살이 되자 푸앵카레의 약한 몸이 다시 말썽을 부렸다. 그러나 임종 3주 전에도 그는 어느 단체의 창립 행사에서 연설을 했다.

> 삶은 지속적인 투쟁이다. 우리가 상대적으로 평온한 시간을 누릴 수 있는 것은 모두 우리 선조가 꿋꿋이 싸웠기 때문이다. 지금 우리가 경계심을 풀고 방심한다면, 선조들의 투쟁으로 얻은 성과를 모조리 잃게 될 것이다. (……)

---

4 세 개의 질점이 만유인력으로 당기며 운동할 때, 그 궤도를 구하는 문제를 가리킨다. 푸앵카레가 삼체문제의 일반해를 구하는 것은 불가능함을 증명했다.

획일성을 강요하는 것은 죽음이나 다를 바 없다. 획일성은 모든 진보의 문을 닫아버리기 때문이며, 모든 강요된 것들은 아무 성과도 거두지 못하거나 증오만 낳을 뿐이기 때문이다.

푸앵카레의 일생은 자주적으로 사고하고 끊임없이 노력하는 삶이었다. 수학자이면서 푸앵카레의 전기를 쓰기도 했던 장 가스통 다르부(Jean Gaston Darboux, 1842~1917)가 한 말처럼 말이다.

그는 절정에 도달하면 절대 후퇴하지 않았다. 어려움에 맞서 싸우는 것을 즐겼고, 결승점에 쉽게 도달할 만한 일은 다른 이를 위해 남겨주었다.

✦

하지만 푸앵카레는 상대성이론의 모든 지식을 거의 갖추었으면서도 뱀발을 그리다가 승리를 놓쳤다. 그는 아인슈타인이 거의 동일한 지식적 배경을 가지고 전 세계를 뒤흔든 과학 혁명을 일으키는 것을 쳐다만 보았다.

앞에서 말한 것처럼 푸앵카레는 1904년 9월 세인트루이스 학술회의에서 정식으로 상대성원리를 제시했다. 그는 새로운 역학의 모습을 예견하면서, 새 역학에서는 광속이 극한을 넘어설 수 없다는 견해를 제시했다. 이로 미뤄볼 때, 푸앵카레는 분명히 특수상대성이론을 향해 나아가고 있었다. 그러나 그는 갑자기 걸음을 내딛지 못하고 망설이며 다음과 같이 말했다.

안타깝게도 (이런 추론은) 충분하지 않으며 가설의 보조를 받아야 한다. 우리는 운동하는 물체가 그들의 운동 방향에서 균일하게 수축한다는 추론을 가설로 내세워야 한다.

아인슈타인의 특수상대성이론에서 운동하는 물체는 운동 방향으로 수축한다. 이는 아인슈타인의 두 가지 기본 가설에 따른 자연스러운 결과이며, 운동학[5]에서의 '측량 효과'이지 실질성이 있는 동역학 효과가 아니다. 이로써 알 수 있는 것은 푸앵카레가 1904년까지 상대성이론을 진정으로 이해하지 못했다는 점이다. 1909년은 아인슈타인이 일반상대성이론을 내놓은 지 5년째 되던 해였다. 그러나 푸앵카레는 괴팅겐 학술회의에서 여전히 새로운 역학에는 세 가지 가설이 필요하며 이것으로 이론적 기초로 삼아야 한다는 입장을 바꾸지 않았다. 앞의 두 가지는 아인슈타인의 '상대성원리'와 '진공 상태의 광속은 일정하다'는 것과 동일하다. 그러나 그는 여전히 다음과 같이 강조했다.

우리는 여전히 세 가지 가설을 세워야 할 필요가 있다. 그것은 놀랍고 받아들이기 어려우며, 이미 익숙해진 것에 대해 설명할 때 큰 문제가 있다. 평행 이동하는 물체가 그 변위 방향으로 변형되는 것은 (……) 괴상하더라도 이미 완전하게 증명되었음을 반드시 인정해야 한다.

푸앵카레는 죽기 3년 전까지도 특수상대성이론의 기본 정신을 이해하지 못했다. 즉 그는 물체의 길이가 변위 방향에서 수축하는 것이 앞서

---

5   힘과 운동의 관계는 생각하지 않고 물체의 운동만을 수학적으로 기술하는 학문.

나온 두 가지 기본 가설의 결과임을 몰랐다. 푸앵카레는 동역학만 강조하며, 길이 수축 효과가 단지 운동학적 효과에 지나지 않음을 믿지 못했다. 1906년과 1908년 두 편의 논문에서 푸앵카레는 로런츠의 변환을 의미 있게 논의했지만, 그 변환 자체가 길이 수축을 의미한다는 사실은 알아채지 못했다. 그와 로런츠의 공통점은 이런 수축이 동역학적 원인 때문에 일어난다고 주장하며 동역학을 강조했다는 데 있다. 푸앵카레는 기본적으로 특수상대성이론을 이해하지 못했기 때문에 '뱀 다리를 그리는' 안타까운 실수를 범했다.

그러나 그 시대에 푸앵카레가 수축이 운동학에서의 상대론적 효과라고 믿지 않은 것은 이해 못할 일도 아니었다. 아인슈타인조차 비슷한 일을 겪었다. 1925년 10월에 네덜란드 출신 미국 물리학자 조지 울렌벡(George Uhlenbeck, 1900~1988)과 새뮤얼 호우트스미트(Samuel Goudsmit, 1902~1978)가 전자스핀[6] 이론을 제시했다. 전자스핀 이론은 매우 획기적인 이론이었지만 당시에는 이론적 계산 결과가 실험값보다 2배인 문제를 제대로 설명하지 못했다.[7] 파울리, 하이젠베르크, 보어, 아인슈타인 등 여러 물리학자들도 이 문제를 해결하기 곤란하다고 느꼈다. 이처럼 해결하지 못한 '숫자 2' 때문에 전자가 자체적인 회전운동을 한다는 사실이 인정받지 못했다. 나중에 영국의 젊은 물리학자 르웰린 토머스(Llewellyn Thomas, 1903~1992)가 전자스핀에서 '숫자 2'의 문제는 상대론

---

6   스핀(spin)은 양자역학에서 입자의 운동과 무관하게 전자가 고유한 회전운동을 한다는 이론이다.

7   전자스핀을 가정하고 수소 스펙트럼 이중선의 간격을 계산했을 때 실험값의 2배가 되는 수치가 나왔다.

적 효과를 간과했기 때문이라고 지적했을 때, 상대성이론을 만들어낸 아인슈타인조차 깜짝 놀랐다.

✦

　　　물론 동역학 관점으로 볼 때 푸앵카레의 상상력은 놀랍다. 그러나 역사적으로 푸앵카레는 상대성이론에 "아주 가깝게 접근했다"라거나 푸앵카레와 상대성이론은 "약간 스치고 지나갔다"라고만 표현할 수 있다.

　그 원인을 분석하자면, 사람마다 견해가 다를 수 있기 때문이다. 우리는 시공에 초점을 맞춰 분석하겠지만 그렇다고 해서 철학적, 방법론적으로 분석할 수 없다는 의미는 아니다.

　푸앵카레가 중시한 동역학은 1902년에 노벨 물리학상을 받은 네덜란드의 이론물리학자 헨드릭 로런츠의 동역학이다. 즉 그들이 생각한 전자 이론에서 물질을 구성하는 부분은 에테르였다. 전자와 에테르의 상호작용이 로런츠 수축의 (동역학) 원인이었다. 푸앵카레는 에테르를 포함한 전자 이론을 주춧돌로 하여 자신이 생각하는 물리학이라는 건물을 지었다. 1904년 이후 푸앵카레는 이 이론에 완전히 만족했다. 푸앵카레는 "이 이론이 로런츠-피츠제럴드 수축(Lorentz-FitzGerald contraction) 가설을 완성했다"라고 공언했다. 이 발언으로 푸앵카레의 관념에서 에테르는 절대 없어서는 안 될 존재임을 알 수 있다. 그는 『과학과 방법』에서 다음과 같이 명확히 언급했다.

　상대성원리는 보편적인 자연법칙이다. 사람들은 어떤 방법으로든 영원히 상대속도를 증명할 수 있을 뿐이다. 소위 상대속도란, 물체가 에테르에 대해 가지는 속도임을 의미할 뿐 아니라 여러 물체의 상호 관련된 속도를 뜻한다.

에테르를 어떻게 바꾼다고 해도 에테르 개념을 남겨둔다면 결국 뉴턴이 가정했던 '절대공간'의 개념을 남겨두는 것과 같다. 골드버그의 평론이 일리 있는 말이기는 했다.

푸앵카레는 그의 저작에서 절대공간 개념을 여전히 남겨두고 있다. 이런 공간이 관찰 가능한지 여부에 관계없이 말이다. 그는 서로 다른 참고계(系)의 관찰자가 동일한 광속을 측정할 수 있다고 인정했으나, 그에게 있어서 이런 일치성, 불변성은 물리량 측정의 결과였다. 푸앵카레의 사상에는 우월한 참고계가 있으며, 이 참고계에서의 광속은 실제로는 일종의 상수(常數)와 같다.

푸앵카레는 동시성의 객관적 의미에 대해서는 가치 있는 질문을 던졌지만, 동시성의 상대성 문제를 고려하지 않았고 시간의 절대성에 관해 의문을 제기하지 않았다.

푸앵카레는 시공 개념에서 혁명적 변화를 이루지 못했다. 그렇기 때문에 아인슈타인처럼 두 가지 원리를 보편적인 공리로 내세우는 것도, 두 가지 원리를 결합하여 새로운 시공 개념을 만들어내는 것도 생각해 낼 수 없었다. 사실상 푸앵카레는 상대성원리를 하나의 '사실'로 보았으며, 실험으로 증명해야 한다고 여겼다. 또한 1905년을 전후로 독일의 물리학자 월터 카우프만(Walter Kaufmann, 1871~1947)이 고속전자의 질량-속도 관계 실험보고서를 발표했을 때, 이 실험 결과가 로런츠와 아인슈타인의 이론에 불리하게 작용했고, 결국 푸앵카레는 상대성원리를 지지한다는 의견을 다소 조심스럽게 표현하게 되었다.

로런츠는 1906년 3월 8일, 푸앵카레에 비관적인 편지를 보냈다. "불행하게도 전자가 편평해질 수 있다는 가설과 카우프만의 실험 결과는 상호 모순됩니다. 나는 그 가설을 폐기해야 할 것 같습니다."

로런츠의 이런 비관적인 감정은 놀랍고, 이해하기 힘든 부분이다. 그렇게 긴 세월을 탐구하여 얻어낸 성과를 한 번의 실험결과 때문에 포기하다니 말이다. 푸앵카레는 좀 더 침착했다. 그러나 카우프만의 실험은 그에게도 영향을 주었다. 1906년, 그는 어느 논문에서 이렇게 썼다. "실험이 아브라함[8]의 이론에 증거가 되어주었다. 상대성원리는 근본적으로 사람들이 생각하는 것처럼 중대한 가치를 가진 것이 아닐지 모른다."

같은 해, 푸앵카레는 그의 논문 「전자의 역학에 대하여」에서 다시 카우프만의 실험 결과를 두고 "모든 (상대성)이론이 위협받았다"라고 썼다. 그러면서도 확실한 결론을 내리기 전에는 신중해야 한다고 생각했다. 더 많은 실험물리학자가 이 중요한 문제를 실험하길 바랐기 때문이다.

로런츠와 푸앵카레의 다른 반응을 두고 미국 워싱턴대학교 물리학 교수인 조지 밀러(George Miller, 1920~2012)가 간단하면서도 정곡을 찌르는 분석을 내놓았다. 그는 자신의 책에서 이렇게 썼다. "로런츠에게 카우프만의 실험은 하나의 이론에 대한 위협이었고, 푸앵카레에게는 상대성원리를 강조하는 철학관 그 자체에 대한 위협이었다."

---

8 막스 아브라함(Max Abraham, 1875~1922). 독일 물리학자이며 전자의 질량 공식을 만들었다. 이 공식은 푸앵카레의 공식과도 아인슈타인의 공식과도 달랐다.―저자

아인슈타인은 1907년에야 카우프만의 실험에 대한 명확한 입장을 표명했다. 그는 「상대성원리와 이로부터 도출되는 결론」에서 이렇게 썼다.

> 이런 계의 편차에 고찰의 오류가 있는지 아니면 상대성이론의 기초가 사실과 부합되지 않는지의 문제는 더 다양한 관측 자료가 있어야만 충분히 신뢰성 있게 해결할 수 있다.

이어서 아인슈타인은 인식론이라는 차원에서 볼 때, 이런 실험으로 드러난 사실들 때문에 그가 만든 상대성이론이 옳은지 그른지 그 운명을 결정지을 수는 없다고 말했다. 훗날 아인슈타인의 '예언'이 들어맞았으니 후대 물리학자와 철학자가 아인슈타인의 과학철학에 주목하며 진심으로 극찬한 것도 당연한 일이다.

앞에서 이야기한 여러 가지 사실을 바탕으로, 푸앵카레는 새로운 역학의 탄생을 예견했고 그 대략적인 모습까지 알아냈지만, 새로운 역학에 의한 시공 개념의 근본적 변화는 이해하지 못했다는 것과 이로 인해 상대성이론을 만드는 데 실패했음을 확실히 알 수 있다.

✦

이상한 것은 푸앵카레가 왜 아인슈타인의 특수상대성이론에 관해 계속 침묵했느냐는 점이다.

푸앵카레는 1909년 4월 괴팅겐에서 여섯 차례 연속 강연을 열었다. 마지막 강연 주제는 '새로운 역학'이었으며 상대성이론과 관련된 문제를 논하는 자리였다. 그러나 푸앵카레는 강연 중에도 아인슈타인이나 특수상대성이론에 대해서는 입을 다물었다. 이미 상황은 1905년과 달랐다. 유명한 물리학자와 수학자가 상대성이론의 탄생에 환호했다. 플랑크, 조머펠트 그리고 오스트리아 물리학자 파울 에렌페스트(Paul Ehren-fest, 1880~1933), 독일 물리학자이자 1914년 노벨 물리학상 수상자인 막스 폰 라우에(Max von Laue, 1879~1960), 독일 물리학자 루돌프 라덴부르크(Rudolf Ladenburg, 1882~1952), 러시아에서 태어난 독일 수학자 헤르만 민콥스키 등이었다. 특히 수학자 민콥스키는 1908년에 '공간과 시간'이라는 제목으로 열정 넘치는 학술보고를 내놓아 대단한 반응을 이끌어냈다. 민콥스키의 결론은 듣는 이의 가슴을 벅차게 만들었다.

> 상대성이론의 원리는 절대적으로 옳다. 나는 로런츠가 발견하고 아인슈타인이 진일보한 수준으로 밝혀낸 세계 전자학의 모습이 가진 진정한 핵심(상대성이론)을 사색하는 것을 즐긴다. 지금 이 이론은 찬란한 빛을 사방에 뿌리고 있다.

1908년부터 아인슈타인은 전 세계 과학계에서 이름을 날리고 있었다. 그러나 푸앵카레는 1909년에도 아인슈타인의 연구에 관해서는 일절 입을 다물었다. 아인슈타인은 상대성이론에 관한 논문에서 단 한 번 푸앵카레의 이름을 언급했다. 1921년 1월 27일에 프로이센 과학원에 '기하학과 경험'이라는 제목으로 제출한 논문으로, 아인슈타인은 그 논문에서 "예민하고 깊이 있는 사상가 푸앵카레"라고 썼다. 그러나 때는 이미 푸앵카레가 이미 세상을 떠난 지 9년 후였다.

1911년 10월에 열린 세계 최초의 물리학 학술회의인 제1회 솔베이 회의(Conseil Solvay)에서 아인슈타인은 처음이자 마지막으로 푸앵카레를 만났다. 나중에 아인슈타인은 절친한 친구인 스위스 의학 교수 하인리히 쟁거(Heinrich Zangger, 1874~1957)에게 "푸앵카레는 상대성이론에 태생적 혐오감을 가지고 있다"고 말하면서 "그는 똑똑하고 재능 있는 사람이지만 특수상대성이론에 대해서는 확실히 전혀 이해하지 못하고 있다"라고 평가했다. 1920년 12월 『뉴욕타임스』 기자가 아인슈타인에게 상대성이론의 기원을 물었을 때도, 그는 푸앵카레의 공헌을 언급하지 않았고 로런츠만 이야기했다. 아인슈타인은 1953년이 되어서야 어느 편지에서 푸앵카레가 상대성이론에서 어떤 역할을 했는지 처음으로 언급했다.

나는 로런츠와 푸앵카레의 공적이 합당한 영예를 얻기를 바란다.

하지만 이런 평가도 여전히 푸앵카레에게 공정하지는 않다. 마침내 아인슈타인은 세상을 떠나기 두 달 전에 공정한 마지막 평가를 내렸다. 그는 자신의 전기를 쓴 작가 칼 실릭(Carl Seelig)에게 보낸 편지에서 이렇게 썼다.

로런츠는 자신의 이름을 따서 명명된 변환이 사실은 맥스웰 방정식[9]에 대한 분석임을 알고 있었지. 하지만 푸앵카레의 통찰력은 그보다 훨씬 깊이가 있었네.

고맙게도 아인슈타인이 마침내 입을 열었다. 그마저 푸앵카레처럼 죽

---

9 영국 물리학자이자 수학자인 제임스 맥스웰(James Maxwell, 1831~1879)의 전자기장 방정식. 전자기 현상의 모든 면을 통일적으로 기술하고 있으며, 전자기학의 기초가 되는 방정식이다.

을 때까지 침묵했다면 후대 사람들이 풀어야 할 미스터리가 너무 많지 않겠는가? 그렇다 해도 푸앵카레의 침묵에 대해서는 납득할 만한 원인이 밝혀지지 않았다. 에이브러햄 페이스(Abraham Pais)와 스탠리 골드버그 같은 대다수 연구자는 푸앵카레가 상대성이론을 이해하지 못한 데다 그가 세운 물리학 이론에서는 상대성이론이 작은 부분에 지나지 않는다고 생각했기에 특별히 그 내용을 언급하지 않은 것이라고 생각한다. 질투가 원인이라기에는 평생 성실하고 정직하게, 남을 배려했고 신중했으며 특허권에 무관심하다고 평가받는 푸앵카레의 품위에 맞지 않는 행동이라는 것이다. 즉 푸앵카레가 시공 개념에서 오류를 범했을지언정 도덕적인 오류는 범하지 않았다는 것이 일반적인 의견이다.

하지만 이것이 명확한 이유라고 보기는 어렵다. 푸앵카레는 많은 공헌을 한 과학자다. 특수상대성이론에 불만을 가지고 몇 마디 비판했다고 해서 그의 성실성, 정직성, 관대함이 의심을 받지는 않았을 것이다. 푸앵카레는 이미 여러 사람의 이론을 비판한 적이 있는데 왜 유독 아인슈타인의 이론은 비판하지 않았을까? 골드버그는 인식론과 방법론의 측면에서 푸앵카레와 아인슈타인이 이론을 대하는 태도부터 다르다고 설명했다. 이런 설명이 합리적일지도 모른다. 그러나 푸앵카레의 침묵이나 아인슈타인이 오랫동안 푸앵카레의 공로를 공정하게 평가하지 않은 일은 제대로 설명할 수 없다.

과학사가 페이스는 작게나마 한 걸음을 더 내디뎠다. 페이스는 해럴드 블룸(Harold Bloom, 미국 문학비평가)의 저서 『영향력의 불안』(The Anxiety of Influence)을 읽고 푸앵카레와 아인슈타인의 관계를 이해할 실마리를 얻었다. 해럴드 블룸의 몇 마디가 페이스에게 특히 깊은 인상을 주었다. 해럴드 블룸은 "영향력이 강한 시인들은 상호간 사상에 대한 오해에 의거하여 역사를 창조한다. 그래야 그들은 자신의 사상을 위한 공간을 얻을 수 있다 (…) 영향력이 강한 시인이 그처럼 중요한 인물이 될 수 있었던 것은 그들이 영향력 강한 선배들과 필사적으로, 심지어 죽을 때까지 싸웠기 때문이다"라고 썼다. 다시 말해 심리학적 문제가 과학 연구에도 큰 영향을 미친다는 것이다.

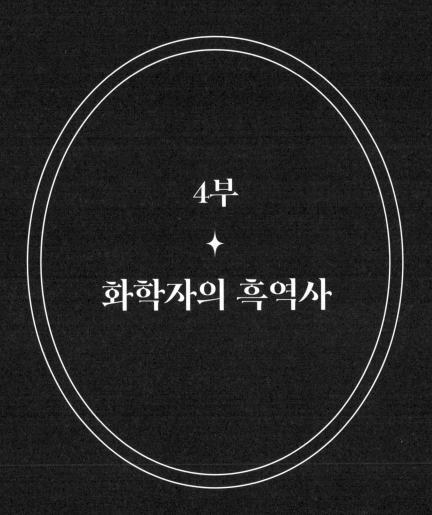

4부

화학자의 흑역사

14장

자신의 '딸'을 인정하지 않은 현대 화학의 아버지

18세기의 마지막 20년은 과학사상 가장 놀라운 증명이 나타난 시기다. 그런 진리들은 그의 코앞에 있었다. 게다가 문제를 해결하는 모든 조건을 갖춘 재능 있는 사람들, 다시 말해 전략을 발견한 능력자들이 있었다. 그러나 그들은 플로지스톤설(Phlogiston theory) 때문에 그들이 한 일의 진짜 의의를 인식하지 못했다.

허버트 버터필드(Herbert Butterfield, 1900~1979)

1789년 7월 14일, 파리 시민들은 바스티유 감옥을 공격했다. 프랑스 혁명의 시작이었다. 프랑스에서 혁명의 불길이 타오를 때, 영국 버밍엄의 작은 실험실에는 쉰 살쯤 된 학자가 호기심과 진리에 목마른 눈빛으로 시험관 속 화학 변화를 주시하고 있었다. 자연계에서 가장 흔하지만 이해하기 어려운 현상을 탐구하는 중이었다. 이 사람이 바로 '현대 화학의 아버지'로 불리는 영국 화학자 조지프 프리스틀리(Joseph Priestley, 1733~1804)다.

프리스틀리는 1733년 3월 13일에 영국 요크셔주 리즈시 근처 필드헤드라는 농촌 마을에서 태어났다. 기독교 칼뱅파를 믿는 가정이었다. 어린 시절 프리스틀리는 목사가 되기를 꿈꿨다. 스물두 살이 되던 해, 그는 꿈을 이뤄 서픽주에서 작은 교회 목사를 맡게 되었다. 연 수입은 30파운드로 매우 적었기 때문에 부수입을 올려야 했다. 그는 오전 7시부터 오후 4시까지 학교에서 프랑스어, 독일어, 이탈리아어, 아랍어를 가르쳤고, 심지어 고대 바빌로니아의 칼데아어도 가르쳤다. 오후 4시부터 저녁 7시까지는 가정 교사로 일했고, 일요일과 각종 축일에는 목사의 직분에 충실했다. 나머지 시간에는 영어 문법책을 쓰는 데도 힘썼다.

1761년에는 워링턴시로 옮겨갔으며, 그곳 신학교에서 교수로 일했다. 그는 한동안 화학 과목을 가르쳤는데, 나중에는 생물학 강의를 맡았고 강의가 없을 때는 몇 가지 과학 연구도 했다.

✦

1767년 9월에 프리스틀리는 리즈시 선교사가 되었다. 리즈시에서 그의 집은 술도가(술을 만들어 도매하는 집―편집자) 건물 옆에 있었는데, 그 덕분에 나머지 생을 화학 연구에 매진하여 유명한 화학자가 되었다. 이 작은 술도가가 프리스틀리의 관심을 끈 이유는 맥주를 만드는 과정에서 건물 밖으로 끊임없이 올라오는 기포 때문이었다. 그는 이 기포를 보고 호기심이 생겨 교회에서 일하지 않을 때는 술도가를 찾아가 꾸르륵꾸르륵 소리가 나는 기체를 연구하곤 했다.

역사를 살펴보면, 공기(와 물)에 대한 연구에서 만족스러운 결론을 얻었을 때 화학의 진정한 기틀이 세워졌다. 현대 화학이 늦게 꽃핀 이유는 여러 가지 설이 분분하지만, 오랫동안 짙은 '철학의 안개'가 공기, 물, 불이라는 세 가지 물질 형태(혹은 그 변화)를 가리고 있었기 때문이라는 데 많은 사람이 동의한다. 그래서 프리스틀리가 연구 과제로 기체를 선택한 것은 행운이었다.

1750년대 이전 화학자들은 공기가 실제로는 각종 기체의 혼합물임을 알지 못하고 '공기'라는 단일한 물질로 여겼다. 그들은 공기에 떠도는 좋지 못한 냄새를 공기가 아닌 다른 물질이 부패하고 변질하면서 나오는 결과물이라고 여겼다. 1750년 이후 공기에 몇 종류의 기체가 섞여 있을 가능성을 추측하는 사람들이 생겼지만, 이런 생각을 증명하지는 못했다. 이런 상황을 이해해야 프리스틀리의 연구 작업이 갖는 어려움과 가치를 제대로 알 수 있다.

프리스틀리는 관찰을 통해 발효 중인 맥주통에서 기포가 새어나오는 것을 알게 되었다. 그는 톱밥에 불을 붙여 옆에 두고 기포에서 일어나는 현상을 자세히 관찰했다. 술도가의 노동자들은 프리스틀리가 맥주통 위로 허리를 굽히고 들여다보는 모습을 보며 "목사님이 그렇게 술을 좋아하시면 체통이 서지 않는다"라고 중얼거리곤 했다.

그러나 그의 관심사는 술이 아니었다. 프리스틀리는 다른 사람의 의문이나 불만, 조롱에는 아랑곳하지 않았다. 그는 맥주통에서 나오는 기포가 톱밥의 불씨를 꺼뜨리는 것에 착안했다. 그는 맥주통에서 일종의 '고정 공기(fixed air)'(우리가 잘 알고 있는 이산화탄소를 말한다)와 동일한 성질의 기체가 나온다고 추측했다.

5년 전에 포도주 상인의 아들인 스코틀랜드 화학자 조지프 블랙(Joseph Black, 1728~1799)은 석회석을 가열하는 방식으로 '고정 공기'(당시 과학자들은 모든 기체를 '공기'로 통칭했고, 여러 종류의 공기가 있다고 여겼다)를 얻었다. 스티븐이라는 의사가 이 고정 공기를 치료에 이용해 한때 이름을 알리기도 했다.

프리스틀리는 맥주통에서 나오는 기체가 고정 공기인지 아닌지 확실히 알아보기로 했다. 그는 집에서 이 공기를 만들었고, 맥주통에서 나오는 기체가 바로 블랙이 말한 고정 공기라는 것을 확신했다. 이어서 이 기체가 물에 녹는지를 실험했다. 결과적으로 이 기체는 물에 부분적으로 용해되었다. 프리스틀리는 이 기체(이산화탄소)를 물에 2~8분 정도 주입한 후, "광천수와 거의 다르지 않으면서 맛은 특별히 상쾌한 음료수"를 만들어냈다. 바로 오늘날 인기 있는 '탄산수'다.

당시 이런 발견은 기적에 가까웠다. 프리스틀리는 영국 왕립학회에 자신의 발견을 보고했으며, 왕립학회도 회원들 앞에서 실험을 시연해달라고 그를 초청했다. 프리스틀리는 자신의 연구가 가치를 인정받자 매우 기뻤다. 왕립학회 회원들은 프리스틀리의 실험을 실제로 본 뒤 다들 깜짝 놀라며 이후에는 그의 발견을 칭찬했다. 나중에 그가 개발한 특수한 음료(탄산수)는 영국 해군이 원양 군함에 탑승한 병사와 장교에게 제공하는 음료로 채택되었다. 프리스틀리는 이런 발견에 힘입어 왕립학회가 수여하는 코플리 메달(copley medal)[1]을 받았다.

✦

첫 번째 성공으로 프리스틀리는 크게 고무되었다. 그는 더 많은 시간을 화학 연구에 쏟기로 결심했다. 다른 기체에 대한 실험도 이어서 진행했으며, 실험의 기능이나 설비, 방법 등에서 대대적인 개선을 이뤘다. 현대 화학 실험에서 기체를 수집할 때 사용하는 여러 방법은 다 프리스틀리가 개발한 것이다.

---

1   영국 왕립학회에서 물리학 또는 생물학 분야에서 탁월한 업적을 보인 연구자 한 명을 선정하여 수여하는 상.

1774년 8월의 첫 일요일, 그는 지름이 1피트인 커다란 볼록렌즈로 온도를 올려 산화수은을 가열하는 실험을 했다. 그는 큰 그릇에 수은을 담아 붉은색 산화수은을 넣은 유리그릇을 그 위에 띄우고 종 모양 유리 덮개 안에 놓아두었다. 렌즈를 투과한 햇빛이 유리 덮개 속 수은에 모이면 산화수은이 열을 받아 분해되면서 기체가 방출된다. 덮개 내 기압이 증가하면서 일부 수은이 덮개 안에서 바깥으로 배출된다. 그는 이런 방법으로 가열된 산화수은에서 분해된 기체를 얻었다. 이 기체가 바로 오늘날에는 누구나 다 아는 '산소'다. 당시 프리스틀리는 이 기체를 '탈(脫)플로지스톤 공기(dephlogisticated air)', 즉 플로지스톤을 제거한 공기라고 불렀다. 왜 이런 이상한 이름이 붙었는지는 곧 살펴볼 텐데, 우리는 편의를 위해 그 기체를 '산소'라고 부르기로 하자.

산소를 발견한 것이 프리스틀리의 가장 위대한 업적이지만, 당시에는 이것이 많은 사람의 관심을 끌지 못했다. 프리스틀리 이전에도 여러 학자가 고체를 가열하는 방법으로 동일한 기체를 얻었기 때문이다. 예를 들어 1678년에 영국의 과학자 로버트 보일(Robert Boyle, 1627~1691)이 렌즈로 초석(硝石, 질산칼륨)을 가열해 프리스틀리와 유사한 결과를 얻었고, 영국의 생리학자 스티븐 헤일스(Stephen Hales, 1677~1761)도 열을 가하는 방법으로 일종의 '좋은 영향을 받은 공기'를 얻은 바 있다. 심지어 그보다 훨씬 앞선 13세기에 독일 연금술사도 프리스틀리와 같은 실험을 한 적이 있었다. 하지만 프리스틀리 이전 과학자들은 이 기체와 공기 사이의 관계를 더 연구하지 않았다. 프리스틀리의 과학적 공헌은 이 기체를 발견하고 나서 주목할 만한 실험을 다양하게 행했다는 것이다.

프리스틀리는 불붙인 초를 산소가 담긴 유리병 안에 넣었을 때 다른 실험에서와는 달리 촛불이 꺼지기는커녕 더 강하고 밝게 타오르는 것을 발견했다. 프리스틀리는 몹시 놀라고 기뻤으나 이 현상을 어떻게 해석해야 할지 몰랐다. 그는 또 빨갛게 달군 철사를 산소가 담긴 병 안에 넣자마자 철사가 하얀 빛을 내며 타다가 곧 구불구불해진다는 사실을 발견했다.

프리스틀리는 여전히 자신이 발견한 것의 정체를 알지 못했다. 심지어 그것이 곧 화학의 혁명을 가져오리라는 것도 몰랐다. 몇 년이 지난 후, 그는 이 기념할 만한 실험에 대해 질문을 받았을 때 이렇게 답했다.

> 오래전이라 그 실험을 할 때 제가 무슨 생각을 했는지 잘 기억나지 않습니다. 게다가 실험 결과에 대해 별 기대가 없었습니다. 우연히 제 눈앞에 불붙인 초가 없었더라면 이 실험을 할 수 없었을 겁니다. 물론 이 기체를 더 깊이 연구하는 행운도 못 잡았겠지요. 그래서 저는 과학 연구에서 사전 계획이나 이론보다는 우연한 기회가 더 중요하다고 생각합니다.

그때까지만 해도 프리스틀리는 물질의 연소에 대한 정확한 인식이 없었기 때문에 연소 과정에서 산소가 어떻게 작용하는지도 알지 못했다. 연소에 대한 그의 인식은 아직 '플로지스톤설' 수준에 머물고 있었다. 플로지스톤설은 어떤 물질이 연소할 때 함유되어 있던 플로지스톤이 불꽃 형식으로 방출된다는 것이다. 가연성 물질은 플로지스톤 함량이 많고, 쉽게 타지 않는 물질은 플로지스톤 함량이 적다고 여겼다. 플로지스톤설에 따르면 기체는 플로지스톤, 흙, 초석으로 이뤄진 기이한 화합물에 불과했다. 그래서 기체는 간단한 원소가 아니라고 여겨졌다. 프리스틀리는 여러 모순점 때문에 혼란스러워하면서도 플로지스톤설이 절대적으로 정확하다고 굳게 믿었다.

1775년 3월, 프리스틀리는 쥐 두 마리를 각각 종 모양 유리 덮개 속에 넣었다. 한쪽에는 일반 공기가 가득했고, 다른 쪽에는 산소가 가득했다. 이런 준비를 마친 후, 그는 의자에 앉아 쥐의 행동을 관찰했다. 얼마나 시간이 흘러야 재미있는 현상이 나타날지 예측할 수 없었다.

갑자기 보통 공기를 넣은 덮개 속 쥐가 불안한 모습을 보이더니 동작이 뻣뻣해지는 징조가 나타났다. 조금 더 시간이 흐르자 쥐는 감각을 상실했다. 시간을 확인하니 15분이 흘러 있었다. 그는 얼른 쥐를 꺼냈지만 쥐는 더 이상 움직이지 않았다. 그는 산소를 넣은 덮개 쪽을 바라보았다. 그 안의 쥐는 여전히 건강하고 활발하게 움직이고 있었다. 다시 10여 분이 흐르자 그 쥐도 불안한 모습을 보이기 시작했다. 프리스틀리는 곧바로 쥐를 꺼내 따뜻하고 바람이 잘 통하는 곳에 놓았다. 몇 분 후, 쥐는 다시 전과 같이 활력을 되찾았다.

산소를 넣은 덮개 속 쥐는 30분을 놔둬도 살았는데, 보통 공기를 넣은 덮개 속 쥐는 15분 만에 죽었다. 이 현상을 어떻게 해석해야 할지 프리스틀리는 고민스러웠다. 산소가 보통 공기보다 깨끗한 것일까? 아니면 보통 공기 안에 생명을 위협하는 성분이라도 있는 것일까? 그날 밤, 프리스틀리는 잠을 이루지 못하고 이 문제를 생각했다.

결국 프리스틀리는 산소가 건강에 이롭다는 결론을 내렸다. 그는 이 사실에 고무되어 직접 이 '기체 형태인 영양물질'을 섭취해보기로 했다. 그는 유리관을 이용해 자신이 만든 기체를 흡입했고 보통 공기보다 산소를 들이마셨을 때 호흡이 더 편안하고 빠르다는 것을 알게 되었다. 그것은 몹시 기묘한 감각이었다. 프리스틀리는 실험일지에 이 흥미로운 실험을 기록했다.

나는 플로지스톤을 제거한 공기 속에 있던 쥐가 무척 편안해하는 것을 본후, 호기심이 생겨 나에게 시험해보았다. 이 기체가 가득 들어 있는 큰 병에 유리관을 꽂고 들이마셨다. 당시 내 폐의 감각은 평소 보통 공기를 마실 때와 비슷했다. 그러나 얼마 지나지 않아 몸과 마음이 편안하고 상쾌해졌다. 앞으로 이 기체가 유행하는 사치품이 되지 않으리라고 누가 말할 수 있을까? 하지만 지금은 두 마리의 쥐와 나만 이 기체를 누릴 권리가 있다.

프리스틀리의 예언은 오늘날 현실이 되었다. 대도시에 '산소 바(bar)'가 생겨 고객에게 산소를 제공한다고 하니 산소가 '유행하는 사치품'이 되었다고 볼 수 있다. 프리스틀리는 그 밖에도 산소를 다방면으로 응용하는 방법을 빠르게 예측했다.

인간의 폐에 병증이 나타날 때, 산소는 독특한 치유 작용을 할 수 있다. 반면 보통 공기는 산소처럼 철저하고 신속하게 폐 속의 노폐물을 체외로 배출시키지 못한다.

현재 사람들은 산소를 이용해 심장이 약한 환자, 폐렴 환자, 짙은 연기에 질식한 환자를 치료하고 있으며, 고산을 등반하는 산악인이나 우주 비행사 등에게 산소는 없어서는 안 될 필수품이 되었다.

프리스틀리는 보통 공기 대신 산소를 송풍관에 넣으면 화력이 배로 강해질 것이라고 생각했다. 그는 한 친구의 도움을 받아 산소를 공기 주머니에 넣은 후 유리관을 거쳐 불붙인 나무토막 위로 불어넣는 장치를 고안했다. 산소가 들어가자 미약하던 불꽃이 확 타올랐다. 이것이 널리 쓰이는 산소 용접 장치의 초기 모습이다.

프리스틀리는 많은 과학 실험을 성공적으로 수행하여 뛰어난 재능과 지성을 드러냈다. 그는 과학계에서 높은 평가와 주목을 받았고 1772년에는 프랑스 과학아카데미의 명예회원으로 위촉되었다. 같은 해 12월에는 영국의 유명한 정치가이자 셸번(Shelburne) 백작인 윌리엄 페티(William Petty, 1737~1805)가 프리스틀리를 알게 되었다. 박학다식한 정치가였던 윌리엄 페티는 프리스틀리에게 연간 250파운드의 실험 비용을 지원하기로 했다. 또한 프리스틀리를 개인 도서관의 관리자이자 학예관으로 삼아 자신의 저택에 거주하도록 해주었다. 그 후 8년 동안 프리스틀리는 윌리엄 페티의 저택에서 지내며 편안한 환경에서 다양한 실험을 진행했다.

1774년에 프리스틀리는 셸번 백작의 유럽 대륙 여행을 따라갔다가 파리에서 프랑스의 유명한 화학자 앙투안 라부아지에(Antoine Lavoisier, 1743~1794)를 만났다. 프리스틀리는 라부아지에의 실험실에서 파리 과학자들에게 그가 진행한 실험을 시연했다. 그의 실험은 프랑스 과학자들을 매우 놀라게 했다. 프랑스 과학자들은 그에게 여러 가지 질문을 던졌고, 그는 빠짐없이 대답하면서 자신의 연구 성과를 전부 설명해주었다. 그는 자신의 설명과 시연이 라부아지에에게 충격을 주었으며 뒤이어 '화학 혁명'의 막을 열 줄은 몰랐을 것이다. 프리스틀리가 "당시에는 실험의 결과가 어떨지 별로 기대하지 않았다"라고 말했던 것처럼 말이다.

라부아지에를 놀라게 한 것은 프리스틀리의 연소 관련 실험, 즉 산소가 있을 때 연소 반응이 더 격렬해지는 실험이었다. 이 실험으로 라부아지에는 이른바 플로지스톤설을 철저하게 비판했으며 연소를 '산화(酸化)'로 보는 학설을 제시했다.

연소 현상은 사람들이 가장 많이 보고 널리 이용하는 화학 반응이지만 수천 년 동안 화학자들을 혼란스럽게 한 현상이기도 했다. 플로지스톤설은 아주 오래된 이론이지만 17세기에 이르러서야 명망 높은 이론으로 성립되었다. 이 이론이 인정받은 것은 독일의 화학자 게오르크 에른스트 슈탈(Georg Ernst Stahl, 1660~1734)의 노력 덕분이었다. 슈탈은 여러 이론과 실험을 종합하여 연소반응을 일으키는 것이 아리스토텔레스가 말한 것처럼 불 원소가 아니라 '무게가 없고, 감지 불가능하며, 미세한 기체 물질'이라고 주장하면서 그 물질을 플로지스톤이라고 불렀다.

그는 플로지스톤이 가연성 물질(동식물 및 금속 등) 안에 존재한다고 여겼다. 연소할 때 이들 물체에서 플로지스톤이 빠져나와 공기와 결합해 불을 형성한다는 것이었다. 가연성 물질이 불에 탈 때 방출되는 플로지스톤은 주변 공기에 흡수되며, 이때 공기에 흡수된 플로지스톤은 다시 공기와 분리될 수 없다고 여겼다. 다만 식물은 공기 중에서 플로지스톤을 흡수할 수 있으며, 동물 속에 존재하는 플로지스톤은 식물에서 흡수한 것이라고 보았다. 연소 과정에서 공기는 필수 요소인데, 공기가 플로지스톤을 흡수할 수 있기 때문이다. 그렇지 않다면 플로지스톤은 가연성 물질에서 벗어날 수 없을 것이며, 가연성 물질이 플로지스톤을 방출하지 않는다면 연소라는 과정이 일어날 수 없다. 만약 공기가 흡수한 플로지스톤이 너무 많아 포화 상태에 이르면 연소를 통해 플로지스톤을 소모하게 되고, 그 후 불이 꺼진다.

플로지스톤설은 원래부터 허점이 많은 가설로, 실험 결과와 자주 모순되었다. 게다가 플로지스톤을 찾으려는 학자들의 노력은 몇 번이나 실패로 돌아갔다. 하지만 라부아지에 이전에는 수많은 과학자가 이 플로지스톤설을 철석같이 믿었다. 프리스틀리처럼 탁월한 실험의 대가조차도 플로지스톤설이 진리라고 굳게 믿었으며, 죽을 때까지 그 생각을 바꾸지 않았다. 그는 산소가 연소를 돕는 특별한 재주가 있음을 발견한 후, 플로지스톤 이론으로 산소의 특징을 설명하고자 했다. 그가 산소를 '탈플로지스톤 공기'라고 명명한 것도 플로지스톤설에 기반한 것이었다. 프리스틀리는 자신이 발견한 기체(산소)에 플로지스톤이 함유되어 있지 않다고 여겼고, 그래서 물질이 산소 속에서 더욱 빠르고 강하게 연소한다고 보았다.

라부아지에는 1772년부터 기체와 연소 과정을 연구했는데, 프리스틀리의 실험을 알게 된 후 금세 그 실험의 중요성을 알아차렸다. 프리스틀리는 중대한 실험에 성공했지만 고집스럽게 플로지스톤 이론을 고수했기 때문에 새로운 연소 이론을 확립할 기회를 놓쳤다. 라부아지에는 정밀하게 측정된 실험을 통해 프리스틀리가 '탈플로지스톤 공기'라고 불렀던 기체가 사실은 새로운 기체 원소이며 연소반응을 돕고 호흡을 편안하게 하는 효능 외에 여러 비금속 물질과 결합하여 각종 산성물을 형성한다는 것을 알아냈다. 라부아지에는 이 새로운 기체 상태의 원소를 산소(酸素, Oxygen)라고 명명했다. 그는 실험을 통해 공기 자체는 원소가 아니며 주로 산소와 질소로 구성된 혼합물임을 밝히기도 했다.

1778년에 라부아지에는 플로지스톤 이론을 완전히 부정하고, 연소 과정이 가연성 물질이 산화하는 과정임을 증명했다. 가연성 물질은 연소 과정에서 산소를 흡수하며 플로지스톤이라는 것은 애초에 존재하지 않는다는 것이었다. 라부아지에 이후 연소의 산화 학설이 빠르게 플로지스톤 이론을 대체했다. 이 이론은 주요 화학 반응 중 많은 부분을 설명할 수 있었다. 라부아지에의 산화 이론은 현대 화학의 기초가 되었다. 과학자들은 앞다투어 플로지스톤 이론을 버리고 산화 이론을 받아들였다. 그러나 산소를 발견한 사람인 프리스틀리는 죽을 때까지 산화 이론을 인정하지 않고 플로지스톤의 존재를 믿었다. 심지어 실험을 진행하지 못할 정도로 쇠약해졌을 때도 마지막으로 발표한 논문에서 플로지스톤을 옹호했다. 그는 친구인 프랑스 화학자 클로드 루이 베르톨레(Claude Louis Berthollet, 1748~1822)에게 보낸 편지에서 이렇게 썼다.

> 허약해진 친구로서 나는 플로지스톤을 위해 할 수 있는 모든 노력을 했네. (……) 플로지스톤에도 문제는 있지. 그 문제는 우리가 지금까지도 플로지스톤의 무게를 확실히 알지 못한다는 것이네.

프리스틀리는 플로지스톤을 향한 맹목적인 믿음 때문에 자신이 발견한 산소의 가치를 알아보지 못했다. 그래서 사람들은 프리스틀리를 "딸을 인정하지 않은 현대 화학의 아버지"라고 부르게 되었다. 과학사를 연구하는 전문가들은 프리스틀리에 관해 연구할 때마다 안타까움과 의아한 심정을 감추지 못한다. 일본 화학자 야마오카 노조무(山岡望, 1892~1978)는 『화학사 이야기』(化学史塵)에서 이렇게 썼다.

> 프리스틀리와 셸레[2] 두 사람의 손에 연소 과정의 비밀을 풀 중요한 열쇠가 쥐어져 있었다. 그러나 두 사람은 그 영광의 기회를 고스란히 잃어버렸다. 원인은 몹시 분명하다. 바로 플로지스톤 이론에 관한 과도한 확신이 미혹과 속박에서 빠져나오지 못하게 만든 것이다. (……)

---

2   칼 빌헬름 셸레(Carl Wilhelm Scheele, 1742~1786)는 스웨덴의 화학자로 산소의 발견자 중 한 사람이다.—저자

이상한 점은 프리스틀리가 본래 자유로운 사상을 가진 사람이었다는 점이다. 기독교 교리든 정치적인 입장이든 그는 늘 대다수의 사람과 다른 새로운 사상을 가지고 있었다. 그러나 왜 화학에서만큼은 보수적인 입장이었는지 알 수 없다. 그는 종교와 정치에서는 자유주의자였고, 그래서 말년에 비극을 겪기도 했다. 당시는 프랑스 혁명이 한창일 때였는데, 몇몇 자유주의자는 1791년 7월 14일에 (……).

이제 바로 프리스틀리가 겪은 정치적인 비극에 대해 서술하겠다.

✦

프랑스 혁명이 일어난 후, 프리스틀리는 이 혁명을 찬양하는 태도를 취해 영국 귀족들의 미움을 받았다. 교회, 과학계의 거물 등 지배 계급을 대표하는 모든 사람들이 프리스틀리를 악랄한 방식으로 공격했다. 그들은 프리스틀리가 염치를 모르고 표절을 자행했다고 몰아가면서 그가 과학에 아무런 기여도 하지 않았다고 주장했다. 계략을 써서 원래부터 그의 것이 아닌 명예를 훔쳤다는 것이었다.

프리스틀리는 굴복하지 않았다. 그는 계속 글을 발표하고 연설을 하면서 흑인 노예를 사고파는 것은 죄악이라고 호소했다. 과학계의 거물들이 그를 공격하는 데 항의하기 위해 왕립학회를 탈퇴하기도 했다.

1791년 새해가 시작되자마자 프리스틀리는 신년 설교에서 새로운 사회의 이상적인 모습을 자유, 평등, 박애라고 설명했다. 그해에는 프랑스 혁명에 동조하는 영국인들이 점점 늘어나 협회를 결성했고, 영국에서도 개혁을 실시해야 한다고 공개적으로 호소했다. 이런 행동은 통치 계급에게 큰 불만을 샀다. 그래서 협회를 반대하는 세력이 집단적으로 그들을 공격했다. 그들은 공개적으로 프리스틀리를 이교도, 악마의 친구, 입헌주의를 멸시하는 자라고 몰아세웠고, 영국을 파멸과 빈곤의 구렁텅이에 빠뜨릴 것이라고 주장했다.

1791년 7월 14일에 프랑스 혁명을 지지하는 모임에서 파리 시민의 바스티유 감옥 공격 2주년을 축하하기로 결정했다. 그날 밤 프리스틀리가 거주하는 버밍엄의 실험실이 왕실이 선동한 폭도들의 손에 불탔다. 이것이 과학사에서 '7월 14일 사건'이라고 알려진 유명한 사건이다. 다행히 폭도들이 실험실에 난입하기 30분 전, 프리스틀리는 아들의 손에 이끌려 실험실을 벗어났다.

폭도들은 돌을 던져 실험실과 집을 부쉈다. 위대한 과학자가 평생 어렵게 운영해온 실험실이 금세 난장판이 되었다. 이성을 잃은 폭도들은 프리스틀리의 도서실에도 불을 질러 그가 평생 수집한 진귀한 도서와 원고를 전부 태워버렸다. 프리스틀리는 그 일 이후 계속 친구 집에 피신해 있다 가을이 되어서야 해크니 지역 목사로 옮겨갔다.

7월 14일 사건은 전 세계 과학자들의 분노를 샀다. 각국의 저명한 과학자가 모두 프리스틀리를 지지하고 민주와 자유를 탄압하는 영국의 행동을 규탄했다. 1792년 9월 프랑스 의회는 프리스틀리를 프랑스 명예시민으로 추천했으며, 자금을 모아 실험실과 도서실 재건을 돕고자 했다. 얼마 후 프리스틀리는 국내외 유명 인사의 지지를 받아 소송을 제기하여 4천 파운드의 손해 배상을 받았다. 영국 국왕 조지 3세는 어쩔 수 없이 신하인 던디(Dundee)에게 보내는 편지에서 이렇게 썼다.

짐은 프리스틀리와 그 일당이 이교도의 나쁜 영향을 이토록 깊게 받은 것을 유감스럽게 생각한다. 그러나 프리스틀리 등에게 폭력적인 방식으로 경멸을 표하는 데는 동의할 수 없다.

프리스틀리는 승소했고, 다시 과학계로 돌아갈 수 있었다. 그러나 사람들이 저지른 짓을 생각하면 오싹해지곤 했다. 결국 그는 영국을 벗어나 먼 외국으로 떠날 결심을 했다. 그의 세 아들 조지프, 윌리엄, 헨리가 1793년 8월에 먼저 미국으로 향했다. 다음 해 4월 7일, 프리스틀리도 아내와 함께 미국행 배를 탔다. 그는 성공, 명예 그리고 잊을 수 없는 상처를 준 조국을 떠나 미국에 정착했다.

영국과 대조적으로, 프리스틀리가 뉴욕항에 도착했을 때 미국 시민들은 전쟁터에서 개선한 영웅처럼 그를 맞이했다. 미국 민주당 소속의 정치기구인 뉴욕 태머니홀(tammany hall)에서는 따로 사람을 보내 프리스틀리에게 환영 인사를 전하기도 했다.

존귀한 장로님, 당신께서 이 나라에 발 디딘 날부터 당신은 전제주의의 화염과 권력의 마수 그리고 편견의 속박에서 벗어나셨습니다. 당신은 자유의 공기를 마시고 편안한 피난처를 찾으실 것입니다.

미국인들은 연약하면서도 활력이 넘치는 이 영국인을 따뜻하게 맞아주었고, 미국 전역에서 목사들이 그를 위해 단체로 기도했다. 펜실베이니아대학교는 즉시 그를 화학 교수로 초빙했고, 그 밖에도 여러 학술단체들이 그에게 강연을 요청해 그중 몇 가지 제안을 받아들였다.

나중에 프리스틀리는 조용하고 따뜻하며 널찍한 노섬벌랜드(Northumberland)에 자리 잡았다. 그는 그곳에 집과 실험실을 짓고 집필과 실험에 매진했다. 이곳에 머무는 동안, 미국의 위대한 정치가이자 세 번째 대통령인 토머스 제퍼슨(Thomas Jefferson, 1743~1826)이 자주 그의 집에 들러 새로운 발견에 대해 물어보곤 했다. 나중에 제퍼슨은 대통령이 되었을 때 프리스틀리에게 "당신의 삶은 인류가 귀중하게 여겨야 할 적은 많지 않은 인생 중 하나입니다"라고 말하기도 했다.

프리스틀리는 종종 필라델피아에서 열리는 미국 철학 학술회의에 참석했으며, 회의 전에는 관련 논문을 읽거나 미국 초대 대통령인 조지 워싱턴(George Washington, 1732~1799)과 차를 마셨다. 워싱턴은 프리스틀리에게 "언제든지 방문하셔도 좋습니다. 예의에 얽매이지 않으셔도 됩니다"라고 말했다.

1798년을 앞두고 프리스틀리의 실험실이 완공됐다. 그는 중요한 화학 실험을 또 한 번 진행했다. 불탄 숯에서 기체를 수집했는데, 지금은 그 기체를 일산화탄소라고 부른다. 이 무색의 기체가 발견됨으로써 난롯불이 왜 푸른빛을 띠는지에 관한 과학적인 해석이 가능해졌다. 가스를 연료로 음식을 지어 먹는다는 발상이 프리스틀리가 1798년을 전후로 이룩한 과학적 발견까지 거슬러 올라가는 것이다.

프리스틀리는 미국으로 이주한 뒤에도 영국 과학계와 긴밀한 관계를 유지했다. 그는 자신의 새로운 과학적 발견을 영국 내 지인들에게 자주 알렸고, 친구들도 타향을 떠도는 프리스틀리를 잊지 않았다. 1801년에 영국의 발명가 제임스 와트(James Watt, 1736~1819)와 그의 연구 파트너인 매슈 볼턴(Matthew Boulton, 1728~1809)은 인편으로 대량의 기체를 제조할 수 있는 장치를 프리스틀리에게 전해주었다. 프리스틀리는 70세 이후에도 여전히 원기가 왕성했지만, 몸은 날로 쇠약해졌다. 그는 친구에게 말했다.

나는 이미 사람들이 또 다른 세상이라고 부르는 생활을 하고 있습니다. 하지만 내가 가진 것과 같은 행복을 누렸던 사람은 거의 없을 것입니다. 제퍼슨 씨에게 그의 뛰어난 관리 덕분에 나는 아주 잘 지내고 있으며, 여기서 일생을 마칠 수 있기를 기대한다고 전해주십시오. 나는 지구에 가까이 누워 있는 이 죽음의 방식이 의심할 여지없이 가장 좋다고 믿지만, 더 뛰어난 증류 기관이 나오는 것을 보기 위해 서서 죽기를 원합니다.

1804년 2월 6일 월요일 아침 8시. 프리스틀리는 침대에 조용히 누워 임종을 기다렸다. 그는 여전히 정신이 맑았고, 수첩을 가져오게 해서 그가 마지막으로 한 연구 결과를 기록했다. 평생 글쓰기에 매달린 그였지만 이제는 펜을 들기 어려워 몇 가지 화학 반응에 관해 자세하고 분명하게 구술하는 수밖에 없었다.

그는 몇 번이나 반복해서 당부했다. 조수가 인내심 있게 그의 말에 대답했다.

"모두 기억했습니다. 안심하세요."

프리스틀리는 여전히 혼잣말을 중얼거렸고 그때의 표정은 대단한 만족감으로 가득했다. 갑자기 그가 소리 높여 외쳤다.

"그게 맞아! 이제 다 했구나."

30분 후, 지혜와 희망으로 빛나던 눈이 감겼고, 다시는 뜨이지 않았다.

프리스틀리의 사후, 그가 살았던 노섬벌랜드의 집은 온전한 상태로 보존되었다. 지금도 그 건물은 방화 설비를 갖춘 넓은 박물관으로 거듭나 프리스틀리가 썼던 플라스크, 저울, 수은통, 배기관 등 여러 실험기구가 전시되어 있다. 펜실베이니아대학교에는 프리스틀리의 방법대로 제작한 실험기구 견본이 소장되어 있다. 이런 사실을 통해 조지프 프리스틀리의 이름이 역사에 길이 남았다는 것을 알 수 있다.

1874년 8월 1일, 프리스틀리가 태어난 리즈시 중심부에는 '산소 발견 100주년'을 기념하여 그의 조각상이 세워졌다. 같은 날, 미국 화학자들은 프리스틀리의 묘지에 모여 그를 기념했으며, 미국화학회가 공식적으로 출범했음을 공표했다. 새로 설립된 미국화학회는 영국 왕립학회에 전보를 보내 프리스틀리가 이 학회의 명예회원으로 위촉되었으며 그의 공로가 미국 역사에 기록될 것이라고 알렸다.

15장

돌턴이 저지른 황당한 실수

새벽녘에 안개가 피어오르더니,
밝은 태양이 떠올랐다.

단테(Dante, 1265~1321)

원자의 질량을 측정하는 것은 인류 역사상 가장 용감한 도전이
었다.

야마오카 노조무(山岡望, 1892~1978)

　　1822년에 영국의 화학자 존 돌턴(John Dalton, 1766~1844)이
영국 왕립학회 회원으로 위촉되었다. 그로부터 얼마 후 돌턴은 당시 세
계 과학의 중심지였던 프랑스 파리를 방문했다. 파리 과학계는 그를 열
렬히 환영했는데, 대접이 너무 극진해 돌턴이 도리어 불안해질 지경이
었다. 그가 파리 과학아카데미의 회의실로 들어가자 아카데미 회장과
회원들이 전부 일어섰고, 허리를 굽혀 인사를 했다. 영국 전체가 이 일을
의외라고 여길 정도였다. 나폴레옹도 이런 영예를 누리지는 못했으니
프랑스 과학계 사람들이 돌턴에게 얼마나 정중했는지 짐작할 수 있다.
　　파리 사람들은 돌턴을 영국을 상징하는 수사자로 여겼고, 프랑스에서

가장 유명한 과학자가 돌턴과 대화하는 것을 영광으로 생각했다. 73세의 라플라스는 그와 성운 가설을 토론했고, 74세인 베르톨레는 그의 손을 부여잡고 산책하며 이야기를 주고받았다. 돌턴과 대화하며 퀴비에의 두 눈은 빛났다. 게다가 퀴비에의 외동딸이 돌턴의 파리 여정 내내 곁을 지켰다. 파리대학교에서 화학을 가르치는 조제프 루이 게이뤼삭(Joseph Louis Gay-Lussac, 1778~1850)은 돌턴을 자기 실험실로 초대해 원자론을 상세히 토론했다.

영국 빈민층 출신이었던 돌턴이 왜 프랑스 과학계에서 이토록 극진한 대접을 받았을까? 그가 원자론을 제창했기 때문이다. 원자론은 1954년에 노벨 화학상 수상자인 미국의 화학자 라이너스 폴링(Linus Pauling, 1901~1994)이 말했듯 "화학 이론 가운데서 가장 중요한 이론"이다. 지금부터 돌턴이 만든 원자론의 성공과 실수, 기쁨과 고난을 하나하나 살펴보자.

✦

1766년 9월 6일에 돌턴은 영국 북부의 가난한 시골 마을 이글스필드에서 태어났다. 그의 아버지는 가진 것 없는 방직공이었다. 당시 영국 상황은 시인 셸리가 "민중은 경작을 포기한 들판에서 기근을 견디며…"라고 읊은 것과 닮아 있었다. 돌턴의 어머니는 여섯 아이를 낳았고 그중 세 아이가 힘든 가정 형편 때문에 일찍 세상을 떠났다.

부모는 가능한 한 아이들을 교육하려 했다. 그것만이 가난에서 벗어날 방법이었기 때문이다. 돌턴은 여섯 살에 마을 교회에서 운영하는 초등학교에 입학했다. 교사는 꼬마 돌턴이 배운 내용을 전부 이해할 때까지 절대 포기하지 않는 고집이 있음을 금세 알아차렸다. 그는 학생들 가운데 돌턴이 가장 뛰어나다며 사람들 앞에서 자주 칭찬했다.

열한 살이 되었을 때 가족은 더 이상 그의 학비를 댈 수 없었다. 돌턴은 어쩔 수 없이 학교를 그만두었고 열두 살부터는 뛰어난 머리와 몇 년간 공부한 경험을 살려 학생들을 가르치게 되었다. 그가 몹시 바라던 일이었다. 돈을 벌어 가계에 보탬이 될 뿐 아니라 학업에 대한 열망을 만족시키는 일이기도 했다. 어린 나이에 교사가 되다 보니 자기보다 나이가 많고 키가 큰 학생들에게 괴롭힘을 당하는 일도 있었다. 그러나 이런 괴롭힘은 도리어 돌턴이 과학에 강한 흥미를 갖는 계기가 되었다.

3년 후 돌턴의 지식은 크게 발전했다. 좁은 농촌 마을에서는 그의 끝없는 호기심을 채울 수 없었다. 돌턴은 추천을 받아 켄달시의 기숙 중학교에 보조교사로 채용되었다. 켄달에서 일하던 때에 돌턴은 맹렬하게 책을 읽었다. 자연과학이든 철학이든 문학 서적이든 가리지 않고 파고들었다. 그는 켄달에서 보낸 12년간 읽은 책이 이후 50년간 읽은 책보다 많았다고 회고했다. 독학을 하면서 켄달의 시각장애 학자 존 고프(John Gough)에게 외국어와 수학을 배우기도 했다. 돌턴은 그의 도움으로 자연의 비밀에 관해 꾸준하고 깊이 있는 고찰을 이어갔다.

1793년에 스물일곱 살이 된 돌턴은 고프의 추천을 받아 맨체스터에 새로 지은 대학교에서 수학과 물리학 강사로 일했다. 나중에는 화학을 독학하여 화학 과목도 가르쳤다. 외진 시골 마을에서 태어난 빈민층 아이가 군센 의지와 노력으로 어엿한 학자가 되어 대학 강단에 선 것이다.

✦

시골에서 초등학생을 가르칠 때, 돌턴은 일라이휴 로빈슨(Elihu Robinson)이라는 자연과학 애호가의 도움으로 기상관측을 시작했다. 그때부터 그는 매일 기상관측을 쉬지 않았다. 1844년 7월 26일, 세상을 떠나기 전날에도 그는 펜도 제대로 쥐지 못하는 손으로 생애 마지막 기상관측 기록을 작성했다. 그날 그는 "가랑비가 내린다"라고 썼다.

기상관측을 꾸준히 해온 덕분에 돌턴은 공기의 구성을 연구하게 되었고, 여기서 원자론을 향한 그의 사유가 시작되었다. 그는 자신의 사고 과정을 이렇게 회고했다.

> 오랫동안 기상관측을 하면서 대기를 구성하는 물질의 성질을 생각했다. 나는 자주 이상함을 느꼈다. 복합적인 대기에는 두 가지 혹은 그 이상의 탄성유체(彈性流體)[1] 혼합물이 존재하는데도 왜 외관상으로는 균일한 기체를 형성할까? 또한 그 복합적인 대기가 왜 역학 관계에서는 단순한 물질과 같을까?

돌턴은 기체와 기체 혼합물을 연구하기 시작했다. 공기의 구성 성분은 자연스럽게 그가 제일 먼저 관심을 가진 문제였다. 당시 과학계에서는 일반적으로 공기가 네 가지 기체(산소, 질소, 이산화탄소, 수증기)로 구성되었다고 여겼다. 그런데 이 네 가지 기체가 어떻게 결합되어 있을까? 일종의 화합물인가, 아니면 모래와 진흙처럼 혼합물인가? 돌턴은 공기가 몇 가지 기체의 혼합물이라는 믿음에 더 기울어져 있었다. 그렇다면 이 혼합물은 어떻게 섞여 있는 것일까? 어떤 특수한 성질이라도 있을까?

돌턴은 이 문제의 답을 확실히 알아내기 위해 실험을 설계하여 혼합

---

[1] 기체 혹은 증기를 가리킨다.—저자

기체를 구성하는 기체 각각의 압력을 측정하기로 했다. 이 실험으로 발견한 법칙이 그 유명한 '돌턴의 부분압력 법칙'이다. 이 법칙은 일정한 온도에서 혼합 기체를 구성하는 각 기체의 압력은 그 기체가 동일한 용기에 단독으로 존재할 때의 압력과 같다는 것이다.

돌턴은 기체를 미세 입자로 구성된 물질로 생각하면 부분압력의 법칙을 더 쉽게 설명할 수 있다는 것도 알아차렸다. 한 가지 기체의 입자가 다른 기체 입자 사이에 균일하게 분포한다면 이런 기체 입자가 나타내는 움직임은 또 다른 기체 입자가 용기 내에 존재하지 않을 때와 같다. 돌턴은 다음과 같은 결론을 내렸다.

> 물질에 미세한 입자 구조(즉 궁극적인 질점)가 존재한다는 것은 의심할 여지가 없다. 이런 미세 입자는 너무 작아 성능을 개선한 현미경으로도 볼 수 없을지 모른다.

이때 돌턴은 자연스럽게 고대 그리스 철학자들이 제기했던 원자 가설을 떠올렸고, 자신이 생각하는 미세 입자를 '원자(atom, 더 이상 분리할 수 없는 물질이라는 뜻)'라는 단어로 명명했다. 돌턴은 원자를 원소(element) 개념과 결합하여 원소는 원자들로 구성되어 있는데, 원소마다 다른 원자가 있다고 생각했다. 동일한 원소의 원자는 크기와 질량 등이 같다.

돌턴의 원자론은 고대 그리스의 원자 가설과는 본질적으로 다르다. 고대의 원자 가설에서는 모든 원자가 본질적으로 같지만 크기와 모양이 다르다고 보았다.

반면 돌턴의 원자론은 원소마다 그 원자가 완전히 다르다고 보았다. 그중에서 돌턴이 특별히 강조한 것이 원자의 질량이다. 서로 다른 원자는 그 질량이 다 다르다고 본 것이다. 그는 대담하게 가설을 세웠다. 각 원소의 원자 질량이 항상 일정하며 변하지 않는다고 가정했다. 더욱 감탄할 만한 부분은 돌턴이 과감하게 여러 원자의 질량을 측정하겠다고 나선 것이었다. 이 용감한 도전에 대해 일본의 화학사 연구가 야마오카 노조무는 "원자의 질량을 측정하는 것은 인류 역사상 가장 용감한 도전이었다"라고 감탄했다.

돌턴의 원자론을 이용하면 기체의 부분압력 법칙을 설명하는 것이 쉬워질 뿐 아니라 화학 반응에 있어 질량 보존의 법칙[2], 일정 성분비의 법칙[3] 등을 완벽하게 설명할 수 있다. 게다가 더욱 절묘한 부분은 돌턴이 그가 제창한 원자론에 근거하여 또 하나의 새로운 법칙을 만들었다는 것이다.

그 법칙이 바로 '배수 비례의 법칙'이다. 배수 비례의 법칙이란 두 종류의 원소가 몇 가지 화합물을 구성할 때, 동일한 무게의 A원소와 결합하는 B원소는 간단한 정수비로 표시할 수 있다는 법칙이다. 예를 들어 탄소(A원소)와 산소(B원소)가 결합하면 일산화탄소와 이산화탄소라는 두 가지 화합물이 얻어진다. 이때 탄소 함량이 일정할 경우, 두 화합물의 산소 함량비는 1:2이다. 다른 예를 하나 더 들어보자. 에틸렌($CH_2=CH_2$, 오일가스의 주요 성분)과 메탄(CH_4, 메탄가스의 주요 성분)은 모두 탄소와 수소 두 가지 원소로 구성된다. 탄소 함량이 일정할 경우, 에틸렌과 메탄의 수소 함

2　물질의 질량은 그 상태가 변화해도 계속 같은 값을 유지한다는 법칙. 다시 말해 물질은 형태만 달라질 뿐 생기거나 없어지지 않는다.

3　어떤 화합물을 구성하는 성분 원소 간 질량비가 항상 일정하다는 법칙. 예를 들어 물을 구성하는 수소와 산소의 질량비는 언제나 1:8이다.

량비 역시 1:2이다.

배수 비례의 법칙은 돌턴 원자론이 거둔 놀라운 승리다. 돌턴이 먼저 이론적으로(혹은 예언이라고 해도 좋다) 이 법칙을 세운 뒤, 나중에 실험을 통해 법칙이 사실임을 입증했기 때문이다. 대단한 쾌거였다. 당시 화학계의 풍조는 이론적 사고를 경시하고 "실험이 모든 것을 결정한다"라는 주장을 일방적으로 강조했다. 이런 경험주의 사조는 당시 화학자들의 사상을 심하게 속박하는 결과를 낳았다. 그런데 돌턴이 전통을 깨고 이론적 사고의 위력을 여실히 보여준 것이다. 게다가 배수 비례의 법칙이 만들어지면서 돌턴은 순조롭게 원자 질량을 측정하는 작업을 진행할 수 있었다. 물론 여기서 말하는 원자 질량이란 원자의 '상대적 질량'을 가리킨다.

1803년 9월 6일에 돌턴은 첫 번째 원자 질량표를 완성했다. 1803년 10월 21일에는 맨체스터 문학철학회의 공식 모임에서 처음으로 자신의 원자론을 상세히 발표했으며, 원자 질량표를 낭독했다.

돌턴의 원자론은 그때까지 제기된 어떤 이론보다도 화학적 변화의 본질을 깊이 탐구한 이론이었다. 또한 원자론을 이용하면 여러 화학 법칙 간 상관관계를 상당 부분 설명할 수 있었다. 이 때문에 원자론은 화학적 현상을 설명하는 통합 이론으로 자리 잡았다. 돌턴의 원자론이 발표된 이후부터 화학은 진정한 의미에서 정량(定量, 물질에 포함된 각종 성분의 양을 측정하는 것)적인 방향으로 발전하게 되었다. 이는 화학 발전의 신기원을 열었다. 그뿐 아니라 돌턴의 원자론은 자연과학 분야 전체에 아주 중요한 기반을 제공한 이론이었다. 원자론 이후로 인류의 물질 구조에 대한 인식이 급속한 진전을 이뤘기 때문이다. 영국 왕립학회의 회장까지 지낸 화학자 험프리 데이비(Humphry Davy)는 이렇게 평가했다.

원자론은 당대 가장 위대한 과학적 성과이며 케플러의 천문학적 업적에 비견될 만하다. (……) 나는 그의 업적을 우리 후손들이 매우 긍정적으로 평가할 것이라 믿는다. 사람들은 돌턴을 본보기로 삼아 유용한 지식과 진정한 영광을 추구할 것이다.

✦

돌턴의 원자론이 처음부터 과학계의 지지를 받은 것은 아니었다. 사실상 원자론을 반대하는 사람이 더 많았고, 한때 그런 의견이 더 큰 세력을 형성했다. 예를 들어 앞서 언급한 험프리 데이비도 돌턴이 원자의 다양성을 가정한 데 동의하지 않았다. 데이비는 서로 다른 원소라도 통일된 단일 기본 단위가 있어야 한다고 여겼다. 그래야 자연계의 통일성 관념에 부합했기 때문이다. 데이비는 세상을 떠나기 얼마 전에 쓴 글에서 이렇게 말했다.

내가 보기에 돌턴은 원자 철학자에 더 가깝다. 그는 원자를 자신이 제시한 가설에 맞게 배열하기 위해 그는 종종 자신을 헛된 추측에 빠트린다. (……) 그의 이론은 본질적으로 물질이나 원소에 관한 어떤 근본적인 관점과도 무관하다.

더 직설적으로 말한 화학자도 있었다. 프랑스 화학자 장 바티스트 뒤마(Jean-Baptiste Dumas, 1800~1884)는 "할 수만 있다면 원자라는 말을 과학에서 없애버리고 싶다"라고 했다. 프랑스 화학자 베르톨레는 원자론에 대한 자신의 태도를 드러내는 유명한 반문을 제시하기도 했다. "지금까지 누가 기체의 원자를 본 적이 있는가?" 젊은 독일 화학자 아우구스트 케쿨레(August Kekule, 1829~1896)는 "원자가 존재하느냐 하는 문제는 화학의 관점에서 볼 때 아무 의의도 없다. 그런 토론은 오히려 형이상학에 가깝다"고 했다.

돌턴의 원자론에 대한 반대 의견은 1860년이 지나서야 점차적으로 사라졌다. 원자론이 19세기에 논란이 되었던 이유는 다양하지만, 돌턴의 원자론이 그 자체로 허점이 많다는 것은 인정하지 않을 수 없다. 새로운 이론에 허점이 있는 것은 어쩌면 필연적인 부분이라고 할 수 있다. 그러나 돌턴의 꽉 막힌 태도와 타인의 비판에 귀 기울이지 않은 태도는 원자론의 발전을 심각하게 저해했다. 우리는 이런 실수에서 많은 교훈을 얻을 수 있다.

1802년, 즉 돌턴이 원자론을 확립하던 시기에 파리에서 게이뤼삭이 한 가지 가설을 제시했지만 돌턴은 이 가설을 받아들이지 않았다. 그는 게이뤼삭의 가설이 자신의 원자론에 위배된다고 여겼다. 돌턴은 자신의 반대가 화학계에 거대한 혼란을 몰고 올 것임을 몰랐다.

게이뤼삭은 프랑스 화학자다. 그가 발표한 샤를과 게이뤼삭의 법칙[4]은 아주 유명한 것으로, 동일한 조건에서 기체의 온도가 상승할 때 모든 기체가 동일한 수량만큼 팽창한다는 것을 법칙이다.

1804년 이후 게이뤼삭은 각종 기체가 화학 반응 과정에서 보이는 부피 변화의 규칙을 연구했다. 1784년에 영국 과학자 헨리 캐번디시(Henry Cavendish, 1731~1810)가 수소와 산소가 결합하여 물이 될 때 산소와 수소의 부피비가 209:423이며 간략화하면 100:202임을 밝혔다. 이 결과는

---

4   1802년에 게이뤼삭이 처음 발표했지만, 자크 샤를(Jacques Charles, 1746~1823)의 미발표 논문(1787년)을 인용하면서 그가 먼저 이 법칙을 발견했다고 언급했다.

1:2라는 간단한 정수비(整數比)를 닮았다. 게이뤼삭은 여기에 착안했다. 1805년에 그와 독일 과학자 알렉산더 폰 훔볼트(Alexander von Humboldt, 1769~1859)가 캐번디시의 실험을 다시 실행했고, 다른 기체의 반응도 실험했다. 결과는 놀라웠다. 기체가 화학 반응을 일으킬 때 그 부피는 일종의 간단한 정수 비례 관계를 가졌던 것이다.

> 산소와 수소가 화합할 때 부피비는 1:2이다.
>
> 암모니아와 염소가 화합할 때 부피비는 1:1이다.
>
> 아황산 가스와 산소가 화합할 때 부피비는 2:1이다.
>
> 질소와 수소가 화합할 때 부피비는 1:3이다.

1808년에 게이뤼삭은 여러 실험 결과를 종합해 모든 기체는 화학 반응이 일어날 때 반응 전후 기체의 부피가 간단한 비례 관계를 갖는다는 기체 반응의 법칙을 제시했다.

이 법칙은 화학에서 매우 중요한 법칙이다. 돌턴의 원자론을 강력히 뒷받침하는 증거일 뿐 아니라 이 법칙을 이용하면 원자 질량을 더욱 쉽고 정확하게 측정할 수 있다. 게이뤼삭은 이 공로를 인정받아 1806년에 프랑스 과학아카데미의 회원으로 위촉되었다. 이런 기체 부피의 간단한 정수비 관계를 보며 게이뤼삭은 돌턴의 원자론을 떠올렸다. 특히 그의 배수 비례의 법칙을 말이다. 게이뤼삭은 자신이 발견한 화학 법칙이 돌턴의 원자론을 입증한다고 생각했으며, 두 법칙에 근거하여 자연스럽게 새로운 가설을 도출했다.

동일한 온도와 기압에서 동일한 부피를 가지는 서로 다른 기체는 같은 수의 원자를 함유한다.

이 가설이 있으면 돌턴의 배수 비례의 법칙과 게이뤼삭의 기체 반응의 법칙을 원자론을 이용해 쉽게 설명할 수 있다. 게이뤼삭은 이 가설이 돌턴의 지지를 받을 것이라고 믿었고, 실제로 많은 화학자에게서 찬사를 받았다. 예를 들면, 돌턴의 원자론을 확고히 지지했던 영국 화학자 토머스 톰슨(Thomas Thomson, 1773~1852)은 돌턴에게 다음과 같은 편지를 보냈다.

게이뤼삭이 찾아낸 기체 반응의 법칙과 원자론은 완전히 들어맞습니다.

하지만 게이뤼삭의 예상과 달리 돌턴은 곧장 그의 가설에 반기를 들었다. 돌턴은 게이뤼삭의 가설을 알게 되자 그가 출간한 책 『화학철학의 새로운 체계』(*A New System of Chemical Philosophy*) 상권의 2차 인쇄본에 부록을 추가하여 반론을 폈다.

내가 유사한 가설을 이미 제시했다가 이를 신뢰하기 어렵다고 여겨 곧 폐기했음을 게이뤼삭도 모를 리 없다. 그러나 그가 다시 이런 가설을 부활시켰으니 나로서도 몇 가지 의견을 제시할 수밖에 없다.
내가 생각할 때, 다음과 같은 진리는 곧 드러날 것이다. 기체는 어떤 상황에서도 같은 부피로 서로 화합하지 않는다. 만약 그런 것처럼 보인다고 해도 그것은 측정이 정확하지 않은 데 기인할 것이다.

돌턴은 게이뤼삭의 가설을 딱 잘라 부정했을 뿐 아니라 기체 반응의 법칙도 심각하게 의심했다. 그러나 이 법칙은 실험으로 드러난 사실을 종합한 것이며 이미 여러 화학자의 인정을 받은 것이었다. 그런데 돌턴이 그 실험 결과를 뒤집으려 하니 게이뤼삭으로서는 당연히 받아들일 수 없었다. 그래서 두 사람은 1810년부터 논쟁을 벌였다. 이 논쟁은 원자론이 심화 발전하는 것을 크게 저해했으며, 많은 화학자가 원자론에 희미하게 가졌던 불신을 키우는 결과를 낳았다. 본래 원자론을 굳게 믿었던 과학자(게이뤼삭 포함)도 원자론에 대한 지지를 철회했다. 돌턴을 제일 먼저 지지했던 토머스 톰슨도 원자론을 의심하게 되었다. 원자론을 이용해 실험으로 인정받은 기체 반응의 법칙을 돌턴이 반대한 탓이었다.

✦

왜 돌턴은 게이뤼삭의 가설을 반대하고 기체 반응의 법칙마저 의심했을까? 돌턴이 아무 근거 없이 그랬던 것은 아니다. 돌턴의 반대 이유를 간단히 살펴보자.

게이뤼삭의 가설이 옳다면, 즉 동일한 온도와 기압에서 같은 부피의 서로 다른 기체가 같은 수의 원자를 갖는다면, 다음과 같은 사실이 성립한다.

산소(1부피)+수소(2부피)＝물(2부피)

여기서 '부피 1'을 원자 1개라고 가정하자. 그러면 산소와 수소가 결합해 물이 되는 화학 반응에서 산소 원자 1개와 수소 원자 2개가 만나 물이라는 '복잡한 원자' 2개가 된다. 그렇다면 '복잡한 원자'인 물의 원자 1개는 수소 원자 1개와 산소 원자 0.5개로 구성된다는 말이다. 산소 원자가

0.5개라니? 원자 하나가 둘로 갈라지다니? 이 사실은 돌턴의 '원자는 더 이상 나눌 수 없다'라는 원자론에 어긋난다.

사실상 위에서 설명한 것처럼 원자론에 위배되는 화학 반응은 수소와 산소가 결합해 물이 되는 것 하나만이 아니었다. 1의 부피를 가지는 기체 원소가 2(혹은 그 이상)의 부피를 갖는 기체를 생성할 경우, 이런 모순은 계속 일어날 수밖에 없다. 다음 화학 반응에서도 마찬가지다.

질소(1부피)+수소(3부피)=암모니아(2부피)

'복잡한 원자' 암모니아 1개는 질소 원자 0.5개와 수소 원자 1.5개로 구성되는 셈이다.

돌턴은 원자론을 수립하는 과정에서 게이뤼삭과 같은 가설을 내놓기도 했으나 이 같은 모순이 발견되자 곧 포기했다. 당시 돌턴 앞에는 두 가지 선택지가 있었다. 첫째는 기체의 부피에 관한 법칙(기체 반응 법칙)을 부정하는 것이다. 이 법칙이 옳다면 원자론에 큰 문제가 생기게 된다. 둘째는 기체 반응의 법칙을 인정하는 것이다. 그러려면 원자론을 대폭 수정해야 했다.

돌턴은 당시 이런 딜레마에 빠져 있었다. 사실상 기체 반응의 법칙은 실험으로 엄밀히 검증되었지만 원자론은 이론적인 가설일 뿐이었다. 이론의 큰 방향에는 의심의 여지가 없어도 세부적으로는 수정해야만 했다. 그러나 돌턴은 주저 없이 첫 번째를 선택했다. 원자론을 어떤 식으로든 수정하는 대신 실험으로 입증된 법칙에 대해 회의적이고 부정적인 태도를 취한 것이다. 돌턴의 이런 실수는 원자론은 더욱 불리하게 만들었고 과학자들의 의심을 키웠으며 50년 넘게 원자론과 분자론의 발전을 가로막았다.

　게이뤼삭과 돌턴의 논쟁이 시작된 다음 해인 1811년, 이탈리아 화학자 아메데오 아보가드로(Amedeo Avogadro, 1776~1856)가 두 사람의 논쟁에 관심을 가졌다. 그는 논쟁을 깊이 고찰한 다음, 그해에 바로 분자 가설을 제시했다. 아보가드로의 가설에 따르면 게이뤼삭의 가설에서 단 한 글자만 고치면 모든 모순점이 자연히 해소된다. 바로 '원자'를 '분자'로 바꾸는 것이다. 아보가드로는 이런 심오한 비밀을 알아차린 뒤 다음과 같은 가설을 내놓았다.

　　동일한 온도와 기압에서 동일한 부피를 가지는 서로 다른 기체는 같은 수
　　의 분자를 가진다.[5]

　이렇게 되면 원자가 반으로 갈라지는 모순을 피할 수 있다. 또한 분자는 원자의 복합체이므로 당연히 몇 개의 원자로 분해될 수도 있다. 예를 들어 보자.

　　1부피의 산소는 1분자의 산소이고 2부피의 수소는 2분자의 수소이며, 둘
　　이 반응해 2부피의 물, 즉 2분자의 물을 생성한다. 이렇게 되면 1분자의 물
　　은 수소 1분자와 0.5분자의 산소를 함유한다. 이때 산소 0.5분자는 걱정할
　　필요가 없다. 1분자의 산소를 2개의 원자로 이루어진 복합 원자라고 생각

5　　여기서 설명해야 할 것은 당시 아보가드로는 분자를 '복합 원자(integral atom)'라
　　는 용어로 불렀다는 점이다. 그러나 이 용어는 오늘날의 분자와 완전히 동일한 의미
　　이며, 돌턴이 사용한 '복잡한 원자(compound atom)'와는 전혀 다르다.─저자

하면 된다. 그럴 경우 물 1분자에 함유된 것은 산소 1원자가 된다.

아보가드로 가설이 있으면 돌턴의 원자론을 거의 수정하지 않으면서 기체 반응의 법칙도 부정할 필요가 없다. 모든 모순점이 싹 해결되는 것이다. 더욱 재미있는 것은 이 가설 덕분에 돌턴의 원자 질량 측정이 훨씬 정확해진다는 점이다. 예를 들어 산소의 원자 질량을 측정한다고 해보자. 실험 결과 수소 1g과 산소 8g이 결합하면 물이 된다는 것은 알려진 사실이다. 돌턴은 자신의 원자론에 근거하여 이 질량이 각각 하나의 원자에 대한 질량이라고 여겼다. 수소 원자의 질량을 1이라고 한다면 산소 원자의 질량은 8이 되는 것이다(돌턴의 실험에서는 7이 나왔지만, 이는 실험의 오차에 의한 것이다. 이 부분에 대해서는 더 설명하지 않겠다). 이제 아보가드로 가설에 따라 생각해보면, 1g과 8g은 각각 수소 원자 2개와 산소 원자 1개로 구성된 질량임을 알 수 있다. 그러면 수소 원자의 질량이 1일 때 산소 원자의 질량은 16이 된다.

여기서 볼 수 있듯이 아보가드로 가설로 돌턴 원자론에 존재했던 오류가 하나하나 해결된다. 아보가드로 가설과 돌턴 원자론이 몇 년을 사이에 두고 연이어 세상에 나온 것은 정말 놀라운 일이다.

그러나 불행하게도 여러 가지 원인으로 아보가드로의 가설은 당시 과학계에서 전혀 인정받지 못했다. 이는 화학의 기초적인 이론이라고 볼 수 있는 물질 구조에 관한 이론이 불완전한 상태로 50년 가까이 정체되는 결과를 낳았다.

이런 불행한 상황을 낳은 원인은 여러 가지가 있다. 하지만 돌턴이 끝까지 자신의 가설에 치우쳐 다른 의견에 귀를 닫았다는 것이 원인 중 하나라는 점은 분명하다. 돌턴은 실험을 통해 자신이 사랑하는 원자론의 가설을 증명하려 애썼다. 그러나 자신의 가설을 개선하려 하지는 않았다. 자신의 가설을 비호하려고 불리한 실험 결과를 부정했으며 가설이 가진 결함도 제대로 보려 하지 않았다. 스웨덴 화학자 옌스 야코브 베르셀리우스(Jöns Jacob Berzelius)가 이렇게 말한 것도 이상하지 않다.

돌턴은 유능한 화학자라면 피할 수 있었던 황당한 실수를 저질렀다.

16장

위대한 예언자의 자승자박

항상 찬미하고 존경하는 마음으로 정신을 충만하게 하는 것은 지금까지 딱 둘뿐이다. 하나는 별로 가득한 하늘이고, 다른 하나는 도덕으로 가득한 땅이다. 이는 철학자 칸트가 한 말이다. 지금 생각하면 하나를 더해도 좋겠다. 그것은 물질세계를 아우르는 통일성이다.

드미트리 멘델레예프(Dmitry Mendeleyev, 1834~1907)

1869년 러시아에서 유럽 과학계를 놀라게 한 소식이 전해졌다. 러시아 화학자 드미트리 멘델레예프가 스스로 만든 주기율표로 아직 발견되지 않은 화학 원소와 성질을 예상할 수 있다고 발표한 것이다. 그는 발표에서 이렇게 말했다.

아직 발견되지 않은 원소가 있는데, 나는 그 원소를 에카알루미늄[1]이라고

---

1   멘델레예프가 원소의 주기율을 발견했을 때 주기율표상의 빈자리에 들어갈 원소가 몇 개 있을 것이라고 예언했다. 그는 이 미지의 원소를 성질이 유사한 기존 원소의

부른다. 왜냐하면 이 원소의 성질이 금속 알루미늄과 흡사하기 때문이다. 사람들이 이 원소를 증명하고 찾아내려 한다면 반드시 발견될 것이다.

멘델레예프의 '예언'은 사람들을 경악하게 했다. 이 러시아 예언가가 예언한 원소는 에카알루미늄 외에도 두 가지가 더 있었다. 하나는 붕소와 성질이 비슷한 에카붕소였다. 멘델레예프는 이 원소의 원자량까지 제시했고, 또 다른 원소에 대해서도 그 물리화학적 성질을 상세히 설명했다. 이름을 들어본 적도 없는 멘델레예프라는 사람이 어떻게 세상에 전혀 알려진 적도, 누군가 만든 적도 없는 원소를 예언할 수 있는지 사람들은 궁금해했다.

영국 과학자 조지프 록키어(Joseph Lockyer, 1836~1920)와 에드워드 프랭클랜드(Edward Frankland, 1825~1899) 또한 헬륨(Helium, 태양이라는 뜻)이라는 원소의 존재를 예언한 적이 있었다. 다만 이들은 실험의 결과에 따라 예언을 했고, 멘델레예프는 오로지 생각만으로 새로운 원소를 예언했다는 점이 달랐다. 마치 주술사가 신적인 존재를 향해 주문을 외우는 것처럼 말이다.

✦

멘델레예프는 용감한 개척자 집안에서 태어났다. 그가 태어나기 100여 년 전, 러시아의 위대한 군주 표트르 대제(1672~1725, 재위 1682~1721)는 러시아를 부강하게 한다는 목표를 세웠다. 그는 서부 늪지

이름에 에카(eka) 또는 드비(dvi) 등의 접두어를 붙여서 불렀다. 에카붕소(스칸듐), 에카규소(게르마늄), 에카알루미늄(갈륨) 등이다.

대에 근대화된 도시를 건설했다. 그곳이 바로 오늘날의 상트페테르부르크로, 러시아와 유럽 국가가 교류하는 창구다. 표트르 대제는 유럽 문화를 배우는 한편, 자신의 문화를 러시아 동부로 전파하려 애썼다. 1787년에 멘델레예프의 조부가 시베리아의 토볼스크에 첫 신문사를 세웠다.

1834년 2월 7일, 멘델레예프가 열네 자녀 중 막내로 태어났다. 그의 아버지는 상트페테르부르크대학교 사범대학을 졸업했다. 그는 자유주의 사상을 가졌고, 1825년 12월에 입헌군주제를 목표로 데카브리스트의 난을 일으킨 청년 장교들에게 찬성하는 입장이었다. 이 때문에 시베리아로 쫓겨나 토볼스크의 어느 중학교 교장으로 일하게 되었다. 멘델레예프가 태어난 지 얼마 안 됐을 때 아버지는 눈 질환으로 시력을 상실했고, 교장 직위도 그만두어야 했다. 행복했던 가정에 첫 번째로 심각한 위기가 닥쳤다.

아버지의 쥐꼬리만한 퇴직금으로는 대가족을 부양할 수 없었다. 그래서 어머니인 마리아 드미트리예브나가 온 가족을 데리고 친정이 있는 작은 마을로 가서 선조가 남긴 낡은 유리 공장을 직접 경영했다. 이 공장은 시베리아에 최초로 세워진 유리 공장이었다. 어머니의 강인함과 근면함 덕분에 유리 공장은 순조롭게 운영되었다.

당시 시베리아는 정치범의 유배지였다. 멘델레예프의 누나는 데카브리스트의 난에 참가한 청년과 사랑에 빠졌는데, 멘델레예프는 훗날 매형이 되는 이 청년에게서 기초적인 과학 지식을 배우며 자연과학에 흥미를 가졌다.

멘델레예프가 고등학교를 졸업할 때쯤 가족에게 더욱 불행한 일이 닥쳤다. 첫째는 아버지가 전염병에 걸려 돌아가신 일이었고, 둘째는 어머니의 유리 공장이 화재로 전소된 일이었다. 삶의 고난이 멘델레예프 일

가족을 시험했다. 나이든 어머니에게는 특히 힘든 일이었다. 그럼에도 어머니는 특별히 총명했던 멘델레예프가 완전하고 우수한 교육을 받을 수 있도록 힘껏 도왔다. 유리 공장이 불타고 남편도 세상을 떠난 뒤, 그녀는 막내아들을 모스크바에 있는 대학교에 보내겠다는 일념으로 멘델레예프와 딸을 데리고 모스크바로 향했다.

눈과 얼음으로 뒤덮인 대륙을 가로지르는 험난한 여정 끝에 멘델레예프는 모스크바에 도착했다. 하지만 모스크바의 대학교에 입학하기에는 성적이 부족했다. 그 일로 실망한 어머니를 보며 멘델레예프는 후회를 거듭했다. 중고등학생 시절 열심히 공부하지 않은 벌이었다. 그날 이후로 그는 어머니의 실망한 눈빛을 절대 잊지 않았다. 조금이라도 나태해지려 할 때면 그 눈빛이 떠올랐고, 다시 힘을 내어 노력했다. 굳센 성정의 어머니는 희망을 버리지 않았다. 다시 아이들을 데리고 상트페테르부르크까지 먼길을 떠났다. 상트페테르부르크에서 안 된다면 베를린으로, 그곳에서도 대학교에 갈 수 없다면 파리로 가겠다고 생각했다. 막내아들을 대학교에 입학시키기 위해서라면 세상 끝까지 갈 기세였다.

다행히 상트페테르부르크대학교 사범대학에서 학장을 맡고 있는 아버지의 옛 친구를 만났다. 그의 도움을 받아 멘델레예프는 국비 장학생으로 사범대학의 이학부(理学部)에 입학했다. 드디어 어머니의 소망이 이루어진 것이다. 하지만 안타깝게도 1850년 9월, 멘델레예프가 대학생이 되었을 때, 그녀는 그만 세상을 떠나고 말았다.

멘델레예프는 세상이 무너지는 듯했다. 그는 살아갈 용기를 거의 잃다시피 했다. 그러나 모스크바에서 본 어머니의 실망한 눈빛을 떠올리며 다시 힘을 냈다. 멘델레예프는 좋은 성적으로 어머니께 보답하겠다고 결심했다. 1887년에 그는 어머니를 기념하는 글에서 이렇게 썼다.

나의 연구는 어머니를 그리워하며 그분께 바치기 위해 진행했다. 어머니는 여성의 몸으로 공장을 운영하며 땀 흘려 어린 아들을 키우셨다. 몸소 나를 훈육하고 깊은 사랑으로 격려해주셨다. 아들이 과학에 헌신할 수 있도록 시베리아에서 먼길을 달려와 모든 노력을 아끼지 않으셨다. 임종 직전에는 환상이나 탁상공론에 의존하지 말고 실제 행동으로 자연에 담긴 신의 지혜와 진리를 꾸준히 추구해야 한다고 조언하셨다. (……) 나는 어머니의 마지막 가르침을 잊지 않고 가슴에 새길 것이다.

1855년, 멘델레예프는 전체 5등이라는 성적으로 대학교를 졸업했다. 대학 시절 학업에 너무 열중한 데다 어머니를 여읜 슬픔 때문에 졸업할 때쯤 그의 건강은 매우 나빠져 있었다. 때때로 피를 토할 정도였다. 의사는 그에게 기후가 온난한 지역에서 일하라고 충고했고, 멘델레예프는 러시아 남쪽 크림반도 지역에 있는 중학교에서 교편을 잡았다.

✦

1856년 멘델레예프는 다시 상트페테르부르크로 돌아가 상트페테르부르크대학교에서 강사직을 맡았다가 얼마 후에는 부교수로 임용되었다. 이렇게 해서 1857년 초에 정식으로 강단에 섰다. 1859년부터 1862년까지는 프랑스와 독일로 유학할 수 있는 기회를 얻었고, 유학 중이던 1860년에 독일 서남부 카를스루에(Karlsruhe)에서 열린 제1회 국제화학회에 참가하는 행운을 누렸다.

이 학회는 독일의 유명한 화학자 케쿨레의 건의로 열렸다. 당시 화학계는 혼란스럽기 짝이 없었다. 분자론이 아직 확립되기 전이었고 화합물의 원자 구조식은 가지각색이었다. 이런 상황은 국제 화학계가 서로 교류하며 발전하는 데 큰 장애가 되었다. HO는 물을 뜻하기도 하고 과산화수소를 뜻하기도 했다. CH_2는 메탄이기도 하고 에틸렌이기도 했다. 간단한 유기물인 초산(CH_3COOH)에는 무려 19가지의 화학식이 사용되고 있었다. 케쿨레와 화학계는 이번 국제화학회에서 이런 혼란스러운 국면이 해소되기를 바랐다.

학회에서 격렬한 논쟁이 이어졌다. 어떻게 해도 의견이 통일되지 않을 것 같았다. 세계 각국에서 온 화학자들은 다들 양보하려 하지 않았다. 학회가 거의 끝날 무렵, 그다지 이름이 알려지지 않은 이탈리아 화학자 스타니슬라오 카니차로(Stanislao Cannizzaro, 1826~1910)가 발언했다.

분자와 원자를 구분해 생각한다면 아보가드로의 분자론은 이미 알려진 사실과 아무런 모순도 없습니다.

카니차로의 열정적이고 힘 있는 설득으로 마침내 새 시대의 화학이 탄탄한 기초를 다지며 오류를 밝히고 의견을 통일했다. 이 회의는 이런 성과 외에 아직 유명하지 않은 신인 화학자가 화학의 발전을 이루는 데 큰 계기로 작용했다는 의미도 갖는다. 그 사람이 바로 독일에서 유학 중이던 멘델레예프였다. 멘델레예프는 나중에 이렇게 말했다.

주기율에 대한 생각이 떠오른 결정적인 순간은 1860년이었다. 그해 나는 카를스루에 학술회의에 참석했다. 회의에서 이탈리아 화학자 카니차로의 발표를 들었는데, 그가 강조하는 원자량이 많은 시사점을 주었다. 당시 어떤 원소의 성질은 원자 질량이 커지는 순서에 따라 주기성을 가진 변화를 보여준다는 기본적인 생각이 나에게 충격을 주었다.

이 회의로 멘델레예프가 명확한 연구 방향과 목표를 가지게 되었다고 말해도 좋을 것이다.

1862년에 멘델레예프는 상트페테르부르크대학교로 돌아와 학생을 가르치면서 저술에 힘썼다. 60일이라는 짧은 시간에 500쪽에 달하는 유기화학 교과서를 편찬했고, 이 책으로 상금도 받았다. 1863년에는 이공학부 교수가 되었고 '알코올과 물의 화합 작용'을 논한 박사 논문을 완성했다. 상트페테르부르크대학교는 이 논문을 통해 멘델레예프가 다재다능한 천재 교수일 뿐 아니라 과학철학자이자 기술적으로 숙련된 실험연구자라는 사실을 알게 되었다. 대학은 1866년에 그를 화학과 교수로 정식 임용했고, 1867년에는 화학연구실 책임자로 승진시켰다.

이어 그가 화학사에 한 획을 그은 1869년이 왔다. 멘델레예프는 각종 경로로 수집한 원소 관련 자료를 이용해 표 형식으로 원소들을 나열하고, 원소 사이에 숨어 있는 규칙성을 밝히려 애썼다. 그는 자신이 만든 원소 배열표를 더욱 완전한 형태로 개선하기 위해 빠진 자료를 찾는 데 오랜 시간을 쏟기도 했다.

멘델레예프는 이미 원소 63종에 대한 자료를 수집했고(이미 알려졌지만 분리하는 데 성공하지 못한 플루오린 포함) 이들 원소를 상세하게 분석했다. 그런 다음 원자량이 1인 수소부터 238인 우라늄까지 순서대로 배열했다. 원소의 성질은 각자 달랐다. 어떤 원소는 기체였고, 액체이거나 고체인 원소도 있었다. 금속도 있고 비금속도 있었다. 금속은 다시 단단한 금속과 무른 금속으로 나뉘었고, 아주 무거운 금속은 물보다 22.5배나 무거웠지만 가벼운 금속인 리튬은 물 위에 둥둥 떴다. 금속은 일반적으로 고체였지만 수은 같은 금속은 액체 상태로 존재했다. 원소란 이처럼 각양각색에다 천변만화하는 미로 같았다.

멘델레예프도 이 미로 앞에서 다른 화학자들과 비슷한 문제를 고민했다. 수십 가지 원소 중에서 어떤 질서와 규칙을 찾아낼 수 있을까? 멘델레예프는 과학자이면서 철학자였기 때문에 원소들 사이에 내재된 규칙성이 필연적으로 존재한다고 믿었다.

'어쩌면 원자량 순서대로 원소를 배열하면 어떤 규칙이 나타나지 않을까?' 멘델레예프는 3년 전 영국 화학자 존 뉴랜즈(John Newlands, 1837~1898)가 영국 왕립학회의 학술회의에서 원소를 원자량 순서로 배열한 논문을 낭독했던 것이 떠올랐다. 뉴랜즈는 원소의 배열과 피아노의 8음계를 비교하여 다음과 같은 사실을 발견했다. 배열 순서에 따라 매 여덟 번째 원소의 성질과 첫 번째 원소의 성질이 흡사하다는 것이었다. 뉴랜즈는 이런 결과에 몹시 놀랐으며, 이런 원소 배열을 '옥타브의 법칙'이라고 불렀다.

영국 화학사들은 대부분 뉴랜즈의 논문을 비웃었다. 유능한 화학사인 마이클 포스터(Michael Foster,1836~1907)는 뉴랜즈에게 이렇게 질문했다. "왜 원소를 알파벳 자모 순서대로 배열해서 연구하지 않습니까? 화학 원소를 피아노 건반과 비교하다니, 정말 믿을 수가 없군요!"

다들 뉴랜즈의 이론이 터무니없는 소리라고 여겼다. 이런 충격 때문에 뉴랜즈는 화학 연구를 포기했고 설탕 제조업에 종사했다. 그렇게 옥타브의 법칙은 점차 잊혔다.

하지만 영리했던 멘델레예프는 달랐다. 그는 63장의 카드에 이미 알려진 원소의 이름과 가장 중요한 성질을 적은 다음 카드를 전부 실험실 벽에 붙였다. 이 카드를 반복적으로 확인하면서 성질이 비슷한 원소들을 찾아내 한 줄로 벽에 붙였다. 이런 작업을 계속하자 숨어 있던 규칙이 조금씩 선명하게 나타났다.

멘델레예프는 63가지 원소를 7개 그룹으로 나누었다. 그는 우선 리튬(원자량 7)을 시작으로 베릴륨(9), 붕소(11), 탄소(12), 질소(14), 산소(16), 플루오린(19)을 가로로 한 줄이 되게끔 배열했다. 그다음 가로 줄은 나트륨(23)에서 시작한다. 나트륨의 물리화학적 성질이 리튬에 가깝기 때문에 리튬 아래에 배치한 것이다. 이 줄에는 5개의 원소를 배열했는데, 마지막(즉 플루오린 아래)에는 염소가 들어갔다(염소의 성질은 플루오린과 비슷하다).

이런 방법으로 멘델레예프는 다른 원소들도 차례로 배열했는데, 그러면서 어떤 기묘한 질서가 존재한다는 것을 알아차렸다. 마치 각 원소마다 자신만의 적절한 위치가 있는 것처럼 보였던 것이다. 예를 들어, 화학적 반응도가 높은 금속인 리튬, 나트륨, 칼륨, 루비듐, 세슘은 같은 그룹(멘델레예프 주기율표상의 세로 줄)에 포함됐다. 화학적 반응도가 높은 비금속 플루오린, 염소, 브로민, 아이오딘은 일곱 번째 그룹에 포함됐다. 다시 말해 원소의 성질은 원자량에 따른 주기성 함수인 셈이다. 원자량의 크기에 따라 이미 발견된 원소를 배열하면 원소 7개마다 화학적 성질이 주기성을 띤 변화를 나타내는 것이다.

이 얼마나 아름답고도 간단한 규칙성인가!

✦

1869년 3월 6일에 상트페테르부르크대학교에서 주최한 러시아 화학회의에서 멘델레예프는 「원소의 속성과 원자량 사이의 관계」라는 제목의 논문을 발표하고 원소 주기율표를 설명했다.

러시아를 비롯한 전 세계 과학계가 들끓었다. 좋은 (또는 인정받을 수 있는) 이론은 그때까지 뒤죽박죽이었던 여러 현상을 요약 및 통합하는 것 외에도 새로운 사실을 예측할 수 있어야 한다. 나중에 예측이 증명되면,

그 이론은 사람들에게 성공적으로 인정받을 수 있다. 뉴랜즈의 옥타브 법칙이 빠르게 잊힌 것은 합리적이지 않아서가 아니라 어떠한 예측도 내놓지 못했기 때문이다. 반면 멘델레예프는 그가 만든 주기율표를 근거로 감탄할 만한 예측을 여럿 제시했다.

멘델레예프는 63가지 원소를 원자량 순서로 배열할 때 난감한 문제에 봉착했었다. 원자량에 따르면 아이오딘(당시 측정된 원자량은 127이었다)은 텔루륨(원자량 128)보다 앞에 놓여야 한다. 그러나 원소 성질의 주기적 변화에 따라 배열하면 아이오딘이 텔루륨보다 뒤에 와야 했던 것이다. 왜 순서가 바뀐 것일까? 설마 원소 주기율이 순전히 헛된 생각이었을까?

멘델레예프는 몇 번이나 다시 생각했지만 자신이 발견한 주기율에는 오류가 없었다. 이 때문에 그는 텔루륨의 원자량이 잘못 측정되었다는 가설을 세웠다. 텔루륨의 원자량은 128이 아니라 마땅히 123에서 126 사이여야 한다는 것이었다. 이 말은 곧바로 수많은 화학자의 조롱과 반대를 불러왔다. 그러나 멘델레예프는 두려워하거나 위축되지 않았다. 그는 과감히 텔루륨을 아이오딘 앞에 놓았다. 비록 당장에는 텔루륨의 원자량을 잘못된 수치 그대로 써야 했지만 말이다. 몇 년 후, 그의 말이 사실로 드러났다. 텔루륨의 실제 원자량은 아이오딘보다 작았다. 이 사건은 원소 발견의 역사에서 가장 드라마틱한 일화다.

이와 비슷한 사례가 또 있다. 당시 금의 원자량은 196.2, 백금의 원자량은 196.7로 알려져 있었다. 그러나 원소 주기율에 따르면 백금이 금보다 앞에 배열되어야 했다. 원소 주기율을 믿지 않는 사람들은 멘델레예프의 발견이 엉터리라며 비웃었다. 하지만 멘델레예프는 주기율에는 문제가 없으며 금 혹은 백금의 원자량이 정확하지 않다고 확신했다. 그는 주기율을 비웃는 사람들에게 조급하게 굴지 말고 그가 옳았음을 증명해줄 사실을 기다리라고 호언장담했다. 결과적으로 멘델레예프가 옳다는 것이 밝혀졌다. 사람들은 이 러시아 화학자가 만든 주기율표가 불가사의할 정도로 정확하다는 점을 인정해야 했다.

멘델레예프의 또 다른 '예언'은 주기율의 정확성 외에도 그의 이론적 사유가 가진 힘을 잘 보여준다. 당시 화학자들(멘델레예프를 포함하여)이 알고 있는 원소는 63가지뿐이었다. 그러니 원소를 배열하다 보면 어쩔 수 없이 비어 있는 자리가 나오게 된다. 즉 원소 주기율표에서 알려지지 않은 원소의 위치는 한동안 비워두어야 했다. 지금에야 사람들이 쉽게 "아, 빈칸이 있군!" 하고 말할 수 있지만, 당시에는 이런 주기율표상의 빈칸이 멘델레예프를 공격하는 근거로 쓰였다. 만약 주기율표에 빈칸이 존재할 수 있다는 것을 가정하지 않고 63가지 원소를 기계적으로 배열했다면, 그런 배열에서 무슨 '주기성 규칙'을 발견할 수 있었겠는가? 그저 원소에는 아무 질서도 없다는 것만 드러났을 것이다. 멘델레예프는 자신의 이론이 공격받을 수 있다는 것을 알면서도 주기율표에 빈칸을 남겨두는 결정을 내렸다.

예를 들어, 멘델레예프 주기율표에서 세 번째 가로 줄[2]에 들어가는 칼슘과 타이타늄 사이에 빈칸이 하나 있다. 멘델레예프는 "여기에 원소가 하나 빠져 있다. 앞으로 이 원소가 발견되면 원자량은 타이타늄보다 작을 것이며, 타이타늄 앞에 배치해야 한다"라고 주장했다.

이 빈칸은 붕소 아래에 위치했다. 그래서 한동안 발견되지 않은 이 원소의 성질은 붕소와 비슷할 터였다. 멘델레예프는 이 원소를 '에카붕소'

---

2   수소만 배치된 맨 윗줄을 제외하고 리튬으로 시작하는 줄을 첫 번째 줄로 따졌을 때 세 번째 가로 줄이다.

라고 명명했다. 이와 유사하게 멘델레예프는 에카알루미늄과 에카규소의 존재도 예측했다. 그가 예측한 세 개의 미발견 원소는 나중에 다른 화학자들에 의해 발견되고 증명되었다.

멘델레예프는 자신의 주기율에 대해 설명하면서 선배 화학자의 공로를 잊지 않았다.

> 나는 1860년에서 1870년까지 많은 동시대 화학자가 얻은 지식을 종합했다. 내가 만든 이 법칙은 곧 이와 같은 지식을 종합한 직접적인 결과다.

이 말처럼 사실 프랑스의 샹쿠르투아(Chancourtois), 영국의 뉴랜즈, 미국의 쿡(Cook)은 모두 원소가 어떤 규칙적인 유사성을 가진다는 데 관심을 가졌다. 또한 독일 화학자 율리우스 마이어(Julius Meyer)는 멘델레예프와 거의 비슷한 시기에 주기율을 발견했다. 이런 사실은 주기율이라는 위대한 과학 법칙이 발견될 시기가 무르익었다는 점을 잘 보여준다. 충분한 원소가 발견된 상황이었고 원자량을 정확하게 측정할 수 있었으며 원소의 성질에 대한 연구도 꽤 깊이 진행되었다. 이런 연구 성과 덕분에 원소의 성질에 따른 주기성 규칙도 드러날 수 있었다. 만약 멘델레예프가 한 세대 일찍 태어났다면 그가 아무리 뛰어난 지성을 가졌더라도 주기율을 발견하지는 못했을 것이다. 또 그가 10년만 늦게 태어났어도 주기율 발견의 공로는 아마도 마이어에게 돌아가지 않았을까?

1875년, 원소 주기율표가 발표된 지 6년째 되던 해에 프랑스 화학자 부아보드랑(Boisbaudran)이 피레네산맥의 섬아연석(아연의 황화 광물)을 연구하다 멘델레예프가 예언했던 '에카알루미늄(실제 화학명은 갈륨)'을 발견했다. 재미있는 점은 부아보드랑의 논문을 읽은 멘델레예프가 편지를 보내 그의 측정값에 오류가 있다고 지적했다는 점이다. 멘델레예프의 예측에 따르면, 갈륨의 밀도는 5.9~6.0 사이여야 하는데 부아보드랑이 측정한 밀도는 4.7이었다. 부아보드랑은 깜짝 놀랐다. 그가 세상에서 갈륨을 소지한 유일한 사람이었는데 멘델레예프가 자신보다 갈륨의 성질을 더 잘 알고 있었기 때문이다. 처음에는 부아보드랑이 멘델레예프의 지적을 믿지 않았다. 그러나 갈륨을 다시 정제했더니 밀도 측정값이 멘델레예프가 예측한 대로 5.94가 나왔다. 부아보드랑은 감탄하며 이렇게 말했다. "멘델레예프의 이론이 갖는 거대한 의의를 더 이상 설명할 필요가 없다고 생각한다."

그러나 여전히 많은 사람이 멘델레예프의 '예언'을 믿지 않았다. "그의 주장은 학문적 지식이 얕은 사람의 기상천외한 상상에 불과하다. 정확하게 새로운 원소를 예언할 수 있다는 말은 바보나 믿을 것이다."

주기율을 의심하는 사람들은 지치지도 않고 라부아지에가 한 말을 인용하며 자신들의 의견이 온당함을 증명하려 했다. "원소의 성질과 숫자는 제한적인 형이상학적 범위 내에서만 알 수 있다. 원소가 우리에게 제공하는 것은 확실하지 않은 문제들뿐이다."

그러나 1886년에 새로운 소식이 전해졌다. 독일의 클레멘스 빙클러(Clemens Winkler, 1838~1904)가 새로운 원소를 발견했는데, 그 원소가 멘델레예프가 예측했던 '에카규소'에 들어맞는다는 소식이었다.

새로운 원소를 찾는 일은 화학자들이 예로부터 가장 열중하는 연구 과제였지만 쉬운 일은 아니었다. 예전에는 정확한 과학적 이론의 도움이 없었기 때문에 수많은 과학자가 평생을 바치고도 성과를 얻지 못하는 경우가 많았다. 빙클러의 발견도 행운이 따랐기에 가능했다. 그는 멘델레예프의 주기율을 알고 있었고, 또 이 이론을 굳게 믿었다.

멘델레예프는 비어 있는 칸에 '에카규소'가 들어갈 것이라고 예측했다. 원자량은 대략 72, 밀도는 5.5일 것이며 산과 화학작용을 일으킬 것이라는 것도 예측했다. 빙클러는 바로 이런 단서를 좇아 연구를 진행했고, 에카규소를 찾아냈다. 그는 은 광물에서 원자량 72.2, 밀도 5.5의 은백색 물질을 분리해냈다. 공기 중에서 이 물질을 가열해 생성해낸 산화물은 예측과 동일했다. 이 물질의 비등점(끓기 시작하는 온도)도 멘델레예프가 예측한 것과 일치했다. 의심할 바 없이 멘델레예프의 두 번째 예언이 사실로 밝혀진 것이다.

2년 후에는 스웨덴 화학자 라르스 닐손(Lars Nilson, 1840~1899)이 멘델레예프가 예언한 '에카붕소'를 분리하는 데 성공했다.

미국 과학자 볼턴(Boulton)은 이렇게 감탄했다.

> 원소 주기율은 화학에 '예언 기능'을 부여했다. 주기율이 발견되기 전에는 천문학자만이 누리던 특수한 명예였다.

볼턴의 이 말은 멘델레예프 주기율에 대한 감탄과 찬사의 마음을 언어로 표현한 것이다.

✦

이런 멘델레예프에게도 흑역사는 있었다. 그는 귀납법과 대담한 상상력으로 우아하고 조화로운 원소 주기율을 만들어내 화학에 새로운 국면을 열었고, 이는 돌턴의 원자론 이후 또 한 번의 빛나는 이정표가 되었다. 그러나 멘델레예프는 왜 원소의 성질이 원자량이 증가하는 순서에 따라 주기성을 띤 변화를 보이는지는 알아내지 못했다. 귀납법은 그에게 더 깊은 차원의 본질적 원인은 알려주지 않았다. 이런 상황에서 멘델레예프는 원자량 순서가 원소 성질에 주는 영향을 심하게 강조하는 바람에 원자량 순서가 원소 주기율에서 절대 바뀌지 않는 유일한 원칙이라고 잘못된 판단을 내렸다. 그때까지 그가 거둔 찬란한 성과들은 멘델레예프의 사상이 그 부분에 고착화되도록 더욱 부추겼다. 여기에서 오류가 생겼다.

현대 원소 주기율표를 살펴보자. 아르곤의 원자량은 39.948이고 그 뒤에 배치된 칼륨의 원자량은 39.098이다. 코발트는 58.9332인데 그 뒤에 배치된 니켈은 58.6934다. 텔루륨은 127.60이고 그 뒤의 아이오딘은 126.9045다. 왜 이 원소들은 주기율표의 배열 순서대로 원자량이 증가한다는 원칙을 따르지 않을까?

지금은 많은 사람이 이에 대한 답을 알고 있다. 원소의 성질은 양성자의 수나 핵외전자의 수에 따라 결정된다. 그러나 당시 멘델레예프나 동시대 화학자들은 원자의 구조를 알지 못했다. 그들은 원자가 더 이상 나누어지지 않는다고 믿었다. 그래서 상술한 것처럼 주기율을 위반한 세 쌍의 원소를 알게 된 후 멘델레예프는 자신의 믿음을 의심하지 않고 이렇게 해석했다. "아르곤과 칼륨, 코발트와 니켈, 텔루륨과 아이오딘의 원자량 측정에 오류가 있다."

사실상 멘델레예프는 세상을 떠날 때까지 이 세 쌍의 원소 원자량이 측정 실수라고 생각했다. 나중에 희토류 원소에서 다시 이와 유사한 상황이 나타났을 때도 그는 여전히 몇몇 원소의 원자량을 수정하여 자신의 주기율에 맞추는 일을 서슴지 않았다. 원소 주기율은 그 위대함을 모두에게 인정받았지만 그렇다고 해서 이것이 완벽하다거나 절대 건드릴 수 없다는 생각은 잘못이다.

멘델레예프는 또 다른 실수도 저질렀다. 1894년에 영국 과학자 윌리엄 램지(William Ramsay, 1852~1916)와 레일리 남작 존 윌리엄 스트럿(Rayleigh, John William Strutt, 1842~1919)이 불활성기체 아르곤을 발견했다.

아르곤의 발견은 멘델레예프의 원소 주기율표를 위협했다. 주기율표에 아르곤이 들어갈 빈자리가 없었기 때문이다. 억지로 아르곤을 끼워 넣는다면 주기율 이론에 큰 혼란이 생길 것이 분명했다. 그래서 아르곤의 발견은 화학계에 큰 반향을 불러일으켰다. 사람들은 어렵사리 완공된 화학의 궁전이 이 일로 무너질 수도 있다고 느꼈다. 반면 램지는 이것이 화학의 궁전을 확장할 절호의 기회라고 생각했다. 1894년 5월 24일에 램지는 레일리 남작에게 편지를 보냈다.

주기율표의 첫 번째 줄 마지막 자리에 이 기체 원소가 들어갈 자리가 하나 더 있었다는 사실이 믿어지십니까?

그해 8월 옥스퍼드에서 열린 과학 학술회의에서 램지와 레일리 남작은 첫 번째 불활성기체의 발견을 공개했다. 의장인 화학자 헨리 조지 마단(Henry George Madan, 1838~1901)은 이 원소의 이름을 아르곤(Argon)이라 부르자고 선의했다. 화학 결합이 잘 일어나지 않는 성질을 빗대어 '나태하다'라는 뜻을 붙인 것이었다.

세계 과학계는 경악했다. 멘델레예프도 이번에는 침착하지 못했다. 새로운 발견이 자신의 주기율을 무너뜨릴까 봐 두려웠던 것이다. 그는 1895년에 열린 러시아 화학회에서 아르곤의 원자량이 40이므로 주기율에 부합하지 않는다고 주장했다. 칼륨의 원자량이 39이니 아르곤은 칼륨 뒤에 와야 하는데, 램지와 레일리 남작은 아르곤을 칼륨 앞에 두었던 것이다. 그렇지만 원소의 성질을 볼 때 아르곤을 칼륨 뒤에 두는 것은 주기율표에 더 큰 혼란을 가져오는 일이었다. 이 때문에 멘델레예프는 아르곤이 새로운 원소가 아니며, 밀집된 질소인 N_3이라고 여겼다. 그러나 나중에 실험으로 밝혀졌듯 아르곤은 확실히 새로운 원소였다. 램지와 레일리는 아르곤을 원소 주기율표상 0족(18족)에 편입시켰다. 그 후, 0족에 속하는 원소 헬륨, 네온, 크립톤, 제논, 라돈이 연이어 발견되었다. 주기율은 훼손된 것이 아니라 더욱 완벽하고 아름다워졌다. 안타깝게도 멘델레예프는 자승자박의 심리에 빠져 자신의 생각을 스스로 막았고 계속해서 탐구할 용기도 잃어버렸다. 불활성기체가 하나씩 발견되는 여정에서 멘델레예프는 화학의 발전을 촉진하기는커녕 오히려 방해하는 역할을 맡고 말았다.

심리적인 잘못 외에 멘델레예프의 과학 사상이 가진 한계 역시 새로운 발전을 막았다. 그의 주기율은 돌턴의 원자론을 뒷받침할 최고의 증거였다. 멘델레예프 또한 원자론의 옹호자였다. 이 때문에 원자는 나뉠 수 없다는 사상 역시 절대적이며 바꿀 수 없는 준칙으로 받들었다. 그래서 톰슨이 원자보다 작은 입자인 전자를 발견했다고 주장하자 멘델레예프는 즉각 반박했다.

원자가 전자로 분해될 수 있다는 것을 인정하면 상황을 더 복잡하게 만들 뿐이다. 아무것도 더 분명해지는 것은 없다. (……) 원소는 바뀌지 않는다는 관념은 매우 중요하며, 이 사실이 모든 세계관의 기본이다.

멘델레예프는 원자에도 내부 구조가 있다는 것을 믿지 않았으며, 자신의 제자들에게도 전자 이론을 인정하면 안 된다고 가르쳤다. 당시 톰슨이 전자의 발견을 공표했을 때 "내가 전자를 발견했다고 말하자 많은 사람이 속임수라고 여겼다"라는 말을 했다. 멘델레예프도 바로 그런 사람 중 하나였던 모양이다. 심지어 그는 그런 사람들 중에서도 특히 중요한 '한 사람'이었다.

17장

데이비는 왜 패러데이와 사이가 나빠졌을까?

남의 위대함을 결코 미워하지 마라. 그렇지 않으면 자신의 부족함에 질투로 인한 결함이 더해져 격차가 더 커진다.

허버트 조지 웰스(Herbert George Wells, 1888~1946)

정서는 고상해야 한다! 진정한 영예는 남이 하는 말이 아니라 자신의 마음에 달렸다.

프리드리히 실러(Friedrich Schiller, 1759~1805)

1815년의 일이다. 당시 영국 뉴캐슬 광산에서 몇 차례 큰 폭발 사고가 나 수천 명의 광부가 목숨을 잃었다. 영국 전역이 애도를 표했다. 데이비는 이 소식을 듣고 광부를 위한 안전등을 만들기로 결심했다. 각고의 노력 끝에 데이비는 지금까지도 갱도 내에서 사용하는 안전등('데이비 램프'라고도 한다)을 개발하는 데 성공했다. 이 안전등은 광산 사고의 위험을 크게 줄였다.

데이비가 안전등의 특허를 출원했다면 엄청난 수입을 얻었을 것이다. 실제로 친구들은 특허 출원을 권유했다. 그러나 데이비는 사람들이 영원히 잊지 못할 말을 남겼다.

특허를 내면 큰돈을 벌 것이다. 그러면 나는 분명히 네 필의 말이 *끄는* 마차를 타고 거리를 의기양양하게 달리는 인물이 될 수 있겠지. 하지만 사람들이 그런 나를 보면 "네 필의 말이 *끄는* 마차를 타고 다니는군!"이라고 말하면서 뒤로는 조롱할 걸세. 어떻게 내가 그런 일을 한단 말인가? 어떻게 특허를 낸단 말인가? 이 발명품은 그렇게 어려운 작업도 아니었으니 내가 우리 국민에게 주는 선물로 치겠네.

어떤 화학자는 이런 말을 했다.

데이비는 영국이 자랑스럽게 여길 만한 화학자이며, 과학자 중에서도 특히 존경받는 인물이다. 데이비가 이처럼 높은 명망과 영예를 얻은 것은 우연한 일이 아니다.

그는 화학자로서 탁월한 공헌을 했을 뿐 아니라 화학 사상의 보급이라는 측면에서도 놀라운 일을 해냈다. 이런 공로 외에도 데이비는 사회와 인류의 행복을 위해 온힘을 다하고자 하는 정신을 가졌다. 광부를 위한 안전등을 발명한 것은 과학사에 오랫동안 전해질 미담이다.

누구든지 이 말을 들었다면 진심으로 데이비를 존경할 것이다. 그러나 이랬던 데이비가 명성을 얻고 난 후에는 사람들이 탄식할 만한 일을 몇 가지 저질렀다.

✦

데이비의 청년기는 뜻을 품은 지식 청년의 모범이라고 할 만했다. 험프리 데이비는 1887년 12월 17일에 영국 콘월의 펜잰스에서 태어났다.[1] 그가 태어나기 11일 전에는 프랑스에서 훗날 위대한 화학자가 될 조제프 루이 게이뤼삭이 태어났다. 또 데이비가 태어난 지 8개월 후에 스웨덴에서는 위대한 화학자인 옌스 야코브 베르셀리우스가 태어났다. 베르셀리우스는 현대 화학에서 사용하는 원소의 라틴어 명칭을 창안한 사람이다. 이처럼 8개월이라는 짧은 기간에 세계적으로 뛰어난 화학자 세 사람이 태어났다는 것은 인류 전체의 행운이었다.

데이비의 아버지는 목기 조각을 하는 공예가였다. 그러나 이런 기술로 생계를 꾸리기는 쉽지 않았다. 나중에 농장을 물려받게 된 데이비의 아버지는 가족을 데리고 시골 마을로 이사했다. 농촌에서의 생활은 조금 더 쉬웠다. 먹고사는 문제로만 따지면 어떻게든 꾸려나갈 수 있었다. 그런데 문제가 생겼다. 교육을 시키지 않기에는 험프리 데이비가 너무 똑똑했던 것이다.

험프리 데이비의 학교 선생님이 아버지를 찾아왔다. "아드님은 정말 재능이 있습니다. 겨우 열한 살인데 연극배우처럼 어떤 작가의 작품이든 낭송할 수 있어요. 불가사의해요!" 하지만 아버지는 맏아들 험프리 데이비가 계속 공부하기를 바라지 않았다. 그가 조금 더 자라면 자신을 도와 밭에서 일하게 할 생각이었다. 그러나 아들이 똑똑하다고 칭찬받는 것이 기쁜 나머지 의기양양하게 맞장구를 쳤다.

"그 애는 다섯 살 때 벌써 글을 술술 읽었답니다! 정말 놀랍지요!"

---

1   펜잰스는 영국 서남부 콘월에 속한 지역이다. 런던에서 약 490킬로미터 떨어져 있고, 플리머스(Plymouth)에서는 125킬로미터 떨어져 있다. 펜잰스라는 이름의 뜻은 '신성한 곳'이다. 이곳은 영국 철도의 서쪽 끝이자 영국 대륙과 대서양 사이에서 마지막으로 존재하는 비교적 규모를 갖춘 도시였다.—저자

"데이비 씨, 그 사실을 알고 계신다니 정말 잘되었습니다. 험프리를 펜 잰스로 보내 공부를 시켜야 합니다. 이곳에서는 그의 지적 욕구를 채울 수가 없습니다!"

결국 아버지는 선생님의 제안을 거절하지 못하고 험프리 데이비를 펜 잰스에 보내는 데 동의했다. 물론 여기에는 어머니의 지지와 설득이 큰 영향을 미쳤다. 그러나 곧 불행이 닥쳤다. 그가 열여섯 살이 되던 해 아 버지가 130파운드의 빚을 남기고 갑자기 돌아가신 것이다. 어머니는 농 장을 팔았고 가족 전체가 펜잰스로 이사했다. 펜잰스에서는 어머니가 아는 사람과 여성용 모자를 만드는 작은 공방을 차려 다섯 식구가 겨우 먹고살았다. 험프리 데이비도 직업을 구해 어머니를 도와야 했다. 그는 소개를 받아 약방에 일자리를 구했는데, 일하는 동안 과학 지식을 많이 습득할 수 있었기 때문에 이 직장을 꽤 좋아했다.

또한 운 좋게 그레고리 와트(Gregory Watt)라는 대학생이 전쟁을 피해 펜잰스에 와 있었다. 그는 증기기관을 발명한 제임스 와트(James Watt, 1736~1819)의 아들로 데이비의 공부를 도와주고 그가 과학에 흥미를 가 질 수 있도록 이끌어주었다. 그 후 데이비는 도서관을 드나들며 라부아 지에의 책을 읽었고 여러 화학 실험을 시도했다. 근처 주민들은 약방에 괴짜 젊은이가 있어 폭발음과 이상한 연기가 난다고 수군거렸다. 모두 가 잠든 밤에도 데이비는 책을 읽고 글을 썼다.

그는 라부아지에의 관점을 비판하는 논조의 논문을 써서 브리스톨에 사는 물리학자 토머스 베도스(Thomas Beddoes)에게 보냈다. 베도스는 데 이비의 논문을 마음에 들어 했다. 마침 그는 기체 연구소를 세우려 준비 중이었는데, 그곳에 화학자가 필요했다. 베도는 데이비가 적합한 인재라 고 생각해 펜잰스로 직접 그를 만나러 갔다. 이 일로 데이비는 브리스톨에서 기체 연구소의 책임연구원으로 일하게 되었다.

스무 살의 데이비는 이 기회를 아주 소중하게 여겼다. 그는 베도스의 기대를 저버리지 않고 일을 시작한 지 얼마 지나지 않아 아산화질소(N_2O)가 인체에 무해하며 마취제로 사용할 수 있음을 밝혀냈다. 아산화질소는 '웃음 가스'라고도 불리는데, 이 기체를 들이마신 사람이 편안함을 느끼고 계속 웃음을 터뜨렸기 때문이다.

웃음 가스를 발견한 후, 데이비의 명성이 런던까지 전해졌다. 1801년, 그는 럼퍼드(Rumford) 백작인 벤저민 톰슨(Benjamin Thompson, 1753~1814)의 추천을 받아 런던 왕립학회에서 보조 강사 자리를 맡았다. 데이비의 주 업무는 과학 지식을 대중에게 보급하는 것이었고, 그 밖에 몇 가지 과학 연구 과제도 진행했다.

처음에 럼퍼드 백작은 데이비의 능력을 못 미더워했지만 곧 그가 보기 드문 인재임을 알아차렸다. 데이비는 연구 능력도 뛰어났지만 과학 강연에 특출나 몇 차례 강연 후 금세 런던을 풍미하는 인물이 되었다. 그가 강연을 열면 사람이 몰려들어 화학이라고는 조금도 알지 못하면서 유행을 좇는 소녀들도 데이비의 얼굴을 보러 강연장에 올 정도였다. 영국의 유명한 시인인 새뮤얼 테일러 콜리지(Samuel Taylor Coleridge, 1772~1834)는 이렇게 칭찬하기도 했다.

데이비의 언어는 항상 선명하고 세련되다. 내가 이 과학자의 강연을 듣는 목적은 과학 지식을 쌓기 위함도 있지만 시인으로서 단어를 더 풍부하게 하기 위함도 있다.

1802년, 데이비는 교수로 승진했다. 이듬해에는 스물다섯 살이 채 안

된 나이로 왕립학회 회원으로 위촉되었다. 런던 하늘에 과학계의 '스타'가 떠오른 것이다. 5년이 지난 후, 그는 과감하게 전기화학 연구로 분야를 넓혔다. 그는 볼타 전지를 이용해 전기분해로 금속인 칼륨, 나트륨, 칼슘, 스트론튬, 바륨, 마그네슘을 분리하는 데 성공했다. 이제 데이비는 세계 일류 화학자가 되었다. 당시 그의 명성이 어땠는지 짐작할 수 있는 일화가 두 가지 있다.

대략 1807년 말에 데이비가 병에 걸린 적이 있었다. 이 사실이 알려지자 병문안을 가려는 사람이 너무 많아 왕립학회 정문에 '데이비 교수의 병세 발표문'을 붙일 정도였다. 마치 국왕이 병에 걸렸을 때와 비슷했다. 프랑스의 황제 나폴레옹이 데이비의 연구 업적에 감탄한 나머지 '적국'의 과학자에게 상금과 메달을 수여한 일도 있었다.

이렇게 데이비가 한창 이름을 날릴 때, 마이클 패러데이(Michael Faraday, 1791~1867)가 그의 삶에 들어왔다. 패러데이는 데이비보다 훨씬 가난한 집안 출신이었고 정식 교육은 거의 받지 못했다. 그러나 그에게는 데이비가 깊이 감동할 만큼 강인한 의지와 과학에 대한 열정이 있었다. 데이비는 분명 패러데이에게서 자신의 과거 모습을 발견했을 것이다. 데이비는 패러데이를 자신의 실험 조수로 삼았고, 그가 과학이라는 높은 봉우리에 오를 수 있게 도와주었다.

패러데이는 데이비의 도움과 격려에 더해 자신의 노력과 열정으로 점차 과학자로서 성과를 쌓았다. 이치대로라면 데이비가 '청출어람'한 제자를 자랑스럽게 여겨야 마땅했다. 하지만 과학사에서는 종종 이해할 수는 없지만 이치에 어긋나는 일이 발생한다. 이번에도 일어나서는 안 되는 비극이 일어났다.

✦

　　1820년에 덴마크 물리학자 한스 크리스티안 외르스테드 (Hans Christian Ørsted, 1777~1851)가 전자기(電磁氣) 효과[2]를 발견한 후, 많은 물리학자가 이 새로운 영역을 개척하는 데 큰 흥미를 보였다. 하지만 데이비 같은 영국의 유명한 전기학 전문가들은 이 연구에 뛰어들기를 주저했다. 외르스테드가 전자기 효과를 발견한 지 6개월이 지나서야 영국은 전자기 현상에 대한 실질적인 연구를 시작했다.

　　1821년 4월, 영국의 물리학자이자 화학자인 윌리엄 하이드 울러스턴 (William Hyde Wollaston, 1766~1828)이 외르스테드의 전자기 효과를 깊이 고찰한 다음 몹시 귀중하고 대담한 생각을 해냈다. "전류가 흐르는 도선 주변에서 자침의 바늘이 회전한다면, 반대로 전류가 흐르는 도선이 위아래가 금속인 통 사이를 통과할 때 커다란 자석이 그 도선 가까이로 접근한다면 도선은 반드시 자신을 축으로 하여 회전할 것이다. 전류가 흐르는 도선이 자침을 움직이게 했으니 자석 역시 전류가 흐르는 도선을 움직이게 해야 마땅하다."

　　생각할수록 기뻤던 울러스턴은 데이비의 실험실로 가 자신의 아이디어를 말해주며 실험을 도와달라고 부탁했다. 두 사람은 여러 차례 실험을 거듭했지만 도선은 움직이지 않았고, 어쩔 수 없이 실험을 멈추고 도선이 회전하지 않는 원인을 토론했다.

　　토론이 한창일 때 패러데이가 들어왔다. 그는 뛰어난 과학자 두 사람

2　　도선 근처에 자침을 세워둔 후 도선에 전류를 흘리면 자침이 움직인다는 결과를 실험으로 얻었다. 이 실험으로 그때까지 별개의 것으로 여겨졌던 전기와 자기(磁氣) 사이에 관련이 있음이 드러나 전자기학이라는 새로운 분야가 생겨났다.

의 토론을 경청했다. 패러데이는 원래 전기학에 관심이 많았다. 그러나 왕립학회에 들어와 데이비의 조수로 일하며 종일 화학 실험을 하느라 바빠 전기학 연구는 거의 하지 못했다. 그러던 중 전기학 관련 토론을 들으니 호기심이 솟아올랐다. 그는 울러스턴의 실험이 실패한 원인을 꼭 밝혀내겠다고 마음먹었다.

패러데이 역시 울러스턴이 제시한 작용과 반작용 관계에서 생각을 시작했지만 곧 새로운 방법을 찾아냈다. "여러 개의 자침이 전류가 흐르는 도선 주변에서 원형을 형성한다면, 자침의 힘이 도선을 회전시키려 한다는 뜻이다. 그렇다면 작용과 반작용에 따라 도선 역시 자석 주변을 회전하려 할 것이다." 이런 생각은 울러스턴의 실험 설계와는 완전히 달랐다. 울러스턴의 설계는 전류가 흐르는 도선이 자신을 축으로 하여 회전한다는 것이었지만, 패러데이는 전류가 흐르는 도선이 자석의 극 주변을 회전할 것으로 여겼다. 이것은 중요하면서도 틀을 깨뜨리는 아이디어였다.

이런 아이디어를 중심으로 패러데이는 실험 장치를 하나 설계했다. 우선 넙적한 그릇에 수은을 담는다. 그런 다음 한쪽 극이 수은 바깥으로 노출되게끔 자석을 그릇 중간에 세워둔다. 도선의 한쪽 끄트머리를 코르크 마개 중간에 끼워 수은 위에 띄운다. 도선의 다른 쪽 끝은 전지와 스위치를 지나 수은 안에 넣는다.

패러데이는 1821년 9월 3일 실험에 들어갔다. 그가 스위치를 누르자 도선에 전류가 흘렀고, 거의 동시에 코르크 마개가 흔들렸다. 곧 코르크 마개는 작은 배처럼 자석 주변을 천천히 돌기 시작했다. 패러데이는 아르키메데스가 목욕탕 바깥으로 달려 나오며 "유레카!"라고 외친 것처럼 기뻐 날뛰며 "돌았어! 돌았다고!"라고 소리질렀다.

인류 역사상 최초의 전동기가 이렇게 탄생했다.[3] 그날 패러데이는 실험일지에 이렇게 썼다.

> 결과가 매우 만족스럽다. 그러나 좀 더 반응이 빠른 실험 장치를 고안할 필요가 있다.

패러데이는 자신이 발견한 사실을 보고서로 작성해 『계간 과학 저널』에 보냈다. 그 후 아내와 휴가를 떠나 자신의 서른 번째 생일을 자축했다. 패러데이가 휴가를 마치고 런던으로 돌아왔을 때는 10월이었다. 그는 자신의 발견이 시대에 한 획을 긋는 내용임을 예감했고, 런던에 돌아가면 사람들에게 환영을 받을 것이라고 기대했다.

하지만 예상과 달리 런던은 조롱과 멸시로 그를 맞이했다. 패러데이는 영문을 몰랐다. 며칠 후에야 그의 스승인 데이비가 패러데이의 실험이 울러스턴의 아이디어를 훔친 것이라는 소문을 퍼뜨렸음을 알게 되었다. 패러데이는 이 상황이 이해되지 않았다. 데이비는 책 제본공으로 일하던 그를 화학자로 만들어주었다. 그는 늘 데이비를 존경했고, 데이비는 그의 능력을 인정하고 키워주었다. 그런데 왜 이런 일이 벌어졌을까?

데이비는 패러데이의 실험 설계가 방식과 이론적 해석 면에서 울러스턴의 생각과는 완전히 다르다는 것을 잘 알고 있었다. 그렇다면 왜 패러데이의 성공을 기뻐하지 않았을까? 다름 아닌 질투심과 허영심 때문이었다. 데이비는 유럽 여러 나라가 패러데이의 발견을 칭송하자 질투심

---

[3] 패러데이의 이 실험은 전자기력으로 회전 운동을 일으킨 것으로, 이것이 전동기의 기본 작동 원리다.

이 치솟아 "울러스턴이 성공을 눈앞에서 놓쳤다", "패러데이는 울러스턴에게 아무 말도 하지 않고 남이 거둔 성과를 훔쳐 제 것으로 만들었다" 등의 사실이 아닌 말을 퍼뜨렸다.

패러데이는 처음에 이 모든 것이 오해에서 비롯되었다고 생각해 울러스턴에게 해명 편지를 보냈다. 울러스턴은 온화하고 사리에 밝은 인물로 패러데이의 편지를 받은 후 너무 고민하지 말고 이 일을 같이 논의해보자고 답신했다. 토론 후 울러스턴은 패러데이의 실험 설계가 표절이 아님을 인정했고 그 후로 패러데이를 더욱 아끼고 신뢰했다. 그때서야 패러데이는 스승인 데이비가 자신을 모함했다는 것을 조금씩 깨닫게 되었다.

시간이 지나면서 세상 사람들도 진상을 알게 되었다. 그러나 어느 작가가 말했듯 질투심과 허영심은 치유할 수 없는 만성 질병처럼 두려운 존재이며 결국 인간을 죽음으로 몰아넣는다. 데이비는 패러데이가 별 손해를 입지 않은 데다 오히려 명성이 더 높아진 것을 보고 질투의 불길이 더 크게 타올랐다. 그는 패러데이가 발견한 액화 염소 가스를 자신의 공로로 만드는가 하면, 울러스턴 등 29명의 왕립학회 회원들이 패러데이를 회원 후보로 공동 지명했을 때도 완강하게 반대했다.

광산용 안전등의 특허권으로 부를 축적할 기회를 거부할 만큼 높은 도덕성을 지녔던 과학자 데이비가 이토록 변해버린 것이다. 데이비는 병이 위독해졌을 때에야 질투심을 가라앉혔다. 누군가 그에게 인생에게 가장 위대한 발견이 무엇인지 묻자 마침내 이런 대답을 했다. "나의 가장 위대한 발견은 과학자 패러데이를 발견한 것이다."

그렇다면 패러데이는 어땠을까? 그는 늙고 쇠약해졌을 때도 자주 벽에 걸린 데이비의 초상화를 가리키며 떨리는 목소리로 말했다. "참으로 위대한 인물이었지!"

✦

　　과학사에서는 과학자 사이에 발견이나 발명 순서를 놓고 우선권 분쟁이 종종 벌어지곤 한다. 분쟁 과정의 격렬함, 공격의 신랄함과 독설 수준을 보면 과학자들이 평소 보여주던 겸허하고 온화하던 모습과는 딴판인데 왜 이처럼 비정상적인 행위가 일어나는지 합리적으로 설명하기는 쉽지 않다. 특히 우선권을 놓고 벌어진 분쟁의 유구한 역사와 심각한 파장은 놀라울 정도다. 앞에서 언급한 데이비와 패러데이 사이의 일은 물리학 역사에서 매우 심각했던 우선권 분쟁이었다. 특히 이 사건은 분쟁의 당사자 두 사람이 모두 고상하고 우아한 성정을 가졌다는 데서 더욱 놀라움을 느끼게 한다.

　　패러데이는 1831년 말에 난처한 우선권 다툼을 한 차례 더 겪었다. 그때 패러데이는 생애 가장 위대한 업적인 전자기 유도 현상을 막 발견한 참이었다. 앙페르는 패러데이가 전자기 유도 현상을 발견했다는 사실을 전해들은 후, 그 우선권을 갖기 위해 서둘렀다. 그는 스위스 물리학자 오귀스트 아서 드 라 리브(Auguste Arthur de la Rive, 1801~1873)와 1822년에 이미 전자기 유도 현상을 발견했다는 논문을 발표했다. 그러나 앙페르의 해석은 패러데이의 해석과 완전히 달랐다. 다행히 이번에는 상황이 오래 가지 않았다. 앙페르는 평정심을 되찾은 후 패러데이에게 사과하며 자신의 '발견'은 실패한 것임을 인정했다.

　　두 번의 우선권 분쟁을 겪은 후 패러데이는 신중해졌다. 1832년에 패러데이는 자신이 실험에서 얻은 참신하지만 충분히 무르익지 않은 생각을 기록한 다음, 봉투에 넣고 밀봉해 왕립학회 자료실에 보관했다. 봉투에는 이렇게 써놓았다. "지금은 왕립학회 자료실에 보관해야 마땅한 새로운 관점."

이 봉투는 1938년이 되어서야 열렸다.

나는 다음과 같은 결론을 얻었다. 전자기 유도가 전파되는 데는 시간이 필요하다. 즉 자석이 먼 곳에 있는 다른 자석이나 철에 작용할 때, 그 작용의 원인(나는 이것을 자성[磁性]이라고 부를 수 있다고 생각한다)은 자성체에서 점진적으로 전파된다. 이와 같은 현상은 일정한 시간이 필요하며, 이 시간은 확실히 매우 짧을 것이다.

나는 전자기 유도의 전파 역시 이와 같을 것이라 생각한다. (……) 나는 진동 이론을 자기 현상에 응용할 생각이다. 소리가 일종의 진동인 것처럼 이는 빛 현상의 가장 가능성 있는 해석이다.

이 문서를 보면 패러데이는 전자기 유도의 전파를 예측했고, 전자기파가 진동한다는 것과 빛 역시 전자기파의 일종일 가능성 등을 시사했다. 패러데이가 이런 기록을 남긴 것은 우선권 다툼이 지나간 뒤에도 그에 대한 두려움이 그만큼 크게 남았다는 것을 잘 보여준다.

패러데이가 마지막 부분에 쓴 말을 살펴보자.

내가 이 기록을 왕립학회에 보관하는 것은 나 자신을 위해 이 발견을 확정된 날짜로 보존하기 위함이다. 이렇게 하면 실험으로 증명할 수 있을 때 이를 발견한 시점을 선포할 권리가 있다. 내가 아는 한, 현재 나를 제외하고는 과학자들 가운데 이와 유사한 관점을 가진 사람이 없다.

100여 년이 지난 후에 개봉될 기록을 남긴 것은 패러데이가 우선권을 얻기 위해 한 행동임이 분명하다. 몇몇 사회학자들은 우선권 분쟁이 과학자 개인의 품성과 관련 있다고 강조하지만 이 관점은 상당히 의심스럽다. 다음 두 가지 사례를 더 살펴보자.

다윈이 진화론을 이미 발견했으나 아직 발표하기 전에 있었던 일이다. 영국 지질학자 찰스 라이엘(Charles Lyell, 1797~1875)이 다윈에게 이렇게 충고했다. 발견한 사실을 하루빨리 세상에 알리라는 것이었다. 1856년 다윈은 라이엘에게 답신을 썼다.

저는 우선권 때문에 글을 쓴다는 생각을 혐오합니다. 물론 누군가 저보다 앞서서 제 이론을 발표한다면 몹시 괴롭겠지요.

다윈은 우선권을 원하면서도 그런 행위가 고상하지 못하다고 여기는 일종의 모순된 심리를 드러냈다.

1858년 6월, 불행한 일이 일어났다. 영국인 생물학자인 앨프리드 러셀 월리스(Alfred Russel Wallace, 1823~1913)가 다윈에게 편지로 자신이 진화론을 (독자적으로) 발견했다고 알린 것이다. 다윈은 이 예상 밖의 일을 어떻게 처리해야 할지 종잡을 수 없었다. 그는 고통스러운 마음으로 라이엘에게 편지를 썼다.

당신의 말씀은 현실이 되고 말았습니다. 내가 다른 사람보다 먼저 움직였어야 했습니다. (……) 그래서 모든 나의 독창성은, 그 수준이 어느 정도이든 간에 상관없이 전부 부서졌습니다.

다윈은 극도로 모순되며 고통스러운 감정에 빠졌다. 미국 사회학자 로버트 킹 머튼(Robert King Merton)이 말한 것처럼 말이다. "겸손하고 사리사욕을 추구하지 않았던 다윈은 자신의 우선권을 포기하는 대신 독창성이 인정받기를 희망했다. 그러면 자신이 모든 것을 다 잃는 것은 아니라고 믿었다."

다윈은 우선권을 포기하려 하면서도 여전히 고통스러웠다. 그는 이렇게 말하기도 했다. "이렇게 하는 것이 고상한 행동이라고 나 자신을 설득할 수가 없습니다."

이 모든 이야기를 라이엘에게 털어놓은 뒤에는 또다시 자신이 너무 '천박하다'는 생각에 괴로워했다. 결국 이런 정신적인 고통과 여러 가지 사상의 충돌을 견디지 못한 다윈은 다시 라이엘에게 호소했다.

> 나는 여러 해에 걸쳐 확립한 우선권을 잃는 일을 받아들이지 못할 것 같습니다. 그러나 이렇게 하는 것이 이 일의 공정성을 바꿀 수 있을지도 완전히 확신할 수 없습니다.

다행히 다윈과 월리스의 우선권 문제는 라이엘과 다른 과학자들의 도움으로 원만하게 해결되었다. 과학계에서는 다윈과 월리스가 독립적으로 동시에 진화론을 확립했음을 인정했다. 모두 기뻐할 만한 결말이었다. 그러나 이 일은 과학자들이 우선권에 대해 갖는 상반된 심리를 아주 잘 보여주는 사례다.

수많은 사람이 어떻게 받아들여야 할지 혼란스러워했던 다른 사례를 살펴보자. 물의 구성성분을 누가 최초로 발견했느냐를 두고 캐번디시와 와트가 옥신각신했던 일을 빼놓을 수 없다. 사실 캐번디시는 명예를 싫어했던 인물로, "야망이 없고 사람들과 쉽게 친해지며 그가 발견한 내용을 발표하도록 설득하는 데 많은 노력이 필요할 정도로 명성을 얻는 것을 두려워했다." 그렇다면 왜 우선권 분쟁이 일어날까?

어느 전기 작가가 이런 말을 했다. "이건 정말 누구도 답을 알아낼 수 없는 곤혹스러운 문제다. 겸허하고 야심이 없으면서 많은 사람이 정직하다고 존경하는 두 사람이, 이미 그들의 과학적 발견과 발명품으로 널리 이름이 알려진 상황에서 갑자기 서로 적대하는 상황이 된 것이다."

우선권 문제를 잘 처리하면 과학이 더 빠르게 발전할 수 있지만 이 문제를 잘못 처리하면 과학 발전이 저해된다. 뉴턴과 라이프니츠 사이에 벌어진 미적분 최초 발견의 우선권 다툼은 영국에서 미적분이 널리 알려지는 데 큰 장애물로 작용했다.

이것은 사회학적 문제이지 개인의 품성이나 도덕관의 문제로 단순화할 수 없다. 개인의 품성은 우선권 분쟁을 좀 더 복잡하게 만들 수 있지만 분쟁이 야기되는 근본적인 원인은 아니다. 다시 말해 과학사에 기록된 우선권 분쟁을 살펴볼 때는 사회학적 측면에서 분석해야 하며, 그래야 유익한 결론을 얻을 수 있다.

18장

오스트발트가 원자론을 비판한 이유

> 오스트발트 교수는 돈키호테처럼 비루먹은 말을 타고 손에는 긴
> 창을 쥔 채 물리학자가 더 이상 지지하지 않는 관점에 도전했다.
>
> 루트비히 에두아르트 볼츠만(Ludwig Eduard Boltzmann, 1844~1906)

> 세상의 모든 현상은 공간과 시간 속의 에너지 변화로 구성된다.
> 그래서 이 세 가지 물리량은 가장 보편적이며 기본적인 개념이
> 라고 할 수 있다. 모든 계량 가능한 사물은 다 이 세 가지 개념으
> 로 귀결된다.
>
> 프리드리히 빌헬름 오스트발트(Friedrich Wilhelm Ostwald, 1853~1932)

독일의 유명한 화학자 프리드리히 빌헬름 오스트발트(Friedrich Wilhelm Ostwald, 1853~1932)는 촉매 작용, 화학평형[1], 화학 반응의 속도 연구로 1909년에 노벨 화학상을 받았다.

오스트발트는 평생 화학 발전에 막대한 공헌을 했다. 특히 물리학과 화학 두 분야를 결합하여 교차 학문인 '물리화학'을 만들어낸 창시자이기도 했다. 과학사에서 물리학과 화학은 오랫동안 아무런 관련 없이 각

---

1 화학적으로 반응이 정지되어 있는 것처럼 보이는 상태.

자의 길을 가진 학문으로 여겨졌다.

독일 화학자 로베르트 분젠(Robert Bunsen, 1811~1899) 이후, 물리학 실험 방법이 화학 연구에도 응용되었다. 물리학의 원리로 화학적 현상을 해석하는 것은 1901년 노벨 화학상 수상자이자 네덜란드 물리화학자인 야코뷔스 헨드리퀴스 판트 호프(Jacobus Henricus van't Hoff, 1852~1911)에서 이미 시작되었지만 물리화학이 확립된 때를 확정한다면 1887년이 가장 적합하다. 그해는 전문 학술지『물리화학』이 창간되었고 물리화학 방면의 고전 교과서가 출간된 때다.

이 두 가지 일은 모두 오스트발트와 밀접한 관계가 있다.『물리화학』은 오스트발트가 1887년에 창간했다. 물리화학 방면의 고전 교과서는 오스트발트가 쓴 책『일반 화학 교습』(Outlines of General Chemistry)을 가리킨다.『일반 화학 교습』에서 오스트발트는 물리화학의 연구방법과 범주, 앞으로의 발전 방향을 언급했다.

그런데 이처럼 이름을 날렸던 과학자가 1895년의 어느 학술회의에서 여러 유명한 과학자들에게 비판을 받았다. 오스트발트 본인도 이렇게 말했다.

> 토론하던 중, 내가 모든 사람과 적대적인 상태임을 알았다. 유일한 지지자이자 전우도 에너지의 실재성 개념에 반감을 가지고 나를 떠났다. (……) 처음으로 나에게 이토록 많은 적이 있음을 깨달았다.

1909년 이후 오스트발트는 자신이 틀렸음을 인정하고 출판한 책 속에 자신의 잘못을 공개적으로 서술했다. 과연 어떤 일이었을까? 오스트발트처럼 위대한 과학자가 어쩌다 그런 잘못을 한 것일까?

✦

오스트발트는 1853년 9월 2일 라트비아의 수도 리가에서 태어났다. 발트해의 해안도시인 리가는 당시 러시아 영토였는데, 독일에서 건너온 이민자가 많이 살았다. 오스트발트의 부모 역시 독일 이민자의 후손이었다. 오스트발트의 아버지는 오랫동안 러시아를 유랑한 공예가였고, 가정을 꾸린 후 리가에 정착했다. 아버지는 전문적으로 나무통을 만들었고 어머니는 제빵사의 딸이었는데 선조는 독일 중서부 헤센에서 이주해왔다. 어머니는 평생 예술을 사랑했다. 아버지는 어머니의 취미를 존중해 가정형편이 넉넉하지 않았음에도 사정이 허락하는 한 극장에 좌석을 예약해주곤 했다. 어머니는 책 읽기도 좋아해 매일 10여 명의 식사를 챙겨야 했음에도(다른 공예가나 제자들과 같이 지냈다) 늘 시간을 내어 책과 신문을 읽었다.

이처럼 문화생활을 중시하는 부모님의 태도는 어린 오스트발트에게 영향을 주었다. 아버지는 젊은 시절 많은 고초를 겪은 후로 자신이 희생하더라도 자식은 최고의 교육을 시키겠다고 마음먹었다. 오스트발트는 이처럼 자신을 아끼고 사랑해주는 부모 밑에서 성장했다.

아마도 열한 살 즈음일 것이다. 오스트발트는 불꽃놀이용 폭죽을 만드는 책에 푹 빠졌다. 불꽃놀이를 구경했을 때, 밤하늘을 수놓던 색색의 빛줄기가 그를 얼마나 감동시켰는지 모른다. 오스트발트는 책에서 읽은 대로 하면 자기 힘으로 불꽃놀이를 할 수 있을 것 같아 가슴이 뛰었다. 부모님도 오스트발트의 계획을 듣고 적극 지지해주었다. 아버지는 지하실 한쪽 공간을 작업실로 내어주었다. 보통 어린아이가 이런 위험한 물건을 건드리지 못하게 막는 것이 일반적이지만 오스트발트의 부모는 야단치거나 반대하지 않고 오히려 도움을 주었다. 오스트발트는 재료를 사기 위해 간단한 일을 해서 용돈을 벌었다. 책 내용이 잘 이해되지 않으면 다른 서적을 찾아보며 공부했다. 그 결과 오스트발트는 누구의 도움도 없이 자기 힘으로 불꽃을 하늘로 쏘아 올릴 수 있었다. 그날 색색의 빛줄기가 쏟아지는 것을 보며 오스트발트와 부모 모두 미소를 지었다.

불꽃놀이 폭죽을 만들면서 오스트발트는 화학에 강렬한 호기심을 느꼈다. 이어서 그는 사진에도 관심을 가졌다. 한참 노력한 끝에 빈 시가 상자를 이용해 사진기를 제작했으며, 그 사진기로 찍은 사진을 인화하는 데까지 성공했다. 이 일을 알게 된 화학 선생님은 깜짝 놀랐다. 선생님은 오스트발트의 무한한 가능성을 알아보고 그에게 최대한 많은 화학 지식을 알려주려고 애썼다. 나중에 오스트발트는 자신의 어린 시절에 관해 이렇게 말했다.

> 어려움을 맞닥뜨렸을 때, 한 가지 원칙이 아주 유용하게 쓰인다. 그 원칙은 어떤 일을 해내고 싶지만 성공할 자신이 없다면, 가장 좋은 도움은 큰 목소리로 자신을 격려하라는 것이다. "나는 어느 때까지 이 일을 꼭 해낼 것이다!" 이렇게 하면 책임감 있고 꾸준하게 그 일에 매진할 수 있다. 말하자면 자기 자신을 몰아붙여 물러설 곳이 없게 하는 것이다. (……) 나는 최선을 다해 노력했고 결국 정한 기한 내에 사진을 인화할 수 있었다.

관심사가 광범위해 때때로 나쁜 성적을 받기도 했지만, 오스트발트는 중요한 시기에 다른 학생들을 앞서 나가 순조롭게 학업을 마쳤다.

1872년 1월, 그는 에스토니아의 타르투대학교 화학과에 입학했다. 아버지는 그가 화학공학을 전공하기를 바랐다. 그러면 나중에 수입이 높은 기술공으로 일할 수 있기 때문이었다. 그러나 오스트발트는 자연의 비밀을 탐구하는 순수한 화학 연구에 종사하고자 했다. 그에게 수입이 얼마인지는 중요하지 않았다. 결국 아버지는 아들의 뜻을 존중해주었다.

1875년 1월 오스트발트는 대학교를 졸업했다.

✦

일본 화학자 다나카 미노루(田中實)는「오스트발트의 원자 가설」이라는 논문에서 아주 재미있는 질문을 던졌다.

> 오스트발트는 스반테 아레니우스(Svante Arrhenius, 1859~1927, 1903년 노벨 화학상 수상자인 스웨덴 화학자), 판트 호프(이 두 사람의 공로는 19세기 원자론을 현대적 수준으로 끌어올렸다)와 협력해 물리화학이라는 새로운 영역을 확립했다. 우리는 오스트발트가 화학 연구의 황금기를 열었다고 말한다. 당연히 그는 원자론을 자각하고 있었다. 그런데 이 위대한 화학자는 어떻게 19세기 말에 원자 가설이 무용하다는 것을 강력하게 주장하는 사람이 되었을까?

이 문제를 좀 더 확실히 이해하기 위해 오스트발트와 아레니우스, 판트 호프 세 사람에 얽힌 전설적인 연구 협력 이야기를 살펴보겠다.

19세기 후반, 과학계에는 아무리 생각해도 답을 알 수 없는 난제가 하나 있었다. 전류는 증류수와 고체인 소금을 통과하지 못한다. 그런데 소금을 증류수에 녹인 소금물은 전류가 통한다. 게다가 소금물 속에 넣은 두 개의 전극에서는 물도 소금도 아닌 새로운 물질이 나타났다. 데이비, 패러데이 같은 유명한 과학자도 이 문제를 풀지 못했다. 그러다가 1884년에 스웨덴의 박사 과정 학생인 아레니우스가 과학계 전체를 놀라게 한 해석을 내놓았다.

이온만 용액의 화학 반응에 참가한다. 이온 운동이 소금물에 전류가 통하게 한 것이다.

이온(ion)이 무엇일까? 소금물을 예로 들어보자. 순수한 고체인 소금을 증류수에 넣으면 소금이 녹으면서 눈에 보이지 않는 변화가 일어난다. 소금($NaCl$)은 염소(Cl)와 나트륨(Na) 두 가지 원소로 구성되며 화학명은 염화나트륨이다. 소금이 물에 녹으면 염화나트륨은 염소와 나트륨으로 분해되어 전하를 가진 입자 Na^+와 Cl^-가 된다. 이런 미세 입자를 이온이라고 한다. Na^+는 양전하를 가지고 있는 나트륨 이온, Cl^-는 음전하를 가지고 있는 염소 이온이다. 이온이라는 이름은 1884년보다 몇 년 앞서 패러데이가 붙인 것이다.

패러데이는 "이온은 전류의 작용으로 생성된다"라고 생각했다. 아레니우스는 패러데이의 관점에 동의하지 않았고, 완전히 반대되는 생각을 가지고 있었다. 아레니우스는 소금이 물에 녹으면 이온이 자동적으로 생성되며, 용액 안에 존재하고 있다고 여겼다. 또한 이온이 생기기 때문에 소금물에 전류가 통한다고 보았다.

아레니우스는 이온 가설을 제시한 후, 곧 스웨덴의 여러 화학자에게 비웃음을 샀으며 강한 반대에 부딪혔다. 이렇게 묻는 사람도 있었다. "염소는 녹황색의 유독가스다. 소금물에 염소 이온이 있다면 왜 소금물은 흰색이고 독성이 없을까? 나트륨은 물에 닿기만 하면 강한 반응을 일으켜 물이 끓어오른다. 왜 소금물에는 나트륨 이온이 있는데도 아무 반응이 일어나지 않을까?"

아레니우스 역시 이런 문제점을 잘 알고 있었다. 그는 이온이 띠고 있는 전하가 원자의 성질을 바꿔놓았다고 가정했다. "염소 이온은 음전하를 가진다. 그래서 그 성질이 염소 원자와는 다르다. 마찬가지로 나트륨 이온은 양전하를 띠며, 역시 나트륨 원자와는 성질이 다르다."

당시로는 몹시 대담한 가설이었다. 그 시대 사람들은 원자의 구조를 알지 못했다. 전자, 양성자, 중성자를 모르는 상황에서 이처럼 대담하게 가정하는 것은 대단한 상상력과 배짱이 필요한 일이었다. 하지만 아레니우스의 이온 가설을 옹호하는 학자는 한 명도 없었다. 스톡홀름의 스웨덴 왕립과학한림원조차 이온 가설을 외면했다. 아레니우스는 다른 나라 학자에게 도움을 청할 수밖에 없었다. 그는 자신의 논문 「전기분해에 관한 갈바니[2] 전도율의 연구」를 독일 물리학자 루돌프 클라우지우스(Rudolf Clausius, 1822~1888)와 율리우스 마이어, 오스트발트에게 보냈다. 당시 오스트발트는 리가 공업대학교에서 화학 교수로 재직하고 있었다.

오스트발트는 1884년 6월 어느 날 아레니우스의 편지를 받았다. 오스트발트는 아레니우스의 논문을 읽고 곧 새로운 화학인 이온 화학이 탄생할 것임을 깨달았다. 그는 이온 화학의 탄생과 그 막대한 가치에 감격하여 며칠 밤을 잠들지 못했다. 오스트발트는 똑똑한 사람이었다. 그는 당장 결단을 내려 스웨덴으로 떠났다. 그는 가능한 한 빨리 이 젊은이를 만나 이온에 관한 여러 문제를 더욱 깊이 토론하고 싶었다.

1884년 8월, 두 사람은 스톡홀름에서 만나 의기투합했고 몹시 유쾌한 시간을 보냈다. 아름다운 멜라렌 호숫가를 산책하며 눈에 보이지 않고 만질 수도 없는 이온에 관해 이야기를 나눴다. 그들은 이온이 하늘에 떠 있는 별처럼 확실해질 때까지 대화를 멈추지 않았다. 오스트발트는 아

---

2 루이지 알로이시오 갈바니(Luigi Aloisio Galvani, 1737~1798). 이탈리아의 해부학자, 생리학자다.

레니우스를 위해 연구 지원금을 알아봐주었다. 덕분에 아레니우스는 리가와 유럽 다른 나라에서 유학할 수 있었다. 5년의 유학 생활 중 그들은 네덜란드의 화학자 판트 호프를 알게 되었다. 판트 호프는 1874년을 전후로 화학의 새로운 분야인 '입체화학'을 창시했다. 그는 1882년에 논문을 발표해 용액 속 용해물질은 기체운동의 몇 가지 법칙을 따른다는 가설을 제시했다. 판트 호프의 이런 생각은 아레니우스의 이온 가설에 큰 도움이 되었다. 두 사람은 암스테르담에서 용액, 이온, 기체운동의 법칙 등을 토론했다. 이런 과정을 거쳐 이온 이론은 점점 발전했다. 그들의 진심어린 협력은 과학사 전체로 놓고 보아도 보기 드문 미담이었다.

1887년에 오스트발트는 독일 라이프치히대학교에 화학 교수로 임용되었다. 이미 그는 유럽 전역에 이름을 떨치는 화학자였다. 라이프치히에 온 이후, 이 세 사람은 오스트발트의 주도로 보수적인 화학계에 도전장을 던졌다. 그들은 최대한 빨리 과학계가 아레니우스의 이온 이론을 인정하고 받아들이기를 바랐다. 이를 위해 오스트발트가 전면에 나섰다. 아레니우스의 이론(전리설)에 관한 새로운 내용을 발표하기 위한 목적으로『물리화학』잡지를 창간한 것이다.

이온 이론은 금세 유럽 화학계의 인정을 받았고 이들은 "승리는 우리 것이다"라며 기뻐했다. 사람들은 그들의 대담함과 협동 정신에 감탄하며 그들을 '이온 이론의 삼총사'라고 불렀다. 아레니우스는 전해질 용액의 전리(電離) 이론[3]을 발견한 공로로 오스트발트보다 6년 앞서 노벨 화학상을 받았다.

---

3   전해질이 용액 속에서 양이온이나 음이온으로 해리되는 현상.

이처럼 오스트발트가 아레니우스와 판트 호프를 지원했던 사실을 보면 그가 당연히 원자론을 지지할 것으로 생각하기 마련이다. 원자론을 인정하지 않는 사람이 어떻게 전하를 가진 미세 입자인 이온의 존재를 지지할 수 있을까? 게다가 판트 호프의 입체화학은 원자론의 기초 위에 세워진 것이다. 오스트발트가 그 사실을 몰랐을까?

하지만 오스트발트는 1892년부터 원자론을 반대했다. 미국의 잘 알려진 과학 소설가 아이작 아시모프가 말했듯 "원자론을 반대하는 고집불통" 중 한 사람이 된 것이다. 이런 상황은 정말 이해하기 힘든 일이었다.

✦

오스트발트는 라이프치히대학교에 임용된 후 1887년 11월 23일에 "에너지와 그 변환"이라는 주제로 연설을 했다. 그는 이 연설에서 에너지의 실재성과 실체를 강조하며, 에너지를 일종의 수학적 기호로 보는 관점을 거부했다. 많은 사람이 이날의 연설을 오스트발트가 '에너지론(energetics)' 관점을 발전시키려던 공개적인 신호로 본다.

그 후 그는 밤낮없이 이 문제를 사색했다. 차차 그는 분자, 원자, 이온 등이 단지 수학적 허구이며 아무런 물질적 본성이 없다고 생각하게 되었다. 단지 에너지 연산을 편리하게 하는 도구라고 본 것이다. 이어서 그는 자연계의 예측할 수 없는 변화 현상을 '에너지 변환'[4]이라는 용어로 해석하면 더욱 편리할 것이라고 보았다. 모든 과학자들이 그렇듯, 오스트발트 역시 긴장을 늦추지 않고 사색하던 중 갑작스럽게 영감을 얻었

---

4   에너지를 한 형태에서 다른 형태로 바꾸는 과정.

다. 그는 자서전에서 매우 문학적인 색채를 띠는 표현으로 영감이 솟아오른 과정을 묘사했다.

1890년 초여름이었다. 오스트발트는 글을 쓰다 부딪친 문제를 해결하려고 베를린에 가서 물리학자 에밀 부데를 만났다. 그와 밤새 토론한 후 오스트발트는 흥분하여 잠을 이루지 못했다. 하늘이 밝아오기 전 근처 동물원에서 산책을 하던 중 자기도 모르는 사이에 아침 햇살이 꽃 덤불 사이로 들어오고 새들이 나무에서 지저귀기 시작했다. 온몸에 활력이 넘치고, 자신의 존재가 커지며 우주와 하나가 되는 것을 느꼈다. 그 순간 영감이 그에게 내려왔다. 머릿속에는 금빛 벼락이 번쩍였다. 모든 것이 환해졌다. 그는 마침내 에너지가 만물의 운동을 묘사하는 최고의 개념이라는 것을 깨닫고 더 이상 에너지의 실재성을 의심하지 않게 되었다.

1892년에 오스트발트는 질량, 공간, 시간을 단위로 하던 과학적 견해는 에너지, 공간, 시간을 단위로 바뀌어야 한다고 여겼다. 1893년에는 세상의 모든 현상이 공간과 시간에 담긴 에너지의 변화로 이루어진다고 주장했다. 그러므로 모든 측량할 수 있고 관찰할 수 있는 사물은 전부 이세 가지 개념으로 귀결되어야 마땅하다는 것이었다. 오스트발트는 원자와 분자의 존재를 부정했고, 물질이라는 개념은 환상이며 에너지라는 실재성 있는 개념으로 대체하자고 말했다. 그는 원래 원자론을 믿었고 원자론의 기초 위에서 화학 발전을 추진해온 사람이었다. 그랬던 오스트발트가 공개적으로 원자론에 반대하는 주장을 펼치며 '에너지론'이라는 커다란 깃발을 치켜든 것이다.

1895년 9월 20일에 독일 뤼벡에서 제67회 독일 자연과학자 및 의사 회의가 열렸다. 이 회의에서 오스트발트는 '과학의 유물주의를 극복하라'라는 제목으로 원자론에 공개적으로 도전했다. 그는 "끊임없이 움직이는 실물 입자(예를 들면 분자, 원자)라는 것은 모두 일종의 환상이다. 소위 '물질'이라는 것은 편리한 용어에 지나지 않는다. 에너지야말로 더욱 보편적인 개념이다. 그것은 원자의 존재 여부와 무관할 뿐만 아니라, 앞선 변화에 어떠한 영향도 받지 않는다"라고 말했다. 그는 또한 새 이론에서 "반드시 질량을 에너지로 바꾸어야 한다"라고 주장했다.

오스트발트의 발언은 즉각 볼츠만, 막스 플랑크, 네른스트, 펠릭스 클라인, 조머펠트 등의 강력한 반대에 부딪혔다. 그들은 에너지론을 엄격하게 비판했다. 그중에서 볼츠만의 비판과 반박이 가장 격렬했다. 당시 아직 젊은 나이였던 조머펠트는 그때를 이렇게 회고했다.

> 볼츠만과 오스트발트의 논쟁은 어느 쪽으로 보나 황소와 투우사의 싸움이었다. 그러나 오스트발트라는 투우사의 검술이 아무리 뛰어나더라도 이번만큼은 볼츠만이라는 황소를 격퇴할 수는 없었다. 볼츠만은 승리를 거두었고, 우리는 모두 볼츠만 편에 섰다.

오스트발트 본인도 낙담하며 "내가 모든 사람과 적대적인 상태임을 알았다", "처음으로 나에게 이토록 많은 적이 있음을 깨달았다"라고 말했다. 그러나 오스트발트는 자신이 오류에 빠졌음을 바로 인지하지 못하고, 계속 에너지론을 비타협적으로 밀어붙였다. 그는 은퇴할 때까지도 자신의 저택을 '에너지 정원'이라고 명명할 정도로 계속 에너지론을 주장하고 싸우겠다는 의지를 보였다.

그가 외로운 싸움을 이어갈 때, 새로운 실험 결과(방사선, 전자 등)가 발표되면서 원자, 분자, 이온의 실재성이 점점 더 명확해졌다. 그의 편에 섰던 몇 안 되는 '전우'도 차차 원자론 진영으로 귀순했다. 결국 오스트발트는 1908년 9월에 원자론을 인정하지 않은 자신의 관점이 철저히 잘못되었음을 공개적으로 인정했다.

1908년 프랑스 물리학자 장 바티스트 페랭(Jean Baptiste Perrin, 1870~1942)이 레티놀 현탁액의 브라운 운동[5] 실험을 통해 분자와 분자 운동을 확실히 밝혀냈다. 페랭은 분자의 크기까지 계산해냈다. 이 변명의 여지가 없는 사실 앞에서 잘못을 빠르고 진솔하게 인정한 오스트발트는 자신의 저서『일반 화학 교습』4판의 서문에서 다음과 같이 썼다.

> 저는 이제 확신합니다. 최근에 우리는 물질의 분립성 혹은 과립성을 증명하는 실험 결과를 얻었습니다. 인류가 수천 년간 추구했으나 얻지 못했던 증거입니다. 한편, 기체 이온을 분리하고 그 수치를 계산한 조지프 존 톰슨의 장기적인 연구는 이미 성공을 거두었고, 브라운 운동은 운동 이론의 요구 조건에 일치하며 여러 연구자에 의해, 그리고 최종적으로 페랭에 의해 확립되었습니다. 이 사실은 가장 신중한 과학자들조차도 당당하게 물질의 원자성을 논할 수 있게 하는 실험적 증거입니다. 원자 가설은 이미 이론의 지위로 격상할 만큼 충분한 근거를 가지고 있으며, 일반 화학 지식에 입문하는 사람을 위한 이 교과서에 실릴 자격이 있습니다.

이 서문에서 오스트발트가 과학자로서 마땅히 지켜야 할 가장 기본적인 원칙인 '사실을 존중한다'를 준수했음을 알 수 있다. 그는 마음을 다해 자신의 잘못을 인정했지만, 한편으로는 "실험을 통해 증명되기 전까

---

5 정지 상태에 있는 액체나 기체 안에서 움직이는 미소 입자 또는 미소 물체의 빠르고 혼돈적인 운동 ─편집자

지 원자론에 반대하는 것은 정당한 일이며 실수가 아니라고 생각한다"라고 썼다. 이 말은 잘못을 덮으려고 하는 인상을 준다. 대부분의 과학자가 원자와 분자의 존재를 증명하려고 애쓸 때, 오스트발트는 원자론을 반대하는 데 진지하게 임했다. 그런데 어떻게 원자론이 증명되자마자 그의 반대가 정당한 일이며 실수가 아닌 것이 된단 말인가?

　사실 자신의 잘못을 인정해야 실수의 원인을 분석할 수 있고 교훈도 얻을 수 있다. 게다가 오스트발트의 잘못은 분석할 만한 충분한 '이유'가 있었다. 여기서는 그의 철학사상에 대한 분석은 하지 않고, 다만 연구 방법론 측면에서 살펴보겠다.

　오스트발트의 저작을 자세히 읽어보면, 놀라운 사실을 발견할 수 있다. 그가 과학 연구의 '가설'을 대하는 태도에 관한 것이다. 라이프치히 대학교에서 교수로 일하기 전 그는 아레니우스의 전리 가설과 그의 친화력 이론이 일치한다는 이유로 아레니우스의 가설을 적극 지지했다. 그래서 그는 자신이 원자론 지지자임을 자각하고 있었던 것 같다. 게다가 원자론은 친화력 이론의 가치를 더욱 높여주는 역할을 했기 때문에 이때까지는 원자 가설을 옹호했다.

　그러나 1895년, 오스트발트는 180도로 바뀌었다. 그는 원자 가설을 공격했고, 자연과학 영역에서의 모든 가설에 반대한다고 밝혔다. 그는 공개적인 장소에서 이렇게 발언했다.

　내가 보기에 마흐(Mach)의 사고방식은 앞으로 크게 인정받을 것 같다. 그는 어떤 분야에서든 모든 가설을 거부한다. 그의 이런 태도는 나에게 모범이 되었다. 그는 어떤 분야든 가설은 필수불가결한 것이 전혀 아니며 오히려 해악을 끼치는 존재라고 여겼다. 나는 그의 견해에 동의한다.

이것조차도 오스트발트가 다른 사람의 이름을 들먹이며 자기 잘못을 덮으려는 것처럼 보인다면, 자서전에 실린 내용을 보자. 원자론에 관해 그는 명확하게 언급했다. "나는 '우상을 만들 필요는 없다'고 외치고 싶다!" 그렇다면 일반적인 과학적 가설에 대해서는 어떻게 말했을까?

> 과학의 임무는 현실 속 사물(즉 볼 수 있고 계량할 수 있는 사물)의 여러 물리량을 상호 연계하는 것이다. 이렇게 하면 하나의 물리량에서 다른 종류의 물리량도 도출할 수 있다. 이 과학의 임무는 어떤 가설을 범례로 삼아 작용하는 것이 아니라 여러 측정된 물리량 사이의 관련성을 증명하는 것이다.

이런 발언이나 다른 자료를 살펴보면, 오스트발트는 확실히 오스트리아 물리학자 에른스트 마흐(Ernst Mach, 1838~1916)의 실증주의에 깊이 경도되었던 것 같다. 적어도 1895년 이후에는 공개적으로 과학 분야의 일반적인 가설 중 특히 원자 가설은 아무 가치도 쓸모도 없는 것이라고 주장하며 가설은 과학 발전을 방해할 뿐이라고 여겼다. 그는 실증주의 철학사상 때문에 모든 가설을 반대하게 되었고, 원자론 지지자에서 원자론 반대자로 잘못된 길을 걸었던 것이다.

그렇다면 가설은 과학의 발전에 어떤 작용을 할까? 일반적으로 과학 발전의 여정은 관찰과 실험에서 시작된다. 관찰과 실험의 결과는 과학적 사유를 거쳐 가설로 제시되고, 가설은 다시 실험과 관찰을 통해 검증과 수정을 거친다. 검증 및 수정으로 가설이 발전하면 과학 이론으로 격상된다. 이와 같은 순환을 반복하면서 끊임없이 심화하고 전진하는 것이 과학이다. 가설은 과학 발전에서 반드시 거쳐야 할 단계이며, 관찰과 실험의 연장선이자 좀 더 진전된 관찰과 실험의 출발점이다.

이를 볼 때 오스트발트가 19세기 말에 자연과학 영역의 모든 가설을 거부한 것은 아무리 가볍게 표현해도 일종의 병리적 정신 상태에 가깝다. 가설에 대한 병리적 사고방식은 크게 두 가지로 나뉜다.

첫째는 자신의 가설에 너무 빠져드는 것이다. 미국 물리학자 로버트 밀리컨은 자신이 주장한 우주 방사선에 대한 '광자 가설'을 굳게 믿은 나머지 객관적인 판단 능력을 상실했다. 실험과 관찰로 드러난 사실과 광자 가설이 완전히 모순되는데도 여전히 자신의 가설을 옹호했고, 가설의 결함을 감추려다 오히려 더욱 문제점이 드러나는 등 결국 망신을 당하고 말았다.

둘째는 반대로 오스트발트처럼 모든 가설을 다 거부하는 것이다. 재미있는 것은 오스트발트가 모든 가설을 거부하는 동시에 또 다른 가설인 '에너지론'을 제창했다는 점이다. 마치 자기 자신과 싸움을 벌이는 꼴이 아닌가? 그러나 오스트발트는 나름대로 그런 지적을 벗어날 방법이 있었다. 그는 에너지론은 "측량 가능한 물리량 사이에 존재하는 관계성"일 뿐 원자 가설처럼 '가상의 그림'이 필요하지는 않다고 주장했다. 이 주장에 따르면 에너지론은 가설이 아니라 수량 사이의 관계와 공식이 된다.

하지만 물리학은 수학이 아니다. 힐베르트를 비롯한 뛰어난 물리학자들이 물리학을 수학으로 바꾸려고 노력했지만 결과적으로 모두 실패했다. 오스트발트도 마찬가지였다. 1920년대 중반, 물리학자들은 슈뢰딩거 방정식을 얻었다. 이 방정식은 미세 입자의 세계에서 움직이는 여러 물리량을 능수능란하게 계산하고 묘사하여 물리학자들을 경악하게 했다. 더 나아가 물리학자들은 수학 관계식으로 각종 물리학 가설을 해설하려 했다. 보어가 나중에 이름을 떨치게 되는 '파동–입자 이중성' 가설을 내놓은 것도 그런 시도였다. 이런 측면에서 오스트발트의 일화는 깊이 생각해볼 만한 문제이다.

19장

멸시받은 '독가스 화학자'

라듐이 나쁜 사람의 손에 들어가면 매우 위험한 물건이 될 것이다. 자연의 신비를 알면 인간에게 도움이 되는가? 인류가 새로운 발견에서 얻은 것은 유익할까 해로울까? 노벨의 발명이 대표적인 사례다. 강력한 폭약은 인류에게 기적을 가져오기도 했지만 사람들을 전쟁으로 몰아넣은 자들의 손에 들어가면 파괴의 무기로 쓰인다. 그러나 나는 인류가 새로운 발견에서 얻는 이득이 손해보다 더 많을 것이라고 믿는다.

장 프레데리크 졸리오퀴리(Jean Frédéric Joliot-Curie, 1900~1958)

1915년 봄에서 여름으로 넘어가던 시기, 독일의 유명한 화학자 프리츠 하버(Fritz Haber, 1868~1934)는 전장에서 돌아왔다. 전쟁에서 많은 일을 겪은 그는 고뇌와 불안에 빠진 상태였다. 하지만 얼른 집에 가서 쉬고 싶은 마음과는 달리 참혹한 비극이 그를 기다리고 있었다.

하버는 집에 들어서자마자 무슨 일이 벌어질지 예감했다. 아내 클라라 임머바르(Clara Immewahr)의 얼굴은 어두웠다. 아내의 눈빛에서는 절망과 우울이 엿보였다. 클라라 임머바르는 전장에서 돌아온 남편이 얼굴을 채 씻기도 전에 도저히 기다릴 수 없다는 듯 입을 열었다.

"당신에게 할 말이 있어."

"응? 또 사회에 나가서 일하고 싶다는 이야기인가?"

클라라 임머바르는 독일 최초의 여성 화학 박사였다. 과학사에 공헌하고 싶다는 열망이 있었지만 결혼 후에 연이어 아들 하나 딸 하나를 낳으며 연구를 멈춰야 했다. 아무도 알아주지 않는 가정주부가 되어버린 클라라 임머바르는 그 일로 늘 우울해했다. 그녀는 몇 차례인가 집안일을 팽개치고 과학자의 삶을 살고자 했으나 그때마다 하버는 과학 연구를 그만두도록 설득했다. 그는 아내가 또 과학자로 일하고 싶다는 이야기를 할 것이라 생각했다.

"그게 아니야."

임머바르 박사의 표정이 더욱 냉엄해졌다.

"당신이 독가스를 만드는 연구를 한다고 들었어."

하버는 한숨을 쉬었다. 그는 아무 대답도 할 수 없었다.

"그럼, 당신이 정말로 독가스를 연구하고 있는 거군."

그녀는 감정을 이기지 못해 몸을 떨었다.

"독가스를 연구하고 제조하는 일은 과학에 대한 배신이야. 야만적인 행위라고! 당신의 양심, 인간으로서의 양심, 과학자로서의 양심, 다 어디로 사라졌지?"

하버는 그의 둥글고 매끈한, 머리카락이 없는 머리를 쓰다듬으며 입을 열었다.

"프랑스인들이 먼저 독가스를 살포했어. 소총 탄환에 독가스를 넣어서 쐈단 말이야. 그건 알고 있는 거야?"

"그게 어쨌다는 거지? 그건 그들의 행위일 뿐이야. 당신은 그런 행위에 항의하고, 세상에 그들의 수치스러운 짓을 폭로하면 돼. 그 일이 당신에게 더 강한 독가스를 연구할 수 있는 자격을 주지는 않아. 당신은 병사들을 고통 속에 죽어가게 만들었어······!"

임머바르 박사는 너무 고통스러운 나머지 목이 다 쉬었다.

"내 남편, 내 아이들의 아버지가 사악한 도살자가 되었다니!"

하버는 울화가 치밀었으나 감정을 다스리려 노력했다.

"지금 전쟁은 교착 상태야. 이런 식으로 가다간 더 많은 병사들이 죽게 돼. 새로운 무기가 있어야만 이 무시무시한 전쟁을 최대한 빨리 끝낼 수 있다고. 더 강력한 무기를 만들어서 무수한 생명을 구하는 일이야."

임머바르는 차갑게 비웃었다. 그녀는 전보다 깊은 절망에 빠진 듯, 참지 못하고 소리를 질렀다.

"아하, 당신이 구원의 천사란 말이로군! 하지만 내 말 명심해. 당신은 언젠가 전 세계 사람들의 심판을 받을 거야! 사람들은 살인자가 평화롭게 살아가도록 내버려두지 않아. 그러니 지금이라도 그만둬."

하버는 아내의 차가운 태도를 견디기 어려웠다. 그는 벌컥 화를 내며 집을 뛰쳐나왔다.

그날 밤, 임머바르 박사는 스스로 목숨을 끊었다.

✦

하버는 1868년 12월에 독일의 어느 유태인 가정에서 태어났다. 그의 아버지는 천연 염료를 취급하는 부유한 상인이었다. 천연 염료는 일종의 화학적 합성으로 만들어진 공업품이므로 화학과도 밀접한 관련이 있었다. 하버는 자연스럽게 어려서부터 화학공업에 흥미를 가졌다.

고등학교를 졸업한 후, 하버는 베를린, 하이델베르크, 취리히에서 차례로 대학교를 다녔다. 대학생 시절에는 몇몇 공장을 돌아다니며 화학 지식을 실제로 활용하는 경험을 쌓았다. 그의 아버지는 아들이 적당히 학문을 닦은 다음 가업을 이어 상인이 되기를 바랐다. 하지만 하버는 상업 쪽으로는 조금도 흥미가 없었다. 그는 독일 농업화학의 아버지로 불리는 유스투스 폰 리비히를 특히 좋아했다. 말하자면 하버의 관심은 화학공업에 있었다.

베를린대학교에 다닐 무렵, 그는 상급 학년의 수업 과정까지 미리 독학하곤 했다. 열아홉 살이 되었을 때는 학부 졸업 논문을 쓰겠다고 신청했다. 그가 선택한 지도 교수는 유명한 화학자 아우구스트 빌헬름 폰 호프만(August Wilhelm von Hofmann, 1818~1892)이었다. 호프만 교수는 하버가 보기 드문 화학 천재라는 것을 금세 알아보고, 그의 논문 신청을 받아들였다. 하버는 호프만 교수의 도움을 받아가며 유기화학에 관한 학위 논문을 완성했다. 하버의 학부 졸업 논문은 독창적이고 심오한 견해를 갖춰 논문 심사를 맡은 교수들을 감동시켰다. 그들은 하버의 논문이 박사 논문 수준에 이르렀다고 평가했다. 학사 학위 논문이 박사 학위 논문 수준이라니, 베를린대학교에서 전례가 없는 일이었다. 어떤 교수가 말했다. "이렇게 되었으니, 특별히 하버에게 박사 학위를 줍시다!"

학교 당국은 우선 하버의 논문을 베를린 왕립 공과대학교에 보내 전문가의 평가를 받아보기로 했다. 평가 결과, 열아홉 살 먹은 프리츠 하버에게 박사 학위를 수여해도 좋다는 답변을 받았다. 그 후 사람들은 그를 '하버 박사'라고 불렀다.

✦

농업과 군수공업의 발달로 질소 비료와 질소 화합물의 수요가 늘어났다. 공기 중 약 80퍼센트가 질소이기 때문에 20세기 초 화학자들의 관심은 공기에 있었다. 공기에서 질소를 분리해 수소와 합성하여 암모니아를 만들면 규모가 큰 암모니아 제조업이 형성된다. 이 암모니아를 이용해 질소 비료든 폭약이든 만들 수 있었다. 그러나 공기에서 이 보물을 빼내는 것이 쉽지 않았다. 많은 화학자가 이런 꿈을 꾸었지만 전부 실패했다.

1904년 하버는 암모니아 합성을 공업화하여 대량 생산하는 연구에 착수했다. 기업가 두 사람이 적극적인 지원을 약속했다. 몇 년간의 험난한 연구 끝에 1909년, 하버는 작은 성공을 거뒀다. 그는 여러 기업가들 앞에서 마술을 부리듯 공기에서 100세제곱센티미터의 암모니아를 합성해냈다. 기업가들은 하버의 신기한 방법에 완전히 매료되어 그의 방식을 사용하기로 결정하고 실험공장을 건설했다. 1911년, 이 회사는 세계 최초의 암모니아 제조 공장으로 문을 열었다. 1913년부터 정식 생산을 시작했는데 그해 6500톤의 암모니아를 만들었다.

암모니아를 대량으로 합성하는 데 성공한 것은 중대한 의의를 가진다. 인류가 천연 질소 비료에 의존하는 수동적 입장에서 벗어나 농업 발전이 빠르게 진행되었기 때문이다. 하버도 이때부터 세계적으로 이름을 떨치는 과학자로 자리매김했다.

암모니아 제조 공업은 독일에서 특히 중요한 의미를 가졌다. 독일은 질소 비료의 원료를 칠레에서 수입하고 있었는데, 전쟁 때문에 운송 경로가 막히면 비료 수입이 중단되어 농업이 심각한 타격을 입었다. 따라서 독일 황제 빌헬름 2세도 하버의 암모니아 합성 실험에 관심을 가졌다. 1911년 어느 날, 빌헬름 2세가 하버의 실험실이 있는 작은 도시를 방문해 하버의 전기화학연구소로 향했다. 어느 새 자그마한 연구소 건물은 사람들로 가득 찼다. 그리고 잠시 후 기병 몇 명이 군중 속을 뚫고 나와 외쳤다. "하버 박사님! 황제 폐하가 연구소에서 당신을 기다리고 있으니 실험실로 돌아가십시오!"

사람들은 깜짝 놀랐다. 설마 하버 한 사람 때문에 황제가 직접 이 조그만 도시까지 왔단 말인가? 사실 빌헬름 2세가 직접 이곳에 온 중요한 목적이 있었다. 황제는 하버를 베를린에 세워질 카이저 빌헬름 물리화학 및 전기화학 연구소 소장으로 임명할 생각이었다. 그날 하버는 황제의 일행을 따라 베를린으로 갔다. 하버에게는 참으로 대단한 영예였다. 빌헬름 2세가 하버에게 높은 직책을 준 데는 암모니아 합성 연구의 성과를 치하하는 것 외에 숨은 의미가 있었다. 당시 독일 황제는 전 세계 식민지를 빼앗기 위한 전쟁 준비를 하고 있었다. 빌헬름 2세는 하버에게 전쟁에서 적군을 무찌를 수 있는 신기한 무기를 발명하라고 명령했다.

✦

1914년 제1차 세계대전이 발발하자 영국 해군이 독일의 대서양 해상 운송로를 철저히 틀어막았다. 칠레의 질소 비료를 수입할 길이 막힌 것이다. 영국 해군의 고위 장교는 자신만만해했다. "얼마 지나지 않아 독일의 농경지는 황폐해질 것이며, 독일은 기근과 붕괴를 피할 수 없을 것이다."

그러나 독일에는 프리츠 하버가 있었다. 그는 독일의 암모니아 생산량을 빠르게 증가시켜 1919년에는 이미 연간 20만 톤을 생산할 수 있었다. 이렇게 많은 암모니아는 독일 농업의 질소 비료 수요를 채워주었을 뿐이다. 폭약 제작에 필요한 재료로 군수공업에도 제공되었다.

제1차 세계대전에서 하버의 암모니아 합성법은 독일에 그야말로 엄청난 공로였다. 이런 공로를 두고 사람들은 하버에게 죄가 있다고 묻지는 않았다. 암모니아 합성법은 인류의 행복을 위한 위대하고 가치 있는 발견이었다. 그러나 이후 하버는 사람들이 용납할 수 없는 더 나쁜 짓을 저질렀다.

하버는 맹목적인 애국심과 황제가 자신의 가치를 알아준 데 대한 고마움으로 열정을 쏟아 군수공업에 필요한 연구에 매진했다. 한랭한 기후에서 쓸 수 있는 휘발유를 연구하고, 폭약의 재료를 생산했다. 그중 가장 용서받을 수 없는 일은 염소 가스, 이페리트 가스 등 독가스를 연구 개발한 것이었다. 하버는 새로 건설한 화학병기 공장의 공장장을 맡아 독가스의 연구 개발, 생산 감독을 총괄했다. 하버는 하루아침에 예비역 상사에서 대위로 진급했다. 귀족 중심의 독일 육군 체제에서 이런 파격적인 진급은 전례가 없는 일이었다.

제1차 세계대전이 발발한 직후에는 독일 군대가 우세를 점했다. 그러나 1914년 말이 되자 독일군의 우세는 사라지고 양측이 교착 상태에 들어갔다. 이를 타개하기 위해 독일군은 1915년 4월 22일에 처음으로 하버가 개발한 염소 가스를 사용했다. 하버의 지휘 아래 독일군은 6천 킬로미터에 달하는 벨기에 전역에서 프랑스 군대에 가스 통 5천 개를 뿌렸다. 프랑스군은 아무런 대비책도 없이 독가스 공격을 당해 5만 명이 사망하고 1만 명이 중상을 입었다. 이 끔찍했던 날 이후 두 나라는 살상력이 더 강한 독가스를 사용하려고 경쟁을 벌였다. 1918년에 전쟁이 끝났을 때, 독가스로 사망한 숫자는 1백만 명을 넘었다.

하버의 죄악은 미국, 영국, 프랑스 등 각국 과학자의 비난을 받았다. 아내도 자살이라는 방식으로 남편의 죄악에 항의했다. 전쟁이 끝난 후 독일의 독가스 과학 연구를 책임졌던 하버는 오랫동안 숨어 살아야 했다. 수많은 과학자의 비난을 받았기 때문에, 전범으로 몰려 군사법정에 세워질까 봐 두려워서였다.

하버가 다시 사람들 앞에 나섰을 때, 전처럼 자신만만한 모습이 아니었다. 흐트러진 옷차림에 머리카락은 잔뜩 헝클어지고, 수염도 깎지 않았다. 눈빛도 흐리멍덩하여 불안에 떠는 태도였다. 그런데 1919년 스웨덴 왕립과학한림원은 1918년 노벨 화학상 수상자가 하버라고 발표했다. 수많은 과학자들이 엄중히 항의했다. 독가스를 만들어 전쟁에서 인명을 살상하는 데 사용한 죄인에게 노벨상을 주는 것은 이 상의 명성을 훼손하는 일이었다. 또한 많은 과학자가 여러 학술회의에서 하버가 보이면 그대로 회의장을 빠져나가곤 했다. 하버 같은 인간과 같이 학회를 진행할 수 없다는 항의 표시였다.

하버는 정말 많은 사람에게 멸시받았고, 때로는 대놓고 그를 모욕하는 사람도 있었다. 그러나 그는 자신의 잘못을 제대로 인식하지 못했다. 그는 전쟁을 빨리 끝내기 위해, 다시 말해 더 많은 사람을 구하기 위해 살상력 강한 독가스를 만든 것이라고 여전히 생각했다.

분명 암모니아는 중요한 화학 비료였고 공기 중 질소를 분리해 암모니아로 합성한 것은 인류에게 큰 도움이 되는 과학적 성과였다. 따라서 스웨덴 왕립과학한림원이 노벨 화학상을 하버에게 수여한 것도 어느 정도 이치에 맞는 일이었다. 그러나 하버가 전쟁 무기를 만든 것은 그의 일생에서 가장 수치스러운 행동이었음이 분명하며, 이런 과학자가 사람들에게 좋은 인상을 줄 수는 없다.

✦

제1차 세계대전에서 독일은 패배했고, 황금 5만 톤의 가치에 해당하는 전쟁 배상금을 지불해야 했다. 이런 어려움을 해결하기 위해 하버는 스웨덴 화학자 아레니우스가 한 말을 떠올렸다. "세계 바다에는

8억 톤이 넘는 황금이 함유되어 있다." 하버는 낙관적인 예측을 하며 즉시 바닷물에서 황금을 채취하는 실험을 설계했다.

독일 사람들은 하버를 신뢰했다. 그가 공기에서 질소를 채취했듯이 이번에는 바닷물에서 황금을 채취하여 독일을 위해 공헌하리라 생각했던 것이다. 하지만 불행히도 7년간 많은 인적 자원과 자금을 소모했을 뿐 이번에는 황금 채취에 철저히 실패했다. 그는 바닷물에서 황금을 얻는 일이 불가능하다는 것을 인정해야 했다. 과학 연구에서의 이런 실패는 당연히 큰 타격이지만, 경력이 있는 과학자라면 절대 받아들이지 못할 일은 아니었다. 하버에게 가장 큰 충격을 준 일은 히틀러가 정권을 잡은 후 자신의 민족인 유태인을 박해하는 정책을 펼친 것이었다.

1933년 4월 21일에 하버는 그가 고용한 유태인 조수를 즉각 해고하라는 명령을 받았다. 하버는 울분에 찼다. 유태인으로서 평생 피땀 흘리며 독일을 위해 일했는데 독일은 같은 민족인 유태인 조수를 고용하는 것조차 허용하지 않았다. 이것이 공개적인 조롱과 모욕이 아니면 무엇이겠는가? 하버는 그날 바로 사직한다는 뜻을 전했다. 정부의 이유 없는 박해에 항의하는 의미였다. 그는 날카롭고 이치에 맞게 말했다.

> 40여 년 동안 나는 능력과 품성을 기준으로 조수를 뽑았습니다. 그들의 선조가 누구인지를 보고 뽑지 않았습니다. 남은 생애에서도 이 기준이 바뀌지 않기를 바랍니다. 내 기준이 아주 훌륭하다고 생각하기 때문입니다.

그해 여름, 하버는 독일에 살던 많은 유태인과 마찬가지로 독일을 떠났다. 그는 영국 케임브리지대학교로 향했다. 이때 하버는 이미 65세의 노인이었다. 뛰어난 과학자이며 독일을 위해 46년간 일했지만 노인이 된 후에는 독일에서 냉정하게 버림받았다. 이 일이야말로 하버에게는 견딜 수 없는 충격이었다.

1934년 초, 하버는 팔레스타인의 다니엘 시프 연구소의 소장직을 수락했다. 그러나 팔레스타인으로 향하던 중 1월 29일에 스위스 바젤에서 심장마비로 사망했다.

하버의 일생은 공로도 크지만 과실도 작지 않았다. 그는 천재 화학자였지만 맹목적인 애국자였다. 자신이 독일에 충성을 다하면 그 공로로 유태인이라는 출신을 씻어내고 "진정하고 훌륭한 독일인"이 될 수 있다고 생각했다. 친구였던 아인슈타인은 여러 차례 그를 비판했다. 하버의 행동은 아무런 이익도 없을 뿐 아니라 스스로 자신을 모욕하는 짓이라고 말이다. 그러나 하버는 아인슈타인의 비판이나 충고에 귀 기울이지 않았고, 반대로 아인슈타인 같은 행동이 유태인에 대한 평판을 떨어뜨린다고 생각했다. 결국 죽음에 이르렀을 때야 하버는 자신이 잘못 생각했음을 깨달았다. 일찍이 아인슈타인이 충고했던 말이 옳았다. 그러나 그때는 이미 그의 삶이 마지막 지점에 다다라 있었다.

과학자는 매우 똑똑하고 예민한 감각을 보이지만, 사회적인 지식은 보통 사람보다 떨어질 때가 있다. 이런 사례는 세상 어느 나라에서든 쉽게 볼 수 있고, 하버는 그중에서 가장 확실한 사례다.

20장

원자폭탄의 기초가 된 오토 한의 발견

> 과학탐구의 길에서는 시행착오를 거치며 실수를 하는 일이 나쁜 일도 부끄러운 일도 아니다. 연구하는 동안 용감하게 잘못을 인정하고 고치는 것이 중요하다.
>
> 알베르트 아인슈타인

1945년 8월 6일, 최초의 원자폭탄이 일본 히로시마에 떨어졌다. 10여 만 명이 순식간에 극심한 고통을 겪으며 죽어갔고, 히로시마 전체가 불탔다. 원자폭탄이 터진 다음 날, 이 소식이 영국의 오래된 농장에 전해졌다. 이곳에는 독일에서 가장 우수한 과학자 10명이 구금되어 있었다. 그중 두 사람은 노벨 물리학상을 받았는데, 라우에와 하이젠베르크였다. 오토 한(Otto Hahn, 1879~1968)이라는 화학자도 있었는데, 그 또한 얼마 후 노벨상을 받게 된다.

원자폭탄이 히로시마에 떨어졌다는 것을 알게 된 오토 한은 충격을 받았다. "뭐라고! 10만 명의 목숨이 사라졌다니, 너무 끔찍한 일이야!"

그 후 며칠 동안 한은 우울해했고 잠도 이루지 못했다. 라우에는 한의 마음속 고통을 알아보았다. 그가 혹시라도 잘못된 선택을 할까 봐 걱정이 되어 다른 과학자에게 몰래 제안했다. "우리가 뭔가 조치를 취해야 할 것 같네. 한이 너무 걱정돼. 원자폭탄 소식을 들은 후로 몹시 괴로워하고 있어. 그에게 불행한 일이 벌어질지도 몰라."

한은 왜 이토록 불안해하고 괴로워했을까? 원자폭탄이 그와 무슨 상관이 있기에 그럴까?

✦

1879년 3월 8일, 한은 독일 동부의 오데르강 옆에 있는 프랑크푸르트[1]에서 태어났다. 재미있게도 아인슈타인이 6일 후인 3월 14일에 독일 도나우강 근처 울름시에서 태어났다. 바로 이 두 사람이 원자폭탄의 과학적 기초를 다졌다.

한의 할아버지는 농장 주인이었다. 그러나 한의 아버지는 농촌의 조용한 생활을 좋아하지 않았고 도시로 나가 수공업자의 도제로 들어갔다. 수공업 공부를 마친 후, 한의 아버지는 프랑크푸르트에 정착해 유리 공장을 차렸다. 한의 아버지는 똑똑한 사람이었다. 그의 유리공장은 갈수록 번창했고, 한이 태어날 때쯤 그의 집안은 부유한 중산층에 속해 있었다. 같은 시기에 아인슈타인의 아버지도 공장을 열었지만 거듭 실패해 결국 파산하고 가난하게 살아야 했다.

한은 어려서부터 책 향기에 파묻혀 지냈다. 그는 특히 모험소설과 여

---

1 서부 독일의 유명 도시인 헤센주의 프랑크푸르트와 이름은 같으나 다른 도시다. 동부 독일 브란덴부르크주에 속한다.

행기를 좋아했는데, 쥘 베른의 『그랜트 선장의 아이들』, 『해저 2만 리』, 『신비의 섬』, 『80일간의 세계일주』 등은 한이 늘 손에서 내려놓지 못하는 작품이었다. 특히 『80일간의 세계일주』의 생동감 넘치는 이야기를 좋아했다. 재미있으면서 수준 높은 과학 소설은 한을 깊이 감동시켰고, 인생에 많은 영향을 주었다.

한의 부모님은 아름다운 예술로 아이를 감화하는 데 신경 썼다. 그들은 한을 데리고 오페라를 관람했고, 독일 작곡가 베버의 작품 〈마탄의 사수〉, 프랑스 작곡가 비제의 〈카르멘〉 등은 한에게 깊은 인상을 남겼다.

부유한 집안이었지만 부모님은 용돈을 많이 주는 편이 아니었다. 사탕은 매일 두 알까지만 먹을 수 있었고, 한 알도 더 허용되지 않았다. 가끔 한이 다른 간식을 먹고 싶어 할 때면, 어머니가 둘 중 하나를 고르라고 했다. 사탕 두 알을 먹을 것인지, 아니면 사탕 두 알에 해당하는 돈을 받아 그것으로 다른 간식을 살 것인지 말이다. 한은 뭔가 사고 싶은 것이 생기면 어머니에게 그 물건을 사야 하는 이유를 자세히 말씀드리고 설득해야 했다. 한의 이유가 합당하면 용돈을 더 주셨지만, 그렇지 못할 경우에는 부드럽게 거절하셨다.

1901년 스물두 살의 한은 마르부르크대학교에서 유기화학 박사 학위를 받았다. 곧이어 그는 1년간 병역을 마쳤다. 제대 후에 그는 스승 테오도르 징케 교수의 요청을 받고 마르부르크대학교에서 조교로 일했다. 한은 화학공업 분야에서 일하고 싶었는데, 공장을 경영하는 아버지의 영향을 받은 것이었다. 한은 징케 교수의 실험실에서 일하는 것이 장래를 위해 좋은 시작점이라고 여겨 교수의 제안을 흔쾌히 받아들였다. 이때 한은 자신이 순수 과학 연구의 길을 걷게 될 줄 몰랐다.

1904년에 독일의 큰 화학회사 책임자가 징케 교수에게 화학공학을 전공하고 외국의 상황을 잘 알면서 외국어가 유창한 젊은이를 추천해 달라고 했다. 교수는 회사에 한을 추천했다. 1904년 가을, 한은 영국 런던대학교에 있는 화학연구소에서 윌리엄 램지의 조수로 일했다. 램지는 비활성기체의 발견자이며 1904년에 노벨 화학상을 수상한 사람이었다. 그런 기회는 꿈에 그리던 일이었다.

램지는 한을 만났을 때 이렇게 물었다. "라듐 연구를 해보겠나?" 당시 라듐은 얼마 전 퀴리 부인이 발견한 방사성 원소였는데, 한은 징케 교수에게서 방사화학은 배우지 못했다. 한은 난처해하며 말했다. "저는 라듐과 방사성 원소에 대해서는 거의 아는 것이 없습니다."

램지가 대답했다. "상관없네. 오히려 더 좋은 조건이기도 하지. 자네가 더 넓은 사유로 이 새로운 연구 과제를 대할 수 있을 테니 말일세." 한은 어쩔 수 없이 램지가 제안한 연구 과제를 받아들여야 했다. 그런데 과연 램지의 말이 현실이 되었다. 한은 방사성 연구의 기본 지식을 빠르게 자기 것으로 만들었고, 토륨의 새로운 동위원소[2]를 발견해 라디오토륨(radiothorium)이라고 이름 붙였다. 이 원소의 원자량은 228이었다.[3]

램지는 한의 발견을 기뻐했고 그 재능과 지성을 아꼈다. 램지 교수는 한에게 화학공업 분야 말고 새로운 방사성 동위원소를 탐구하는 일에 매진하라고 권유했다. 한은 램지 교수의 조언을 신중히 고려한 후, 방사화학 영역에서 연구를 계속하기로 마음먹었다. 한은 캐나다 맥길대학교에서 일하던 어니스트 러더퍼드에게 편지를 보내 그의 실험실에서 1년간 일하고 싶다는 뜻을 밝혔다. 여기에 램지의 추천서까지 있었기에 러

---

2   원자 번호는 같으나 질량수가 서로 다른 원소를 말한다.

3   지금 확인된 수치는 232.0381이다.—저자

더퍼드는 한이 캐나다에서 일할 수 있도록 초청장을 보내주었다.

✦

　　1905년 가을의 어느 맑은 날이었다. 한은 맥길대학교에 있는 러더퍼드 실험실에 도착했다. 한은 러더퍼드 옆에서 일하는 것이 활력 넘치고 유쾌한 경험임을 금세 깨달았다. 러더퍼드 실험실은 스승과 제자 사이가 화목하고 평등한 분위기였다. 독일에서는 보기 드문 분위기였다.

　러더퍼드는 한이 발견한 '라디오토륨'에 의구심을 표시했는데, 예전에 자신이 발견했던 '토륨-C'가 아닐까 생각했기 때문이었다. 한은 그의 생각이 틀렸음을 금방 증명했다. 러더퍼드도 한에게 바로 사과했다. "내가 다른 사람의 잘못된 의견을 듣고 신중하지 않게 그 말을 믿어버렸군. 자네가 맞았어!"

　러더퍼드는 한의 실력에 감탄했고 '라디오토륨'을 알파 입자를 생성하는 주요 공급원으로 여기게 되었다. 러더퍼드의 도움과 격려를 받으며 한은 또 한 차례의 놀라운 과학적 발견을 해냈다. 새로운 동위원소 '라디오악티늄(radioactinium)'을 발견한 것이다. 러더퍼드는 한에 대한 자신의 판단이 옳았음을 재확인했다.

　러더퍼드는 놀라운 활력과 넘치는 열정으로 자신의 실험실을 진취적이며 조화로운 분위기로 이끌었으며, 한은 그곳에서 일하는 것이 즐거웠다. 한과 러더퍼드는 가까운 친구 사이가 되었다. 러더퍼드의 다른 학생들이 그랬듯, 한은 종종 러더퍼드의 밝은 미소를 떠올렸다. 또 다른 사람의 우스갯소리를 흉내 내면서 장난스럽고 즐거운 표정을 짓는 것도 생각했다. 한이 캐나다에 있을 때 대부분은 실험실에 머물렀고, 실험실에 있지 않을 때는 거의 러더퍼드의 집에 있었다. 두 사람은 과학 연구에 관해 이야기할 때 늘 대화를 끝내지 못하곤 했으며, 온화한 러더퍼드 부인조차 종종 그런 대화를 좋아하지 않았다. 러더퍼드 부인은 남편이 손님들과 같이 자신의 피아노 연주를 들어주기를 더 바랐기 때문이다.

한은 존 콕스 집에도 자주 방문했다. 콕스는 맥길대학교 물리학 연구소의 소장이었다. 그의 집에서는 과학 게임이 인기 있었다. 콕스의 집 거실에는 가스등을 달았는데, 손님들이 문을 두드리면, 주인은 손님에게 양발을 카페트 위에 문지르면서 가스등까지 걸어오라고 요구했다. 그렇게 마찰로 체내에 정전기를 모아 가스등 가까이 손가락을 가져가면 정전기 불티에 가스등이 켜지는 방식이었다.

1906년 여름, 한은 아쉬움을 가득 안고 맥길대학교를 떠나 그에게 그다지 우호적이지 않은 베를린으로 돌아왔다. 2년간 독일을 떠나 있었던 한은 풍부한 방사성 지식과 실험 경험을 가지고 베를린에 돌아왔다. 게다가 그에게는 친밀하고 유쾌한 맥길대학교의 학풍이 깊이 배었다. 아쉽게도 방사화학과 평등한 분위기 모두 베를린에서는 환영받지 못했다. 한은 베를린에 돌아온 후 외로움을 느꼈고, 고독 속에서 그가 느끼는 즐거움은 오로지 러더퍼드에게 편지를 쓰는 일뿐이었다. 어느 날 편지에서 한은 이렇게 썼다. "독일에서 방사화학 연구에 종사하는 사람은 많지 않습니다. 무슨 일이든 저 혼자서 해야 합니다. (……) 그들은 라듐 이야기를 하면 어떻게 그럴 수 있느냐며 믿지 않아요."

독일 화학자들은 보수적이다. 그들은 물리학자들의 새로운 발견을 잘 받아들이지 않았다. 그들은 화학은 화학자가 해야 할 일이라고 생각했으며, 물리학자들이 이러쿵저러쿵 할 필요가 없다고 여겼다. 1907년 봄, 한은 어느 학술회의에서 방사성 문제에 관한 새로운 진전을 언급하며 퀴리 부인이 방사성에 관해 새로 발견된 사실을 바탕으로 원소 라듐을 알아냈다고 설명했다.

한의 발언이 끝난 후, 독일 화학자 구스타프 탐만이 곧바로 자신은 라듐이 원소임을 인정하지 않는다고 말했다. "라듐이라는 것이 끊임없이 방사선을 내뿜는다고 했는데, 그렇다면 라듐은 여전히 자신을 변화시킬 가능성이 있다는 것입니다. 그런데 어떻게 원소라고 할 수 있습니까?"

한은 우스운 한편 화가 났다. 그래서 매우 직설적으로 이 '권위적인 화학자'에게 반박했다. 그 후 한의 친구가 그에게 이렇게 말했다. "이봐, 좀 신중하게 행동하는 게 좋아. 독일은 영국이 아니야. 비판하고 싶다고 해서 공개석상에서 그렇게 말하면 안 된단 말이야. 요즘 자네가 너무 영국 사람 같다고 말하는 사람들이 있어."

한은 울화가 치밀었지만 그 일을 마음에 담아 두지는 않았다. 그러나 독일 화학자들은 화학의 새로운 발전을 이해하지 못하고 있었고, 새로운 지식과 새로운 방법론을 받아들이지 않았다. 한의 상관이자 그에게 여러 차례 직장을 알아봐주었던 헤르만 에밀 피셔(Hermann Emil Fischer, 1852~1919, 1902년 노벨 화학상을 받았다)도 한때는 한이 설명하는 방사화학을 이해하지 못했다. 한번은 한이 논문에서 "어떤 방사성 원소는 저울로는 계량할 수 없을 만큼 극소량이어도 그것이 방출하는 방사선으로 발견할 수 있다"라고 썼다.

피셔는 그 논문이 잘 이해가 되지 않아 한에게 물었다. "나는 자네 의견에 동의할 수 없네. 수량이 아무리 적어도 모든 원소는 자기만의 냄새가 있어서 그것으로 원소를 구분할 수 있어. 어째서 '방사선으로만 발견할 수 있다'라고 하는 건가? 나는 냄새만으로도 화합물을 알아낼 수 있다네."

한은 피셔의 질문을 받고 어찌할 바를 몰랐다. 이런 사람을 어떻게 이해시켜야 한단 말인가? 몇십 년 전의 오래된 달력을 황제의 명령서처럼 떠받들고 한 글자도 고치면 안 된다고 하는 꼴이었다. 이런 식으로 어떻게 다른 나라의 연구 수준을 따라잡을까?

다행히 1907년 9월에 한은 아름답고 재능 있는 여성 물리학자를 만났다. 드디어 그의 생각을 이해해주고 외로움에서 벗어나게 해줄 친구를 만난 것이다. 그녀의 이름은 리제 마이트너(Lise Meitner, 1878~1968). 한은 그때 방사화학 연구에 평생을 바칠 결심을 했지만 그러기 위해서는 물리학자의 도움이 필요했다. 마이트너를 만나 협력 연구를 하게 된 것은 하늘이 내린 기회였다. 한은 몹시 기뻤고, 이 기쁨을 러더퍼드에게 알려주는 것도 잊지 않았다. 그는 편지에 이렇게 썼다. "마이트너 씨는 물리학 연구소에서 일하고 있습니다. 그리고 매일 제 실험실에 와서 두 시간씩 일합니다." 한은 마이트너의 협조를 받아 호랑이에게 날개를 단 격이되었다.

이 시기에 한은 또 하나의 행운을 만났다. 1910년 베를린대학교 백주년 기념식에서 독일 황제 빌헬름 2세가 독일 문화부 관리의 격려를 받아 황실의 농장을 기부해 과학 연구기관을 세우겠다고 선언했다. 이 연구기관은 공업계와 정부의 자금 지원을 받아 건립될 예정인데, 우선 카이저 빌헬름 물리화학 및 전기화학 연구소를 열겠다는 계획이었다. 1912년 10월 12일, 한은 이 연구소 산하에 있는 그다지 규모가 크지 않은 연구실 책임자로 발령받았다. 마이트너도 그의 연구실에 채용되었다.

연구소에서 정식으로 일하게 된 첫날, 빌헬름 2세가 연구소를 방문했다. 한은 황제 앞에서 방사 현상을 보여주고 설명하는 임무를 맡았다. 그는 런던에 있을 때 여성들을 위한 재미있는 실험 시연을 해본 적이 있었다. 어두운 방 안에서 방사성 물질이 쏘아낸 빛을 형광판에 쏘아 다양한 모양과 색깔을 가진 도형을 만들어내는 실험이었다. 시연에 참석한 여성들은 작게 비명을 지르며 재미있어 했다.

한은 전에 했던 대로 빛이 전혀 들어오지 않는 방을 준비했다. 참관자들이 어둠에 익숙해졌을 무렵, 형광판 위에 빛나는 도형이 나타나더니 이리저리 형태를 바꾸었다. 연구소의 과학자들은 미리 시연을 보았기 때문에 황제도 아주 기뻐할 거라고 생각했다. 그러나 실험을 시연하기 전날 밤, 의외의 상황이 벌어졌다. 황제의 시종과 호위대가 연구소의 참관 준비를 검사하러 왔다가 한이 준비한 어두운 시연 장소를 보고 화를 냈다. "말도 안 됩니다! 황제 폐하를 이렇게 어두운 방에 들어가시게 한다니요!"

한은 어두운 방에서만 시연할 수 있다고 설득했지만 그들은 한의 설명을 들으려 하지 않았다. "안 됩니다. 절대로 안 됩니다! 정 그렇다면 이번 시연을 취소하겠습니다." 한은 이렇게 좋은 기회를 잃고 싶지 않았고, 결국 방 안에 작은 등 하나를 놔두기로 했다.

다음 날, 빌헬름 2세가 연구소에 왔다. 그는 망설임 없이 준비된 어두운 방으로 들어섰고, 계획대로 순조롭게 시연이 이어졌다. 황제는 형광판 위에서 움직이는 아름다운 빛과 도형에 감탄했다. 런던의 여성들이 그랬듯 깜짝 놀랐지만 비명을 지르지는 않았다. 한은 좋은 생각이 떠올랐다. 황제 앞에 조그만 방사성 물질을 가져다 놓고 신기한 원소를 자세히 관찰해보라고 했다.

당시 사람들은 방사성 물질이 인체에 해롭다는 것을 몰랐다. 그래서 황제의 신체를 보호할 생각은 하지 않았다. 50년 후 한은 그 일을 이렇게 회고했다. "신체를 보호할 준비도 하지 않고 황제 앞에 방사성 원소를 가져간 것은 지금이었다면 당장 감옥에 갈 만한 일이었다."

✦

1914년, 제1차 세계대전이 발발했다. 한은 징집 대상이었고, 모든 연구 작업을 중단해야 했다. 한은 프리츠 하버 밑에서 일했다.

1915년 초, 하버와 한은 다른 과학자 여러 명과 같이 정부의 명령에 따라 독가스를 연구해야 했다. 하버는 '독가스 계획'의 총책임자였다. 하버가 한에게 이렇게 말했다. "우리의 임무는 독가스를 이용하는 특별부대를 만드는 일이다. 우리는 새롭고 살상력이 더 강한 독가스를 개발해야 한다." 한은 하버의 말을 듣고 깜짝 놀랐으며 오싹한 기분을 느꼈다.

이어서 하버는 한참 '세상의 이치'를 떠들었는데, 2차 세계대전 중에 원자폭탄이 발명되었을 때 몇몇 과학자가 하버의 논리를 가져다 쓰기도 했다. 제1차 세계대전이 끝난 후, 한과 마이트너는 다시 카이저 빌헬름 물리화학 및 전기화학 연구소에 배속되어 중단된 지 4년이 넘은 협력 연구를 이어갔다. 그들은 새로운 원소를 발견했고, 그 원자번호는 91이었다. 이 원소에는 프로트악티늄이라는 이름을 붙였다. 한은 계속해서 가치 있는 과학적 발견을 거듭해 유럽 최고의 분석화학자로 평가받았고, 특히 방사화학에서 대단한 명성을 얻었다.

이처럼 빛나는 성공을 쌓는 동안 그는 한차례 학술적 논쟁에 휘말렸다. 논쟁 상대는 명망 높은 과학자이자 마리 퀴리의 큰 딸인 이렌 졸리오 퀴리(Irène Joliot-Curie, 1897~1956)였다.[4] 어떤 일이었을까?

---

4   '졸리오퀴리'는 마리 퀴리의 딸과 사위가 같이 사용하는 성이다.

이탈리아에 엔리코 페르미(Enrico Fermi, 1901~1954)라는 물리학자가 있었다. 그는 저속중성자로 92번 원소인 우라늄에 충격을 주어 그때까지 없었던 93번 원소를 발견했다고 생각했다. 페르미는 93번 원소를 발견했다고 자신 있게 말하는 대신 "새로운 원소를 발견했을 가능성이 있다"고 조심스럽게 표현했다. 그 후, 아무도 그의 연구 결과를 의심하지 않자 페르미도 자신이 정말 93번 원소를 발견했다고 믿게 되었다.

당시 이다 노다크(Ida Noddack, 1896~1978)라는 독일 여성 과학자는 페르미의 실험을 비판했다. 이다 노다크는 『응용화학』 잡지에 편지를 보내 자기 생각을 밝혔다.

> 중성자가 우라늄에 부딪혀 생성되는 물질이 무엇인지는 아직 확정할 수 없다. 이런 상황에서 우라늄(92번) 이후의 원소를 논하는 것은 적절하지 않다.

노다크는 우라늄처럼 원자량이 238이나 되는 무거운 원자핵이 중성자와 부딪치면 몇 개의 큰 조각으로 분열될 것이며, 우라늄보다 가벼운 몇 개의 원자핵이 생성된다는 대담한 가설을 세웠다. 하지만 세 가지 원인 때문에 노다크의 비판은 페르미를 비롯해 다른 과학자들에게 중요하게 여겨지지 못했다.

첫째, 노다크는 유명한 과학자가 아니었고 그녀의 편지가 실린 잡지도 일류 학술지가 아니었다. 둘째, 노다크의 대담한 가설을 믿는 사람이 없었다. 중성자는 에너지가 매우 작은 입자이므로 견고한 원자핵을 분열시키는 것이 불가능하다는 생각 때문이었다. 벽에 총을 쏜다고 가정하자. 총알이 벽에 부딪히면 작은 파편 몇 개를 떨어뜨릴 수 있을 것이다. 그러나 총알 때문에 벽이 갈라져 두세 개의 큰 조각으로 나뉠 수 있을까? 아무도 그러리라고 믿지 않을 것이다. 셋째, 유명한 화학자 오토 한은 페르미가 우라늄 이후의 원소를 발견했다는 데 동의했다. 한은 이미 인정받은 화학계의 권위자였다. 그러니 페르미 역시 자신의 발견이 옳았다고 믿고 노다크의 비판을 받아들이지 않았다.

노다크와 한은 아는 사이였고, 한이 노다크의 연구에 관심을 가진 적도 있었다. 그래서 1936년 두 사람이 만날 기회가 생겼을 때, 노다크가 한에게 요청했다.

"한 교수님, 당신의 강연이나 저서에서 제가 페르미에 대해 제기한 비판을 언급해주실 수 있나요?"

한은 단호하게 거절하며 이렇게 말했다.

"나는 당신이 사람들에게 웃음거리가 되기를 원하지 않습니다. 우라늄이 몇 개의 큰 조각으로 갈라질 수 있다고 생각하는 모양인데, 내가 보기에 그런 생각은 황당무계한 논리입니다."

여기서 독자들이 알아두어야 할 것이 있다. 2년 후 한은 직접 그 '황당무계한 논리'가 진리였음을 증명하게 된다. 그리고 8년 후에는 그 과학적 발견 덕분에 노벨 화학상을 수상한다. 세상에는 이처럼 기묘한 일도 생기는 법이다.

한이 노다크의 의견을 부정한 후, 프랑스의 유명한 화학자 이렌 졸리오퀴리가 노다크의 의견이 사실일지 모른다는 점을 지적했다. 그녀는 실험을 하던 중 중성자를 우라늄에 충돌시킨 후, 그 반응으로 생성된 물질 중에서 우라늄보다 훨씬 가벼운 물질을 발견했다. 원자량은 우라늄의 절반밖에 되지 않았다. 만약 이렌 졸리오퀴리의 실험이 진짜라면 우라늄 원자핵은 정말로 중성자와 충돌한 후 반으로 쪼개진 것이다.

한의 실험실 사람들은 전부 이렌의 실험 결과를 믿지 않았다. 그들 중에서는 "이렌은 훌륭한 어머니로부터 배운 화학 지식을 써먹고 싶어 하지만, 그 지식은 이미 구식이 되었지!"라고 조롱하는 사람도 있었다.

한은 조롱하듯 말한 사람을 훈계했지만 이렌의 의견에는 동의하지 않았다. 그는 개인적으로 이렌에게 편지를 보내 좀 더 정밀하게 다시 실험해보라고 권유했다. 한은 자신이 충분히 예의를 차려서 설명했다고 생각했다. 이렌을 배려하지 않았다면 한은 공개적으로 잡지나 신문에다 이렌을 비판하는 내용을 게재했을 것이다. 그랬다면 이렌이 얼마나 망신스럽겠는가?

하지만 이렌은 한의 배려를 받아주지 않았다. 그녀는 첫 번째 논문을 기초로 하여 두 번째 논문을 또 발표했다. 첫 번째 논문의 결과를 한층 더 긍정하는 내용이었다. 한은 화가 났다. 선의로 건넨 충고를 듣지 않는 이렌이 자기 자신을 과대평가하여 고집을 부린다고 생각했다. 한은 화가 나서 조수인 프리츠 슈트라스만(Fritz Strassman, 1902~1980)에게 선언했다. "앞으로 다시는 저 프랑스 여자의 논문을 읽지 않을 걸세!"

한이 이렇게 말한 지 몇 달도 채 지나지 않아 '프랑스 여자'의 논문을 자세히 읽어야 할 일이 생겼다. 몇 달 후 가을이 되었을 때 한의 오랜 파트너이자 유태인이었던 마이트너가 독일을 떠났다. 히틀러가 막 유태인 박해를 시작할 때는 오스트리아 국적을 갖고 있어 피해를 입지 않았지만 1938년 히틀러가 오스트리아를 점령했고, 곧 마이트너에게도 위험이 닥쳤다. 그녀는 해외로 나갈 수 있는 출국증도 받지 못해 쩔쩔 맸다. 다행히 동료의 도움으로 외국인 여행자로 변장해 덴마크로 달아날 수 있었다.

마이트너가 떠나자 한은 믿음직한 파트너를 잃고 화를 내는 일이 잦았다. 어느 날 한이 사무실에서 시가를 피우고 있는데, 슈트라스만이 뛰어왔다.

"이 논문 좀 읽어보세요."

갑작스러운 말에 한이 당황했다.

"무슨 논문 말인가?"

슈트라스만이 어떤 잡지를 한에게 건넸다.

"이렌 졸리오퀴리 교수가 세 번째 논문을 발표했습니다. 자신의 지난 두 논문에 대한 결과로……."

한은 짜증스럽게 슈트라스만의 말을 끊었다.

"그 프랑스 여자가 쓴 글은 관심 없네!"

슈트라스만은 물러서지 않았다.

"이렌 교수는 틀리지 않았어요. 틀린 쪽은 우리였단 말입니다!"

슈트라스만의 이야기를 듣던 한은 경악했다. 그의 말이 맞았다. 이렌 졸리오퀴리는 틀리지 않았고, 한 자신이 몇 년째 잘못된 생각을 하고 있었던 것이었다. 이 소식이 한에게 마른 하늘의 날벼락과 같은 충격을 주었지만, 그는 자신의 잘못을 알자마자 금세 그 점을 인정했다. 또한 온 힘을 다해 자신이 왜 잘못된 결론을 내렸는지 알아내려 애썼다. 며칠간 이어진 지난한 실험 끝에 한은 이렌 졸리오퀴리의 실험이 정확했다는 것을 인정할 수밖에 없었다. 중성자가 우라늄에 충돌한 후 생성된 물질은 우라늄보다 훨씬 가벼운 원소가 확실했다. 이렌 졸리오퀴리는 결국 그 원소가 무엇인지 확정하지 못했지만 한은 그 원소의 정체를 분명히 밝히기로 마음먹었다. 그는 유럽에서 화학적 분석 능력이 가장 뛰어난 과학자였다. 이런 중대한 과제는 그가 아니면 해결할 수 없을 터였다.

한은 진정한 권위자였다. 그는 금세 이렌 졸리오퀴리가 명확히 알아내지 못한 신비로운 물질이 바륨이라는 것을 확인했다. 바륨의 원자량은 137이 조금 넘는다. 우라늄의 원자량은 238이 조금 넘으니 바륨의 원자량은 우라늄의 절반 정도다. 우라늄 원자핵이 정말로 중성자와 충돌하여 '분열'한 것이다. 이는 상상조차 하지 못했던 일이었다. 한은 몹시 부끄러웠다. 노다크가 몇 년 전에 이런 가설을 제시했을 때 그는 단번에 부정했고, 심지어 그녀를 비웃기까지 했다.

한은 화학분석에서는 절대 틀리지 않는다고 믿었다. 그러나 물리학적 해석에는 자신이 없었다. 지금 곁에 마이트너가 있었다면 당장 그녀에게 물어볼 수 있었겠지만 이제는 그럴 수 없었다. 어쨌든 한은 그들이 대단한 과학적 발견을 해냈음을 알았다. 그래서 마이트너에게 편지를 보내 의견을 물음과 동시에 자신의 연구 결과를 최대한 빨리 발표해야 했다. 그는 급히 『네이처』 잡지의 편집장에게 그를 위한 지면을 비워달라고 부탁했다. "중요한 발표를 하겠습니다." 편집장은 동의했다. "12월 22일 전에는 꼭 원고를 보내주십시오."

12월 22일, 한은 게재할 논문을 완성하여 『네이처』에 보냈다. 한의 과학적 발견은 전 세계를 뒤흔들었다. 히틀러가 일으킨 제2차 세계대전이 한창일 때였다. 과학자들은 한의 이 발견으로 위력이 극도로 강력한 폭발 무기, 즉 원자폭탄을 만들 수 있음을 알아차렸다. 만약 히틀러 같은 전쟁광이 원자폭탄을 가지게 된다면 전 세계는 궤멸에 가까운 재난을 겪게 될 터였다. 이 때문에 독일, 오스트리아, 이탈리아 등 유럽 국가에서 미국으로 망명한 과학자들이 적극적으로 외쳤다. "반드시 미국이 먼저 원자폭탄을 개발해야 한다. 그렇지 않으면 히틀러가 원자폭탄을 미국에 떨어뜨릴 것이다."

루스벨트 대통령은 원자폭탄을 만들자는 건의를 받아들였다. 3여 년의 노력 끝에 미국에서 원자폭탄이 완성되었다. 1945년 8월 6일에 인류가 만든 첫 번째 원자폭탄이 일본 히로시마 상공에서 폭발했다.

✦

1945년 4월 말에서 5월 초, 당시 독일은 이미 패전했다. 미국의 특수부대가 독일로 진군했다. 이 부대의 별명은 아토스(Arthos)였다. 이 부대는 탱크 두 량과 몇 대의 지프 자동차, 대형 트럭으로 구성되었는데, 독일에서 원자폭탄을 연구한 과학자를 체포해 원자폭탄 관련 자료를 수집하고 유출되지 않도록 보존하는 게 임무였다.

얼마 후 아토스 부대는 독일에서 가장 중요한 10명의 과학자를 체포했다. 그중에는 노벨상 수상자인 하이젠베르크, 라우에, 그리고 제일 먼저 핵분열을 증명해낸 한이 있었다. 처음 그들은 독일 하이델베르크 시내에 갇혔다. '고귀한 포로들'은 창문을 통해 멀리 오래된 탑을 볼 수 있었다. 그들은 문 앞에 총을 든 보초가 서 있는 것을 보고 자신이 구금된 포로 신세라는 것을 알았다. 전쟁 포로가 되어 앞으로 겪게 될 일 때문에 그들은 두려움에 떨었다.

5월 초순, 과학자들은 파리 서쪽 별장으로 옮겨졌다. 그들을 감시하는 군인들은 모두 예의를 지켰고, 전반적인 대우는 나쁘지 않았다. 전쟁 중에 독일에서 지내던 것보다 편안했고, 정원에 나가 운동하는 것도 허락되었다. 하이젠베르크는 기억에 의존해 베토벤의 소나타를 연주하기도 했다. 7월 23일 그들은 다시 영국으로 후송되었다.

영국에서도 그들은 좋은 대접을 받았다. 잘 가꾼 정원처럼 아름다운 농장에서 지내면서 산책이나 운동을 했고, 과학에 관련된 문제를 고찰하거나 기록할 수도 있었다. 휴게실, 도서실도 있었다. 그러나 앞날이 어떨지 짐작하기 어려웠기 때문에 다들 여전히 불안에 떨었다.

8월 6일에 영국 라디오 방송에서 미국 공군이 일본 어느 도시에 원자폭탄을 투하했다는 뉴스를 전했다. 과학자들은 이 뉴스를 듣고 충격에 빠졌다. 격렬한 토론이 벌어졌다. 어떤 사람은 잘못 들은 것이 아닌지 의심했다. 미국이 원자폭탄을 만들 능력이 없다고 생각했기 때문이었다. 미국의 과학자가 독일을 앞선다는 것을 믿을 수 없었던 것이다. "아닐 겁니다. 우리가 잘못 들은 것이겠지요?"

하이젠베르크도 그랬다. "나는 이 소식을 믿고 싶지 않습니다."

한은 이 소식을 듣고 나서 충격으로 쓰러질 뻔했다. 그는 고통스러운 심정으로 생각했다. '세상에! 내가 발견한 과학 지식이 인류에게 이토록 거대한 재난이 되다니! 이 죄를 어쩌면 좋단 말인가!' 원자폭탄이 투하되었다는 것을 알고 난 후 한은 극도로 우울해했다. 함께 있던 과학자들은 그가 절망한 나머지 자살을 시도할까 봐 몹시 걱정했다. 그들은 서로 당부했다. "한 박사를 잘 지켜봐야 합니다!"

한과 같이 구금된 물리학자 에리히 루돌프 바게 박사는 8월 7일 일기에 이렇게 썼다. "불쌍한 한 교수는 우라늄 핵분열이 원자폭탄이라는 무시무시한 결과를 가져왔다는 생각에 며칠이나 잠을 이루지 못했다고 한다. 그는 스스로 목숨을 끊고 싶다는 생각마저 했다."

한동안 한이 확실히 잠든 것을 확인하고서야 동료 과학자들도 잠자리에 들었다. 그가 자살하지는 않았지만 원자폭탄으로 무수히 많은 사람이 참혹하게 죽어갔다는 생각에 힘들어 했던 것은 사실이다. 한은 하버를 떠올렸다. 하버는 독가스 연구 때문에 타향을 떠돌다 병사했다. 그나마 한에게 조금 위안이 되는 일은 원자폭탄을 만든 것이 독일인이 아니라는 점이었다. 그는 나중에 자주 이런 말을 했다. "독일인은 원자폭탄을 만들지도, 사용하지도 않았다. 미국인과 영국인이 그 잔혹한 신식 전쟁 무기를 만든 것이다."

　미국이 원자폭탄을 사용했을 때, 독일은 이미 투항한 상태였다. 그리고 미국은 독일에서 원자폭탄을 만들지 못했다는 것을 알고 있었다. 독일 과학자들의 연구 수준은 원자폭탄을 만드는 데 한참 못 미쳤다. 원자폭탄을 투하할 이유가 없었는데도 두 번이나 원자폭탄을 떨어뜨린 것이다. 예전에 하버가 한에게 떠들어댔던 이유와 같았다. 그렇게 하면 전쟁을 더 빨리 끝낼 수 있고, 미국 병사들이 적게 죽을 것이기 때문이란다. 역사는 얼마나 놀랍도록 비슷한가! 과학자의 위대한 발견으로 인류는 스스로 해를 입힌다. 앞으로 과학자들이 어떤 발견 혹은 발명으로 인류를 살상하게 될까?

5부

✦

물리학자의 흑역사

21장 갈릴레이 인생 최대의 실수

케플러가 『세계의 조화』(*Harmonies of The World*)에서 제시한 '천체의 음악' 악보

위에 나온 악보는 음악의 역사에서는 아무런 의미가 없지만 물리학의 역사 혹은 우주론의 역사에서는 큰 의미를 지닌다. 바흐, 슈베르트, 베토벤뿐 아니라 그 어떤 작곡가의 작품도 아닌 이 악보는 독일의 천문학자 케플러가 『세계의 조화』라는 책에 수록한 것이다. 갈릴레이의 실수와 이 악보는 서로 무슨 관계가 있을까? 갈릴레이의 실수는 바로 이 악보에 담긴 사상에 관한 것이다.

✦

과학의 할 일은 객관적 사물이 '왜' 그런지 알아내는 것이다.

물리학은 특히 그렇다. 이는 케플러의 말과도 일치한다. "나는 천체의 수, 천체 간 거리, 천체 운동을 탐구하는 데 이끌린다. 나는 천체가 왜 지금의 모습이 되었는지, 왜 다른 모습이 아닌지를 알아내고 싶다."

이런 '왜'에 대답하는 과정에서 시대마다 생각의 틀이 달라지곤 했다. 고대 그리스 시대 물리학자들은 '조화'를 이용해 객관적 사물의 '왜'를 설명하려 했다.

예를 들어보자. 항성은 왜 원운동을 할까? 원운동이 균형 있고 충만하며 안정적이므로 가장 조화롭기 때문이다. 뉴턴 시대에는 이런 사고방식이 불완전하고 정확도가 떨어지는 것으로 치부되었다. 물리학자는 마땅히 '힘'을 중심으로 사고해야 했다. 오늘날 천체물리학자도 연구할 때 갖가지 방법으로 힘을 찾으려 한다. 힘을 찾으면 '왜'라는 질문에 정확히 대답할 수 있다는 생각 때문이다. 힘을 중심으로 살피면 예전에는 해결할 수 없었던 문제를 더 정확하게 해석할 수 있었고, 자연현상도 더 정확하게 예측할 수 있었다.

갈릴레이가 살았던 시대는 고대 그리스식의 낡은 이론이 위협받고 동요하던 때였다. 16세기 이탈리아와 영국에서는 심장과 혈관 그리고 혈액순환에 관한 중요한 과학적 사실이 연이어 발견되었다. 그러면서 유명한 고대 그리스 의사인 갈레노스(Galenos)의 견해가 잘못된 것임이 밝혀졌고, 고대 그리스 시절의 지식에 의구심을 품는 움직임이 생겼다. 물체가 운동하는 원인을 찾으려는 운동학 문제는 '조화'라는 생각의 틀로는 해결할 수 없었다.

아리스토텔레스 이론은 운동을 두 종류로 구분했다. 하나는 자연운동이고, 다른 하나는 강제운동(비자연 운동)이다. 자연운동은 천체의 원주운동, 무거운 물체의 낙하운동 등이고 강제운동은 돌을 던지는 경우나 물체를 수평으로 움직이는 운동 등을 말한다. 자연운동의 원인은 모든 물체가 가지고 있는 자연적인 위치를 찾아가려는 본능이다. 무거운 물체는 땅속으로 향하려는 본능이 있어 낙하운동이 일어난다. 무거운 물체일수록 빠르게 떨어진다. 천체가 지구 주위를 도는 운동은 조화롭고 시작도 끝도 없이 영원불변한 자연운동이다. 강제운동은 다른 물체의 강제적 작용을 발생하는 운동으로, 아리스토텔레스는 "어떤 물체를 밀어내는 힘이 더 이상 그 물체를 밀지 않을 때, 물체는 곧 정지 상태로 돌아간다"라고 했다.

아리스토텔레스는 이와 같은 결론을 직관적인 추론으로만 내렸기에 일찍부터 그 결함을 지적받았다. 갈릴레이는 선배들과 달리 과학 실험을 숭상했기 때문에 추론은 직관이 아닌 실험의 기초 위에서 이루어져야 한다고 강조했다.

　　자연력의 지식을 얻으려 하면서 배나 활, 화포를 연구하지 않고 서재에 틀어박혀 책의 목차와 참고문헌을 뒤적이며 아리스토텔레스가 이 문제에 관해 무슨 말을 했는지 찾아본다. 게다가 그가 한 말의 진짜 함의를 이해했다면 더는 지식을 추구할 필요가 없다고 여긴다.

갈릴레이는 무거운 물체가 낙하하는 것은 원래 위치를 추구하는 움직임 같은 것이 아니라 지구상 모든 물체에 중력이 작용하기 때문이라고 생각했다. 물체가 중력의 작용을 받아 균일한 가속운동을 하는데, 이 가속도는 보편상수 g라고 하며 물체의 무게나 성분에 무관하다. 갈릴레이는 경사면 실험에 이상적인 환경을 가정하는 논리적 추론을 더하여 관성의 법칙[1]을 알아냈다. 이 법칙은 "힘은 속도의 원인이 아니라 가속도의 원인이다"라는 것을 말해준다. 이렇게 갈릴레이는 동역학의 올바른 기초를 다졌다. 아리스토텔레스의 운동 이론은 발붙일 곳을 잃었다.

갈릴레이가 지면에서의 운동에 관한 옛 사고방식을 깨뜨렸으니 하늘의 천체 운동에 관한 옛 사고방식도 쉽게 흔들 수 있을 것 같았지만 그렇지 않았다.

✦

어떤 과학자는 이렇게 생각했다. 지구도 하나의 행성일 뿐이라는 코페르니쿠스의 학설, 지면에서의 운동 법칙에 관한 갈릴레이의 여러 가지 발견 등에 따라 천체뿐 아니라 지구 운동에도 적용할 수 있는 이론을 만들어야 한다고 말이다. 이 사람이 바로 케플러였다. 그는 갈릴레이와 자주 편지를 주고받았다. 1605년에 케플러는 이런 편지를 썼다.

나는 진심으로 그 물리적 원인을 탐구합니다. 내 목표는 천체란 신성한 유기체가 아닌 시계에 비유되어야 마땅하다는 것을 알리는 것입니다. (……) 천체의 거의 모든 운동은 그저 단일하고도 간단한 자력(磁力) 때문에 나타나는 것이니까요. 시계의 각종 움직임이 오직 그 무거운 추 때문에 생기는 것처럼 말이지요. 저는 이런 물리적 개념을 계산식이나 기하학으로 표현가능하다는 것도 증명할 수 있습니다.

---

1 물체에 작용하는 외부 힘의 합이 0일 때, 물체의 운동 상태는 변하지 않으며 현재의 운동 상태가 계속 유지된다. 즉 다른 힘이 작용하지 않으면 정지한 물체는 계속 정지한 상태로 있고, 운동하는 물체는 같은 속도로 계속 운동한다.

케플러가 1605년에 일종의 역학적 사고방식으로 하늘과 땅의 물리학을 아우르려 했다는 것은 놀랍다. 그는 원래 행성 운동 속도의 각종 비례관계를 탐구하면서 조화의 규칙에 열중했으며, 앞에 언급한 악보에서 보듯 천체의 음악을 쓰기도 했다. 이처럼 '조화'라는 생각의 틀을 적극적으로 추구했던 케플러가 동시에 역학의 새로운 사고방식도 열렬히 탐구했다는 것은 이해하기 어려운 부분이다. 결국 케플러는 조화라는 사고방식에 강하게 매혹되어 올바른 동역학 개념을 가지지 못했기 때문에 천체의 운동과 지면의 운동을 통합하지 못했다.

하지만 갈릴레이의 상황은 좀 달랐다. 그는 관성의 법칙을 발견했고 자유낙하하는 물체의 가속도를 연구하면서 중력을 알아냈다. 그리고 스스로 제작한 망원경으로 모든 행성이 둥근 구체임을 밝혔고, 태양에 흑점이 있다는 것과 달 표면이 매끈하지 않고 울퉁불퉁하다는 것도 발견했다. 이로 인해 천체는 완벽하고 영원불변하다는 아리스토텔레스의 주장이 깨졌다. 나아가 갈릴레이는 모든 별과 지구는 다를 것이 없으며 물질이 응집하려는 힘에 의해 구체로 형성된다고 보았다. 이처럼 탁월하고 예리한 견해를 가졌으니 갈릴레이가 천체의 운동에 대한 문제를 해결할 가능성이 상당히 높았다. 또한 만유인력 개념에도 거의 닿은 것이나 마찬가지였다. 앞으로 한 발짝만 내디뎠다면 역학의 새로운 법칙을 발견하는 역사적인 역할은 갈릴레이의 것이 되었을 터였다.

하지만 안타깝게도 갈릴레이는 그 한 발짝을 내딛지 못했다. 오히려 케플러가 태양이 내뿜는 강한 힘에 의해 지구와 여러 행성이 운동한다고 주장했고, 달의 힘으로 조석의 변화가 일어난다고 해석했다. 이런 케플러의 견해는 만유인력을 찾아낼 수 있는 중요한 시사점이었지만, 갈릴레이를 깨닫게 하기는커녕 혐오감만 불러일으켰다. 갈릴레이는 이렇게 말했다.

> 조석의 변화에 관심을 가진 (……) 위인들 중, 케플러처럼 나를 놀라게 한 사람이 없다. 그는 넓고도 날카로운 사고를 가진 사람이며 지구의 운동에 정통했는데, 달이 바다의 움직임을 관할한다는 괴상하고 어린애 장난 같은 이야기를 믿는다.

갈릴레이가 만유인력의 개념을 제창하지 못한 데는 시대적인 한계(속도가 벡터양[2]인 점을 이해하지 못한 것과 구심가속도의 개념을 몰랐던 것 등) 외에 한 가지 더 주의 깊게 살펴보아야 할 원인이 있다. 갈릴레이는 천체가 운동할 때 지구상에서 물체가 운동하는 것과 완전히 다른 법칙을 가진다고 여겼다. 결국 그도 천체는 자연적이며 시작과 끝이 없고 조화로운 운동을 한다는 전통적 관념에서 벗어나지 못한 것이다. 갈릴레이는 천체가 균일한 속도로 원운동 하는 것을 일종의 관성운동이라고 생각했다. 천체 운동이 관성운동이라면 외부의 힘이 작용할 필요가 없어진다. 갈릴레이는 이처럼 잘못된 결론을 내림으로써 위대한 과학적 발견을 할 기회를 잃었고, 이로 인해 인류는 꽤 오랫동안 만유인력에 대한 탐구를 소홀히 하게 되었다.

이와 같은 일화를 살펴보면, 낡은 사고방식과 편견이 올바른 탐구 활동에 큰 장애물이 된다는 것을 알 수 있다. 젊은 시절 갈릴레이에게 이런 일이 있었다.

---

2   크기와 방향으로 정해지는 벡터 개념의 물리량. 힘이나 속도가 이에 해당한다.

그가 아직 대학교에 다닐 때의 일이다. 학기가 끝난 갈릴레이는 집으로 가던 길이었다. 그의 집이 있는 피렌체까지는 마차를 타고도 며칠이 걸리는 여정이었다. 마차에는 여러 개의 나무통이 실려 있었는데, 갈릴레이는 이 나무통의 용량을 계산하면서 지루함을 달래기로 했다. 암산을 마친 갈릴레이가 마부에게 말했다.

"이 나무통은 올리브유를 300리터 담을 수 있지요?"

마부가 의심스러운 눈으로 갈릴레이를 쳐다보았다.

"그걸 어떻게 알았소?"

갈릴레이가 어떻게 해서 통의 용량을 계산했는지 알려주었지만, 마부는 도리어 화를 냈다.

"무슨 마법을 쓴 거 아니야? 지금부터는 얌전히 앉아 있으시오! 당신의 마법 이야기 따위는 듣기 싫으니까!"

갈릴레이는 조금 시무룩해져서 고개를 저으며 중얼거렸다.

"마음속 편견이 얼마나 견고한지! 새로운 사상을 확립하는 것은 정말 쉬운 일이 아니야……."

✦

과학 연구에서의 실수 외에도 갈릴레이는 아주 중대한 실수를 하나 더 했다. 갈릴레이는 이 실수 때문에 종교재판을 받았고, 이후에는 자신의 과학적 성과를 알리는 일이 금지되기도 했다. 이는 갈릴레이 개인의 손해이기도 하지만 과학사 전체를 놓고 보아도 큰 손해였다. 바로 갈릴레이가 베네치아 공화국의 파도바대학교를 떠나 피렌체로 돌아간 일이었다.

갈릴레이가 직접 제작한 망원경으로 달의 표면을 관찰하고 목성의 위성 넷을 발견한 후, 그의 명성은 유럽 전역에 퍼졌다. 그러자 고향 피렌체에서 피사대학교 수학 교수이자 궁정의 철학 및 수학 고문으로 와달라는 요청이 왔다. 갈릴레이는 기분이 좋았다. 피사대학교 교수도 궁정 고문도 마음에 드는 직책이었다. 피사대학교의 교수가 된다면 19년 전의 복수를 할 수 있었다. 그는 피사대학교에서 매우 우호적이지 못한 방식으로 쫓겨났는데, 그 바람에 먹고살 길이 막막해진 때도 있었다. 이제 위풍당당하게 피사대학교에 돌아간다면 통쾌한 일이 될 터였다.

피렌체 궁정의 고위 관리는 갈릴레이에게 편지를 보냈다. "당신의 주요 업무는 과학 연구를 계속하여 대공님과 피렌체에 영광과 이익을 더해주는 것입니다."

갈릴레이는 편지를 받고서 기쁜 마음에 친구에게 이렇게 말했다. "내 연수입은 집안을 부양하기 충분하니 돈 때문에 걱정할 일이 없어졌네. 게다가 피렌체에서 제안한 두 가지 일은 건강을 해칠 정도로 바쁘지도 않을 걸세. 피사에 가지 않아도 되고, 대학교에서 꼭 수업을 할 필요도 없다는군. 그러면 시간을 대부분 실험에 쏟을 수 있겠지."

1610년 9월 7일 아침이 밝기 전, 갈릴레이는 파도바에서 마지막으로 천체 관측을 했다. 관측 대상은 역시나 목성이었다. 9월 12일에는 피렌체에 도착했다. 멀리 피렌체의 높은 탑이 보일 때쯤 성호를 그으며 기도했다. "드디어 고향에 돌아왔습니다. 돌아가신 아버지도 이제 안심하시겠지요. 하느님이 제게 지혜와 능력을 주신 데 감사드립니다."

갈릴레이는 만족스러운 기분으로 피렌체에서의 연구 생활을 준비했다. 그는 피렌체에서도 천체 관측을 계속할 생각이었고, 책을 몇 권 써서 피렌체 대공에게 헌정할 계획도 세웠다. 그러나 갈릴레이의 선택은 큰 실수였다. 영국의 학자 에릭 로저스(Eric Rogers)는 『탐구심을 위한 물리학』(*Physics for the Inquiring Mind*)에서 이렇게 썼다.

> 갈릴레이는 피렌체에서 제시한 직책을 수락했다. (……) 자신에게 유리한
> 기회를 얻었다고 생각했다. 갈릴레이는 이 선택으로 친구를 몇 명 잃었다.
> 이 시기에 진행하던 그의 연구가 많은 시간을 투자해야 하는 일이었다고
> 해도 결과적으로 피렌체에 간 것은 현명하지 않았다. 그는 친구가 아니라
> 적들 사이로 돌아간 것이었기 때문이다.

갈릴레이는 평생 신중하게 살았지만 피렌체로 돌아간 것은 신중하지
도 현명하지도 않은 선택이었다. 우선 그는 파도바대학교와의 고용계약
이 끝나기도 전에 피렌체 쪽의 직위를 수락했다. 그러니 파도바대학교
를 사직해야 했는데, 고용계약이 끝나기도 전에 다른 직책을 맡은 것은
그다지 올바른 행동이 아니었기 때문에 파도바대학교의 사람들은 의아
해하는 한편 약간 불쾌한 마음을 가졌다.

둘째, 갈릴레이가 영예롭게 피사대학교로 돌아가게 되었다며 속으로
의기양양했던 것과 달리 피사대학교에는 그의 적이 너무 많았다. 피사
대학교에서 쫓겨날 때 젊고 혈기왕성했던 갈릴레이는 그곳의 보수적인
학자들을 "종이 위에서 전쟁을 벌이는 철학자"라고 부르며 무자비하게
공격했다. 이 때문에 피사대학교 사람들은 갈릴레이를 성질 사나운 독
설가라고 여기고 있었다. 더 유명해져 돌아간다고 해서 그 사람들이 갈
릴레이를 환영해줄까? 그는 잊은 모양이지만 가톨릭 교회 세력이 큰 피
렌체 지역에서는 아리스토텔레스 학파의 교수들과 그들의 비위를 맞추
려는 위선자들, 종교계와 과학계의 여러 적수들까지 전부 손을 잡고 갈
릴레이를 공격할 것이 뻔했다. 자신들의 지위를 위협하는 자라면 갈릴

레이가 아니라 누가 오더라도 그렇게 했을 것이다.

친구들은 피렌체로 간다는 갈릴레이를 극구 만류했다.

친구여, 나는 당신이 무시무시한 길을 걷는 것만 같습니다. 당신은 진리를 보았고 인류의 이성을 믿지요. 그런데 지금은 자신이 파멸을 향해 간다는 사실을 모르고 있군요. 권세 있는 자들은 진리를 아는 사람이 자유롭게 활동하게 놔두지 않을 것입니다. 그 사실을 모르겠습니까? 그 진리라는 것이 저 멀리 있는 별에 관한 것이라고 해도 말입니다. 교황이 틀렸다고 말하는 당신을 교회에서 모르고 있을 것 같습니까? 교황이 당신의 진리를 믿어주겠습니까? 그가 당신이 그렇듯 일기에 "1610년 1월 10일 하늘이 없어졌다"라고 쓸 것 같습니까? 베네치아 공화국을 떠나는 것은 위험한 함정에 스스로 들어가는 것과 같습니다. 당신은 과학 연구에서는 의심하는 능력이 참 뛰어난데, 피렌체 대공은 왜 그리 쉽게 믿습니까? 아리스토텔레스는 잘 의심하면서 피렌체 대공은 왜 의심하지 않는 겁니까?

갈릴레이, 당신이 망원경으로 하늘을 관측할 때 나는 불길이 치솟는 장작더미를 본 것 같았습니다. 당신이 진리가 승리한다고 말할 때, 나는 불에 타는 인육의 냄새를 맡는 것 같았습니다. 나는 과학을 사랑하는 이상으로 당신을 사랑하니, 친구여, 다시 잘 생각하고 피렌체로 가지 마십시오!

갈릴레이는 저도 모르게 몸을 떨었다. 우주의 비밀을 탐구하고 싶을 뿐인데 이렇게 많은 문제가 있다니? 과학 연구만으로도 어려움과 위험이 많은데 교회와 궁정에서 벌어지는 음모와 박해에도 대처해야 했다. 갈릴레이가 아무 고민 없이 피렌체로 돌아가기로 결정한 것은 아니었다. 그는 그때까지 몇 번이나 고향에 가고 싶은 마음을 억눌러왔다. 그러나 레오나르도 다빈치가 타향에서 객사했다는 이야기를 아버지에게 들었던 터라 이것저것 따지지 않고 고향에 가고 싶었다. 게다가 코시모 (Cosimo) 대공은 인자한 사람이고 갈릴레이를 믿어주었다. 대공이 급히 피렌체로 돌아와 고향을 위해 애써달라며 보여준 존경심에 감동을 받은 면도 있었다.

'그래, 역시 피렌체로 돌아가야 한다!' 갈릴레이는 마음을 정했다. "피렌체에서 코시모 대공의 보호를 받으며 하늘을 연구할 수 있을 겁니다. 그가 나에게 가능한 한 빨리 돌아오라고 하더군요."

"내가 알기로 피렌체는 교황청의 직접적인 통제 아래 있다던데요."

"그래야만 한다면 직접 로마에 가서 나의 과학적 발견을 설명해도 됩니다. 로마에도 제 친구들이 있으니까요. 교황청에서 나를 심판하려는 의사를 가질 이유가 없습니다."

친구가 다른 측면에서 질문했다.

"파도바에서 보낸 18년이 즐겁지 않았습니까?"

"아닙니다! 파도바에서 지낸 시간은 내 평생 가장 행복한 시절이었습니다. 여기서 진정한 자유를 누렸고, 그렇게 자유로운 연구 분위기가 아니었다면 저도 오늘 같은 성공을 거두지 못했을 겁니다. 하지만 저는 다빈치가 타향에서 객사한 일을 두고 아버지께서 보이시던 혐오감을 잊을 수가 없군요. 친구여, 누가 고향을 그리워하지 않겠습니까? 그곳이 외지고 가난한 산골이든 아드리아해의 천국 베네치아든 고향이면 다 사랑하게 되는 법입니다. 제게 피렌체는 태어난 곳이고 가장 사랑하는 곳입니다. 나는 피렌체로 돌아가야만 합니다."

친구는 한동안 침묵을 지키더니 갈릴레이에게 이렇게 말했다.

"이제 더 할 말이 없습니다. 저와 많은 친구가 경고를 했지만 당신은 듣지 않았지요. 어쩔 수 없는 일이군요. 당신이 피렌체에서도 계속 성공을 거두고 행복하기를 빌겠습니다. 어쨌든 파도바대학교에 한때 당신과 같은 위대한 학자가 머물렀다는 사실이 자랑스럽습니다."

친구가 떠난 후 갈릴레이는 마음이 아파 눈물을 흘렸다. 앞으로 피렌체에서도 이렇게 충실한 친구를 만날 수 있을까?

갈릴레이는 결국 1610년 가을에 18년을 지낸 파도바를 떠났다. 아내 감바는 갈릴레이와 헤어져 베네치아에 남았고, 아들 빈첸초는 한동안 감바가 키우기로 했다.

안녕히, 자유로운 파도바!

안녕히, 갈릴레이에게 사랑과 성공을 가져다준 베네치아!

안녕히, 충실한 친구들!

그러나 이 이별은 결국 비극으로 끝났다. 나중에 갈릴레이의 연구 성과는 성경 내용과 부딪혔고, 교황 우르바노 8세(Pope Urban Ⅷ, 1568~1644)는 갈릴레이와 논쟁을 벌였던 사람들의 고발과 교사를 보며 크게 진노했다. 1632년 9월 30일에 종교재판소는 명령서를 보냈다.

교황 성하께서 피렌체의 종교재판관에게 교황청의 이름으로 명령하셨다. 갈릴레이는 반드시 10월 안에 신속히 로마로 와서 교황청 수석 특별관리의 심문을 받아야 한다.

갈릴레이의 친구들의 경고가 현실이 되었다. 피렌체 궁정은 대대로 교황의 통치에 순종했다. 베네치아처럼 교황의 명령을 위반할 배짱은 없었다. 사실 종교와 과학 사이에 벌어지는 박해와 그에 맞서는 싸움은 지금까지도 멈추지 않고 계속되고 있다.

1633년 6월 22일에 갈릴레이는 교황청의 위협을 받고 어쩔 수 없이 머리를 숙였다. 쓸쓸히 음침한 재판정에 서서 떨리는 목소리로 미리 써 둔 '참회서'를 낭독했다.

> 나 갈릴레오 갈릴레이는 자신의 주장을 포기하였습니다. 이에 상술한 바와 같이 맹세하고 약속하며 나 자신을 구속하겠습니다. 입으로 말하는 것은 효력이 없으므로 이 참회서에 친필로 서명하여 (……)

갈릴레이가 이런 모욕을 겪으며 얼마나 고통받았을지 어렵지 않게 상상할 수 있다. 갈릴레이의 전기를 쓴 작가는 이렇게 말하기도 했다. "만약 치욕이 정말로 사람을 죽일 수 있다면, 갈릴레이는 그날 밤에 죽었을 것이다."

갈릴레이는 코페르니쿠스의 학설을 포기하겠다고 거짓 맹세만 한 것이 아니었다. 교황청의 밀정이 되어 이단 혐의가 있는 자를 고발하겠다는 선서도 해야 했다. 그의 양심이 아프게 속삭였을 것이다. '나는 양심을 버리고 진리를 포기했다. 게다가 악의 세력을 도와 진리를 열렬히 사랑하는 다른 이를 제거해야 한다. 얼마나 무시무시한 꿈인가? 이게 정말 꿈일까? …… 두렵게도 이 모든 것이 꿈이 아니다!'

이런 내면의 괴로움은 노쇠한 갈릴레이를 괴롭혔다. 그때 이후로 끊임없이 자기 영혼을 고문했을 것이다. '나는 나약한 인간이다. 형틀이 무서웠고 가족이 다치는 것이 무서웠으며 아들까지 영원히 빛을 보지 못하고 살게 되는 것이 무서웠다. 이교도라는 누명을 쓰고 죽는 것도 무서

웠다…….'

"아, 차라리 죽었더라면 좋았을 텐데!"

만약 갈릴레이가 1610년에 친구들의 충고를 듣고 피렌체로 돌아가지 않았더라면 이런 비극을 피할 수 있었을 것이다. 그랬다면 갈릴레이는 과학에 더 많은 공헌을 했을지 모른다.

22장

실험 결과에 대처하는 올바른 자세

존재하는 현상을 관찰하기보다 현상을 위해 조건을 만들어야 한다. (……) 나는 현상을 통제한다. 개인의 의사에 따라 현상의 진행 과정에 영향을 주는 것을 실험이라고 한다. 만약 내가 그저 바라보기만 하고 적극 개입하지 않는다면 그것은 단순한 관찰일 뿐이다.

이반 페트로비치 파블로프(Ivan Petrovich Pavlov, 1849~1936)

실험이란 외부의 영향을 최대한 제거했다는 전제로 이미 알려진 조건에서 사건이 발생하도록 유도하고, 돌발적인 요소가 있을 때의 진행을 밀접하고 신중하게 관찰하여 각종 현상 사이의 상관관계를 확인하는 것이다. 미국 미생물학자이자 병리학자인 르네 뒤보스(René Dubos)가 이렇게 말했다.

실험은 두 가지 목적이 있는데, 둘 사이에는 아무 관련이 없을 수도 있다. 첫째는 지금까지 알려지지 않았거나 해석이 명확하지 못한 새로운 사실을 관찰하는 것이고, 둘째는 어떤 이론에서 제시한 가설이 여러 차례 객관적으로 관찰이 가능한지 판단하는 것이다.

실험이 과학 연구에서 차지하는 중요성은 다들 잘 알고 있으니 더 말할 것이 없다. 하지만 실험을 지나치게 신뢰해서는 안 된다는 점도 잊어서는 안 된다. 실험 결과를 지나치게 신뢰한 나머지 오류에 빠진 과학자 이야기는 과학사에서 흔히 찾아볼 수 있다. 특히 뛰어난 과학자들이 이런 오류를 범할 때가 많다.

예를 들어 패러데이는 여러 자연력 사이에 필연적인 연관성이 있을 거라고 확신한 나머지 자기장을 이용해 빛에 영향을 주려고 시도했다. 실험 결과, 그는 자기장이 유리 내부에서 빛의 편광 현상을 유도한다는 것을 발견했다. 획기적인 발견이었다. 이 위대한 과학적 발견을 기념하기 위해 어느 화가가 플린트 유리를 들고 있는 모습의 패러데이를 그려주었다.

나중에 패러데이는 다른 실험을 통해 자기장으로 나트륨 증기에서 나오는 빛에 영향을 주려고 시도했는데 성공하지 못했다. 이 실험 이후 맥스웰은 "이런 현상은 일어날 수 없다"라고 못 박았다. 그러나 24년 후, 당시에는 유명하지 않았던 네덜란드의 물리학자였던 피터르 제이만(Pieter Zeeman, 1865~1943)이 회절격자를 이용해 패러데이가 하려던 실험을 완성했다. 이것을 제이만 효과라고 한다. 제이만은 이 실험으로 1902년 노벨 물리학상을 받았다.

과학 실험은 객관 세계를 인식하는 데 있어 없어서는 안 될 중요한 수단이지만, 분명히 한계가 있다. 실험 기술이 충분히 발달하지 못했거나 연구 대상이 너무 복잡해 과학자들이 전체 내용을 모두 이해하지 못하기 때문이다. 다윈은 반쯤 우스갯소리로 이렇게 말하곤 했다. "자연은 기회만 있으면 거짓말을 한다."

그래서 연구 대상이 필연적으로 제한받는 상황에서는 실험 결과가 얼마나 실용적인지, 신뢰도가 어느 정도인지 신중하게 분석해야 하며 맹목적으로 실험 결과를 믿어서는 안 된다.

미국 물리화학자 와일더 드와이트 밴크로프트(Wilder Dwight Bancroft)도 이렇게 말했다. "모든 과학자는 실험에서 정확한 결과가 나오는 것이 얼마나 어려운지 경험을 통해 잘 느끼고 있는데, 어떻게 실험하면 되는지를 알고 있을 때도 쉬운 일이 아니다." 그러므로 밴크로프트는 자료를 얻는 것이 목적인 실험을 지나치게 신뢰하면 안 된다고 강조했다. 다음 세 가지 일화를 살펴보면서 밴크로프트의 말을 생각해보자.

✦

첫 번째는 뉴턴의 이야기다. 영국 시인 알렉산더 포프(Alexander Pope)는 뉴턴의 묘지명을 이렇게 써주었다.

자연의 법칙은 밤의 어둠으로 덮여 있었으나
신이 뉴턴을 불러 여기 있으라 하시매
그로부터 모든 것이 밝아졌도다!

이 시는 역사상 가장 뛰어난 과학자였던 뉴턴에 대한 시인의 무한한 존경과 찬사의 감정을 드러내고 있다. 뉴턴의 과학적 성과는 고전역학과 미적분을 만든 데 그치지 않는다. 그는 오늘날 '물리학적 사고'라고 불리는 과학 연구 방법론을 확립했다. 이 연구 방법은 다음과 같은 과정을 거친다. 우선 사실을 관찰하고, 정확한 실험에 기초하여 가장 일반적인 규칙을 도출할 수 있도록 실험 조건을 가능한 한 여러 가지로 변화시킨다. 그런 다음 추론을 통해 개별적인 법칙과 정리를 얻는다. 이어서 좀 더 진전된 실험으로 추론을 검증한다. 나중에 프랑스 물리학자 앙페르는 뉴턴이 만들어낸 방법론에 근거하여 전기역학을 확립하게 되는데, 그래서 '전기학의 뉴턴'이라는 별명도 얻었다.

뉴턴은 이런 과학적 사유의 방법을 갖췄기에 평생 자신이 제기한 여러 이론에 신중하게 접근했다. 그가 남긴 말이 아직도 세상에 전해진다. "사실과 실험 앞에서는 변론의 여지가 없다."

그는 이 원칙을 평생 지켰으며, 여기서 그의 숭고한 품성을 느낄 수 있다. 그러나 뉴턴도 종종 이 원칙을 벗어나 겸허하지 않거나 신중하지 않을 때가 있었다. 과학사에서 무수히 드러난 사실이지만, 과학자가 겸손함과 신중함을 잃고 자신을 맹목적으로 믿거나 사실을 존중하지 않게 되면 대부분 실패라는 벌을 받는다. 뉴턴 역시 예외가 아니었다.

뉴턴이 광학 연구에 대단한 공헌을 했다는 것은 잘 알려진 사실이다. 이 분야 주요 연구 업적은 대부분 1704년에 출간된 『광학』(Opticks)에 기록되어 있다. 뉴턴이 광학에서 거둔 가장 주요한 성과는 색 연구다.

옛 사람들은 일찍이 자연계에서 빛이 여러 가지 색으로 나타난다는 것을 알고 있었다. 예를 들어 무지개가 그렇다. 또한 얇은 기름 막 위에 무지개와 비슷한 색이 나타나는 현상도 있다. 고대 그리스의 아리스토텔레스는 색이란 흰색과 검은색, 즉 빛과 어둠이 다른 비율로 혼합하여 만들어지는 결과라고 여겼다. 뉴턴 이전에는 이런 생각이 지배적이었다. 그런데 뉴턴의 스승인 아이작 배로(Isaac Barrow, 1630~1677)는 흰 빛이 서로 다른 정도로 뭉치고 흩어지는 데 따라 여러 가지 색이 생겨난다는 뉴턴의 새로운 견해에 동의했다. 농축되고 밀집된 정도가 가장 높은 것이 붉은색이고, 빛이 희박하게 분산된 색이 보라색이라는 생각이었다. 1665년에 뉴턴보다 일곱 살 많은 로버트 훅(Robert Hooke)이 『마이크로그라피아』(Micrographia)에서 빛은 일종의 파동이라는 관점에서 출발해 색에 관한 구체적인 물리적 메커니즘을 제시했다. 그는 빛의 색은 빛이 굴절되면서 편향되는 데 따라 형성된다고 생각했다. 그로부터 1년 후 뉴턴은 빛과 색에 흥미를 느껴 연구를 시작했고, 색에 관한 새로운 견해를 내놓았다.

뉴턴은 왜 색에 관심을 갖게 되었을까? 그의 관심은 망원경을 개량하기 위한 연구에서 시작되었다. 갈릴레이가 망원경으로 천체 관측에 성공한 후, 많은 과학자가 망원경 개량에 열을 올렸다. 당시 망원경은 두 가지 심각한 결함이 있었는데, 하나는 구면수차(spherical aberration)이고 다른 하나가 색수차(chromatic aberration)다.

구면수차는 하나의 광원에서 나온 근축광선과 원축광선이 렌즈를 통과할 때 상이 맺히는 위치가 달라짐에 따라 상의 가장자리가 흐릿해지는 현상이다.[1] 케플러는 1611년, 데카르트는 1637년에 각각 구면수차를 연구했고, 두 사람 다 『굴절광학』(Dioptrice)이라는 제목의 책을 썼다. 그들은 구면수차의 원인을 확인한 뒤 타원과 포물선 회전체 모양의 렌즈를 만들면 이를 해결할 수 있다고 여겼지만 효과는 미미했다. 색수차는 빛이 렌즈를 통과할 때 맺히는 상의 가장자리 색이 모호해지는 현상이다. 뉴턴은 망원경의 문제점을 해결하고 싶었는데, 색수차를 없애려면 반드시 색채 이론을 새로 연구해야 한다는 것을 잘 알았다.

---

1   빛을 굴절시키거나 반사시켜 상이 맺힐 때, 대칭축에서 가깝고 축과 이루는 각이 작은 광선을 근축광선이라고 하는데 축과 이루는 각이 작을수록 구면수차가 적다.

1666년, 스물세 살의 뉴턴은 유리 프리즘을 샀고, 실험을 통해 이 문제를 해결하려고 했다. 잘 알려진 프리즘 실험을 거친 후, 뉴턴은 결론을 내렸다. "빛 자체는 일종의 굴절률이 다른 광선의 복잡한 혼합물이고, 색은 일반적으로 알려진 것처럼 자연물의 굴절이나 반사로부터 나오는 빛의 성질이 아니라 원시적이고 자연적이며 여러 광선의 다른 성질에 의해 표출되는 성질이다." 다시 말해 빛의 색은 여러 단색광의 분포에 의해 결정된다. 빛을 프리즘에 통과시키면 빨강, 주황, 노랑, 초록, 파랑, 남색, 보라로 일곱 가지 색이 나타난다. 빛이란 일곱 가지 단색광의 조합이며, 프리즘을 통해 분리되어 나온 것이다. 색은 아무것도 없는 것에서 생겨나는 것도 아니고, 빛의 성질이 변화해서 형성된 것도 아니다.

오늘날 독자들은 이런 실험과 이론이 아마도 늘 듣던 흔한 이야기처럼 느껴질지 모른다. 그러나 당시에는 놀라울 만큼 격렬한 논쟁을 불러일으켰다. 뉴턴이 색 이론을 확립하자 색수차의 원인도 확실해졌다. 그렇다면 색수차라는 결점을 없앨 수 있을까? 만약 물질마다 다른 굴절률을 가지고 있다면 색수차도 굴절률이 다른 렌즈의 조합에 의해 제거할 수 있을 것이다. 뉴턴은 이것을 확인하기 위해 실험을 계획했다. 물이 가득 담긴 유리그릇에 유리 프리즘을 집어넣고 광선이 프리즘을 통과할 때 굴절에 변화가 생기는지 관찰했다. 뉴턴은 물질마다 굴절률이 다르다면 물과 유리의 조합이 빛의 굴절에 어떤 변화를 나타낼 것이라고 생각했다.

이는 합리적인 가설이다. 그러나 뉴턴이 사용한 유리는 물과 동일한 굴절률을 가지고 있었고 실험을 여러 번 반복해도 굴절에는 변화가 없었다. 그 결과 뉴턴은 한정된 실험 사실에서 보편적인 추론을 도출했다. "모든 투명한 물질은 같은 방식으로 굴절하여 다른 색의 광선을 같은 방식으로 굴절시킨다"라는 결론이었다. 또한 뉴턴은 굴절이 분광 현상을 일으키기 때문에 망원경의 색수차 문제는 해결할 수 없다고 여겼다.

만약 문제가 여기에 그쳤다면 뉴턴의 실수를 이해할 수도 있었겠지만 뉴턴은 이 문제에 있어 이상할 정도로 신중하지 못하고 고집이 셌다. 그 바람에 뉴턴은 실수를 바로잡을 기회도 잃어버렸다.

당시 루카스라는 광학에 관심이 많았던 아마추어 연구자가 있었다. 그가 뉴턴의 실험을 다시 진행했을 때, 뉴턴이 선택한 것과는 다른 유리를 사용했고 실험 결과도 판이했다. 깜짝 놀란 루카스는 자신의 실험 결과를 뉴턴에게 들려주었다. 뉴턴이 신중했다면 루카스의 실험을 자세히 알아보려 했을 테고, 문제가 어디서 시작되었는지 깨달았을 것이다. 그러나 뉴턴은 자신의 결과가 틀리지 않다고 여겼고, 실수를 만회할 기회는 이렇게 사라졌다.

뉴턴이 죽은 후 사람들은 그의 결론이 잘못된 것임을 발견했다. 투명한 물질마다 굴절률이 다르다는 것을 알게 되었고, 종류가 다른 유리를 사용하면 색수차를 없애는 복합 렌즈를 만들 수 있다는 것도 밝혀졌다. 1758년에 런던에서 광학 실험도구를 파는 상인 존 돌런드(John Dollond)가 몇 년의 노력 끝에 색수차를 없앤 망원경을 만들었다. 그의 성공은 금세 온 유럽에 퍼졌다. 지금도 색수차를 없애기 위해 정밀한 광학 기기에 복합렌즈를 사용한다.

뉴턴은 자신의 신중하지 못한 태도 때문에 색수차를 해결할 수 있는 기회를 놓쳤다. 다행인 것은 뉴턴이 굴절망원경을 개량하는 것은 불가능하다고 생각해 반사망원경을 만들었다는 사실이다. 지금까지 세계 수많은 천문대에서 대형 반사망원경을 사용하고 있다.

✦

두 번째 일화는 독일 물리학자 하인리히 루돌프 헤르츠(Hein-rich Rudolf Hertz, 1857~1894)의 실패한 실험에 대한 이야기다.

헤르츠를 기념하는 연설에서 양자론을 확립한 막스 플랑크는 그를 두고 "우리 과학계를 이끌어가는 사람 중 한 명이며 민족의 자랑이자 희망"이라고 추켜세웠다. 그가 발견한 전자기파가 인류문명에 큰 공헌을 했으니 이런 수식어가 붙는 것도 이상한 일은 아니다.

그의 위대함은 단지 과학적으로 뛰어난 업적을 남겼기 때문이 아니라 항상 겸손하고 자기반성의 정신을 잃지 않았다는 데 있다. 그는 과학 이론을 건드릴 수 없는 것, 뻣뻣이 굳어 죽어버린 것으로 만드는 일을 싫어했다. 그는 언제든지 자신의 실험과 관찰 결과를 다시 검증하여 더 정확하게 다듬는 것을 싫어하지 않았다. 그는 이런 말을 하기도 했다.

실험으로 얻은 것은 모두 다시 실험할 수 있다.

그의 생애는 그다지 길지 않았지만, 그는 평생 뛰어난 이론물리학자이면서도 실험실을 거의 떠난 적이 없었다. 그는 아주 많은 실험을 했고, 그중 많은 부분에서 성공했다. 그러나 이런 헤르츠도 성공보다 실패를 더 많이 겪었다. 성공한 실험이든 실패한 실험이든 우리는 이 모든 과정에서 헤르츠의 연구 스타일을 명확히 알 수 있다. 이처럼 성실하게 연구하는 과학자의 정신은 그 이후 물리학의 발전에 지대한 영향을 끼쳤다.

1873년에 헤르츠는 열여섯 살이었다. 그해 맥스웰이 『전자기론』(A Treatise on Electricity and Magnetism)을 출간했다. 당시 독일 물리학계는 여전히 뉴턴 역학이 절대적으로 옳다고 믿었기 때문에 원거리 작용을 비판하는 맥스웰의 이론에 대다수 물리학자가 회의적인 태도를 보였다. 소수지만 맥스웰의 전자기 이론을 지지하는 일부 학자들 중에 볼츠만과 헬름홀츠가 있었다. 헤르츠는 당시 헬름홀츠가 특히 아끼는 대학 예비반 학생이었다.

1879년 겨울, 베를린 과학아카데미에서 헬름홀츠의 의견에 따라 과학 경시대회를 열었다. 경시대회에서 제시된 문제에 근거하여 맥스웰의 이론을 일부 증명하는 것이 주제였다. 헬름홀츠는 헤르츠가 이 대회에 참가하기를 바랐다. "이건 아주 곤란한 문제일세. 이번 세기에서 가장 힘든 물리학 문제일지 모른다네. 그러니 꼭 시도해보게나."

젊은 헤르츠는 스승의 격려에 용기를 내어 도전했다. 그러나 그는 어디서부터 시작해야 할지 몰라 스승에게 "어디서부터 연구를 시작해야 하나요?"라고 물었다.

"핵심은 전자기파를 찾아내는 거라네. 그렇지 않으면 절대 전자기파를 찾아낼 수 없다는 것을 증명해야 하지."

헤르츠는 해보겠다고 대답했다. 그러나 나중에 근사치를 계산해낸 후 충분히 빠른 전기 진동을 만들 수 없다는 확신이 들어 이 문제를 잠시 놔두기로 했다. 헤르츠는 기초 연구부터 시작하기로 했다.

1883년 아일랜드 물리학자 조지 프란시스 피츠제럴드(George Francis FitzGerald, 1851~1901)가 맥스웰의 전자기 이론이 맞다면 정전기를 축적하는 도구인 레이던병(Leyden jar)이 진동 방전될 경우 전자기파를 발생시켜야 한다는 이론을 내놓았다.

이때 헤르츠는 전자기파를 찾지 못해 고민에 빠져 있었는데, 피츠제럴드의 의견이 큰 깨달음을 주었다. 레이던병은 실험실마다 다 가지고 있는 아주 일반적인 기구였다. 피츠제럴드의 추론이 정확하다면, 전자기파가 생기는 것은 그리 어려운 일이 아니다. 그럼 남은 문제는 어떻게 전자기파를 탐지해야 하느냐는 것이다.

1885년 3월, 헤르츠는 독일 남서쪽의 작은 국경도시 카를스루에에 있는 카를스루에대학교 물리학과 교수로 채용되었다. 처음 1년 남짓한 시간은 수업과 시험 준비 등 여러 업무로 바빠 과학 연구에 들일 시간이 없었다. 전자기파를 찾는 작업도 더 진행하지 못했다. 헤르츠는 부모님께 보내는 편지에서 이렇게 털어놓았다. "저도 교수가 되고 나면 모든 창의적인 일은 다 멈춰버리는 그런 사람이 된 것일까요?"

다행히 이듬해 여름이 지나자 상황이 나아졌다. 1886년에 헤르츠는 여러 차례 실험을 거쳐 전자기파 탐지 기구를 설계했다. 이 기구의 구조는 간단하다. 둥글게 구부러진 굵은 구리선 양 끝에 작은 금속 공을 설치하고, 공 사이의 거리를 조절할 수 있게 했다. 이렇게 전파를 수신할 수 있는 기구를 두고 조심스럽게 전자기파를 탐지하는 실험을 했으나 실험은 제대로 진행되지 않았다.

그가 사용한 전파의 파장이 너무 긴 것도 문제였고, 실험이 실내에서 진행된 것도 문제였다. 그는 실내 실험의 불리한 영향을 없애려 애썼지만 큰 효과는 없었다. 여러 차례의 실험 중 한 번은 실험이 잘못되어 맥스웰 이론과 모순되는 결론이 나오기도 했다. 수많은 실패가 있었지만 이것이 헤르츠의 믿음을 흔들지는 못했다. 그는 종일 실험에 몰두했다. 이 기간이 얼마나 힘들었는지는 그가 쓴 편지에 잘 나와 있다.

> 내가 하는 일은 일하는 시간이나 일의 성질 모두 공장 노동자와 비슷하다. 나는 매번 단조로운 동작을 수천 번 반복하면서 하나씩 구멍을 뚫고 철사를 구부린 다음 페인트를 칠해야 한다.

1888년 1월에 헤르츠는 맥스웰 이론을 증명하는 실험에 성공했다고 발표했다. 전자기파를 확인했을 뿐 아니라 그것이 광파와 같은 성질을 가졌음도 밝혔다.

헤르츠의 실험이 공개되자 전 세계 물리학자들이 관심을 보였다. 사람들은 헤르츠의 실험 기구가 극히 간단한 것에도 놀랐다. 헤르츠의 실험을 의심하는 사람도 직접 실험으로 검증할 수 있을 정도였다. 헤르츠는 이 실험의 성공으로 세계적으로 유명한 과학자 중 한 사람이 되었다. 전자기파가 확인된 후, 공학계 인사들이 전자기파의 실용적 가치에 흥미를 보였지만, 아쉽게도 헤르츠 본인은 의심스럽고 부정적인 태도를 취했다.

1889년 12월, 그의 친구인 공학자가 편지를 보내 전자기파를 이용해 통신을 할 수 있을 거라는 구상을 이야기했다. 헤르츠는 이렇게 답했다. "전자기파를 이용하여 통신연계를 하려면 유럽 대륙과 면적이 비슷한 거대한 망원경이 있어야 할 겁니다."

이 점에서는 헤르츠가 틀렸다. 러시아 과학자 알렉산드르 포포프(Alexander Popov, 1859~1906)는 기술 개발과 응용 면에서 헤르츠보다 멀리 내다보았다. 그는 헤르츠가 전자기파를 이용한 통신 연계의 가능성을 부정한 그해에 처음으로 공개 강연에서 명확하게 말했다.

인류의 몸에는 전자기파를 감지할 수 있는 감각기관이 없지만, 기계를 통해 우리가 전자기파를 감지할 수 있게 한다면 원거리에서 신호를 보내고 받는 데 전자기파를 사용할 수 있을 것이다.

과연 포포프는 1895년 5월 7일에 상트페테르부르크에서 열린 강연에서 그가 발명한 첫 번째 라디오 수신기로 번개의 전자기파를 수신했다. 1896년 3월 24일에 러시아 물리화학회의 연 정기회의에서 포포프는 다시 세계 최초로 정확한 내용의 무선 전보를 전송했다. 전문의 내용은 "하인리히 헤르츠"였고, 전송 거리는 250미터였다. 또 5년이 지난 1901년 12월 12일에는 이탈리아의 굴리엘모 마르코니(Guglielmo Marconi)가 무전을 이용해 알파벳 S를 대서양 너머 3,700킬로미터 떨어진 곳까지 전달했다.

전자기파가 장거리 정보를 전송할 수 있다고 예측하지 못한 것이 헤르츠의 실수라면, 기술 개발에는 문외한이었기 때문이라고 설명할 수 있다. 그러나 음극선² 연구에서의 실수는 변명의 여지가 없다.

헤르츠는 일찍이 음극선 연구에 매우 흥미가 있었는데, 특히 그 색채에 미적 즐거움을 느꼈다. 전자기파를 연구하면서도 헤르츠는 줄곧 음극선의 신비롭고 예측할 수 없는 광휘를 잊지 않았다. 연구의 쟁점은 음극선이 전하를 지니고 있는지의 여부였다. 다시 말해 음극선이 미세 입자인지 아니면 빛과 같은 파동인지를 알아내는 것이 과제였다.

헤르츠는 1892년에 음극선은 입자일 수 없으며 일종의 파동이라고 발표했다. 당연히 아무런 근거 없이 함부로 그런 발표를 한 것이 아니었다. 그의 신조가 "결론은 실험에서 비롯되어야 한다"였던 만큼 음극선을 파동의 일종이라고 한 데는 실험적 근거가 있었다. 음극선이 전하를 가지는지 확인하기 위해 헤르츠는 전지 1천 개로 2천 볼트 전압을 발생시켜 연속적으로 음극선을 흐르게 했다. 그런 다음 240볼트 평행판 축전기

---

2   진공 방전을 할 때, 음극에서 양극으로 빠르게 흐르는 음이온의 흐름.

를 위아래로 두고 그 사이로 음극선을 통과시켰다. 만약 음극선이 전하를 가진 입자로 구성되어 있다면, 축전기의 전기장에서 편향 회전할 것이다. 그러나 실험 결과 음극선은 편향 회전하지 않았다.

그런데 1897년 영국의 뛰어난 물리학자 조지프 존 톰슨이 헤르츠와 비슷한 실험을 설계하여 헤르츠와 반대되는 결과를 얻었다. 그는 음극선이 전하를 지닌 입자의 흐름이라고 밝히면서 상당히 정확하게 전하와 질량의 비(e/m)를 계산해냈다. 이렇게 해서 음극선의 본질에 대한 논쟁은 톰슨의 승리로 끝났다.

그렇다면 헤르츠가 실수한 원인은 무엇일까? 톰슨의 실험은 오늘날 고등학교에서도 쉽게 할 수 있는 실험인데, 헤르츠처럼 우수한 실험과 학자가 왜 실패했는지 이해하기 어려울지도 모른다. 톰슨은 회고록에서 이 문제에 해답을 제시했다.

> 음극선 한 다발을 편향 회전시키기 위해 평행한 두 개의 금속판 사이 전기장에 음극선을 통과시켰다. 그 결과 전혀 편향 회전이 일어나지 않았다.

이것은 헤르츠의 실험 결과와 동일하다. 그렇다면 왜 톰슨은 헤르츠와 상반된 결론을 내리게 되었을까?

> 편향 회전이 일어나지 않은 이유는 평행판 축전기 사이에 너무 많은 기체가 있었기 때문이었다. 그래서 이 문제를 해결하기 위해 진공의 정도가 더 높은 '고진공' 상태를 만들어야 했다. 말로는 쉽지만 실제로 구현하기는 힘들었다. 당시는 고진공 기술이 이제 막 시작되던 때였기 때문이다.

톰슨은 고진공이라는 기술적 문제를 해결한 후 음극선이 편향 회전하는 결과를 얻었다. 중국계 미국인 물리학자인 양전닝(楊振寧)은 헤르츠의 실수에 대해 이렇게 말했다. "이 일화는 기술의 발전과 실험과학의 진보가 상호 보완적이라는 점을 잘 알려준다."

✦

세 번째 일화는 유명한 '프랑크-헤르츠 실험'에 대한 것이다. 여기 나오는 헤르츠는 앞에서 살펴본 헤르츠와 다른 사람이다. 이번에 이야기할 사람은 구스타프 헤르츠(Gustarv Hertz, 1887~1975)로 앞에 나온 하인리히 헤르츠의 조카다.

구스타프 헤르츠는 1925년에 제임스 프랑크(James Franck, 1882~1964)와 공동으로 노벨 물리학상을 받았다. 그의 숙부인 하인리히 헤르츠도 일찍 세상을 떠나지만 않았더라면 조카보다 먼저 노벨상을 받았을 것이 분명하다.

프랑크-헤르츠 실험이 진행되는 동안 재미있는 일이 벌어졌다. 프랑크는 나중에 그 일을 떠올리며 불가사의하다고 표현했다. 1911년에 프랑크와 헤르츠는 실험을 하나 설계했다.

음극선관을 이용하여 원자의 이온화 에너지[3]를 측정하는 실험이었다. 이온화 에너지란 무엇일까? 원자는 전자를 가진 핵으로 구성된다. 핵 바깥에서는 숫자가 각기 다른 전자가 회전운동을 하고 있다. 마치 태양계에서 태양(핵) 주위를 행성(전자)이 서로 다른 궤도로 도는 것과 비슷하

---

3   원자 또는 분자에서 한 개의 전자를 꺼내어 한 개의 양이온과 자유전자로 완전히 분리하는 데 필요한 에너지.

다. 어떤 전자는 핵과 가까운 궤도로 회전하고, 어떤 전자는 핵에서 멀리 떨어진 궤도로 회전한다. 만약 속도가 아주 빠른 입자(전자, 광자 등)를 이용해 원자에 부딪히게 한다면, 원자의 핵 바깥에 있던 전자가 충격을 받아 다른 곳으로 튀어나가게 될 것이다. 원자에서 전자가 하나 빠져나가면 원자는 전하를 띠게 되는데, 이 원자는 '이온'이 된 것이다. 예를 들어 나트륨 이온, 수소 이온, 염소 이온이 된다. 이온을 화학 기호로 쓰면 각각 Na^+, H^+, Cl^- 이다.

프랑크와 헤르츠가 사용한 방법은 전기장에서 전자를 가속시키는 것이었다. 전기장의 전위[4]가 일정한 값에 도달할 때 전자의 에너지는 다른 원자에서 핵 주변을 도는 전자에 부딪혀 떨어뜨릴 만큼의 힘이 된다. 이때 전기장의 전위 값을 '이온화 에너지'라고 한다.

프랑크-헤르츠의 실험은 매우 복잡하고 정교한 실험이자 전문적인 지식이 필요하므로 여기서는 더 설명하지 않겠다. 다만 1914년에 두 사람이 수은의 이온화 에너지가 4.9전자볼트라는 것을 측정해냈다는 것을 알면 된다. 두 사람은 실험보고서를 작성했다.

당시 보어가 원자 구조를 연구하고 있었는데 막 수소의 원자 구조 이론을 제시한 참이었다. 그는 나중에 이 연구로 1923년 노벨 물리학상을 받는다. 그런데 1914년에 프랑크-헤르츠 실험의 결과를 보고 깜짝 놀랐다. 그의 이론에 따르면 수은의 이온화 에너지는 10.5전자볼트로 추정된다. 프랑크와 헤르츠의 실험이 옳다면 보어가 여러 해 연구한 수소의 원자 구조 이론은 잘못된 것일지도 몰랐다. 여기까지 생각이 미치자 보어

---

4   전기장 안의 한 점에서 다른 점으로 단위 전기량을 옮기는 데 필요한 두 점 사이의 전압 차를 말한다.

는 참담한 심정이었다.

　그런데 보어가 프랑크와 헤르츠의 실험을 자세히 살펴보니 자신이 틀린 것이 아니라 프랑크와 헤르츠의 실험이 잘못된 것이었다. 프랑크와 헤르츠가 측정한 4.9전자볼트는 수은의 이온화 에너지가 아니라, 수은 원자 가장 안쪽에 있는 전자가 외부의 가속 전자와 충돌한 후 가장 가까운 다른 전자 궤도로 튀어나가는 데 필요한 에너지였다.

　보어는 기뻐서 어쩔 줄 몰랐다. 그가 원자 구조 이론을 제기했을 때, 믿어주는 사람이 없었다. 유명한 물리학자들은 "보어가 헛소리를 한다"라고 비판했고, 독일 물리학자 라우에는 "보어의 원자 이론이 맞다면 나는 더 이상 물리학을 연구하지 않겠다"라고 말하기까지 했다.

　보어가 라우에의 말을 신경 쓰는 것은 아니었지만 정확한 실험으로 자신의 이론을 검증할 방법이 없어 고민하던 참이었다. 그런데 프랑크와 헤르츠의 실험에서 증명된 4.9전자볼트가 자신이 제시한 '전자전이'가 일어날 때 필요한 최저 전위 값이라는 것을 알게 되었다. 전자전이는 보어의 원자 이론에서 매우 중요한 개념으로 전자가 원자 내부에 있으면서 하나의 궤도에서 다른 궤도로 움직이는 것을 말한다. 이처럼 정확한 실험이 자신의 이론을 증명해주었으니 기뻐하지 않을 수 있겠는가?

　보어는 바로 논문을 발표해 프랑크와 헤르츠가 착각을 했으며, 그들이 측정한 4.9전자볼트의 전위 값은 자신의 수소 원자 구조 이론을 증명해주는 결과라고 밝혔다. 이치대로라면 프랑크와 헤르츠도 기뻐해야 했다. 그들의 실험이 정말로 보어의 이론을 증명했다면, 이 실험의 가치가 이온화 에너지 하나를 특정해낸 것보다 훨씬 클 것이 분명하기 때문이었다. 게다가 보어의 이론이 정말로 실험으로 검증되었다면 보어는 동시대 최고의 물리학자 중 한 사람으로 인정받게 될 것이며, 노벨 물리학상 수상도 문제가 없을 터였다. 그렇다면 프랑크와 헤르츠 역시 더불어 명성을 얻을 것이고, 노벨 물리학상 수상도 노려볼 만했다.

그렇다면 프랑크와 헤르츠가 보어의 의견이 옳다고 순순히 인정했을까? 그렇지 않았다. 프랑크와 헤르츠는 여전히 보어의 의견이 틀렸으며 4.9전자볼트는 수은의 이온화 에너지 값이지 전자전이의 전위 값이 아니라고 주장했다.

보어는 조급해졌다. 어쩔 수 없이 더욱 정교한 실험으로 프랑크와 헤르츠의 실험에 오류가 있었음을 보여주어야만 했다.

그러나 보어는 실험물리학자가 아니었다. 아무리 결론을 빨리 내고 싶어도 실험물리학자에게 도움을 청하는 수밖에 없었다. 이때 보어는 영국 맨체스터에서 스승 러더퍼드와 함께 일하고 있었는데, 러더퍼드의 독촉을 받은 조수 매코워(Makower)는 보어와 같이 프랑크-헤르츠 실험의 결론을 검증하는 실험을 하기로 했다. 매코워는 실험실의 독일인 유리 장인 바움바흐(Baumbach)와 늘 다투었는데 바움바흐는 러더퍼드가 '달링(darling)'이라고 부르는 알파(α)선을 각종 유리 장치에 자유자재로 통과시킬 수 있는 뛰어난 기술자였다.

바움바흐의 가장 큰 문제는 말을 함부로 한다는 것이었다. 제1차 세계대전이 발발한 후 바움바흐는 "독일이 무서운 일을 벌일 것이다", "영국인들은 크게 혼쭐이 날 것이다" 등의 말을 거침없이 내뱉었다. 보어는 덴마크 사람인데다 성격도 온화해 신경 쓰지 않았지만 영국인 매코워는 그런 말을 참고 들을 수가 없어 자주 싸움이 벌어졌다. 결국 바움바흐는 거친 언사 때문에 체포되었다. 게다가 거의 다 완성했던 복잡한 실험 장비가 바움바흐의 구속 이후 화재로 불타버렸다. 매코워도 징집되어 보어의 실험은 중단되고 말았다.

다행히 1919년에 미국의 데이비스(Davis)와 가우처(Goucher)가 실험으로 보어의 이론을 증명해주었다. 프랑크와 헤르츠가 틀렸고, 보어가 옳았음이 입증되었다.

1919년에 프랑크와 헤르츠도 정식으로 그 사실을 인정했다. 보어가 그들의 실험 결과를 새롭게 해석했던 것이 전적으로 옳았고, 그들의 해석이 잘못된 것이었다고 말이다. 1919년에 발표한 논문에서는 1914년의 실험을 다시 심사하여 실험에서 나온 4.9전자볼트는 수은의 원자 이온화 에너지가 될 수 없다는 것도 증명했다.

규모가 아주 크다고 할 수 없고 시간이 아주 오래 걸렸다고도 하기 힘들지만, 중대한 의의를 가지는 원자 구조 이론이 의외의 실험으로 증명된 셈이다. 이런 논쟁을 거치면서 프랑크는 보어에게 깊이 감명을 받았고, 이후 자칭 보어의 숭배자라고 공개적으로 언급하곤 했다. 프랑크는 "보어와 너무 오래 같이 지내면 안 된다. 그렇지 않으면 자신이 너무 무능하게 느껴져 낙담하게 될 것이다"라는 말도 했다.

1922년에는 보어가 노벨 물리학상을 수상했고, 1925년에는 프랑크와 헤르츠가 노벨 물리학상을 받았다. 선정의 변에는 이렇게 쓰여 있었다.

보어의 1913년 가설이 성공한 것은 가설이 아닌 실험으로 입증된 사실 때문이다. 보어는 프랑크와 헤르츠가 발견한 방법으로 가설을 입증했으며, 이들은 올해(1925년) 노벨 물리학상을 수상했다. 프랑크와 헤르츠는 물리학의 새로운 장을 열었다.

프랑크는 수상 후 연설에서 자신이 목적지까지 먼 길을 돌아서 왔음을 인정하면서, 다행히 보어가 바른 방향을 알려주었다고 말했다.

저는 도저히 이해할 수 없었습니다. (······) 우리는 잘못을 바로잡지 못했고, 실험에는 불확실성이 여전히 존재했습니다. (······) 나중에 보어 이론의 의의를 알게 된 후에야 모든 어려움이 해결되었습니다.

23장

베크렐의 행운, 졸리오퀴리 부부의 불운

이처럼 기묘한 발견이 거짓된 실마리에서 기인한 것은 정말 놀라운 우연이다. 과학사 전체를 보아도 이와 비슷한 발견은 다시일어나기 힘들 것이다.

레일리 남작

중성자를 발견한 데 대한 노벨상은 단독으로 채드윅(Chadwick)에게 주면 될 것 같다. 졸리오퀴리 부부는 똑똑하니 얼마 후에 다른연구로 상을 받지 않을까 싶다.

어니스트 러더퍼드(Ernest Rutherford, 1871~1937)

노벨상의 역사를 살펴보면 놀랍고 흥미로운 이야기가 많다. 1903년에 피에르 퀴리 부부와 함께 노벨 물리학상을 받은 앙투안 앙리베크렐(Antoine Henri Becquerel, 1852~1908) 이야기를 해보자. 베크렐은 방사선을 발견한 공로로 상을 받았다. 베크렐은 연이어 세 번이나 잘못된가설을 세우고도 노벨상을 받을 만큼 위대한 과학적 발견을 해냈다. 반면 퀴리 부부의 딸과 사위(이 글에서는 그들을 졸리오퀴리 부부라고 부르겠다)는불운을 타고난 사람처럼 노벨상 수상이 아주 확실시되는 기회를 몇 번이나 놓치다가 마침내 1935년에야 노벨 화학상을 받았다.

✦

　　1895년 11월 8일 금요일. 독일 뷔르츠부르크 플라자 공원에서 멀지 않은 곳에 2층짜리 석조 건물이 있었다. 이 건물이 나중에 뷔르츠부르크대학교의 물리학 연구소로 유명해지는 곳이다. 늦가을의 추운 밤, 나뭇잎 떨어지는 소리만 들릴 뿐 연구소는 고요했다. 그런데 이 추운 밤이 독일의 위대한 물리학자 뢴트겐에게는 평생 잊을 수 없는 밤이었다. 그날 밤 뢴트겐은 X선을 발견했다. 20세기 물리학 혁명은 바로 이 X선 발견에서 시작된다.

　　X선의 발견이 공개된 후 전 세계는 충격에 빠졌다. X선에 대한 폭발적인 반응은 과학사에서도 전례가 없을 정도였다. 세계 각지의 물리학 실험실은 밤을 새워 뢴트겐의 새로운 발견을 다시 검증했다. 물리학자들이 전부 그의 발견을 인정한 후에는 X선의 물리적 성질을 놓고 열띤 논쟁이 벌어졌다. 당시 두 가지 관점이 팽팽하게 맞섰다. 하나는 X선이 전하를 가진 입자라고 여기는 입장이었고, 다른 하나는 전자기파의 일종이라고 보는 입장이었다. 재미있는 점은 나라별로 입장이 갈라졌던 것이다. 영국 물리학자들은 대개 전자를 지지했고, 독일 물리학자들은 후자를 지지했다.

　　당시 프랑스에는 위대한 수학자 푸앵카레가 뛰어난 재능과 해박한 지식으로 과학계에 탁월한 공헌을 하고 있었다. 세계적인 수학자들이 대개 그렇듯, 그 역시 동시대 물리학 발전에 지대한 관심을 갖고 있어 물리학 분야에서 70여 종의 논문과 책을 쓸 정도였다. 물리학자들 사이에서 X선의 본질에 대한 논쟁이 치열하게 전개될 때, 푸앵카레도 적극 논쟁에 참가했다. 그는 영국 물리학자의 관점처럼 X선이 전하를 가진 입자라고 생각했는데 지금은 받아들여지지 않는 견해다. 독일 물리학자 라우에와 그의 두 조수 프리드리히(Friedrich), 크니핑(Knipping)이 1912년의 정교한 실험으로 X선이 회절한다는 것을 입증했는데, 당시에는 이런 사실을 몰랐다.

프랑스 물리학자 중 누구도 푸앵카레처럼 X선의 발견에 감정이 격해진 사람이 없었다. 1896년 1월 20일에 프랑스 과학아카데미의 주회의에서 푸앵카레는 살아 있는 사람의 손뼈를 찍은 X선 사진을 회원들에게 보여주었다. 베크렐이 푸앵카레에 물었다.

"X선은 어느 부분에서 나오는 겁니까?"

"음극 맞은편에 있는 유리판의 형광(螢光)이 보이는 부분에서 나오는 것 같군요."

베크렐은 이렇게 추론했다. 가시광선과 비가시광선의 메커니즘은 반드시 같아야 한다. X선에서는 항상 형광 현상이 수반될 것이다. 지금까지 베크렐은 관측된 결과만 신뢰하고 추론은 조심스럽게 회피해왔지만 이번에는 자신의 추론을 확신했다. 'X선과 형광 현상 사이에는 뭔가 관계가 있을 가능성이 높다.'

운이 좋게도 베크렐은 아주 우월한 조건에서 자신의 추론을 검증하는 실험에 착수할 수 있었다. 그의 조부가 인광(燐光)[1]을 연구하여 남긴 여섯 권의 저서 중 두 권이 인광에 대한 전문서적이었다. 그의 아버지도 형광 분야를 연구한 전문가였고 우라늄에 익숙했다. 베크렐은 아버지의 업적을 이어받아 형광 물질에 익숙할뿐더러 실험실에는 우라늄 화합물

1　발광 방식에는 여러 가지가 있지만 시료의 불꽃이 소멸한 후에도 불꽃이 지속되는 애프터글로(afterglow)의 시간에 따라 결정체의 발광을 구분할 때는 형광(fluorescence, $\leq 10^{-8}$초)과 인광(phosphorescence, $\leq 10^{-4}$초) 두 종류로 나눈다.—저자

인 황산우라닐이 구비되어 있었다. 그는 가지고 있는 우라늄염으로 실험을 시작했다.

베크렐이 구상한 실험은 이러했다. 검은색의 두꺼운 종이로 사진 원판을 빈틈없이 감싸 햇빛의 작용은 피하고 X선의 작용은 받게 한다. 종이봉투 근처에 우라늄염 결정체를 두 개 놓는다. 그중 하나는 은화와 종이봉투로 격리시킨다. 그런 다음 햇빛을 우라늄염 결정체 두 개에 비춰 형광을 발산하게 한다. 형광을 발산하는 물체가 X선을 생성한다면, 사진 원판에 흔적이 선명하게 남을 것이다.

원판을 현상했더니 베크렐이 예상했던 것처럼 우라늄염 결정체 사이에 은화를 둔 원판 위에 은화의 윤곽이 뚜렷한 반점을 남겼다. 베크렐은 추론이 들어맞아 기뻤지만 한두 차례 실험한 결과를 쉽게 믿지 않았다. 하지만 실험을 반복하기에는 파리의 2월 날씨가 자주 흐려 부득이하게 우라늄염 결정체와 검은 종이로 감싼 원판을 같이 서랍 속에 넣고 날씨가 맑아지기를 기다렸다. 그때까지만 해도 2월 말의 흐린 날씨가 그에게 큰 행운을 가져다줄 것이라고는 전혀 예상하지 못했다.

3월 1일, 날씨가 맑아져 다시 실험을 시작했다. 어떤 이유에서인지 베크렐은 서랍 속에 넣어둔 원판을 현상해봤다. 왜 그 원판을 현상했는지에 대해서는 베크렐의 엄격한 실험 태도 때문이라고도 하고, 실험 방법을 바꿔보려고 했다고도 한다. 또 어떤 사람은 당장 다음 날 실험 결과를 보고해야 해서 그랬다고도 한다. 어쨌든 베크렐이 서랍 속에 넣어둔 원판을 현상했더니 깜짝 놀랄 결과가 나왔다. 빛이 너무 약했기 때문에 우라늄염 결정체도 매우 미약한 형광만 발산해 X선이 거의 생성되지 못했으리라 추측했다. 정말 그랬다면 원판에는 아무것도 찍히지 않거나 찍히더라도 매우 희미하게 나와야 한다. 그런데 현상한 원판에 찍힌 정도는 저번 실험과 같았다. 베크렐은 자신이 아주 중요한 현상을 알아냈다는 것을 깨달았다. 우라늄염 결정체는 햇빛에 영향을 받지 않거나 형광을 발산하지 않더라도 X선을 생성할 수 있을지도 몰랐다. 이런 추측은 금세 사실임이 실험을 통해 증명되었다. 그러나 그는 줄곧 자신의 실험이 X선에 관련된 연구라고 여겼고, 자신이 잘못된 가설을 탐구하고 있음을 몰랐다.

이후 연구에서 베크렐은 어떤 우라늄염 결정체를 쓰더라도 형광 발산 여부와 관계없이 원판에 물체가 찍힌다는 것을 알아냈다. 다른 광물은 강한 형광을 내는데도 원판에 물체가 찍히지 않았다. 여기까지 실험이 진전되자 베크렐은 비로소 조금씩 흥분되었다. 멋지게 기른 수염이 덜덜 떨릴 정도였다. 베크렐은 이제 확신했다. 원판에 물체가 찍히도록 하는 존재는 X선이 아니라 새로운 방사선이었다. 이 방사선이 우라늄에서 나오기 때문에 이를 '우라늄 방사선'이라고 불렀는데, 나중에 '베크렐선'으로 명명된다.

베크렐선의 발견은 물리학에서 중대한 의의가 있는 업적이었다. 베크렐은 이 공로로 노벨 물리학상을 수상했다. 그때까지 과학자들은 원자가 가장 작고 더 나눌 수 없다고 굳게 믿었는데, 지금 우라늄 원자가 방사선을 방출하는 것을 보면 원자도 더 작은 단위로 나누어짐을 알 수 있다. 그리고 물리학자들을 혼란스럽게 하는 문제가 하나 있는데, 우라늄염 결정체에서 끊임없이 방사선을 방출하게 하는 에너지가 어디에서 나오느냐는 점이었다. 그때 한 물리학자가 영국의 실험물리학자 레일리 남작에게 물었다.

"베크렐의 발견이 사실이라면 에너지 보존 법칙이 훼손되는 것 아닙니까?"

레일리 남작이 장난스럽게 대답했다.

"더 큰 문제는 제가 베크렐을 완전히 신뢰할 수 있는 관찰자로 인정한다는 겁니다."

✦

이제 베크렐의 발견 과정을 회상해보자. 놀랍게도 그의 방사선 발견은 세 가지 잘못된 가정 위에 세워졌다. 첫 번째 잘못된 가정은 X선이 유리판 위 형광을 발산하는 곳에서 나올 것이라는 생각이었다. 두 번째 잘못된 가정은 형광을 발산하는 다른 물질도 X선을 생성한다는 생각이었다. 세 번째 잘못된 가정은 우라늄염이 형광을 발산하지 않을 때도 여전히 X선을 내보내고 있을 거라는 생각이었다. 오죽하면 레일리 남작이 "이처럼 기묘한 발견이 거짓된 실마리에서 기인한 것은 정말 놀라운 우연이다. 과학사 전체를 보아도 이와 비슷한 발견은 다시 일어나기 힘들 것이다"라고 말했겠는가.

비록 이런 우연의 일치가 놀랍기는 해도 베크렐이 단지 운이 좋아서 이런 중대한 과학적 발견을 해냈다고 생각해서는 안 된다. 그렇게 생각해버리면 이 이야기에서 유익한 교훈을 얻어낼 수 없다. 오류를 범하는 가장 흔한 원인은 실험적 증거가 부족한 상황에서 성급하게 보편적인 결론을 내리는 것이다. 베크렐은 X선과 형광 사이의 관계를 연구하기 시작할 때, 자신이 실험적 증거가 부족한 상황에서 앞으로 입증해야 할 추론을 하고 있다는 것을 인지하고 있었다. 그렇지 않았다면, 조수에게 지겨워하지 말고 계속 반복해서 실험을 하라고 거듭 말하지는 않았으리라. 베크렐은 매우 빈틈없는 실험물리학자다. 그는 경솔하게 결론을 내리고 증거가 부족한 상황에서 가설을 제기하는 일을 가장 싫어했다. 이번에는 대담하게 몇 가지 추론을 제기했지만, 사실 베크렐은 거의 이런 적이 없었다. 충분한 증거가 없었더라면 그는 자신의 추론을 믿지 않았을 것이다. 베크렐은 정말로 실험이 이론 수립에 도움이 된다는 점을 잘 이해했고, 그렇기 때문에 그의 성공은 필연적이었다.

베크렐은 이후 몇 년간 방사선에 대한 연구를 계속했지만 실질적인 진전을 이루지 못했다. 그의 뒤를 이어 이 분야에 기여한 사람은 마리 퀴리(Marie Curie, 1867~1934)다. 베크렐의 연구가 제자리걸음을 한 것은 우라늄을 방사능 물질로 사용하는 데 그쳤기 때문이었다. 우라늄은 베크렐이 가장 정확히 알고 있는 물질이었고, 일찍이 그의 중요한 발견을 돕긴 했지만 지금은 그의 전진을 방해하는 중이었다. 그리고 베크렐에게 사상과 방법론이 부족하다는 것도 중요한 원인이다. 실험과 관찰을 중시하고, 가설을 세울 때는 신중하고 회의적인 태도를 취한 점은 그가 베크렐선을 발견할 수 있었던 중요한 원인 중 하나였다. 그렇지만 가설이 이론을 수립해가는 데 중요한 역할을 한다는 사실은 제대로 인식하지 못했다. 그래서 베크렐은 방사선의 보편성에 관한 연구는 이어가지 못했다. 그는 몇 년 후 유감스러운 감정을 담아 이렇게 말하기도 했다.

우라늄을 통해 새로운 방사선을 인식했기 때문에 다른 알려진 물체의 방사선이 이보다 훨씬 클 수 있다고 생각하지 못했다. 그래서 이런 새로운 현상의 보편성에 대한 연구는 그 본질에 대한 물리적인 연구만큼 빠르게 이루어지 못했다.

지금까지 베크렐의 행운에 대해 이야기했으니 이제 졸리오퀴리 부부의 불행에 대해 이야기해보자.

✦

1935년에 스웨덴 왕립과학한림원은 1932년에 중성자를 발견한 제임스 채드윅(James Chadwick, 1891~1974)에게 노벨 물리학상을 수여하기로 결정했다.

심사위원회의 의견 수렴 과정에서 그 일원인 러더퍼드는 중성자 발견에 대한 노벨 물리학상을 자신의 제자인 채드윅에게 수여해야 한다는 의견을 고수했다. 당시 어떤 사람들은 졸리오퀴리 부부도 중성자에 관해 진정 중요한 발견을 하지 않았느냐, 그들을 고려하지 않는 것은 말이 되지 않는다고 언급했지만 러더퍼드의 대답은 이랬다.

"중성자를 발견한 데 대한 노벨상은 단독으로 채드윅에게 주면 될 것 같다. 졸리오퀴리 부부는 똑똑하니 얼마 후에 다른 연구로 상을 받지 않을까 싶다."

졸리오퀴리 부부가 중성자 발견에 혁혁한 공헌을 했다는 것은 부인할 수 없다. 채드윅 본인도 1935년 12월 12일의 수상 연설에서 졸리오퀴리 부부의 업적을 이렇게 언급했다.

졸리오퀴리 부부의 탁월한 실험으로 중성자 발견의 첫걸음을 내디뎠으며 (⋯⋯).

그렇다면 졸리오퀴리 부부는 어쩌다 이 중대한 발견의 기회를 놓쳤을까? 두 사람의 실수와 그 안에 숨은 노력을 소개하겠다.

장 프레데리크 졸리오퀴리(Jean Frédéric Joliot-Curie, 1900~1958)는 1900년 3월 19일에 한 프랑스 상인 가정에서 태어났다. 그는 프로 축구 선수가 될 뻔했을 정도로 운동을 좋아했고, 음악도 좋아해 피아노를 잘

쳤다. 중학교 때는 운동을 너무 좋아한 나머지 성적은 좋지 않았다. 이 때문에 처음 대학 수업을 받을 때 힘들어하기도 했지만 1923년에는 수석으로 졸업했다. 그의 물리 선생님은 저명한 물리학자 폴 랑주뱅(Paul Langevin, 1872~1946)으로, 그가 물리학자로서 발전해가는 것을 보고 직접 마리 퀴리의 실험실에 조수로 추천했다.

마리 퀴리의 실험실에서 그는 퀴리 부인의 큰딸 이렌과 함께 일했다. 이렌은 1918년에 이미 파리대학교를 졸업했고, 그보다 세 살이 많았다. 처음에는 이렌이 차갑고 날카롭게 말하는 사람이라고 생각했지만, 시간이 흐르면서 실제 이렌은 사람들이 말하는 것과 좀 다르다는 것을 느꼈다. 두 사람 사이에 호감이 싹텄는데, 나중에 졸리오퀴리는 그 시기를 이렇게 회고했다.

> 나는 그녀를 주의 깊게 살펴보기 시작했다. 표정은 냉담했고, 사람들에게 아침 인사하는 것도 잊을 때가 있었다. 실험실에서 다른 사람의 호감을 사려고 하지 않았다. 그런데 다듬어지지 않은 돌멩이처럼 보이는 이 젊은 여자에게서 나는 예민한 시인을 닮은 감성을 발견했다. 여러 면에서 그녀는 자기 아버지와 닮았다. (……) 소박하고 머리가 좋으며 침착했다.

뜻이 잘 맞았던 그들은 만난 지 3년째인 1926년 10월 9일에 결혼했다. 두 사람은 방사선 연구에 힘을 합치기로 했다. 재미있게도 플랑크가 대학교에서 물리학 연구를 하기로 결정했을 때, 그의 스승인 필립 폰 졸리(Philipp von Jolly, 1809~1884)는 물리학이 연구할 가치가 없을 정도로 완벽해졌다고 말했는데, 30여 년 후에 저명한 화학자 앙드레 루이 드비에른(André-Louis Debierne, 1874~1949)이 졸리오퀴리에게 반쯤 농담으로 "이

제 와 방사선을 연구한다는 건 너무 늦은 것 같다. 이 원소들은 붕괴 계열도 다 알려져 있다. 이들의 특성을 소수점 세 자리나 네 자리까지 계산하는 것 외에 더 할 일이 남아 있지 않다"라고 말했다.

하지만 졸리오퀴리 부부는 새롭고 신비로운 세계가 그들 앞에 펼쳐져 있으며, 아직도 개척해야 할 분야가 많다고 생각했다. 그리고 그들이 옳았다. 이들 부부는 과학을 탐구하면서 위대한 발견의 가장자리까지 네 번이나 다가갔다. 그런데 그중 세 번은 약간의 실수로 놓쳐버렸다.

✦

1930년 독일 물리학자 발터 보테(Walter Bothe)와 제자 헤르베르트 베커(Herbert Becker)가 이상한 현상을 발견했다. 이전 실험에서는 알파 입자로 원자 순서 4인 원소 베릴륨에 충격을 주었을 때, 알파 입자가 베릴륨 원자핵에서 양성자를 만들어냈다. 그런데 이번에는 양성자 대신 강도가 세지 않고 투과력이 매우 강한 방사선이 나타났다. 이 방사선은 몇 센티미터 두께의 동판을 뚫을 수 있었으며, 그때도 속도가 크게 감소하지 않았다. 당시에는 이 방사선이 무엇인지 몰라 '베릴륨 복사'라고 불렀다. 베릴륨 복사는 투과력이 매우 강해 당시 사람들이 알고 있던 감마(γ)선과 흡사했다. 보테는 1931년에 취리히 물리학회에서 이 실험 결과를 발표할 때 베릴륨 복사가 감마선 같은 것일 가능성이 매우 높다고 말했다.

졸리오퀴리 부부는 1931년 말부터 보테의 실험을 연구했다. 그들의 실험실은 조건이 매우 좋았다. 강력한 알파선 공급원이 있었기 때문에 금세 보테와 동일한 실험 결과를 내놓을 수 있었다. 이들은 고체 파라핀이 베릴륨 복사를 흡수하는지 검사하기 위해 베릴륨과 방사능 측정 장치 사이에 파라핀 한 조각을 넣었다. 그 결과, 두 사람은 파라핀이 베릴륨 복사를 흡수하지 않았을 뿐 아니라 파라핀 뒤에 있는 방사선이 파라핀이 없을 때보다 훨씬 강력하다는 것을 발견하였다. 확인해보니 뜻밖에도 양성자가 파라핀 뒤에서 나왔다. 베릴륨 복사가 파라핀에서 양성자를 만들어낸 것이다. 이제 졸리오퀴리 부부는 위대한 발견의 코앞까지 갔다. 그러나 그들은 여전히 보테의 잘못된 관점을 그대로 받아들이고 있었다. 즉 베릴륨 복사를 새로운 감마선이라고 여긴 것이다.

지금 생각해보면, 졸리오퀴리 부부의 결론은 불가사의했다. 감마선은 질량이 거의 0인 광자로 구성되어 있다. 만약 광자가 양성자보다 훨씬 가벼운 전자와 부딪친다면 전자를 움직일 수 있을 것이다(이런 충돌에 대해서는 물리학자 콤프턴이 '콤프턴 효과'로 상세한 연구를 했다). 그러나 지금 충돌한 것은 양성자다. 양성자는 질량이 전자의 1,836배다. 감마선 광자가 충돌한다고 양성자가 움직이겠는가? 이것은 탁구공과 포탄이 부딪치는 것과 같다. 탁구공이 아무리 빠른 속도로 충돌해도 포탄은 전혀 움직이지 않는다. 이런 논리적인 사고를 따랐다면 졸리오퀴리 부부는 이미 새로운 입자(전하를 지니지 않고 질량이 전자보다 무거운)를 발견했음을 알았어야 했다. 그러나 이들은 이 위대한 발견을 눈앞에서 놓쳤다.

1932년 1월 18일, 그들은 이번 실험 결과와 평론을 발표했다. 당시 영국에는 1920년에 러더퍼드가 제시한 중성자를 찾기 위해 10년 동안 수많은 실패를 거듭해온 채드윅이라는 물리학자가 있었다. 어느 날 아침, 채드윅은 졸리오퀴리 부부의 논문을 보고 충격을 받았다. 그는 즉각 이 사실을 스승인 러더퍼드에게 알렸다. 러더퍼드의 충격은 채드윅보다 더 컸을 것이다. 그는 이야기를 듣자마자 소리를 질렀다. "이 실험은 믿을 수 없네!"

처음부터 채드윅에게 아주 확실한 믿음이 있었던 것은 아니었다. 다만 그는 자연스럽게 10여 년간 찾으려 애썼던 중성자를 떠올렸다. 그는 중성자를 찾는 동안 어느 정도 경험이 쌓였기에 졸리오퀴리 부부가 관찰한 현상이 새로운 감마선이 아니라는 것은 금세 알아차렸다. 그리고 그 안에서 뭔가 신기한 것이 발견될 것임을 확신했다. 얼마간 노력한 끝에 채드윅은 베릴륨 복사가 오랫동안 애타게 찾던 중성자라는 것을 확인했다. 이 입자의 질량은 양성자의 질량에 근접했다. 러더퍼드가 12년 전에 '예언'했던 중성자가 드디어 모습을 드러낸 것이다. 새로운 기본 입자 중성자가 세상에 나타났다.

채드윅은 1932년 2월 17일, 졸리오퀴리 부부의 첫 번째 실험보고서가 발표된 지 한 달 만에 『네이처』에 자신의 실험보고서와 결론을 발표했다. 채드윅이 이처럼 빠르게 성과를 거둔 것은 그도 회고록에서 밝혔듯 우연이 아니라 중성자라는 개념을 일찍부터 찾으려 애썼기 때문이다. 졸리오퀴리 부부는 러더퍼드가 제시했던 중성자 가설에 대해 전혀 몰랐다. 그러니 이 중대한 발견을 해내지 못한 것이다. 그는 이런 글을 썼다.

중성자라는 단어는 일찍이 러더퍼드라는 천재가 1920년에 어떤 학술회의에서 가상의 중성 입자를 가리키는 데 사용하였다. 이 입자는 양성자와 함께 원자핵을 구성한다. 나를 포함하여 대다수의 물리학자들은 러더퍼드의 가설에 주의하지 않았다. 결국 채드윅이 근무하던 캐번디시 실험실에서 중성자를 발견하게 되었다. 이것은 사리에 맞고 공정한 결과다. 유구한 전통을 가진 오래된 실험실은 항상 귀중한 재산을 간직하고 있다. 지난 세월 살아 있거나 이미 돌아가신 선생님들이 발표한 견해를 사람들은 의식적으로든 무의식적으로든 몇 번 생각하지만 결국 잊어버리고 만다. 그러나 그들의 견해는 이 오래된 실험실 직원들의 사상 속에 깊이 들어가 있었고, 풍성한 열매를 맺게 되었다. 이것이 바로 과학적 발견이다.

졸리오퀴리 부부는 학술적으로 폭넓게 교류하지 못해 중성자를 발견할 기회를 놓쳤다. 그뿐 아니라 거의 같은 이유로 양전자를 발견할 기회도 놓쳤다.

이 일은 1928년까지 거슬러 올라간다. 그해 영국 과학자 폴 디랙은 양자역학에서 상대성이론에 부합하는 방정식을 처리하면서 재미있는 일을 하나 만들어냈다. 방정식을 풀 때 구하는 전자의 총 에너지는 두 개의 값으로 하나는 양(+)이고 다른 하나는 음(-)이다. 전자에서 음수인 값은 있을 수 없다. 물리적으로 전혀 의미 없는 수치다. 그래서 디랙도 처음에는 음수 값은 버리고 양수만 남겼다. 그러나 얼마 후 디랙은 음수 상태의 값을 자세히 연구하여 성공적으로 전자 이론을 도출했다. 이 이론은 전자의 '반(半)입자', 즉 양전자의 존재를 예측했다. 양전자는 양전하를 띠고 있으며 그 질량과 전기량이 전자와 동일하다.

1932년 8월 2일, 미국 물리학자 밀리컨(Millikan)이 아끼는 제자인 칼 데이비드 앤더슨(Carl David Anderson, 1905~1991)은 우주 복사가 납판에 미치는 충격을 연구하다가 자기장 안에 있는 '안개상자'에서 찍은 사진을 이용해 새로운 입자의 궤적을 발견하였다. 이 입자는 자기장에서 전자와 완전히 동일하게 편향되었지만 방향이 정반대였다. 편향되는 방향으로 볼 때 이 입자는 양전하를 가지고 있어야 한다. 그렇다면 이것이 양성자일까? 앤더슨은 계산을 거쳐 이러한 입자 운동의 곡률을 확정지었다. 이 입자는 양성자가 아니었다. 그래서 앤더슨은 이러한 입자가 양전하를 띤 전자라고 생각했다. 이로써 디랙의 '예언'이 이루어졌다. 앤더슨은 이 발견으로 1936년 노벨 물리학상을 받았다.

그런데 앤더슨이 양전자를 발견하기 전, 졸리오퀴리 부부도 안개상자에서 양전자의 궤적을 똑똑히 보았다. 유감스럽게도 그들은 이 기이한 현상을 진지하게 연구하지 않고 자세한 추론도 내놓지 못했다. 앤더슨이 양전자 실험 보고서를 제출한 후에야 또다시 두 사람은 중대한 발견의 기회를 놓쳤다는 것을 깨달았다.

두 번의 연속적인 실수를 했지만 졸리오퀴리 부부는 결코 의기소침하지 않았다. 그들은 경험을 통해 얻은 교훈을 가지고 연구를 계속했다. 과연 러더퍼드의 말처럼 두 사람은 1933년 말에 방사선 피폭 알루미늄을 연구하면서 인공방사성을 발견해 1935년 노벨 화학상을 받았다.

졸리오퀴리 부부의 과학 연구에 대한 헌신과 집념, 뛰어난 실험 기술은 매우 귀중한 재능이며 실험물리학자에게는 모범이라고 할 수 있다. 그러나 학술적 교류와 이론적 사고에는 신경을 쓰지 않았기 때문에 새로운 과학적 발견을 앞두고도 제대로 알아차리지 못할 만큼 민감성이 떨어졌다. 그들은 고착화된 사고에 익숙해져 역발상에 능하지 못했다. 결론적으로 말하자면 상상력이 결핍된 것이다.

이 같은 단점은 핵분열을 발견하는 과정에서 더욱 뚜렷이 드러났다. 독일의 화학자 오토 한이 핵분열이라는 위대한 발견을 할 수 있었던 것은 졸리오퀴리 부부의 실험 덕분이었다. 졸리오퀴리 부부는 중성자를 우라늄 원소에 충돌시킬 때, 생성된 물질 중에 란타늄이 있다는 것을 발견했다. 이때 이미 핵분열을 발견한 것이다. 그러나 그들은 고정관념에 얽매여 우라늄 핵분열이 불가능하다고 생각했다.

하지만 오토 한은 졸리오퀴리 부부의 실험을 믿지 못하고 그들의 실험을 반복했는데, 그때 우라늄 원자핵이 중성자와 충돌해 실제로 분열되었음을 발견했다. 또한 이 실험에서 우라늄 핵분열의 영향으로 생성된 물질이 란타늄이 아니라 바륨이라는 사실을 화학분석으로 확인했다. 이렇게 해서 졸리오퀴리 부부는 세 번째 실패를 맛보았다.

아인슈타인은 「과학을 논하다」라는 글에서 이렇게 말한 적이 있다.

> 상상력은 지식보다 중요하다. 지식은 유한하지만 상상력은 세상 전부를 담을 수 있고 발전을 유도한다. 또한 상상력은 지식 진화의 원천이다. 엄격한 의미에서 상상력은 과학 연구의 실재적 요소다.

아인슈타인의 말은 깊은 의미를 담고 있다. 과학자에게만 그런 것이 아니라 오늘날 평범한 사람들에게도 똑같이 중요하다. 상상력이 없는 사람은 절대로 가치 있는 일을 해내지 못한다.

24장

N선을 둘러싼 과학 사기극

개성의 충돌은 과학 사상의 발전에 매우 중요하다. 마땅히 특별
사례가 아니라 규칙으로 삼아야 한다. 이 규칙이 생물학의 역사
를 더욱 분명하게 만들 것이다.

마이클 기셀린(Michael Ghiselin, 1939~2019)

1903년에 프랑스 과학아카데미 회원인 르네 블론로(René
Blondlot, 1849~1930)는 1897년 영국 물리학자 러더퍼드가 발견한 알파
선과 베타(β)선, 프랑스 물리학자 폴 울리히 빌라르(Paul Ulrich Villard,
1860~1934)가 발견한 감마선 이후로 N선을 발견했다고 아카데미 정기간
행물에 발표했다.

이어 한동안 N선이라는 새로운 방사선의 특이한 성질은 전 세계 많은
과학자들을 매료시켰다. 미국 노스웨스턴대학교의 클로츠(Klotz) 교수가
1980년에 쓴 글처럼 "블론로의 발견은 과학계 많은 분야에서 열광적인
반응을 이끌어냈다."

그러나 2년 후 N선을 연구하는 이 열광적인 풍조가 갑자기 사라졌다. N선이 실재하지 않는 방사선임을 알았기 때문이다. N선 사건을 둘러싸고 어떤 사람은 블론로가 사기꾼이라고 생각했다. "이 비극을 폭로하면 최종적으로 블론로의 정신병과 죽음으로 이어질 것이다."

로버트 레이지먼(Robert Lagemann)은 N선 발견에 지나치게 열심이었던 블론로의 조수가 이런 상황에 '촉매' 역할을 한 것 같다고 주장했다. 또 고의로 사기를 쳤다고 의심하지는 않더라도 그의 행동을 심리학적으로 검토해야 한다는 점을 분명히 했다.

그러면 N선 사건의 원인이 무엇인지 살펴보고, 이 사건과 관련된 여러 가지 관점을 분석해보도록 하겠다. 우선 블론로라는 사람에 대해 알아보자.

✦

블론로는 1849년에 지식인 가정에서 태어났다. 그의 아버지는 생물학자이자 화학자였다. 프랑스 낭시대학교를 졸업한 뒤 1881년 소르본대학교에서 물리학 박사 학위를 받은 그의 논문은 '전지와 분극 규칙'을 다뤘다. 1882년부터 낭시대학교에서 강의했으며 14년 뒤에 교수로 승진했고 1910년에 61세로 은퇴했다.

블론로는 경험이 풍부하고 인지도 있는 전자기학 방면의 전문가였다. 헬름홀츠가 세상을 떠난 후 블론로는 프랑스 과학아카데미 회원으로 위촉되어 헬름홀츠의 빈자리를 채웠다. N선을 발견하기 전 그는 맥스웰의 전자기 이론을 실험으로 증명하기도 했다.

블론로가 N선을 발견한 과정은 대략 다음과 같았다. 1890년을 전후로 블론로는 X선 연구에 관심을 보였다. 적극적으로 X선의 본질에 관한 논쟁에 참여했다. 그는 실험 기술이 뛰어난 물리학자였고, 1891년 그가 설계한 빠른 속도로 회전하는 거울과 비슷한 기술은 전자기의 복사 전파 속도를 297,600km/s로 측정했다. 나중에 그는 다시 X선의 전파 속도가 광속과 같다는 것을 확정했다. 그로부터 X선이 전자기 복사의 일종이라고 믿었다. 이 결론을 검증하기 위해 블론로는 정교한 실험을 설계하여 전자기파의 편광 현상으로 X선이 일종의 전자기 복사라는 것을 증명하려 했다.

X선이 전자기파라면, 반드시 편광 현상이 있어야 한다. 편광 현상은 다음 방법으로 측정할 수 있다. X선이 전파되는 경로에 두 개의 뾰족한 금속 실로 만든 검측기를 설치하고 검측기의 방위를 조절한다. 검측기의 방위와 편광 방향이 맞물릴 때, 튀어 오르는 전기 불꽃의 강도가 뚜렷하게 강화된다. 결과적으로 블론로의 추측이 실험으로 검증되었다. 불꽃의 밝기는 확실히 어떤 특정 방향보다 확실했다. 이는 블론로를 더욱 기쁘게 했다.

이번 실험에서 블론로는 이상한 현상을 느꼈다. 불꽃간극(스파크갭)을 지나간 X선을 석영 프리즘에 통과시키자 굴절 현상이 생겼다. 당시 사람들은 X선이 석영 프리즘을 통과해도 굴절하지 않을 거라고 생각했기 때문에 블론로는 이런 결과에 깜짝 놀랐다. 이어 그는 '재난에 가까울 만큼 심각한 사고의 비약'을 일으켰다. 굴절된 방사선은 X선일 리 없다. 그러므로 이것은 분명 지금까지 알려지지 않은 '새로운 방사선'이다! 블론로는 모교인 낭시대학교를 기념하는 의미에서 이 방사선을 N선이라고 이름 붙였다.

블론로는 물리학을 처음 연구하는 사람이 아니었다. 그는 N선이 물리학계에서 인정받으려면 어떻게 해야 하는지 잘 알고 있었다. 여러 우연적이고 인위적인 요인을 제거하는 작업도 필요했다. 그래서 N선을 발견한 후 얼른 실험 설비를 새로 정비했는데, 거기에는 사진기와 저강도 기체 화염을 사용하는 검출기도 있었다. 블론로는 새 실험 설비를 이용해 새로운 방사선의 존재를 증명하려 했다. 그는 N선의 특성과 방사선의 원천에 대한 광범위한 연구를 진행했고, 1903년에 자신의 연구 결과를 프랑스 과학아카데미에 제출해 아카데미 간행물에 실었다.

이어 여러 관련 학과의 과학자들이 N선 연구 영역에 뛰어들었다. 푸앵카레, 장 베크렐(Jean Besquerel, 앙리 베크렐의 아들), 폭넓게 존경받는 생리학자 마르크 앙투안 샤르팡티에(Marc-Antoine Charpentier) 등 프랑스 최고의 과학자들이 의견을 발표하고 블론로의 위대한 발견을 칭송했다. 1904년에 해외에서 N선에 관한 의심과 비판이 일어났을 때도 프랑스 과학아카데미의 르콩트 상금 선정위원회(푸앵카레가 위원 중 한 명이었다)는 여전히 이 귀한 영예와 5만 프랑이라는 상금을 블론로에게 수여했다. 이때 블론로와 경쟁했던 후보자가 피에르 퀴리(Pierre Curie, 1859~1906, 1903년 노벨 물리학상 수상)였다. 블론로를 선정한 이유는 N선의 발견이었는데, 나중에 N선을 의심하는 사람이 점점 많아지자 선정 이유를 밝힌 원고에서 맨 마지막에만 N선을 언급하고 상금을 주어 격려하는 주요 원인을 "그의 모든 작업"으로 바꾸었다. 그러나 사람들은 여전히 N선의 발견이 블론로가 이 중요한 상을 받게 된 주요 원인이라고 생각했다.

유명한 과학자의 칭찬에 프랑스 과학아카데미의 격려와 지지까지 더해져 N선은 당시 프랑스에서 가장 인기 있는 연구 주제가 되었다. 통계에 따르면 1903년 상반기 프랑스 과학아카데미 간행물에 실린 N선 관련 논문은 4편뿐이었지만 1904년 상반기에는 논문의 수량이 크게 늘어 54편이 넘었다. 이런 대규모 연구 덕분에 N선의 각종 놀라운 성질이 알려지게 된다. 물리학자들은 N선이 투과할 수 있는 물질을 거의 모두 찾아냈다. 가시광선이 투과할 수 없는 나무, 종이, 얇은 쇠, 운모암 등을 N선은 투과할 수 있었고, 물과 소금은 이 방사선을 막을 수 있었다.

생리학자들도 빠질 수 없었다. 그들도 규모가 작지 않은 연구 작업을 벌였고, 그 선두에 선 인물이 낭시대학교 의과에서 생물학을 가르치는 교수 카펜티에(Carpentier)였다. 1904년 5월부터 한 달 사이에 그는 N선 관련 논문을 7편이나 발표했다. 그는 인체의 신경과 근육에서 강한 N선이 방출된다고 했으며, 심지어 시체에서도 N선이 나오는 것을 측정했다. N선이 인간의 시각, 후각, 청각을 민감하게 만들어주는 것도 알아냈다고 했다. 그로부터 얼마 후에는 생물에서 방출되는 방사선이 N선과는 또 다른 성질이 있음을 알게 되어 이런 방사선은 '생리(生理) 방사선'이라고 불렀다. 카펜티에는 이 생리 방사선과 N선이 모두 도선을 따라 전파될 수 있다는 것을 증명했다고 밝혔다.

이처럼 풍부하고 다양한 '발견'에 대해 카펜티에는 "N선은 인체를 탐지하는 효과적인 수단이며 신속하게 의학의 임상 진료에 응용하게 될 것"이라고 만족스럽게 선언했다. 카펜티에 외에도 많은 과학자들이 생리학적으로 N선의 중대한 발견들을 했다고 밝혔다. 소르본대학교의 어느 물리학자는 N선이 인간의 뇌에서 언어를 통제하는 브로카 영역에서 방출된다는 것을 발견하기도 했다. 또 어떤 과학자는 인체에서 생성되는 효소도 N선을 방출한다는 사실을 발견했다……

한 작가가 59쪽짜리 글로 간략하게 3년 동안 벌어진 N선과 관련된 발견을 정리한 적이 있다. 재미있는 것은 다른 중대한 과학적 발견과 마찬가지로 관련 연구가 이어질수록 N선 발견의 우선권 논쟁이 격렬해졌다는 점이다.

✦

    프랑스에서 N선 연구 열기가 걷잡을 수 없게 될 무렵, 외부 물리학계는 이에 대해 회의적인 반응을 보였다. 예를 들어 전자기파, X선 같은 진짜 과학적 발견은 세계 모든 실험실에서 언제든지 그것을 얻는 실험을 똑같이 반복할 수 있다. 그런데 N선은 그런 가장 기본적인 조건조차 만족시키지 못했다. 영국의 윌리엄 톰슨(켈빈 남작), 윌리엄 크룩스(William Crookes), 독일의 오토 룸머(Otto Lummer), 하인리히 루벤스(Heinrich Rubens), 파울 드루데(Paul Drude), 미국의 로버트 우드(Robert Wood) 등 세계적으로 잘 알려진 물리학자가 프랑스에서만 발생하는 N선에 관심을 보였고 블론로의 논문에서 언급한 방법대로 실험을 해보기도 했다. 그러나 아무리 조심스럽게 실험을 거듭해도 N선을 얻을 수 없었다. 이 일이 그들에게는 해결할 수 없는 난제였다. 로버트 우드는 "프랑스는 이처럼 이해하기 어려운 방사선이 형성되는 데 필요한 특별한 조건을 가지고 있는 것 같다"라고 표현했다. 프랑스 내에서도 물리학자 랑주뱅 같은 사람은 N선에 대해 다른 시각을 가지고 있었다.

    1904년 여름, 미국 존스홉킨스대학교에서 재직하던 로버트 우드 교수가 유럽에서 열리는 학술회의에 참가하면서, 이 기회에 블론로의 실험실을 방문하기로 결정했다. 우드는 미국의 유명한 실험물리학자로, 하버드대학교를 졸업한 후 일찍부터 뛰어난 실험 재능을 보여주었다. 그는 가장 간단한 방법으로 은밀한 현상을 드러내는 데 능숙한 사람이었다. 그의 주요한 과학적 공헌은 물리 분야 중에서도 특히 스펙트럼 이론에서 이뤄졌는데, 그의 실험은 원자물리학의 발전에 큰 역할을 했다.

    우드는 낭시대학교에 도착한 후 블론로의 환대를 받았다. 블론로는 곧바로 우드에게 N선의 존재를 증명하고 그것의 독특한 성질을 보여주는 여러 가지 실험을 보여주었다. 우드는 금세 프랑스 학자들이 잘못된 길로 빠졌다는 것을 알아차렸다. 블론로는 백열 램프에서 방출되는 N선을 불꽃이 튀고 있는 스파크갭 검출기에 쏘았다. 블론로의 소개에 따르면 N선을 쏠 때 스파크의 밝기가 증가하고 손으로 방사선을 막으면 불꽃의 밝기가 약해진다. 우드가 깜짝 놀란 부분은 육안으로 빛의 강도를 판단한다는 점이었다. 블론로가 불꽃의 밝기가 약해진다는 것을 보여주어도 우드는 아무런 변화를 느낄 수 없었다. 우드는 자신의 관찰 결과를 프랑스의 학자들에게 알렸지만, 그들은 우드의 눈이 민감하지 못하다고 치부했다. 우드는 저도 모르게 울컥 화가 났다. 그렇다면 프랑스 학자들은 눈이 얼마나 민감한지 시험해보기로 결심했다.

우드는 "내 눈이 밝기 변화에 민감하지 못하니 내가 손가락으로 N선을 막을 때 불꽃 밝기가 어떻게 변하는지 당신들이 말해달라"라고 은근히 부탁했다. 방이 어두웠기 때문에 우드가 몰래 손을 뻗거나 거둬들여도 프랑스 학자들은 그것을 제대로 맞추지 못했다. 우드는 어린아이를 놀리는 것처럼 일부러 손은 N선이 지나가는 경로에 놓고 움직이지 않으면서 프랑스 학자들에게 불꽃 밝기가 바뀌었느냐고 물었다. 우드가 손을 움직이지 않는데도 그들은 불꽃이 밝아졌다거나 어두워졌다고 설명했다. 우드가 손으로 N선을 막느냐 아니냐는 불꽃 밝기에 아무 영향도 주지 않는다는 것이 확실했다. 이어 진행된 실험 시연은 블론로가 N선의 스펙트럼을 보여주는 것이었다. 이 실험을 할 때 우드는 꼭 필요한 부속품(알루미늄 프리즘)을 슬쩍 빼내 자기 주머니에 넣었다. 그런데 블론로는 아무것도 눈치 채지 못하고 계속해서 N선의 스펙트럼을 분석하고 있었다.

미국으로 돌아온 후, 우드는 이 일을 폭로하는 글을 써 영국 『네이처』

잡지에 발표했다. 우드의 글이 발표되자 프랑스를 제외한 다른 나라 과학자들은 N선 연구에 흥미를 잃었으며, 소수의 프랑스 과학자만이 여전히 블론로를 지지했다. 1905년이 되자 프랑스 과학아카데미의 간행물에도 N선에 관한 글이 더 이상 실리지 않게 되었다. 1906년에 프랑스 과학지『과학 평론』은 블론로에게 N선에 대한 결정적인 실험을 하자고 제의했으나 블론로가 이를 거절했다.

이렇게 해서 N선 사건이 정식으로 막을 내렸다. 블론로는 1919년에도 이렇게 말했다.

> 나는 내가 명명한 N선에 대해 한 번도 (⋯⋯) 의심하지 않았다. 또한 나는 모든 힘을 다해 N선을 증명하는 노력을 멈추지 않을 것이다.

그러나 더 이상 그의 말을 믿는 사람은 없었다.

많은 사람이 과학 연구에서는 정확한 계산, 정밀한 실험, 조금의 허점도 없는 논리적 증명, 이루 말할 수 없는 객관성이 요구된다고 생각해왔다. 감각, 정서, 동기, 기질 등 심리적 요인과는 관련이 없다고 여긴 것이다. 하지만 이런 생각은 사실상 편견에 불과하다. 오히려 이런 편견 때문에 어떤 사람들은 N선 사건이 사기극이었다고 확신한다. 블론로와 카펜티에가 뛰어난 과학 사기꾼이었을 뿐이라고 말이다. N선 사건을 이렇게 바라보면 분명 거침없고 격앙된 느낌이 든다. 하지만 이런 관점은 과학적이지 않다. 이 관점으로는 당혹스러운 현상들을 설명할 방법이 없다. 프랑스 과학자 장 로스탕드(Jean Rostand)가 이렇게 지적했다.

> (N선 사건의) 가장 놀라운 점은 속은 사람이 믿을 수 없을 만큼 많다는 것이

다. 속은 사람 중에는 가짜 과학자나 과학계 내부인사를 사칭한 경우도 없고, 몽상가 혹은 교활하게 술수를 부리는 사람도 없다. 반대로 그들은 실험 과정을 잘 알고 머리가 똑똑하며 정신이 건전한 이들이었다. 그들이 나중에 교수나 자문위원, 강사 등으로 활약하며 얻은 성취만 보아도 확실히 증명된다.

로스탄드의 말은 프랑스 사람을 옹호하는 듯한 느낌을 주지만 대략적으로는 실제 상황에 부합했다.

블론로는 N선 사건 이후에도 여전히 N선이 절대로 허구가 아니라고 믿었지만 일상생활이나 교육자 및 연구자로서의 생활은 전과 다름 없이 유지되었다. 줄곧 정상적이었다. 그는 1910년에 은퇴했으며 은퇴한 후에도 여전히 명예교수 직함을 유지하며 대학 사람들과 학술 교류를 이어갔다. 1923년에는 그가 쓴 열역학 교과서 제3판이 출간되었다. 1927년 11월에는 전기학 교과서 제3판에서 서문을 썼다. 시브룩(Seabrook)이 말한 것처럼 '사기극'이 밝혀진 것 때문에 부끄러움을 견디지 못하고 자살할 정도로 미치광이는 아니었다. 그가 진정한 '사기꾼'이라고 말하기에는 실제 상황과 괴리가 크다.

카펜티에는 어떨까. 그가 N선 사건에서 사기극을 펼쳤다는 것도 들어맞지 않는다. 카펜티에는 사람들에게 존경받는 생물물리학자였다. N선 연구에 대한 그의 열정과 흥미는 이상할 정도로 강했다. 게다가 그의 '성과' 역시 놀라울 정도였다. 인체 N선을 발견했다는 우선권 때문에 그와 몇 명의 학자 사이에 소송까지 벌어졌다. 우선권 분쟁이 끝날 기미가 보이지 않자 1904년 봄에는 프랑스 과학아카데미가 나서서 카펜티에가 최초로 인체 N선을 발견했으며 우선권을 가진다는 정식 보고서를 내놓왔다. 가장 재미있으면서도 황당한 일은 카펜티에가 전문적으로 안과학(眼科學)을 연구했다는 사실이다. 그의 박사 논문은 「망막의 서로 다른 부분에서 나타나는 시각」이었다. 그는 또 「광도 측량에 영향을 주는 생리적 조건」이라는 제목의 글을 쓰기도 했다. 시각에 대해 이처럼 풍부한 이론을 가지고 실험 연구를 해왔던 의학과 교수인 카펜티에를 두고 로버트 레이지먼은 이렇게 말했다. "만약 흔들리고 약한 광원에서 오류가 일어날 수 있다는 사실을 예방할 사람이 있다면 카펜티에가 바로 그 사람이다." 그런데 카펜티에가 바로 허구의 N선 연구에서 '중대한 발견'을 해낸 것이다.

장 베크렐과 푸앵카레 등도 N선 발견을 아주 높게 평가했다. 그들은 세계적으로 유명한 과학자이며, 특히 푸앵카레는 당시 과학계에서 가장 위대한 과학자 중 한 사람이었다. 그러니 사기극이라는 관점으로 N선 사건을 바라보는 것은 편향된 의견으로 과학사를 연구하는 데도 나쁜 영향을 미친다. 오히려 이런 편견을 버리고 심리학적으로 이 사건을 연구한다면 생각할 거리가 더 많아진다. 옛 소련의 학자인 라치코프(Rachkov)는 이렇게 말했다.

과학심리학은 과학의 주요 구성 성분 중 하나로 지금은 한창 발견되는 과정이다. 이것 없이는 완전하고 진정하게 과학 역사를 밝힐 수 없다.

라치코프의 관점에 관심을 가져야 한다. 과학심리학의 관점으로 N선 사건을 분석하면 우리는 이 사건이 일어나게 된 원인과 진행 과정을 좀 더 쉽게 이해할 수 있다.

블론로는 당시 다종다양한 방사선(X선, 알파선, 베타선, 감마선, 음극선, 양극선 등)이 계속해서 나타나던 때에 N선을 '발견'했다. 게다가 금세 여러 과학자들에게 인정받았다. 지금 생각하면 이상하기 짝이 없지만 이 사건은 심리적 경직성, 권위에 대한 숭배 심리와 밀접하게 관련되어 있다.

1903년, 과학계는 다종다양한 방사선에 대해 잘 알고 있었다. 새로운 방사선이 출현하는 것은 블론로에게든 다른 과학자에게든 이상할 것 없는 일이었다. 클로츠는 이렇게 말하기도 했다. "이 방사선이 X선이나 다른 방사선보다 10년 먼저 발견되었다면 (……) 다른 방사선을 선례로 삼지 못하기 때문에 블론로는 분명히 자신이 발견한 현상을 더욱 엄격하게 분석했을 것이다."

심리학에서는 이런 현상을 관성적 사고라고 부른다. 관성적 사고는 과학 연구 과정에서 쉽게 나타나는 심리 현상이다. 관성적 사고는 과학 연구에 타성과 장애를 가져온다. 과학 연구의 정상적인 진행을 느리게 만드는 원인이기도 하다. 그리고 유명하지 않은 보통의 과학자에게는 관성적 사고에 더해 권위에 대한 숭배 심리가 동시에 작용한다.

N선 사건을 일으킨 심리적 요인에는 과학과는 전혀 관계없는 '감정'도 있다. 민족적 자존심이라는 감정이다. 프랑스 과학자들이 힘을 떨친 때는 1779년에서 1830년이고 19세기가 지나면서 빠르게 쇠락했다. 반면 독일 과학은 1848년의 사회주의 혁명과 1871년 국토 통일 이후 하루가 다르게 발전했다. 독일은 프랑스를 대신해 세계 과학의 중심지가 되었다. 20세기 초에는 독일 과학계가 절정에 이르고 프랑스 과학계의 국제적 명성은 계속해서 하락하고 있었다. 이런 상황에서 베크렐과 퀴리 부부가 방사성을 발견했고, 이어 N선이 나타났다. 그러니 프랑스 과학계는 흥분을 감추지 못했다. 이런 감정에 지배되었으니 예방할 수 있었던 오류를 막지 못했던 것이다. 과학적 엄밀성이 느슨해졌기 때문이다.

셰익스피어가 『베니스의 상인』에서 이렇게 쓴 것처럼 말이다.

> 이성은 법률을 제정하여 감정을 구속한다. 그러나 감정이 끓어오르면 냉혹한 법령조차 멸시하게 된다. (……)

자연법칙은 과학 연구에서 법률, 법령과 같다. 과학적 창조를 해내려면 열정과 끈기가 꼭 필요하지만, 어떤 때라도 냉정한 이성을 유지해야 하며 냉혹한 법령조차 멸시해서는 안 된다.

이와 비교할 때 이탈리아 물리학자 페르미는 블론로보다 냉정했다.

1934년 3월부터 페르미는 가벼운 것에서 무거운 것까지 가능한 모든 원소에 저속중성자를 충돌시키는 실험을 진행했다. 원자번호가 우라늄보다 앞선 원소에 저속중성자를 충돌시켰을 때는 모든 원소의 원자핵이 모두 방사성을 띠는 원자핵으로 변했다. 이때 방사성 원자핵의 숫자는 원소의 동위원소 숫자와 같았다. 즉 하나의 동위원소를 갖는 원소는 방사성 원자핵이 하나이고, 두 개의 동위원소를 갖는 원소는 방사성 원자핵이 둘이다. 페르미는 또 다른 보편적인 규칙도 발견했다. 중성자가 원자핵에 충돌하면 원자핵이 중성자를 포획하여 새로운 핵을 형성하는데, 새로운 원자핵은 불안정하기 때문에 핵 속에 있던 중성자에서 베타 입자(즉 전자)가 빠져나온다. 전자를 잃은 중성자는 양성자로 바뀐다. 따라서 중성자와 충돌한 원소는 양성자를 하나 더 가지게 되며, 따라서 원소의 양성자 수를 기준으로 하는 원자번호가 하나 커진다.

페르미는 당시 주기율표의 마지막 원소였던 원자번호 92번 우라늄도 저속중성자와 충돌할 때 다른 원소처럼 베타 입자가 빠져나온다면 주기율표에 없는, 다시 말해 자연계에서 아직 발견되지 않은 93번 원소가 생성될 것이라 가정했다.

페르미는 조마조마한 심정으로 중성자와 우라늄을 충돌시키는 실험에 임했다. 그가 얼마나 우라늄보다 원자번호가 높은 원소가 생성되기를 바랐을지 충분히 짐작할 수 있다. 결과는 기대하던 그대로였다. 베타 입자가 빠져나온 것이다. 그러나 대자연이라는 존재는 언제나 자신의 진짜 얼굴을 보여줄 때 부끄럼을 타기라도 하는 것처럼 애를 태우는 일이 잦다. 페르미의 우라늄 실험에서 분명히 베타 입자가 빠져나왔지만 그전 실험에서는 나타나지 않았던 복잡한 현상들이 있었기 때문에 페르미는 자신이 우라늄보다 원자번호가 높은 원소(다시 말해 93번 원소)를 찾아냈다고 단언하지 못했다. 그가 1934년 6월 영국의 『네이처』에 발표한 논문은 제목부터 "원자번호가 92 이상인 원소가 생성될 가능성이 있다" 정도였다. 그는 신중하게 접근했다.

> 우리는 이 원소의 원자번호가 92보다 크다고 가정할 수 있다. 만약 93번 원소가 맞다면 이 원소는 망간, 레늄과 화학적 성질이 비슷할 것이다. 이런 가설은 다음 실험에서 증명되었다. 즉 (……) 염산에 용해되지 않는 황화레늄 침전물이 된다. 그러나 몇몇 원소가 이런 형식으로 침전되기 쉽다는 것을 고려하면 충분한 증거라고 보기 어렵다.

페르미는 과학자로서 이성을 지켰다. 당시 로마대학교의 물리학연구소 소장이었던 오르소 마리오 코르비노(Orso Mario Corbino, 1876~1937)는 페르미가 너무 신중하다고 생각했다. 그의 우려는 쓸데없는 것이라는 입장이었다. 코르비노는 과학자이자 상원의원이었기 때문에 욕망이 이성보다, 정치적 입장이 과학적 입장보다 앞섰다. 갈수록 약해지는 이탈리아 과학계의 입지를 다지기 위해 코르비노는 많은 노력을 기울여 페르미라는 뛰어난 과학자를 발굴하고 육성했다. 이제 페르미가 93번 원소를 발견했으니 이탈리아 과학계가 갈릴레이, 볼타, 아보가드로 등을 배출했던 때의 영광을 되찾게 된 것이다.

같은 해 6월 4일, 이탈리아 국왕이 참석하는 과학학술회의에서 코르비노는 제멋대로 "이탈리아 물리학자 페르미가 93번 원소를 발견했다"라고 선포했다. 이 소식은 전 세계를 들썩이게 했으며, 이탈리아 신문에서는 "파시즘이 학문적 영역에서 거둔 중대한 승리"라며 떠들어댔다. 심지어 어떤 소규모 신문에서는 페르미가 93번 원소를 병에 담아 이탈리아 왕비에게 바쳤다는 기사를 쓰기도 했다.

페르미는 코르비노의 경솔한 행동에 화를 냈다. 그는 고집을 꺾지 않았고, 결국 코르비노와 페르미는 신문사에 공문을 보내 93번 원소를 생성했을 가능성이 있지만 정확한 증거를 얻기 전에는 "아직 수없이 많은 정밀한 실험을 할 필요가 있다"고 밝혔다. 나중에 페르미의 신중한 태도가 옳았음이 밝혀진다. 그가 의문스럽게 생각했던 부분이 다른 과학자에게서 중대한 발견을 이끌어냈다. 바로 핵분열이다.

N선 사건과 1934년 우라늄보다 원자번호가 큰 원소를 '발견'했다고 여겼던 일은 유사한 심리적 배경을 가진다(이와 비슷한 여러 과학적 발견들이 강렬한 애국주의적 감정에 부추김을 받았다). 그러나 N선 사건이 프랑스 과학계를 난처하게 만든 것과 달리 페르미의 과학적 이성 덕분에 이탈리아는 재난을 피할 수 있었다. 이처럼 감정이 냉정한 이성에 제한받지 않는다면 과학 연구 활동에 재난을 가져온다.

과학자의 개인적 성격도 과학심리학에서 깊이 연구해야 할 부분이다. 블론로가 불러일으킨 재난은 분명히 그의 성격과 관련된다. N선 사건이 막 시작되었을 때 블론로의 잘못은 그래도 용서받을 여지가 있지만, 끝까지 자신이 옳다는 의견을 굽히지 않은 것은 어떤 이유로도 변명할 수 없다. 1969년 노벨 생리의학상을 받은 루리아가 날카롭게 지적했다.

> 과학계에서 인류의 다른 활동과 마찬가지로 개인의 성격과 경쟁은 늘 존재했으며, 결정적인 요소로 작용한 일이 많았다. (……) 우아한 서사시를 읽는 컬럼비아대학교의 학생들이 얼마나 많은 시간이 지나야 과학사에 숨겨진 수많은 질투와 투쟁을 이해하게 될까?

캘리포니아대학교 동물학과의 마이클 기셀린(Michael Ghiselin)도 어느 논문에서 이렇게 썼다.

> 성격적 충돌은 과학의 발전에서 종종 중요한 역할을 한다. 이것이 특수한 사례가 아니라 일종의 규칙이라고 감히 말할 수 있다. 이 규칙 덕분에 생물학이 더욱 명확해졌다.

관찰의 신뢰성 문제도 중요하다. N선 사건을 이해하는 데 도움이 될 만한 다른 일화를 살펴보겠다. 러더퍼드가 위대한 물리학자라는 것은 잘 알고 있을 것이다. 그가 이끌었던 캐번디시 실험실은 실험 결과를 몹시 엄격하게 검증하도록 요구하는 곳이었다. 러더퍼드는 평소에도 정확한 실험 결과라면 반드시 여러 가지 방법을 이용해 반복적으로 도출되어야 한다고 강조했다. 20세기 초, 러더퍼드 실험실에서는 원소 변환 연구를 진행했다. 그들의 결론과 오스트리아 과학아카데미의 회원인 슈테판 마이어(Stefan Meyer, 1872~1949)가 이끄는 라듐 연구소가 얻은 결론은 확연한 차이를 보였다. 이 사실에 러더퍼드는 크게 놀랐다. 마이어는 방사성과 핵물리학 방면에서 여러 가지 중요한 공헌을 한 과학자였고, 러더퍼드와도 교분이 깊었다. 러더퍼드는 자신의 연구 결과에 자신감이 있었지만 마이어 역시 그저 그런 과학자가 아니었으므로 제자인 채드윅을 마이어의 연구소에 보내 실험 결과에서 차이가 발생한 원인을 알아보았다. 채드윅은 놀라운 사실을 발견했다. 마이어 연구소에서 신뢰성이 매우 떨어지는 관찰 방법으로 실험을 진행했던 것이다. 이런 관찰 방법 때문에 마이어의 실험에 실수가 생겼다.

마이어 연구소에서는 슬라브 민족 출신인 여성을 몇 명 고용해 입자와 원소가 충돌할 때 형광판 위에 보이는 점멸 횟수를 셌다. 이런 방식 자체에는 문제가 없었다. 다만 연구소에서 그들에게 점멸 횟수를 세는 일을 맡길 때 예상되는 수치 결과를 미리 그들에게 알려준 것이 문제였다. 캐번디시 실험실의 방식과는 완전히 달랐다. 캐번디시 실험실에서는 실험에 관해 전혀 알지 못하는 사람들을 고용해 점멸 횟수를 세었고, 그들에게 실험 결과가 '아마도 이럴 것'이라는 이야기는 전혀 하지 않았다.

채드윅은 마이어에게 캐번디시 실험실에서 사용한 방식으로 슬라브 여성들에게 실험을 관찰하도록 지시하겠다고 건의했다. 그는 방사선을 방출하는 물질과 형광판 등에 대해서도 전혀 설명하지 않고 그저 빛이 번쩍이는 숫자만 소리 내어 세라고 시켰다. 그렇게 하자 실험 결과가 캐번디시 실험실의 결과와 일치했다.

그렇다면 블론로의 실험 조수는 N선 사건에 어떤 영향을 미쳤을까? N선 사건을 연구하는 학자들이 다들 주목했던 부분이다. 우드는 블론로의 조수가 이런 사기극을 꾸미기에는 과학 지식이 부족하다고 생각했다. N선 사건을 연구한 학자 에밀 피에레(Emile Pierret)의 말에 따르면, 블론로는 "자신을 속였다는 이유로 조수를 질책한 적이 없었다." 그러나 다음 두 가지 원인을 보면 블론로의 조수가 N선 사건을 뒤에서 부추겼다고 생각할 만한 근거가 있다.

첫째, 당시 실험물리학자들은 대부분 마이어 연구소와 비슷한 방식을 썼다. 조수에게 실험을 맡길 때 너무 많은 지시를 내리고, 의식적으로든 무의식적으로든 "실험 결과가 어떠해야 가장 이상적이다"라는 암시를 주었다. 이런 암시 때문에 실험 조수는 실험에서 실제로 도출하는 결과 이상의 현상을 '관찰'하게 된다. 마이어 연구소의 슬라브 여성들처럼 말이다. 피에레는 "블론로 역시 이런 방식으로 실험을 지시했다"라고 말했다. 블론로의 조수도 사실과 다르면서 사실처럼 보이는 정보를 제공했다는 것이다.

두 번째 원인은 약간 추측이 더해진다. 피에레는 N선이 '발견'되기 전 블론로가 과학 발견에 따른 상금을 두 차례 받은 것을 지적했다. 블론로의 조수 역시 실험을 성공시켰으니 상금 일부를 지급받았을 것이다. 그렇다면 N선 실험에 성공했을 때 더 많은 돈을 받게 되리라 기대했을 수 있다. 이런 기대감이 관측에 영향을 미쳤을 것이다. 유명한 교수의 암시에 상금에 대한 기대감까지 더해졌으니 관측자가 편향된 결과 수치를 내놓기 쉬운 심리적 요인이라 할 만하다. 이는 흔한 일이다. 문제는 과학자가 이런 상황을 인지하고 있어야 하며, 효과적인 조치를 취해 관측자가 사실이 아닌 실험 결과를 내놓지 않도록 예방해야 한다는 점이다. 블론로는 바로 이런 부분을 제대로 처리하지 못했을지 모른다.

미국의 물리학사 연구자 스펜서 위어트(Spencer Weart)는 세계 각국에서 물리학자에게 제공한 연구 기금을 조사하다가 프랑스 기록에서 아무도 신경 쓰지 않았던 흥미로운 문건을 발견했다. 이 문건은 바로 블론로가 N선을 '발견'했다고 발표하기 2주 전에 쓴 추천서였다. 블론로는 자신의 조수에게 더 많은 급여와 지위를 제공하기 위해 기금회에 추천서를 보냈다.

> 만약 제가 이 연구 작업에 성공한다면 헌신적인 협력자의 도움에 감사를 표해야 마땅합니다. 그는 제 실험실의 기술자인 비르츠(Virtz) 씨입니다. 그는 모든 실험 설비를 제작했을 뿐 아니라 설치하는 데도 유용한 제안을 해 주었습니다. 또한 그는 저의 모든 실험과 측량을 반복하여 확인하는 등 정밀한 연구에서 없어서는 안 될 과정을 담당하고 있습니다.

앞서 말한 것처럼 레이지먼은 논문에서 블론로의 조수가 N선 발견 혹은 그 이후의 연구 열풍에 촉매 역할을 했다는 정도만 암시했지만, 이 추천서가 밝혀진 후에 위어트는 충분한 근거를 가지고 "블론로는 자신의 조수에게 과학적 분별력이 있으리라고 과신했다"라며 한탄했다. 전체적으로 볼 때 블론로가 심각한 잘못을 저지른 것은 부정할 수 없지만, 그 원인은 다양했다.

25장 상대성이론을 괴물 취급한 마이컬슨

존경하는 마이컬슨 박사님, 당신이 과학자로 일하기 시작했을 때, 저는 키가 1미터밖에 되지 않는 어린아이였습니다. 바로 당신이 물리학자들을 새로운 길로 인도해주었습니다. 당신의 정밀한 실험 작업은 상대성이론이 발전할 길을 닦았습니다. 당신이 쏘아낸 빛이 로런츠와 피츠제럴드의 생각을 이끌어냈고, 특수 상대성이론은 바로 여기에서부터 시작되었습니다. 당신의 연구가 없었다면 이 이론은 지금도 여전히 재미있는 추측에 불과했을 것입니다. 당신의 검증은 이 이론이 최초로 얻은 실험적 기초였습니다.

알베르트 아인슈타인

앨버트 에이브러햄 마이컬슨(Albert Abraham Michelson, 1852~1931)은 미국의 유명한 실험물리학자다. 정밀한 광학기기 발명 및 스펙트럼 이론, 도량학 연구에 기여한 공로로 그는 1907년 노벨 물리학상을 받았다.

1931년 아인슈타인은 미국에 갔을 때 특별히 마이컬슨을 방문해 위에서 인용한 말로 직접 마이컬슨에게 경의를 표했다. 마이컬슨은 아인슈타인의 칭찬을 다 들은 다음 이렇게 말했다. "내 실험이 상대성이론이라는 '괴물'에게 영향을 미쳤다니, 정말 유감스럽군요!"

이때 마이컬슨은 79세였는데 혹시 나이가 들어 정신이 흐려진 걸까?

당시 상대성이론은 이미 전 세계 과학자들에게 인정받아 높은 명성을 얻은 이론이었기 때문이다. 아인슈타인은 1921년에 노벨 물리학상을 받았다. 하지만 마이컬슨은 자신이 상대성이론에 기여했다는 사실을 기뻐하기는커녕 유감을 느꼈다. 이 일의 자초지종을 확실히 알아보려면 처음부터 다시 이야기해야 한다.

✦

마이컬슨은 1852년 12월 19일, 폴란드의 작은 마을인 스첼노(Strzelno)에서 태어났다. 그의 아버지는 방직품 상점을 경영했고, 어머니도 상인의 딸이었다.

19세기 중반의 경제 위기와 정치적 혼란으로 많은 유럽인이 미국으로 이주했다. 마이컬슨의 고모들이 모두 미국에 있었기 때문에 마이컬슨 가족도 1856년에 미국으로 이주했다. 그해 마이컬슨은 겨우 네 살이었다. 그들은 배를 타고 파나마로 간 다음 기차와 카누, 노새 등을 몇 차례 갈아타고 이동한 끝에 마지막으로 원양기선을 타고 샌프란시스코에 도착했다.

가정 형편이 어려웠던 마이컬슨은 중고등학교에 다닐 때 방과 후 학교에 남아 물리 실험기구를 청소하고 매달 3달러를 받았다. 교장 선생님은 광학에 흥미가 많은 분이었는데, 늘 마이컬슨에게 기묘한 광학 현상을 보여주시곤 했다. 이 때문에 마이컬슨은 과학, 특히 광학에 큰 관심을 갖게 되었다. 마이컬슨은 평생 그 교장 선생님을 잊지 못했다.

교장 선생님은 대단한 분이었다. 그분의 엄격하고 철저한 훈련에 감사드린다. 선생님은 나를 아끼셨고, 나를 가르치는 데 엄격하셨다. 특히 수학 방면에서 그랬다. 당시 나는 너무나 힘들어 수학을 좋아할 수 없었다. 하지만 나중에는 선생님께 받은 수학 훈련에 감사했다.

마이컬슨은 열여섯 살에 학교를 졸업했다. 그가 반에서 가장 어린 학생이었다. 대학교에 가기 전 마이컬슨은 교장 선생님께 의견을 여쭸다.

"아나폴리스의 해군사관학교에 가렴. 우리 학교에도 할당된 정원이 있단다."

"왜 그 학교가 좋다고 생각하세요?"

"그곳에서는 훌륭한 광학 실험을 배울 수 있다. 그리고 해군사관학교에 입학하면 생활비나 교통비를 지원받는단다. 졸업 후에 직장 걱정하지 않아도 되고, 대우도 훌륭해."

마이컬슨은 선생님의 말씀에 따라 해군사관학교에 응시했고, 입학시험에서 훌륭한 성적을 받았다. 그러나 어느 하원 의원이 인맥으로 다른 사람을 입학시키면서 그 자리를 빼앗겼다. 마이컬슨은 오기가 생겨 반드시 해군사관학교에 들어가겠다는 결심으로 친구들의 도움을 받아 워싱턴까지 가는 여비를 마련했다. 그는 워싱턴에서 그랜트(Grant) 대통령을 만나 자신의 상황을 알렸다. 그랜트 대통령은 젊은이의 결의와 용기에 감탄해 이례적으로 해군사관학교 입학을 허락했다. 이후 마이컬슨은 "내 이력은 이런 '불법적인 행동'에서 시작됐다"라고 말하곤 했다.

✦

마이컬슨은 1873년에 해군사관학교를 졸업하고, 모교 물리학 교사로 채용되었다. 이때 그는 실험실에서 빛의 전파 속도를 측정하는 데 큰 흥미를 가지고 있었다. 빛의 전파 속도는 매우 빨라 초속 30만

킬로미터나 된다. 이렇게 빠른 속도는 상상하기도 힘들다. 마이컬슨은 이런 말을 했다 "광속의 수치는 인간의 상상력을 크게 뛰어넘는다. 그러나 우리는 정확한 방법으로 광속을 측정할 수 있다. 그래서 광속 측정이 매력적인 작업이다."

1877년 11월에 마이컬슨은 광속을 더욱 정확하게 측정할 수 있는 정교한 방법을 고안했다. 그러나 그는 계측 설비를 구입할 돈이 없었다. 다행히 그의 장인이 부유한 편이라 마이컬슨의 연구를 지원해주었다. 장인은 설비 구입비로 2천 달러를 주었는데 당시에는 꽤 큰 액수여서 순조롭게 실험을 끝낼 수 있었다. 이 실험으로 마이컬슨은 광속을 아주 정확하게 측정해냈고, 전 세계 과학자들에게 주목받았다. 마이컬슨의 고향 사람들이 이 사실을 자랑스러워하면서 현지 신문에 다음과 같은 기사를 실었다.

우리 지역 포목상 새뮤얼 씨의 아들인 마이컬슨 해군 소위는 광속을 측정하여 놀랄 만한 발견을 이뤘고, 세상 사람들의 광범위한 관심을 받았다.

이때 전 세계 물리학자들이 관심을 가졌던 문제는 에테르였다. 물리학자들은 빛이 에테르를 통해 전파된다고 여겼고, 에테르는 너무 신비로운 물질이라 쉽게 찾을 수 없다고 믿었다. 에테르를 찾으려는 실험이 계속되었지만 성과가 없었다. 마이컬슨은 이때 광속 측정으로 명성을 얻었기에 사람들이 "당신의 설비는 세계 최고 수준이니 에테르를 찾는 실험을 하면 좋겠다"라고 권유했다.

1887년까지 마이컬슨은 당시 가장 선진적인 광학기기를 사용해 몇 년이나 실험했지만 에테르를 찾아내지 못했다. 그는 1년 중 여러 시기,

즉 계절별로 각각 실험을 반복하기도 했지만 아무리 노력해도 에테르의 흔적은 잡히지 않았다.

"마이컬슨의 실험 설계가 부족한 것이 아닐까?" 이렇게 말하는 사람도 있었다. 하지만 상세하고 까다로운 분석 결과, 마이컬슨의 실험 설계에는 문제가 없었다. 결국 마이컬슨의 실험은 에테르가 애초에 존재하지 않는다는 것, 과학자가 상상해낸 물질이라는 점을 확인한 셈이다.

미국 물리학자 밀리컨은 그때 이렇게 주장했다. "마이컬슨의 실험 결과는 불합리하고 해석할 수 없는 실험적 사실을 보여준다."

네덜란드 물리학자 로런츠는 이렇게 말했다. "마이컬슨의 결과를 어떻게 대해야 할지 모르겠다. 그 실험에 문제가 있었던 것이 아닐까?"

영국 물리학자 레일리 남작도 한숨을 쉬었다. "마이컬슨의 실험 결과는 정말 기운 빠지는 내용이다."

✦

마이컬슨의 실험으로 에테르가 근본적으로 존재하지 않는다는 사실이 증명된 셈인데도 그는 죽을 때까지 에테르를 포기하지 않았다. 말년에는 '귀여운 에테르'라는 말도 자주 했다. 그는 세상을 떠나기 4년 전에 출간한 마지막 저서에서 이렇게 썼다.

비록 상대성이론이 보편적으로 받아들여졌지만, 개인적으로는 여전히 그 이론을 의심하고 있다.

마이컬슨은 1931년에 사망했으므로 이 책은 1927년에 쓰였다. 1927년이면 이미 상대성이론이 20세기 가장 위대한 이론으로 인식되었을 때다. 그런데도 마이컬슨은 상대성이론을 인정하지 않는 극보수적인 태도를 유지했다. 놀랍게도 그는 자신이 상대성이론에 공헌한 것을 기뻐하기보다 유감스럽게 생각했다.

마이컬슨이 위대한 실험물리학자라는 점은 누구나 인정한다. 그는 평생 광학을 정밀하게 실험했고, 과학 발전에 크게 공헌했다. 그러나 그는 새로운 물리학 사상을 받아들이지 못했다. 마이컬슨은 자신만만한 태도로 이렇게 말했다. "물리학 발전은 정밀한 측정을 통해서만 가능하다. 소수점 여섯째 자리 이상에서야 물리학 발전을 찾을 수 있을 것이다."

정밀한 실험은 물리학의 발전에서 매우 중요한 요소다. 그러나 실험을 이끌어줄 이론이 없다면 아무리 정밀한 측정이라도 그 의의를 잃게 된다. 예를 들어 마이컬슨은 세계 최고 수준으로 광학 실험을 진행했지만, 물리학에서 중대한 변혁을 일으키지는 못했다.

아인슈타인이 한 말을 생각해보자. "이론이야말로 당신이 무엇을 관찰해야 할지 결정하는 존재다."

무슨 뜻일까? 실험 중 측량한 내용을 관찰할 때는 누구든지 머릿속에 어떤 생각이 미리부터 들어 있기 마련이다(이때 생각이라는 것은 광범위하게 말할 때 이론이라고 할 수 있다). 이런 생각이 관찰하는 사람을 지배한다. 예를 들어, 우리가 구름에 대한 아무런 이론적 지식이 없다면 구름을 한참 바라보아도 아무것도 알아채지 못할 것이다. 구름이 참 아름답고 다채로운 모양을 가지고 있다는 생각만 하지 않을까? 그러나 우리가 기상학적 지식을 가지고 있으면, 하늘을 보면서 비가 올지, 바람이 불지 관찰하고 예측하게 된다. 이것이 바로 "이론이 무엇을 관찰할지 결정한다"라는 말의 의미다.

마이컬슨은 이론과 가설의 의의를 이해하지 못했기 때문에 다른 사람이 새로운 이론이나 사상을 제시해도 관심이 없거나 무지했다.

어느 날 그가 한 천문학자에게 물었다.

"영국의 에딩턴이 말하는 항성 이론은 어떤 내용입니까?"

"에딩턴은 물보다 밀도가 3만 배 높은 항성 물질이 있다고 합니다."

마이컬슨이 급히 그의 말을 끊었다.

"그러면 납보다 밀도가 높지 않습니까?"

납은 지구상에서 가장 밀도가 높다. 천문학자가 고개를 끄덕였다. 마이컬슨은 단호하게 말했다.

"그렇다면 에딩턴의 이론이 틀렸겠군요."

에딩턴의 이론은 틀리지 않았다. 우주에는 백색왜성이라는 항성이 있는데, 그 항성의 물질은 밀도가 물의 밀도보다 몇 만 배나 높다. 하지만 이런 신기한 결론을 마이컬슨은 절대 믿지 않았다. 마이컬슨은 실험에만 몰두했고 새로운 이론에는 관심이 없었다. 게다가 대학원생과 같이 실험하는 것도 싫어했다. 그러다보니 그는 줄곧 상대성이론을 인정하지 않았다.

재미있는 일이 하나 더 있다. 1931년에 마이컬슨의 병이 위독해지자 많은 과학자가 그를 찾아왔다. 손님이 오면 그의 아내가 문 앞에서 목소리를 낮춰 부탁했다.

"상대성이론 이야기는 꺼내지 마세요. 화를 낼 거예요."

그는 세상을 떠날 때까지 이런 보수적인 관점을 바꾸지 않았다.

26장

파울리는 왜 젊은 물리학자 둘에게 패했을까?

약 2년 전, 과학사 전체에서 가장 놀라운 발견 중 하나가 탄생했는데 (……) 양전닝과 리정다오가 컬럼비아대학교에서 이룬 과학적 발견입니다. 이것은 가장 아름답고 독창적인 작업이며, 그 결과물은 사유가 얼마나 아름다운지를 잊어버릴 정도로 놀랍습니다. 그들의 발견은 물리 세계의 기초를 다시 생각하게끔 만들었습니다. 그들의 발견은 직관과 상식 모든 것을 뒤집었습니다. 이 발견을 흔히 'CP 위반(CP violation)'이라고 부릅니다.

찰스 퍼시 스노(Charles Percy Snow, 1905~1980)

물리학의 역사는 정말 이상한 사건으로 가득 차 있다. 보기만 해도 두려운 수학 공식과 어떻게 읽어야 할지 난감한 전문용어를 제외하면 이 기이하고 굴곡진 이야기는 셜록 홈즈가 나오는 추리소설에도 결코 뒤지지 않는다. 해결해야 할 사건의 난이도나 트릭으로만 따지면, 물리학이 추리소설보다 훨씬 뛰어나다. 베타 붕괴[1]를 예시로 설명하겠다. 베타선의 스펙트럼이 가지는 연속성은 물리학을 '붕괴'의 위

---

1   베타 입자가 방출되면서 방사성이 감쇠하는 현상.

기로 몰아갔다. 이 위기를 해결하기 위해 볼프강 파울리(Wolfgang Pauli, 1900~1958)는 독자적으로 중성 미자 가설을 세워 연속 스펙트럼을 해석하는 데 성공했다. 그리고 에너지와 운동량에 관한 두 가지 보존법칙도 구원했다.

1956년에 베타 붕괴가 다시 문제를 일으켰다. 이번에는 베타 붕괴의 문제에서 더 나아가 이른바 '세타-타우(θ-τ) 문제'가 제기되었다. 세타-타우 문제는 또 하나의 보존법칙인 패리티(Parity) 보존의 법칙을 위협했다. 수십 년 전에 에너지 보존법칙을 구원한 '셜록 홈즈' 파울리는 이번에도 패리티 보존법칙을 구하려 했다. 그러나 그 사이 세상이 바뀌었고 그는 서른 살 가까이 어린 두 물리학자의 손에 패배하고 말았다.

✦

물리학자들은 '보존법칙'에 특별한 애정을 가지고 있다. 이 애정은 심오한 역사적 원인과 현실적 의미를 지닌다. 고대 그리스 시대부터 사람들은 무질서한 자연계에서 '아름다움'이라는 원리에 부합하는 형식, 다시 말해 자연계의 조화와 질서를 찾고 싶어 했다. 게다가 사람들은 순수하게 사변적인 원인 때문에 자연계에 질서가 있기를 바랐다. 놀랍지만 인간의 희망은 실제 대단한 성공을 거뒀다. 보존량과 보존법칙의 발견이 가장 좋은 사례다.

보존량과 보존법칙은 물리학에서 매우 중요한 개념이다. 어떤 물리량은 일정한 계 내에서 어떤 복잡한 변화가 일어나도 줄곧 보존된다. 계의 총 에너지, 총 운동량 등이 그렇다. 이런 규칙이 있으면, 자연계의 변화가 복잡하고 무질서한 듯해도 그 속에서 단순하고 조화로우며 대칭적인 관계를 찾아낼 수 있다. 이것은 미학적 가치뿐 아니라 물질 운동의 범위에서도 엄격한 한계로 작용하여 중요한 방법론적 의의를 가진다.

물리학 역사에서는 보존법칙에서 단순하게 출발하여 과학적으로 중요한 발견을 해낸 사례가 많았다. 게다가 그런 발견은 간편하고 통쾌했다. 중성 미자의 발견, 반입자의 존재 예언 등은 이 사실을 빠짐없이 증명했다.

보존법칙의 보편성은 물리학자들이 깊이 생각해볼 문제이기도 했다. 혹시 보존법칙 뒤에 더 심오한 물리학적 본질이 숨어 있지 않을까? 19세기 말, 사람들은 마침내 일정한 물리량의 보존과 일정한 대칭성이 상호 연관된다는 것을 인식했다. 양전닝(楊振寧)은 1957년 12월 11일에 노벨상 수상연설에서 이 연관관계를 상세히 설명하기도 했다.

> 일반적으로 하나의 대칭 원리는(혹은 상응하는 불변성 원리는) 하나의 보존법칙을 만들어낸다. (……) 특수상대성이론과 일반상대성이론이 세상에 나오면서 대칭법칙은 새로운 중요성을 얻었다. (……) 그러나 양자역학이 발전한 이후로 물리학 어휘에는 대량으로 대칭 관념이 사용되기 시작했다. (……) 대칭 원리는 영자역학에서 큰 역할을 했고, 아무리 강조해도 지나치지 않는다. (……) 이 과정의 우아하고 완벽한 수학적 추리를 자세히 살펴본다면, 복잡하고 의미심장한 물리학 결론과 그것을 상호 대조할 때 대칭법칙이 가진 위력에 자연스레 압도될 것이다.

이 말은 간단명료하지만 이론물리학을 배우지 않은 사람들에게는 추상적이고 이해하기 어렵다. 사실 우리가 중고등학교 시절에 배운 물리학에도 이미 대칭성에 관련한 법칙이 아주 많이 나온다. 단지 '대칭성' 같은 깊이 있는 표현으로 설명하지 않을 뿐이다.

예를 들어 보자. 에너지 보존법칙과 관련된 계의 대칭성은 시간 이동의 대칭성이다. 다시 말해 물리법칙이 시각 t에 성립한다면 다른 시각 t' 역시 성립해야 한다. 운동량 보존법칙과 관련된 계의 대칭성은 공간 회전의 대칭성이다. 물리법칙은 공간 회전에 의해 변화하지 않는다. 맥스웰은 전자기 법칙이 지구 표면에서 성립할 때, 끊임없이 회전하는 우주 정거장에서도 성립한다고 말했다.

앞에서 언급한 것은 고전역학의 대칭성이다. 말하자면 가장 간단한 대칭성인데, 시간과 공간이 균일하고 방향에 따라 다른 성질을 가지지 않는다는 등방성(等方性)을 반영한다.

이러한 대칭성은 연속 변환에 대한 불변성이기도 하다. 고전역학은 또 좌우대칭성을 갖추고 있는데, 좌우를 바꾸어도 불변성이 유지된다. 예를 들어 질량이 m인 물체가 외부의 힘 F가 작용하여 A에서 B를 향해 균일한 가속도 a로 직선운동을 한다고 가정하자. 이때 $a=F/m$이며, a와 F, AB는 모두 같은 방향을 가진다. 만약 공간의 좌우를 반사시키면, [즉 좌표$(-x,-y,-z)$를 좌표(x,y,z)로 대체할 경우] 운동의 궤적은 A'B'이고, 힘 F는 F'가 되며, F'와 A'B'는 서로 같은 방향을 가진다. 즉 질량이 m인 물체의 운동 법칙은 공간이 좌우 반전되어도 변하지 않는다.

이런 좌우대칭성은 일종의 이산(discrete) 변환에 의한 대칭성이다. 고전역학에도 좌우대칭성이 있지만 상응하는 보존량을 찾지 못해 보존법칙이 생성되지 않았다. 그래서 좌우대칭성은 고전역학에서는 그다지 중요한 실용적 의미를 갖지 못했다. 그러나 양자역학에서는 이산 변환에 의한 대칭성도 연속 변환에 의한 대칭성과 마찬가지로 보존법칙을 형성하고 보존량을 찾아낼 수 있다. 이런 보존량을 패리티(parity, 홀짝성)라고 한다.

패리티 개념을 제일 먼저 도입한 사람은 미국 물리학자 유진 폴 위그너(Eugene Paul Wigner, 1902~1995, 1963년 노벨 물리학상 수상)다. 1924년 철의 방출 스펙트럼을 연구하던 미국 물리학자 오토 라포르테(Otto Laporte, 1903~1971)는 철 원자의 에너지 준위를 두 종류로 구분했다. 나중에는 두 종류의 에너지 준위를 각각 '홀수'와 '짝수'로 지칭했다. 광양자를 하나만 방출 또는 흡수한다면 에너지 준위는 언제나 홀수에서 짝수로, 아니면 짝수에서 홀수로 변할 것이다.

1927년 5월에 위그너는 엄밀한 유도 과정을 거쳐 라포르테의 경험 법칙이 복사 과정에서 좌우대칭에 의한 결과라는 것을 증명했다. 위그너는 패리티와 패리티 보존의 관점을 빌려와 이 점을 분석하고 논증하여 홀수 에너지 준위를 홀수 패리티(odd parity), 짝수 에너지 준위를 짝수 패리티(even parity)라고 했다. 라포르테가 발견한 규칙은 복사 과정의 패리티 보존이 반영된 것으로, 다시 말해 입자(계)의 패리티는 상호작용 전후로 바뀌지 않는다는 것이다. 작용 전 입자계 패리티가 홀수였다면 작용 후에도 홀수이고, 작용 전의 입자계 패리티가 짝수였다면 작용 후에도 짝수다. 만약 작용 전후로 패리티가 홀수에서 짝수로 변화했다면 그것은 패리티가 보존되지 않는다는 의미다.

위그너는 패리티 보존과 관련된 대칭성은 곧 좌우대칭, 혹은 공간 반전에 의한 불변성이라고 했다. 위그너의 이런 견해는 금세 물리학의 언어 속으로 흡수되었다. 다른 상호작용에서도 패리티가 보존된다는 것은 의심의 여지가 없어 보였다. 따라서 위그너의 견해는 빠르게 원자핵물리학, 중간자물리학, 기묘입자물리학으로 전파되었다. 위그너의 견해가 전파, 응용되면서 나타난 효과는 상당히 컸다. 곧 물리학자들은 패리티 보존법칙이 에너지 보존법칙이나 운동량 보존법칙처럼 보편적인 법칙이라고 확신하게 되었다. 거시적 현상에서 얻은 좌우대칭의 규칙이 미시 세계에 완전히 적용된 것이다.

과학사에서 과학자들은 이미 발견된 법칙의 응용 범위를 알려지지 않은 영역을 탐구하는 데까지 확장하는 경우가 많다. 1959년 노벨 물리학상 수상자 중 한 사람인 에밀리오 지노 세그레는 이렇게 말하기도 했다.

일단 한 가지 규칙이 다양한 상황에서 성립하면, 사람들은 그 규칙을 미처 증명하지 못한 상황에도 확대 적용하는 것을 좋아한다. 심지어 그 규칙을 '원리'로 여기기도 한다.

패리티 보존법칙의 경우가 바로 그랬다. 1956년까지 이 법칙은 물리학에서 '금과옥조'로 대접받았다. 누구도 의심할 수 없는 위치였다. 그러나 1956년, 물리학자들의 신념이 흔들리는 일이 벌어졌다. 어떤 역설적 상황이 일어났는데, 그것을 '세타-타우 문제'라고 한다.

1947년에 영국 물리학자 세실 프랭크 파월(Cecil Frank Powell, 1903~1969)은 라텍스 방법을 이용해 12년 전 일본 물리학자 유카와 히데키(湯川秀樹, 1907~1981, 1949년 노벨 물리학상 수상)가 예언했던 중간자를 발견했다. 그로부터 얼마 후에는 영국 물리학자 조지 딕슨 로체스터(George Dixon Rochester, 1908~2001)와 오스트레일리아 물리학자 클리포드 찰스 버틀러(Clifford Charles Butler, 1922~1999)가 우주 방사선에서 중성 입자가 두 개의 파이(π) 중간자로 붕괴되는 과정을 발견했는데, 이 중성 입자를 나중에 세타(θ) 입자로 지칭했다. 이 붕괴 과정은 '$\theta \rightarrow \pi + \pi$'다.

1949년 브라운(Brown) 외 여러 학자가 또 하나의 새로운 입자를 발견하고 타우(τ) 입자라고 지칭했다. 타우 입자는 세 개의 파이 중간자로 붕괴하므로 '$\tau \rightarrow \pi + \pi + \pi$'가 된다.

세타 입자와 타우 입자는 예상하기 힘든 성질을 가졌기 때문에 기묘 입자라고 불린다. 실험 결과, 이 두 가지 입자의 질량과 평균 수명은 매우 흡사했지만 붕괴 방식이 달랐다. 세타 입자는 두 개의 파이 중간자로 붕괴하므로 패리티가 짝수이고 타우 입자는 세 개의 파이 중간자로 붕괴하므로 패리티가 홀수이다.

1953년 오스트레일리아 이론물리학자 리처드 헨리 달리츠(Richard Henry Dalitz, 1925~2006)는 세타 입자와 타우 입자의 붕괴 공식에 근거하여 이들의 패리티를 홀수와 짝수로 확정할 수 있다고 밝혔다. 여기까지는 문제가 없다. 입자마다 붕괴 공식이 다를 수 있다는 것은 알려진 사실이었다.

그런데 세타 입자와 타우 입자가 물리학자들이 보기에 거의 같은 입자였다는 것이 문제였다. 정말로 같은 입자가 맞다면 패리티 보존법칙이 무너지는 것이다. 당시 물리학계는 이를 용납할 수 없었다. 1956년 초 실험 자료를 바탕으로 두 입자의 패리티가 확실히 증명되었다.

이제 물리학자들은 두 가지 선택지 중 하나를 골라야 하는 처지가 되었다. 타우 입자와 세타 입자를 서로 다른 입자로 인정하든지(패리티 보존법칙이 구원받는다), 아니면 두 입자가 같은 입자라고 인정해야(패리티 보존법칙이 폐기된다) 하는 것이다. 그러나 좌우대칭이라는 원리가 유구한 역사를 가진 개념인 만큼 사람들은 패리티가 보존되지 않는다는 사실을 믿기 힘들었다. 그래서 물리학자들은 전통적 관념을 지키고자 패리티 보존법칙을 포기하지 않으려 했다. 어떻게든 세타 입자와 타우 입자 사이의 차이점을 찾으려고 애를 썼다. 그러나 모든 노력에도 세타 입자와 타우 입자를 구분하는 것이 불가능했다. 물리학자들은 다시 막막한 사색에 빠져었지만 동시에 새로운 돌파구가 조심스럽게 만들어지고 있었다.

바로 양전닝이 말한 다음 내용이다.

그때 물리학자들은 혼자 어두운 방에 앉아 빠져나갈 길을 궁리하는 것과 비슷한 상황이었다. 어딘가 방을 나갈 문이 있음은 분명했다. 그렇다면 그 문은 어느 방향에 있을까?

✦

1956년 9월에 물리학자들은 믿기 힘든 소식을 들었다. 방을 나갈 문을 제안한 사람이 있다는 소식이었다. 그들이 바로 양전닝과 리정다오였다. 미국 시애틀에서 열린 국제 이론물리학회에서 양전닝은 이렇게 말했다.

그러나 성급하게 결론을 내려서는 안 된다. 실험 결과 여러 K 중간자(타우 입자와 세타 입자)가 동일한 질량과 수명을 가진 것으로 보인다. 이미 알려진 질량 수치는 전자 2~10개의 질량, 즉 1퍼센트까지 정확하고, 수명 수치는 20퍼센트까지 정확하다. (……) 타우 입자와 세타 입자가 같은 입자가 아니라는 결론은 성립하기 어렵다. 한 가지 덧붙이고 싶은 것은, 질량과 수명이 같다는 이유가 아니라면 상술한 결론은 확실히 성립한다고 여겨졌을 것이며, 물리학의 수많은 다른 결론들보다 더 근거가 있다고 본다는 점이다.

이어 10월 1일에 양전닝과 리정다오는 미국 학술지 『물리학 비평』에 발표한 논문 「약한 상호작용에서 패리티 보존의 문제」를 발표했다. 그들은 모든 강한 상호작용에서 패리티가 보존된다는 사실은 강력한 증거가 있지만 약한 상호작용에서는 지금까지의 실험 수치로 볼 때 패리티가 보존되지 않는 문제가 있다고 지적했다. 비록 이전에는 모든 실험 결과를 분석할 때 기본적으로 패리티가 보존된다고 가정했지만 실제로는 그렇게 가정할 필요가 없었으며, 이전 실험은 패리티가 보존되든 보존되지 않든 결과에 영향을 미치지 않는다고 했다.

말하자면 물리학자들은 마치 짝사랑이라도 하듯 약한 상호작용에서 패리티가 보존될 것이라고 애써 믿었던 것뿐이다. 양전닝과 리정다오는 약한 상호작용에서 패리티가 보존되지 않을지도 모른다고 생각한 뒤, 비슷한 현상이 더 있다는 데 주목했다. 강한 상호작용에서는 적용되고 약한 상호작용에서는 적용되지 않는 보존법칙이 적어도 하나 존재한다는 사실이 당시에 이미 알려져 있었던 것이다[아이소스핀(isospin)의 보존법칙]. 두 사람은 논문에서 이렇게 언급했다.

> 패리티가 약한 상호작용에서 보존되지 않는다는 사실을 명확히 인정하려면 실험을 진행하고 (……) 더욱 깊이 토론해야 한다.

우선 약한 상호작용과 강한 상호작용에 대해 간단히 설명하겠다. 물리학자들은 원자보다 작은 입자를 50여 년간 연구하는 과정에서 이런 입자 사이에 네 종류의 상호작용이 존재함을 알아냈다. 각 상호작용의 강도는 다음과 같다.

종류	강도(수량 등급)
강한 상호작용	1
전자기적 상호작용	10^{-2}
약한 상호작용	10^{-13}
중력 상호작용	10^{-38}

| 상호작용별 강도

전자기적 상호작용과 중력 상호작용은 익숙한 부분이니 다른 부분만 살펴보면, 강한 상호작용은 원자핵을 구성하는 양성자와 중성자를 묶어 두는 힘과 원자핵과 파이 중간자 사이의 상호작용을 말한다. 약한 상호작용의 가장 전형적인 사례는 원자핵의 베타 붕괴다. 나중에 물리학자들은 파이 중간자가 중성 미자로 붕괴하는 과정도 약한 상호작용에 포함시켰다.

물리학자들이 약한 상호작용을 연구한 기간은 베타선의 발견부터 1956년까지 따지면 반세기가 넘고, 페르미의 베타 붕괴 이론부터 1956년까지 따져도 20여 년이다. 그 기간 동안 누구도 좌우대칭성을 의심하지 않았다. 약한 상호작용(특히 베타 붕괴)에 관한 수없이 많은 실험을 하면서도 약한 상호작용에서 패리티가 보존되는지 여부를 증명할 수 있는 실험은 단 한 차례도 없었다.

양전닝과 리정다오의 논문이 발표된 후 학계의 반응은 냉담했다. 당시 캘리포니아공과대학교에서 교수를 지내고 있었던 물리학자 파인만은 당시 자신의 생각을 이렇게 회고했다.

나는 이런 견해가 나타날 것이라고 생각하지 못했지만, 패리티가 보존되지 않는다는 것이 불가능한 일은 아니라고 여겼다. 며칠 후 실험물리학자인 램지[2]가 나에게 베타 붕괴 현상에서 패리티가 보존되지 않는 것이 맞는지 실험으로 증명하는 일이 그럴 만한 가치가 있겠느냐고 물었다. 나는 '그럴 가치가 있다'고 분명하게 대답해주었다. 당시의 나는 패리티 보존법칙이

---

2   노먼 포스터 램지(Norman Foster Ramsey, 1915~2011)는 미국 물리학자로 1989년에 노벨 물리학상을 받았다.—저자

폐기될 수 없다고 생각하면서도, 어쩌면 폐기될지 모른다는 가능성을 느끼고 있었다. 그래서 이 문제를 확실히 증명하는 것이 긴급한 일이라고 생각했다. 램지가 패리티 보존법칙이 잘못된 것으로 밝혀지는지를 두고 100달러와 1달러로 내기를 하겠느냐고 물었다. 나는 이렇게 대답했다. 그런 내기는 하지 않을 걸세, 50달러씩 내는 내기라면 몰라도! 램지는 50달러 내기를 받아들였다. 아쉽게도 램지는 이 실험을 진행할 시간을 내지 못했다. 그 덕분에 나는 50달러를 지킬 수 있었다.

패리티 보존법칙을 대하는 파인만의 태도는 그때의 물리학자들 중에서 꽤 훌륭한 편이었다. 대부분의 물리학자가 파인만의 인식 수준에 미치지 못했으며, 그들은 패리티가 보존되지 않을 가능성 자체를 믿지 못했다. 프린스턴 고등연구소의 프리먼 다이슨 교수는「물리학의 신 개념」이라는 글에서 당시 대다수 물리학자의 '무지몽매함'을 생생하게 묘사했다.

나에게 양전닝과 리정다오의 논문 사본이 배달되었다. 나는 그 논문을 두 번 읽었고, "흥미로운 문제로군"이라고 말했다. 정확히 그렇게 말한 것이 아니었더라도 대략 비슷한 의미의 말을 했다. 그러나 나는 상상력이 부족했다. 그래서 그 다음에 이런 말을 덧붙였다. "세상에, 이게 사실이라면 물리학에 새로운 분기점이 생기겠군." 그때 극소수의 사람을 제외한 다른 물리학자들은 전부 나처럼 상상력이 부족했다.

다이슨의 말은 조금도 과장된 것이 아니다. 양자물리학의 발전에 수많은 공헌을 했으며 물리학적인 직감이 아주 날카롭다고 다들 인정하는 파울리조차도 1957년 1월 17일에 오스트리아 출신 미국 이론물리학자 빅토어 프레데리크 바이스코프(Victor Frederick Weisskopf)에게 편지를 써서 이렇게 말했다.

나는 신이 연약한 왼손잡이라고 믿을 수 없네. 원한다면 큰돈을 걸고 내기를 해도 좋아. (……) 나로서는 거울상(좌우반전) 대칭이 상호작용의 강약에 따라 달라진다는 어떤 논리적 이유도 찾지 못하겠군.

✦

믿든 믿지 않든, 이 문제는 실험을 통해서만 시비를 가릴 수 있는 문제다. 그러나 이 일에 적극적으로 나서는 실험물리학자가 많지 않았다. 다이슨이 앞서의 글에서 이렇게 썼던 것처럼 말이다.

양전닝과 리정다오가 제안한 실험을 알게 된 후 모든 실험물리학자가 당장 이 실험을 시작했으리라 상상할 것이다. 오랫동안 증명되기를 기대해왔으며 새로운 자연법칙을 밝힐 수 있는 실험이라는 점을 다들 알았을 테니 말이다. 그러나 실험물리학자들은 몇몇 사람만 빼고는 묵묵히 전에 하던 일이나 계속했다. 우젠슝과 그녀의 동료들만이 용감하게 반년이라는 시간을 들여 이 결정적 의의를 가지는 실험을 준비했다.

대다수의 실험물리학자가 패리티 보존법칙 실험에 취한 태도는 이랬다. '이 실험은 너무 어려우니 다른 사람이 하게 내버려두자.' 우젠슝(吳健雄, 1912~1997)은 1934년 난징의 중양(中央)대학교에서 학사 학위를 받았다. 1936년에는 저장(浙江)대학교 물리학과를 다니던 중 미국 캘리포니아주립대학교의 버클리 분교에 입학했고, 어니스트 로런스(Ernest Law-rence)와 세그레의 대학원생으로 공부했다. 그녀는 강인한 성격, 날카로운 물리학적 사고, 고도의 실험 기술을 갖춘 과학자였고, 걸출한 물리학자들에게 높은 평가를 받기도 했다.

우젠슝은 반년간 실험을 준비했다. 이 실험은 화씨 0.01도에 가까운 극저온에서 진행해야 했는데 당시 우젠슝이 일하던 컬럼비아대학교에는 이런 온도 환경을 만들 장치가 없었다. 미국 국가표준원에 가야 필요한 장비와 극저온 환경을 형성하는 기술에 능숙한 연구원이 있었다. 다행히 미국 국가표준원은 우젠슝의 실험이 꼭 필요한 것임을 믿어주었다. 우젠슝은 물리학자 어니스트 앰블러(Ernest Ambler, 1923~2017)와 헤이워드(Hayward), 홉스(Hoppes), 허드슨(Hudson) 등 동료들과 함께 실험 준비를 마치고 결과 예측을 진행했다. 이때 전 세계 물리학자들은 초조하고 긴장된 마음으로 그들의 실험 결과를 기다렸다. 대부분은 실험 결과가 "파울리가 다시 한번 보존법칙을 구원"하는 쪽으로 나오기를 바랐다. 그렇지 않으면 이미 상당한 수준까지 완전성을 인정받은 이론이 무너지면서 혼란이 시작될 것이기 때문이다.

1957년 1월 15일에 컬럼비아대학교는 기자회견을 열었다. 저명한 물리학자 이지도어 아이작 라비(Isidor Isaac Rabi)가 우젠슝의 실험이 베타붕괴 현상 중 패리티가 보존되지 않음을 명확하게 증명했다고 발표했다. 이튿날, 『뉴욕타임스』에서 1면 기사로 이 소식을 전했다.

물리학자들은 극도로 충격을 받았다. 적잖은 사람들이 약한 상호작용에서도 패리티 보존법칙이 성립하기를 기원했다. 그러나 그 후 모든 실험에서 예외 없이 강한 상호작용에서는 패리티가 보존되지만 약한 상호작용에서는 패리티가 보존되지 않는다는 것이 증명되었다.

양전닝과 리정다오의 발견은 과학 이론을 둘러싼 고정관념을 깨뜨렸으며, 과학을 한층 더 자유롭게 만들었다. 우젠슝의 신속한 실험 증명 덕분에 그들의 이론이 인정받을 수 있었다. 이런 공로로 1957년의 노벨 물리학상은 젊은 두 물리학자 양전닝과 리정다오에게 돌아갔다. 이처럼 중대한 영향을 끼친 이론이 발표에서 수상까지 2년이 채 걸리지 않은 것은 노벨상의 긴 역사에서도 매우 드문 편이다. 파인만이 "가장 **빠른** 노벨상 수상이다"라고 말하기도 했다. 이런 성과를 거둔 데는 우젠슝의 실험이 결정적인 역할을 했다.

1957년 1월 27일 파울리는 바이스코프에게 다시 편지를 썼다.

> 지금은 최초의 충격이 좀 가라앉아 차분히 생각할 수 있게 되었네. (……) 이제 어떻게 해야 한단 말인가? 다행히 내가 구두로 혹은 편지로만 내기를 하고 확실한 문서로 남기지 않았으니 망정이지, 그렇지 않았다면 큰돈을 잃었을 걸세! 어쨌든 이제부터 다른 사람들에게 나를 비웃을 권리가 생겼군. 다만 내가 의아하게 생각하는 것은 신이 왼손잡이라면 왜 그가 힘을 쓸 때 양손이 대칭을 이루느냐 하는 점이라네. 다시 말해서 지금은 다음과 같은 문제에 봉착해 있네. "왜 강한 상호작용에서는 좌우대칭성이 존재하느냐?"

파울리가 제기한 문제는 이번 장에서 이야기하는 세타-타우 문제의 범위를 훌쩍 넘어서는 것이니 더는 언급하지 않겠다. 다만 패리티가 약한 상호작용에서는 보존되지 않으므로 세타-타우 문제 역시 쉽게 풀리게 되었다.

참고문헌

※1~54번은 원서의 중국어 번역본이다.

---

1. [미국] 에른스트 마이어, 『생물학 사상의 발전』(生物學思想發展的歷史), 청두(成都):쓰촨교육출판사(四川教育出版社), 2010.

2. [미국] 브로드(Broad), 웨이드(Wade), 『진리를 배신한 사람들: 과학의 전당에서 본 가짜』(背叛真理的人們--科學殿堂中的弄虛作假), 상하이(上海): 상하이과기교육출판사(上海科技教育出版社), 2004.

3. [프랑스] 퀴비에, 『지구 이론 수필』(地球理論隨筆), 베이징(北京):지질출판사(地質出版社), 1987.

4. [벨기에] 니콜리스, 프리고진, 『복잡성 탐구』(探索復雜性), 청두: 쓰촨교육출판사, 2010.

5. [프랑스] 모노, 『우연과 필연: 현대 생물학의 자연철학을 논하다』(偶然性和必然性 : 略論現代生物學的自然哲學), 상하이: 상하이인민출판사(上海人民出版社), 1977.

6. [독일] 슈투베, 『유전학사: 선사시대에서 멘델 법칙의 새로운 발견까지』(遺傳學史--從史前期到孟德爾定律的重新發現), 상하이: 상하이과기출판사(上海科學技術出版社), 1981.

7. [미국] 앨런, 『20세기의 생명과학』(20世紀的生命科學), 상하이: 푸단대학출판사(復旦大學出版社), 2000.

8. [미국] 클라인, 『고대에서 현대까지 수학 사상』(古今數學思想), 상하이: 상하이과기출판사, 2013.

9. [독일] 괴테, 『파우스트』, 베이징: 인민문학출판사(人民文學出版社), 2019.

10. [프랑스] 푸앵카레, 『과학과 가설』(科學與假設), 베이징: 상무인서관(商務印書館), 2006.

11. [프랑스] 푸앵카레, 『과학과 방법』(科學與方法), 베이징: 상무인서관, 2010.

12. [독일] 하이젠베르크, 『물리학과 철학』(物理學和哲學), 베이징: 상무인서관, 2009.

13. [미국] 블룸, 『영향의 불안: 일종의 시 이론』(影響的焦慮: 一種詩歌理論), 베이징: 중국인민대학출판사(中國人民大學出版社), 2019.

14. [일본] 야마오카 노조무, 『화학사 이야기』(化學史傳), 베이징: 상무인서관, 1995.

15. [일본] 테츠 히로시게, 『물리학의 역사』(物理學史), 푸저우(福州): 구실출판사(求實出版社), 1988.

16. [독일] 오스트발트, 『자연철학 개론』(自然哲學概論), 베이징: 상무인서관, 2012.

17. [영국] 호킹, 『시간의 역사』(時間簡史), 창사(長沙): 후난과학기술출판사(湖南科學技術出版社), 2012.

18. [영국] 화이트(White), 그리빈(Gribbin), 『스티븐 호킹의 과학과 생애』(斯蒂芬·霍金的科學生涯), 상하이: 상하이역문출판사(上海譯文出版社), 1997.

19. [영국] 로저스, 『탐구심을 위한 물리학』(중국어판 제목: 天文學理論的發展), 베이징: 과학출판사(科學出版社), 1989.

20. [미국] 세그레, 『X선에서 쿼크까지: 근대 물리학자와 그들의 발견』(從X射線到誇克: 近代物理學家和他們的發現), 상하이: 상하이과학기술문헌출판사(上海科學技術文獻出版社), 1984.

21. [영국] 돌턴, 『화학철학의 새로운 체계』(化學哲學新體系), 베이징: 베이징대학출판사(北京大學出版社), 2006.

22. [미국] 머턴(Merton), 『17세기 영국의 과학, 기술 그리고 사회』(十七世紀英格蘭的科學′技術與社會), 베이징: 상무인서관, 2000.

23. [미국] 켈러, 『유기체에 대한 감정』(중국어판 제목: 情有獨鐘), 베이징: 생활 · 독서 · 신지삼련서점(生活 · 讀書 · 新知三聯書店), 1987.

24. [미국] 찬드라세카르, 『셰익스피어, 뉴턴 그리고 베토벤: 각자의 창의성 모델』(莎士比亞′牛頓和貝多芬: 不同的創造模式), 창사(長沙): 후난과학기술출판사, 2007.

25. [미국] 콘버그, 『궁극 이론의 꿈』(終極理論之夢), 창사(長沙): 후난과학기술출판사, 2018.

26. [미국] 크로퍼(Cropper), 『위대한 물리학자: 갈릴레이에서 호킹까지』(偉大的物理學家: 從伽利略到霍金), 베이징: 당대세계출판사(當代世界出版社), 2007.

27. [이탈리아] 체르치냐니(Cercignani), 『볼츠만: 원자를 믿은 사람』(玻爾玆曼: 篤信原子的人), 상하이: 상하이과학기술출판사, 2002.

28. [미국] 에버릿(Everitt), 『맥스웰』(麥克斯韋), 상하이: 상하이번역출판공사(上海翻譯出版公司), 1987.

29. [미국] 미치오 카쿠(Michio Kaku), 『아인슈타인의 우주』(愛因斯坦的宇宙), 창사: 후난과학기술출판사, 2006.

30. [미국] 캐시디(Cassidy), 『하이젠베르크 전기』(海森伯傳), 베이징: 상무인서관, 2002.

31. [독일] 하이젠베르크, 『원자물리학의 발전과 사회』(原子物理學的發展和社會), 베이징: 중국사회과학출판사(中國社會科學出版社), 1985.

32. [덴마크] 크라우(Kragh), 『디랙: 과학과 인생』(狄拉克 : 科學和人生), 창사: 후난과학기술출판사, 2009.

33. [영국] 프레이저(Fraser), 『반물질: 세계의 궁극적 거울상』(反物質: 世界的終極鏡像), 상하이, 상하이: 상하이과학기술출판사, 2009.

34. [미국] 무어(Moore), 『세계를 바꾼 발견』(改變世界的發現), 창사: 후난과학기술 출판사, 2008.

35. 『아인슈타인 문집』(愛因斯坦文集), 베이징; 상무인서관, 2010.

36. 장후이량(張懷亮), 『우젠슝 전기』(吳健雄傳), 난징(南京): 난징대학출판사(南京大學出版社), 2002.

37. 장차이젠(江才健), 『우젠슝: 물리과학의 첫 여성』(吳健雄--物理科學的第一夫人), 상하이: 푸단대학출판사, 1997.

38. 셰창장(謝長江), 『위안룽핑 전기』(袁隆平傳), 구이양(貴陽): 구이저우인민출판사(貴州人民出版社), 2004.

39. 리쓰멍(李思孟), 『모건 전기』(摩爾根傳), 창춘(長春): 창춘출판사(長春出版社), 1999.

40. 후쭝강(胡宗剛), 『잊으면 안 될 후셴쑤』(不該遺忘的胡先驌), 우한: 창장문예출판사(長江文藝出版社), 2005.

41. 편집부 편저, 『투유유 전기』(屠呦呦傳), 베이징: 인민출판사(人民出版社), 2017.

42. 우다유(吳大猷) 외, 『초기 중국 물리학 발전의 기억』(早期中國物理發展之回憶), 상하이: 상하이과학기술출판사, 2006.

43. 우다유, 『기억』(回憶), 베이징: 중국우의출판공사(中國友誼出版公司), 1984.

44. 류커펑(劉克峰) 외 편저, 『야우싱퉁의 수학 인생: 수학과 수학자』(丘成桐的數學人生 : 數學與數學人), 항저우(杭州): 저장대학출판사(浙江大學出版社), 2006.

45. 투위안지(塗元季) 외, 『과학 인생: 중국의 10대 과학자』(科學人生--中華人民共和國十大功勳科學家傳奇), 베이징: 시위안출판사(西苑出版社), 2002.

46. 웨이훙중(魏洪鐘), 『물리학 여정의 추론: 리정다오의 과학 풍모』(細推物理須行樂--李政道的科學風采), 상하이: 상하이과기교육출판사, 2002.

47. 쑤부칭(蘇步青), 『신기한 부호』(神奇的符號), 창사: 후난소년아동출판사(湖南少年兒童出版社), 2010.

48. 덩샤오망(鄧曉芒), 『칸트의 순수이성비판 읽기』(康德『純粹理性批判』句讀), 베이징: 인민출판사(人民出版社), 2018.

49. 양젠예(楊建鄴), 『물리학의 아름다움』(物理學之美), 베이징: 베이징대학출판사, 2019.

50. 양젠예, 『신과 천재의 게임: 양자역학의 역사』(上帝與天才的遊戲--量子力學史話), 베이징: 상무인서관, 2017.

51. 양젠예, 『물리학자와 전쟁』(物理學家與戰爭), 베이징: 해방군출판사(解放軍出版社), 2017.

52. 양젠예, 『20세기 노벨상 수상자 사전』(20世紀諾貝爾獎獲得者辭典), 우한(武漢): 우한출판사(武漢出版社), 2001.

53. 양젠예, 『양전닝 전기』(楊振寧傳), 베이징: 생활·독서·신지삼련서점, 2011.

54. 양젠예 편저, 『애국 과학자의 이야기』(愛國科學家的故事), 우한: 화중사범대학출판사(華中師範大學出版社), 1996.

55. Toby A. Appel, *The Cuvier-Geoffroy debate*, Oxford: Oxford University Press, 2010.

56. Albert Einstein, Carl Seelig, *Ideas and Opinions*, London: Penguin RandomHouse US, 1995.

57. Garland E. Allen, *Thomas Hunt Morgan*, Princeton: Princeton University Press, 1978 .

58. Peter Robertson, R. Bruce Lindsay, *The Early Years, The Niels Bohr Institute 1921-1930*. Copenhagen: Akademisk Forelag, 1979.

59. Abraham Pais, *Niels Bohr's Times*, Oxford: Clarendon Press, Oxford University Press,1991.

과학자의 흑역사

1판 1쇄 발행 2021년 9월 16일
1판 3쇄 발행 2021년 12월 29일

발행인 박명곤   **CEO** 박지성   **CFO** 김영은
프로젝트 매니저 채대광, 이은빈, 한승주, 유진선

기획편집 채대광, 김준원, 박일귀, 이은빈, 김수연
디자인 구경표, 한승주
마케팅 임우열, 유진선, 이호, 김수연
펴낸곳 (주)현대지성
출판등록 제406-2014-000124호
전화 070-7791-2136   **팩스** 031-944-9820
주소 경기도 파주시 회동길 37-20
홈페이지 www.hdjisung.com   **이메일** main@hdjisung.com
제작처 영신사 월드페이퍼

ⓒ 현대지성 2021

"Inspiring Contents"
현대지성은 여러분의 의견 하나하나를 소중히 받고 있습니다.
원고 투고, 오탈자 제보, 제휴 제안은 main@hdjisung.com으로 보내 주세요.

현대지성 홈페이지